새로운 법과 기술에 맞춘

new 산업환기공학

한돈희 지음

신광문화사

개정판을 내면서

대학 강단에서 「산업환기」에 대한 강의를 처음 시작한 때는 1990년이다. 당시에는 한글로 된 교재가 없어서 미국 ACGIH의 Industrial Ventilation 원본을 사용하였다. 「산업환기」에 대한 정확한 개념도 없던 시기에 그것도 영어 원본을 사용한다는 것은 가르치는 사람도 힘들었지만 배우는 학생들은 이루 말할 수 없을 정도로 어렵다고 하였다. 무엇보다도 학생들은 국제단위인 SI 단위를 사용하지 있는 미국의 공학을 배운다는 것이 매우 어렵다고 하였다.

세월이 흘러 한글로 된 책도 몇 권 출판되어 이것을 참고로 강의를 하다 보니 교재의 계산문제나 변환계수 등 오류가 많았다. 그래서 그동안의 강의경험을 살려 1998년 「산업환기」에 대한 초판을 출간하였다. 나름대로 심혈을 기울였다고는 하나 오류도 있었고 무엇보다도 부족했던 것은 사업장 현장 경력이 부족하다보니 현실에 동떨어진 내용을 다수 가르치고 있었다. 그래서 두 번의 개정판을 출간하게 되었는데 2013년에 출판된 것은 이러한 부족한 점을 상당부분 만회하였다고 자부하고 있었다.

그러나 미국 ACGIH는 2～4년 주기로 계속하여 개정판을 출간하여 2019년에는 30th ed., Industrial Ventilation을 출간하기에 이르렀다. 또 영국의 HSE는 물론이고 안전보건공단(KOSHA)에서도 계속하여 새로운 이론과 실제를 제시하고 있어서 학생들에게 새로운 기술의 소개가 시급하게 되었다. 더구나 「산업환기」는 최근 산업위생관리(산업)기사, 산업위생기술사, 산업보건지도사 및 근로감독관 시험에서 가장 중요하면서도 어려운 과목으로 주목을 받고 있다. 여기에 더하여 2020년 「산업안전보건법」이 전면 개편되어 현장에서 「산업환기」 담당자뿐만 아니라 수험생들에게도 새로운 version의 책이 필요하게 되었다.

이러한 시대적 요구도에 맞추어 2020년 드디어 개정판을 출판하고자 한다. 과거보다는 훨씬 업그레이드되었고 무엇보다도 이제는 풍부한 현장경험을 바탕으로 이론과 실제를 전달할 수 있다고 자부한다.

마지막으로 출간에 기꺼이 응해주신 신광문화사의 전귀연 사장님께 감사드린다.

저자 한돈희

차 례

Chapter 1

환기의 기본지식

1 산업환기의 의미와 목표

(1) 산업환기의 의미

산업위생이란 작업장에서 발생하는 물리, 화학, 생물학적인 위험인자 및 잠재적인 위험인자들로부터 작업자들을 보호하기 위하여 이들 인자들을 예측하고 인지하여 측정한 다음 평가과정을 거쳐서 대책을 세우는 것이다. 대책은 작업환경관리 혹은 산업위생관리를 의미하며 크게 4가지로 나눌 수가 있는데 대치, 격리, 환기, 교육이다. 유해한 작업장의 근본적인 문제해결을 위해서는 대치나 격리방법이 가장 좋은 방법이겠으나 이들 방법이 곤란하거나 사용 불가능한 경우에는 환기를 하는 수밖에 없다. 환기기법은 작업환경의 유해요인인 분진, 유해 화학물질, 납 등 중금속, 그리고 고열을 제거하는 기술로서 산업위생분야에서 가장 중요한 공학적인 기법 중 하나이며 기사시험의 주요 과목이다.

환기란 유해한 물질들을 함유하고 있는 작업자 호흡위치의 공기를 포착하여 작업장 밖으로 배출하고 신선한 새로운 공기로 교환하는 것을 말하는 것으로 크게 전체환기(general ventilation)와 국소배기(local ventilation)로 나눌 수 있다. 전체환기란 오염된 작업장 내 전체공기를 외부의 신선한 공기로 교환하는 방식을 말하며 희석(dilution)환기라고 말하기도 한다. 국소배기는 전체환기와는 달리 오염물질의 배출원 가까이에 후드(hood)를 설치하고 후드에 덕트(duct), 공기정화장치(air cleaner), 송풍기(fan)의 환기시스템을 이용하여 환기시키는 방식으로서 효율면에서 전체환기보다 앞서는 방식이다.

전체환기이든 국소배기이든 환기시스템을 운용할 경우에는 작업장 내의 압력의 변화에 특히 주의하여야 한다. 압력이란 단위 면적당 미치는 힘을 의미하며 물리적인 방향에 따라서 양압(positive pressure)과 음압(negative pressure)로 나눌 수 있다. 양압이란 공간을 팽창시키려는 방향으로 힘이 미치는 압력(+)을 의미하며 음압이란 반대로 공간을 수축시키려는 방향으로 힘이 미치는 압력(−)을 의미한다.

일반적으로 작업장은 양압을 유지하게 하는 것이 바람직하다. 양압이 되면 작업장 안 공기가 외부로 빠져나가는 힘이 작용하므로 침기(infiltration: 외부로부터 창문이나 건물의 틈 사이로 흐르는 공기)가 없어지고 송풍기에 걸리는 부하(load)가 적어 국소배기 능력이 좋아진다. 작업장을 양압으로 유지시키기 위해서는 배기로 인해 부족해진 공기량만큼 충분한 양의 공기를 보충해 주어야 한다. 이러한 공기를 보충용 공기(make-up air)라고 하는데 산업환기는 이와 같이 배기(exhaust air)도 중요하지만 급기

(supply air)의 역할이 매우 중요하다.

작업장이 음압이 되면 이와 반대현상이 일어나서 전체적인 오염물질의 배출이 어려워진다. 그러나 오염물질의 독성이 강하거나 냄새가 심하거나 전염성이 강한 병원성 미생물이라면 작업장 공기의 외부 배출시 국소배기장치를 통하여 정화된 공기만 배출시켜야 하므로 작업장은 음압이 이루어져야 한다. 최근 발생한 MERS, 코로나19(우한폐렴)의 경우 병원에서 음압격리병동을 운영한 것은 좋은 본보기이다.

(2) 산업환기의 목적

산업환기의 목적은 세 가지가 있는데 첫째, 근로자들의 건강에 무해한 정도로 유해한 입자상 물질, 가스, 증기 등의 농도를 낮춰 주는 것이고 둘째, 인화나 폭발이 발생하지 않도록 먼지나 증기의 농도를 낮춰 주는 것이며 셋째, 불필요한 고열을 제기하기 위함이다.

세 가지 목적 중에서도 가장 근본적인 목적은 작업장 내 유해한 오염물질들로부터 작업자들의 건강을 보호해 주는 것이다. 따라서 단순하게 실내 공기의 높고 낮음 즉, 냉난방을 조절하는 공기조절시스템(HVAC system: heating, ventilation and air conditioning의 약자로 보통 공조시설이라고 함)과는 다르다. 공조시설을 하기 위해서는 공기의 흐름과 열역학적인 지식이 우선되어야 하지만 산업환기는 일차적으로 작업자들의 건강문제를 다루어야 하기 때문에 산업위생(industrial hygiene)에 관한 기본적인 지식이 필요하고 여기에 공기흐름과 열역학적이 지식이 합해져야 한다. 따라서 산업환기에 대한 보다 전문적인 지식을 쌓기 위해서는 산업위생에 대한 기초지식을 쌓아야 함은 두말할 나위가 없다.

그러면 근로자들의 건강에 무해한 농도만큼 낮춰 주기 위한 기준치는 무엇인가? 우리나라에서는 화학물질 및 물리적 인자의 노출기준(고용노동부고시 제2020-48호: 개정 2020.1.14.)과 산업안전보건법 시행규칙 제145조(유해인자 허용기준)[별표19]의 허용기준을 따라야 한다.

미국은 ACGIH(American Conference of Governmental Industrial Hygienists)에서 권고하고 있는 TLV(Threshold Limit Values), OSHA(Occupational Safety and Health Administration)에서 사용하고 있는 PEL(Permissible Exposure Limits), NIOSH(National Institute for Occupational Safety and Health)에서 권고하고 있는 REL(Recommend Exposure Limits)이 있다.

두 번째 목적은 인화나 폭발 방지를 위한 환기이다. 이를 위해서는 안전공학에서 주로 다루고 있는 인화점(flash point)과 폭발 하한값(LEL: low explosion limits)에 관한 정확한 지식이 필요하다.

세 번째 목적은 불필요한 고열을 방지하는 것이다. 이것은 산업환기의 목적이 될 수 없다고 주장하는 학자도 있으나 고온의 공기를 배출하고 차가운 공기를 공급하는 것이 고열작업환경을 제어할 수 있는 가장 손쉬운 방법이기 때문에 분명 고열방지 역시 산업환기의 목적 중 하나라고 볼 수 있다.

(3) 올바른 환기를 위해 필요한 정보

산업환기시설을 설치한다든지 점검할 경우 반드시 알아두어야 할 사항을 열거하면 다음과 같다. 올바른 환기를 위해서는 아래 열거한 사항들에 대한 정확한 정보를 가능한 한 많이 확보해야 한다. 특히, 배출물질에 대한 정확한 지식을 얻지 못할 경우에는 근본적으로 작업자의 건강을 유지한다는 것 자체가 불가능한 일이므로 배출물질에 대한 기초적인 지식이 절대적이라고 할 수 있다. 여기에 대한 지식은 여러 가지 교과서라든지 특히, 최근에 사용되고 있는 MSDS를 이용하면 된다. 또 하나 주의해야 할 점은 공정 중 부차적으로 발생 가능한 물질에 대한 지식도 대단히 중요하다.

1) 배출원(emission source)에 관한 정보

① 배출물질의 화학적 구성성분, 온도, 배출률, 배출방향, 초기 배출정도
② 모든 배출원 혹은 잠재적인 배출원의 위치
③ 실제 근로자들에게 영향을 주는 배출원은 어느 것인가?
④ 근로자들에게 영향을 주는 각 배출원의 상대적 기여도는 어느 정도인가?

2) 공기행태(air behavior)에 관한 정보

① 공기 온도
② 공기의 이동 방향과 속도
③ 혼합 가능성
④ 급기 및 재유입 조건
⑤ 시간당 공기의 변화정도
⑥ 풍속 및 풍향에 의한 영향
⑦ 기후 및 계절에 의한 영향

3) 작업자의 행태(worker behavior)

① 작업자와 발생원과의 관계
② 작업자의 위치
③ 작업자의 교육정도, 환기에 대한 지식정도

(4) 산업안전보건법에서 정한 유해화학물질의 분류

어떤 산업환기방법을 선택할 것인지를 결정하기 위해서는 앞서 언급한 올바른 정보가 필요한데 무엇보다도 산업안전보건법에 대한 이해가 필요하다. 산업안전보건법에서는 유해물질을 ① 관리대상물질, ② 허가대상물질, ③ 금지되는 물질로 나누고 있다. 어떤 유해물질이냐에 따라서 ① 전체환기나 국소배기를 하여도 무방한 경우, ② 반드시 국소배기장치가 필요한 경우로 나누기 때문에 문제의 물질이 어디에 속하는지를 확인해야 한다. 산업안전보건법에서 유해물질을 표 1-1과 같이 나눈다.

표 1-1 산업안전보건법에 의한 유해물질의 분류

유해물질의 분류	정의	관련 법령 (2020년 기준)	유해물질의 종류
관리대상 유해물질	법 제39조 제1항 제1호에 따른 원재료	산업안전보건기준에 관한 규칙 제420조, 제439조 및 제440조	① 유기화합물 117종 ② 금속류 24종 ③ 산·알칼리류 17종 ④ 가스 상태 물질류 15종
허가대상 유해물질	제조·사용 시 고용노동부장관의 허가가 필요한 물질(법 제118, 유해·위험물질의 제조 등 허가)	산업안전보건법 시행령 제88조(허가 대상 유해물질)	α-나프틸아민 및 그 염 등 15종
금지되는 유해물질	제조·수입·양도·제공 또는 사용해서는 안 되는 물질(법 제117조(유해·위험물질의 제조 등 금지)	산업안전보건법 시행령 제87조(제조 등이 금지되는 유해물질)	석면, 황린(黃燐) 등 10종

2 기초지식과 개념

(1) 차원과 단위

물리적인 양(quantity)은 차원(dimension)으로 표시할 수 있는데 차원은 길이(length), 질량(mass), 시간(second), 속도(velocity) 등과 같이 고유의 물리적인 특성을 표시하는 값을 말한다. 이러한 차원들은 일정한 단위(unit)로서 측정할 수 있다. 차원과 단위의 개념을 혼동해서는 안 된다. 한 개의 물리적인 양은 반드시 한 개의 차원만을 갖게 되지만 단위는 여러 가지로 표현할 수 있다. 예를 들면, 길이를 나타내는 차원은 L 하나뿐이지만 길이를 측정하는 단위는 cm, feet, inch, mile 등이 있다. 따라서 같은 차원을 나타내는 임의의 여러 가지 단위들은 서로 환산이 가능하게 된다. 예를 들면,

$$1\ \text{ft} = 0.3048\ \text{m} = 30.48\ \text{cm} = 304.8\ \text{mm}$$

$$1\ \text{hr} = 60\ \text{min} = 3{,}600\ \text{sec}$$

그러나 앞서 언급하였듯이 한 차원을 다른 차원으로 환산할 수 없기 때문에 자연 현상에서 물리적인 양의 비교는 서로 같은 차원을 나타내는 양만을 서로 비교할 수 있다.

단위계는 미터계(metric system)와 영국 공학단위계(British unit system)로 크게 구분되며 이들은 다시 절대단위계(absolute unit system)와 공학단위계(technical unit system)로 구분된다. 물리학에서는 절대단위계를 사용하는 데 길이, 질량, 시간을 나타내는 기본 단위로서 [m], [kg], [s]를 MKS 단위계, [cm], [g], [s]를 CGS 단위계라고 한다. 영국의 공학단위계에서는 기본단위로서 길이는 [ft], 질량은 [lb], 시간은 [s], 온도는 [°F]로 측정하는 것이 보통이며 그 외에도 길이는 [in], 시간은 [hr]로 측정하는 경우도 있다. 따라서 서로 다른 측정단위를 사용함으로서 계산과정에서 잘못하면 크게 혼동이 갈 뿐만 아니라 계산치가 상당히 달라짐을 명심해야 한다. 이러한 혼란을 막아주기 위해서 최근에 채택된 단위제도가 바로 SI 단위계(international system of unit)이다. SI 단위계는 MKS 단위계를 발전시킨 보다 합리적인 단위계로서 표 1-2의 기본단위와 표 1-3의 유도단위로 되어 있다. 하나의 물리량에는 단 하나의 단위가 대응하게 되며 사용하는 기호도 정해져 있다.

표 1-2 SI 단위계의 기본단위

물리적인 양	단위명칭	기호
길이	미터(meter)	m
질량	킬로그램(kilogram)	kg
시간	초(second)	s
전류	암페어(ampere)	A
온도	켈빈도(Kelvin)(=절대온도)	°K
광도	칸델라(candela)	cd

표 1-3 SI 단위계의 중요한 유도단위

물리적인 양	단위명칭	기호	기본단위와의 관계
▪ 힘	- 뉴턴(newton)	N	$1\ N = 1\ kg \cdot m/s^2$
▪ 일, 에너지, 열량	- 줄(joule)	J	$1\ J = 1\ N \cdot m = 1\ kg \cdot m^2/s^2 = W \cdot s$
▪ 동력 또는 일률	- 와트(watt)	W	$1\ W = 1\ J/s = 1\ kg \cdot m^2/s^3$
▪ 압력	- 바(bar)	bar	1 bar = $10^5\ N/m^2$(pascals, Pa)
	- 표준대기압 (standard atmosphere)	atm	1 atm = $10^5\ N/m^2$(=pascal, Pa) = 10^5 Pa = 0.1 MPa = 100 kPa = 1.02 bar = 1013 millibar(=hectopascal) = 14.7 psi = 1.02 kg_f/cm^2 = 10,332 mmH_2O = 760 mmHg

SI 단위계에서 힘(force)은 뉴턴(N: Newton)으로 정의된다. 힘 F는 단위 질량에 미치는 가속도이므로 $F = ma$이다. 1 N은 질량 1 kg인 물체가 가속도 1 m/sec²을 받았을 때의 힘으로 정의된다.

$$1\ N = 1\ kg \cdot m/sec^2$$

중력단위계(force system units)에서는 힘의 단위로서 N을 사용하지 않고 지구표면에 놓여 있는 1 kg의 질량체에 지구가 작용하는 힘을 1 kg중(重) 혹은 1 kg의 무게라고 부르며 이것을 힘의 단위로서 정의하고 kg_f로 표시한다. 따라서 1 kg의 질량이 지구표면에 놓여 있으면 지구가 잡아당기는 힘의 크기는

$$1\ kg_f = 1\ kg \cdot g(\text{중력가속도}) = 1\ kg \cdot 9.8\ m/sec^2 = 9.8\ N$$

이 된다. 온도의 단위로서는 섭씨온도(Centigrade: ℃)와 화씨온도(Fahrenheit: °F)를 사용한다. 섭씨온도란 물의 끓는점과 어는점 사이를 100등분하여 1등분을 1℃로 정한 것이며 화씨온도란 물의 끓는점과 어는점 사이를 180등분하여 1등분을 1°F로 정한 것

으로 끓는점은 212°F이고 어는점은 32°F가 된다. 이들 사이에는 다음과 같은 관계가 성립한다.

$$℃ = \frac{5}{9}(°F - 32), \qquad °F = \frac{9}{5}℃ + 32$$

켈빈온도(Kelvin: °K)란 섭씨온도와 같은 눈금을 가진 것을 말하며 랜킨온도(Rankine: °R)란 화씨온도와 같은 눈금을 가진 것을 말한다. 절대영도(0°K)란 자연계에 존재하는 모든 물질에 대해 그 이하의 온도로 내릴 수 없는 온도를 말한다. 역으로 말하면 자연계에 존재하는 모든 물질은 절대영도 이상이 된다는 의미이며 모든 물질은 복사에너지(radiation)를 가지고 있다는 뜻이다. 절대영도는 섭씨로 −273.15℃이다. 절대온도(absolute temperature: T)란 절대영도를 기점으로 나타낸 온도를 말하는 것으로 절대온도와 섭씨온도 사이에는 다음과 같은 식이 성립한다.

$$T = (t\,℃ + 273)\,°K$$

물리학이나 공학에서 계산할 때 가장 중요한 것은 단위 계산이다. 실제 학생들이 공학문제를 계산할 때 숫자에만 집착하고 단위를 무시하는 경우가 종종 있는데 이는 가장 큰 과오이다. 단위가 무시되는 공식을 제외하고는 모든 공식에서 단위는 숫자와 똑같이 약분되거나 곱해져서 계산되어진다는 것을 명심해야 하며 계산 후 숫자가 맞았더라도 단위가 틀리면 그것은 전부 틀린 것이다.

한편, 앞으로 본 교재에서는 반드시 질량과 무게(중량)를 구별해야 하는 경우에는 무게 단위를 g_f 혹은 kg_f로 표기하지만 그렇지 않은 경우에는 질량단위로만 표기한다.

(2) 유체역학의 기초

물질은 고체(solid)와 유체(流體: fluid)의 두 가지 상태로 존재하며 다시 유체는 액체(liquid)와 기체(gas) 상태로 나누어진다. 고체, 액체, 기체는 물질을 구성하고 있는 분자 상호간의 거리와 분자운동에 의해서 결정된다. 액체는 분자 상호간의 거리와 운동범위가 고체의 그것보다 더 크다. 고체는 물질 스스로가 어떤 향상을 형성할 수 있으나 액체는 형상을 형성할 수 없으며 용기의 형상에 따라 결정된다. 액체는 잘 규정될 수 있는 표면을 가지고 있는 반면 기체는 기체가 들어 있는 용기를 완전히 채울 수 있는 능력을 가지고 있다.

유체상태에 있는 물질은 외부로부터 받는 힘(전단력)이 아무리 작은 힘이라고 할지라도 비교적 큰 변형을 일으키며, 유체 내부에 전단응력이 작용하는 동안 변형은 계속되어진다. 이 변형하는 것이 곧 유체의 운동이다. 유체는 입자가 분포되어 있는 하나의 집합체이므로 입자 상호간에 전단응력이 작용하게 되기 때문에 유체의 운동만으로는 유체의 속도와 가속도를 완전히 결정할 수 없게 된다. 따라서 유체의 운동을 설명하기 위해서는 유체의 밀도, 비체적, 비중량, 비중 등에 관한 설명이 필요하다.

1) 밀도(density: ρ)

밀도 ρ(rho)는 단위 체적당 유체의 질량으로 정의된다. 따라서 SI 단위계에서 밀도의 단위는 kg/m^{3}이며 1 atm, 4℃의 순수한 물의 밀도 $\rho = 1000$ kg/m^{3}이다. 온도와 압력이 액체의 밀도에 주는 영향은 그다지 크지 않기 때문에 거의 무시되지만 기체에 주는 영향은 현저하기 때문에 산업환기에서는 반드시 고려해야 한다. 1 atm, 0℃의 건조한 공기의 밀도는 1.293 kg/m^{3}이고 1 atm, 상온에서 공기의 밀도는 1.203 kg/m^{3}이기 때문에 보통 산업환기 계산식에서 공기의 밀도는 1.2 kg/m^{3}을 사용한다.

2) 비중량(specific weight: γ)

비중량 γ(gamma)는 단위 중량이라고도 부르는데 γ는 단위 체적이 갖는 무게 즉 중량(重量)으로 정의된다. 따라서 비중량 γ의 단위는 N/m^3 혹은 kg$_f$/m^{3}으로 표현된다. 어떤 물체의 질량에 중력가속도 g를 곱함으로써 그 물체의 무게가 얻어지게 되므로 비중량 γ와 밀도 ρ 사이에는 다음과 같은 관계식이 성립된다.

$$\gamma = \rho g \tag{1-1}$$

따라서 1 atm, 4℃의 순수한 물의 비중량은 9800 N/m^3 혹은 1000 kg$_f$/m^{3}이 된다. 또 상온에서 1 atm의 공기가 갖는 비중량은 1.203 kg$_f$/m^3 혹은 11.8 N/m^{3}이다.

3) 비체적(specific volume: v_s)

비체적 v_s는 단위 질량이 갖는 유체의 체적으로 정의된다. 따라서 비체적 v_s는 밀도 ρ와 역수의 관계가 성립된다.

$$v_s = \frac{1}{\rho} \tag{1-2}$$

SI 단위계에서 비체적의 단위는 m^3/kg이다.

4) 비중(specific gravity: S)

고체나 액체의 비중 S는 동일한 온도 및 압력상태에서 같은 체적을 갖는 물의 질량 또는 무게에 대한 그 물질의 질량 또는 무게의 비로 정의된다.

$$S = \frac{\gamma}{\gamma_w} = \frac{\rho}{\rho_w} \tag{1-3}$$

따라서 어떤 액체의 비중을 알고 있으면 그 액체의 질량과 무게는 쉽게 구할 수 있다.

$$\rho = S \times 1{,}000\ \mathrm{kg/m^3}$$

$$\gamma = S \times 1{,}000\ \mathrm{kg_f/m^3}$$

예제 1-1 Q&A

상온에서 수은의 비중이 13.5일 때 밀도 ρ와 비중량 γ는 얼마인가?

풀이

$\rho = 1{,}000\ \mathrm{kg/m^3} \times 13.5 = 13{,}500\ \mathrm{kg/m^3}$

$\gamma = 1{,}000\ \mathrm{kg_f/m^3} \times 13.5 = 13{,}500\ \mathrm{kg_f/m^3}$

$\quad = 9{,}800\ \mathrm{N/m^3} \times 13.5 = 132{,}300\ \mathrm{N/m^3}$

5) 증기밀도(vapor density)

가스 또는 증기의 밀도를 그것과 동일한 압력·온도에 있어서 공기의 밀도를 1로 해서 비교한 값을 말한다. 이것은 고체나 액체의 비중 개념과 동일하며 기체비중이라고도 한다. 공기보다 무거운지 가벼운지는 공기의 분자량(약 29)과 문제의 가스 혹은 증기의 분자량을 비교하면 쉽게 알 수 있다. 예를 들어, 수소(H_2), 헬륨(He_2), 일산화탄소(CO), 질소(N_2), 암모니아(NH_3), 메탄(CH_4), 아세틸렌(C_2H_2), 에틸렌(C_2H_4)은 분자량이 공기보다 작기 때문에 공기보다 가볍다. 일반적으로 액체의 증기는 공기보다 무거운 것이 대부분이라고 생각해도 크게 문제되지 않는다. 예를 들어, 가연성 증기인 에테르(보통 디에틸에테르를 말하며 화학식은 $(C_2H_5)_2O$이다.)의 증기밀도는 2.6이기 때문에 용기로부터 밖으로 새어나왔을 경우 지면에 깔리면서 흐르거나 움푹 패인 곳에 체류하거나 해서 화재, 폭발을 초래할 우려가 있다.

6) 유체의 점성(viscosity: τ)

유체가 유동할 때 유체내부의 층과 층 사이에는 흐름을 방해하는 단위 면적당 전단력(剪斷力) 혹은 마찰력이 존재한다. 이 전단력이 외부에서 가해지면 유체내부에 전단응력(剪斷應力)이 생겨 외력과 평형을 유지하면서 계속 유동이 이루어진다. 유체가 유동할 때 유체내부의 층과 층 사이에 전단응력이 생기게 하는 유체의 물성을 점성이라고 한다.

그림 1-1에서 보는 바와 같이 두 개의 평행한 평판이 거리 y만큼 떨어져 있고 그 사이를 어떤 유체가 채워져 있다고 가정하자. 아래쪽 평판은 고정되어 있고 위쪽 평판은 힘 F로 밀어서 일정한 속도 U로 움직인다고 하자. 위쪽 이동 평판에 접촉되어 있는 유체는 U만큼의 속도를 갖게 되겠지만 아래쪽 평판에 접촉되어 있는 유체는 움직이지 않을 것이므로 속도는 0이다. 두 평판간의 거리 y와 이동판의 속도 U가 그다지 크지 않다면 유체의 속도 구배는 직선이 될 것이다. 평판에 가해지는 힘 F는 평판의 면적 A와 유속 U에 비례할 것이고 평판간의 거리 y에 반비례할 것이다.

$$F \propto \frac{AU}{y} \propto A\frac{du}{dy}$$

또는

$$\tau = \frac{F}{A} \propto \frac{du}{dy}$$

여기서 τ(tau)는 전단응력을 나타내는 것이다. 비례상수 μ(mu)를 집어넣어 위 식을 다음과 같이 등식으로 고칠 수 있으며 이때 μ는 유체의 점성과 관계된 상수이므로 우리는 이것을 점도 또는 점성계수(coefficient of viscosity)라고 한다.

$$\tau = \mu\frac{du}{dy} \tag{1-4}$$

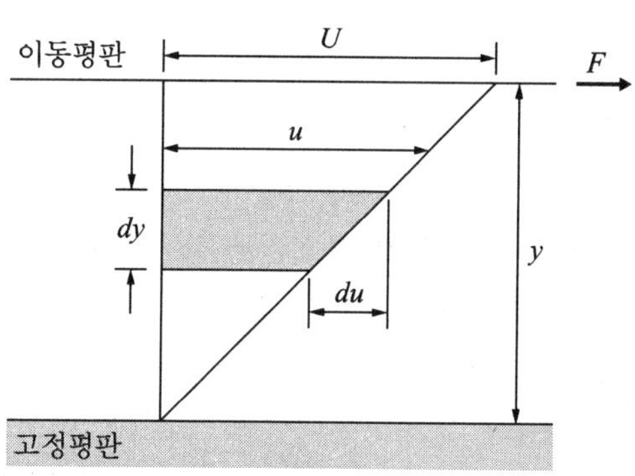

그림 1-1 두 평판사이의 흐름

식 (1-4)를 뉴턴의 점성법칙(Newton's viscosity law)이라고 한다. 힘의 단위로 kg_f를 사용하면 전단응력은 kg_f/m^2이고, 속도를 m/sec로 사용하였을 경우 점성계수의 단위는

$$\mu = \frac{kg_f/m^2}{(m/sec)/m} = \frac{kg_f \cdot sec}{m^2}$$

이 된다. 만약 힘의 단위로서 N을 사용한다면 전단응력은 N/m^2, 속도를 m/sec으로 하였을 때 점성계수의 단위는

$$\mu = \frac{N/m^2}{(m/sec)/m} = \frac{N \cdot sec}{m^2}$$

이 된다. 물리학이나 이공계의 자료에서는 점성계수의 단위로서 poise나 centipoise를 사용한다.

$$1 \text{ poise} = 1 \text{ dyne} \cdot \text{sec/cm}^2$$

$$1 \text{ centipoise} = 1/100 \text{ poise}$$

유체의 점성은 분자의 응집력과 인접 유체층간 분자의 운동량 교환에 의해 기인한다. 기체의 점성은 기체분자가 공간을 자유로이 운동하므로 분자의 응집력을 무시할 수 있어 인접 유체층간분자의 운동량 교환에 기인하지만 반면에 액체의 점성은 분자응집력에 지배를 받게 된다. 따라서 기체의 점성은 온도 상승에 따라 점도가 높아지지만 액체의 경우에는 온도 상승에 따라 점도가 낮아지게 된다. 좀 더 자세히 설명하면 기체에 있어서 분자간의 응집력은 무시할 수 있을 정도이지만 기체가 흐를 때의 저항을 주는 요소는 주로 분자간의 상호운동 즉, 기체의 상대적인 층 사이에서 일어나는 모멘텀(운동량)의 교환에 따르는 것으로 알려져 있다. 그러므로 기체의 온도가 증가하게 되면 기체의 운동이 증가하고 결과적으로 모멘텀의 증가를 초래하여 많은 저항을 가져온다. 다시 말하면 기체는 온도 상승과 더불어 점성계수도 증가하게 된다. 그러나 액체에 있어서는 분자 운동에 의한 모멘텀의 교환은 기체의 흐름에 비해 매우 적지만 액체 분자간의 응집력은 대단히 크므로 액체의 흐름에 영향을 주는 저항은 주로 응집력에 달려 있다. 그런데 이 응집력은 온도의 증가와 더불어 급격히 감소하는 경향이 있어서 액체의 점성계수는 온도의 증가와 더불어 급격히 감소하게 된다. 점도는 온도에 영향을 받지만 압력과 습도에는 영향을 받지 않는다.

한편, 많은 유체유동의 방정식에서처럼 산업환기에서도 점성계수 μ와 밀도 ρ의 비 μ/ρ가 많은 방정식에서 사용되는데 이것을 동점성계수(kinematic viscosity)라고 하고 ν(nu)로 표시한다.

$$\nu = \frac{\mu}{\rho} \tag{1-5}$$

동점성계수의 단위는 SI 단위계에서 m^2/sec이며 CGS 단위계를 사용하면 cm^2/sec가 되는데 이것을 특별히 stoke이라고 부른다.

$$1 \text{ stoke} = 1 \text{ cm}^2/\text{sec}$$

$$1 \text{ centistoke} = 10^{-6} \text{ m}^2/\text{sec} = 1 \text{ mm}^2/\text{sec}$$

예제 1-2

20℃의 공기의 점성계수 $\mu = 1.807 \times 10^{-4}$ poise, 밀도 $\rho = 1.203$ kg/m^{3}이다. 이 때 동점성계수 ν를 구하시오.

풀이

$1 \text{ poise} = 1 \text{ dyne} \cdot \text{sec/cm}^2 = 1 \times 10^{-5} \text{ N} \cdot \text{sec}/10^{-4} \text{ m}^2 = 10^{-1} \text{ N} \cdot \text{sec/m}^2$

$1 \text{ N} \cdot \text{sec/m}^2 = 1 (\text{kg} \cdot \text{m/sec}^2) \cdot \text{sec/m}^2 = 1 \text{ kg/m} \cdot \text{sec}$

그러므로 1.807×10^{-4} poise $= 1.807 \times 10^{-5}$ kg/m · sec

$$\nu = \frac{\mu}{\rho} = \frac{1.807 \times 10^{-5} \text{ kg/m} \cdot \text{sec}}{1.203 \text{ kg/m}^3} = 1.502 \times 10^{-5} \text{ m}^2/\text{sec}$$

7) 이상기체 상태방정식(ideal gas equation)

이상기체란 계를 구성하는 입자가 비압축성 즉, 부피가 거의 0이고 점성과 마찰이 없어 입자간 상호 작용이 거의 없으므로 분자 간 위치에너지가 중요하지 않으며 분자 간 충돌이 완전탄성충돌인 가상의 기체를 의미한다. 엄밀하게 말하여 완전기체(perfect gas)란 이상기체와는 다른 것으로 기체의 점성으로 인한 마찰전단응력과 압축성이 적용되는 기체도 포함되며 완전기체는 다음과 같은 Boyle-Charle의 상태방정식을 만족시킨다. 즉, 일정량의 기체에서 부피는 절대온도에 비례하고 압력에 반비례한다.

$$Pv_s = RT \tag{1-6}$$

여기서 P는 절대압력, v_s는 비체적, R은 기체상수, T는 절대온도이다. 기체의 밀도 $\rho = 1/v_s$이므로 완전기체의 상태방정식은

$$P = \rho RT \tag{1-7}$$

로 표현할 수 있다. ρ는 단위 체적당 질량이므로 임의의 질량 m에 대한 상태방정식은 다음과 같이 표현할 수 있다.

$$PV = mRT \tag{1-8}$$

여기서 $V(m^3)$은 질량 m(kg)이 점유하고 있는 체적이고 비체적이 아니다. R은 기체상수이며 완전기체에만 적용될 수 있는 값이지만 일반적으로 상온과 상압에서 그다지 많은 차이가 없는 상태의 대부분의 기체는 완전기체로 가정하여도 좋다.

기체의 질량 m을 분자량 M으로 나눈 것은 mol 수이며 이것은 n으로 표현한다. 따라서 이상기체의 상태방정식은 이상기체상수 R과 몰 수 n으로 표현할 수 있다.

$$PV = nRT = nMRT = mRT \tag{1-9}$$

좀 더 간단하게 표현하면, 이상기체 상태방정식이란 이상기체의 압력(P), 부피(V), 절대온도(T)의 상태량 간 상관관계를 방정식으로 나타낸 것으로 다음과 같다.

$$PV = nRT$$

여기서, n : 기체의 몰(mol) 수

R : 이상기체상수, 8.3143(단위, $\dfrac{m^3 \cdot Pa}{K \cdot mol} = \dfrac{J}{K \cdot mol}$)

$= 0.082 \dfrac{L \cdot atm}{K \cdot mol}$

PV는 기체가 한 일, 즉 에너지이므로, R은 기체 1 몰을 1 K 올리는데 사용되는 에너지의 양이다. 압력 P의 단위는 단위 면적당 힘(F/m^2)이므로 R의 단위는 다음과 같이 쓸 수 있다. 힘의 단위는 N이므로 R은 단위 몰당 단위 온도당 한 일의 양이다.

$$R = \frac{\left(\dfrac{N}{m^2}\right)m^3}{K \cdot mol} = \frac{N \cdot m}{K \cdot mol} = \frac{J}{K \cdot mol}$$

아보가드로의 법칙(Avogadro's law)에 의하면 '온도와 압력이 같으면, 같은 부피 속에 들어있는 기체 분자의 수는 기체의 종류와 관계없이 서로 같다'이다. 이 법칙을 이용하여 어떤 기체의 기체상수, 즉 특정기체상수 R_o는 그 기체의 분자량 M으로 나눠준 것으로 나타낸다.

$$R_o = \frac{R}{M} = \frac{8.3143}{M}\ \text{kJ/kg} \cdot \text{K} \tag{1-10}$$

- **보일의 법칙** : 온도와 몰 수가 일정할 때 기체의 부피는 압력에 반비례한다.
- **샤를의 법칙** : 압력과 몰 수가 일정할 때 기체의 부피는 절대온도에 비례한다.

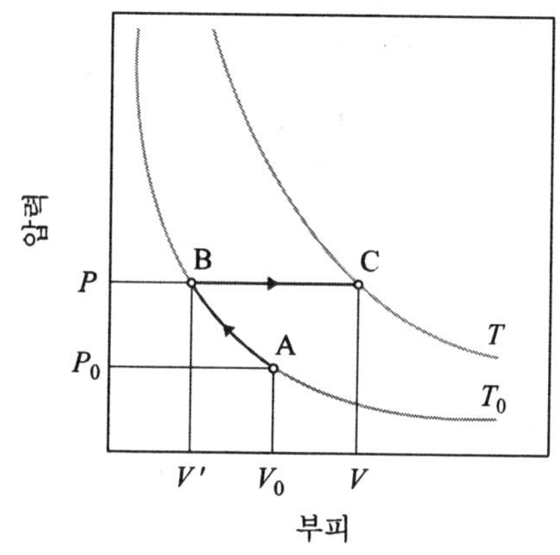

A점에서 B점까지 온도 변화가 없을 경우 보일의 법칙에 의하여

$$P_0 V_0 = PV'$$

이다. 또 B점에서 C점까지의 압력 변화가 없는 경우 샤를의 법칙에 의하여

$$\frac{V'}{T_0} = \frac{V}{T}$$

이다. 두 관계식을 합치면(A→C) 일정량의 기체의 상태가 A점에서 C점으로 변화할 때 PV/T=constant임을 알 수 있다. 따라서 보일-샤를의 법칙을 다음 식과 같이 얻을 수 있다. 처음 상태가 P_1, V_1, T_1인 기체가 나중 상태인 P_2, V_2, T_2로 변하였을 경우 다음과 같은 식이 성립된다.

$$\frac{P_1 V_1}{T_1} = \frac{P_2 V_2}{T_2} \tag{1-11}$$

예제 1-3

압력이 1 bar이고 온도가 0℃인 질소가스의 비중량, 비체적 및 밀도를 계산하시오. 단, 질소가스의 분자량은 28이다.

풀이

식 (1-10)에 의하여 질소의 기체상수 R_o을 구하면

$$R_o = \frac{8.3143}{28} = 0.297\ \mathrm{kJ/kg \cdot K}$$

$$v_s = \frac{RT}{P} = \frac{0.297 \times 1000 \times (273+0)}{10^5} \times \frac{\mathrm{N \cdot m/kg \cdot K \times K}}{\mathrm{N/m^2}} = 0.812\ \mathrm{m^3/kg}$$

$$\rho = \frac{1}{v_s} = \frac{1}{0.812} = 1.23\ \mathrm{kg/m^3}$$

$$\gamma = \rho g = 1.23 \times 9.8 = 12.06\ \mathrm{N/m^3}$$

예제 1-4

표준상태에서 이상기체상수를 유도해 내고 이를 이용하여 표준상태의 공기밀도를 구하시오.

풀이

$$R = \frac{PV}{nT} = \frac{1\ \mathrm{atm} \times 22.4\ \mathrm{L}}{1\ \mathrm{mol} \times 273\ \mathrm{K}} = 0.082\ \mathrm{L \cdot atm \cdot K^{-1} \cdot mol^{-1}}$$

$$PV = nRT = \frac{m}{M}RT$$

밀도 $\rho = \frac{m}{V}$이므로 $\frac{m}{V} = \frac{PM}{RT} = \frac{1 \times 29}{0.082 \times 273} = 1.295\ \mathrm{g/L} = 1.295\ \mathrm{kg/m^3}$

예제 1-5

500 L 철제탱크에 1 kg의 산소가 채워져 있다. 21℃에서 산소의 압력을 계산하시오. (산소 분자량 32)

풀이

산소의 몰 수 : 1,000 g ÷ 32 = 31.25

$$P = \frac{nRT}{V} = \frac{31.25\ \mathrm{mol} \times 0.082\ \frac{\mathrm{atm \cdot L}}{\mathrm{mol \cdot K}} \times 294\ \mathrm{K}}{500\ \mathrm{L}} = 1.51\ \mathrm{atm}$$

예제 1-6

200℃, 700 mmHg 상태에서 100 m^3인 공기는 21℃, 760 mmHg인 상태에서는 얼마의 부피로 변하겠는가?

풀이

식 (1-11)에 의하면

$$V_2 = \frac{P_1}{P_2} \times \frac{T_2}{T_1} \times V_1 = \frac{700}{760} \times \frac{273+21}{273+200} \times 100 = 57.2\ \mathrm{m}^3$$

8) 열역학

열역학(thermodynamics)이란 물리적 또는 화학적 과정에서 열과 다른 형태의 에너지와의 관계를 다루는 학문이다. 열은 에너지의 한 형태로서 기계적(역학적) 일(에너지)이 열로 변화하고 반대로 열이 역학적 일로 변화할 수 있다. 영국의 물리학자 Joule은 역학적 에너지와 열과의 관계를 알아내는 실험을 통하여 역학적 에너지(W)와 열량(Q) 사이의 관계가 $W = JQ$임을 밝혀냈다. 여기서 비례상수 J는 4.2×10^3 J/kcal이며 이것을 열의 일당량(mechanical equivalent of heat)이라고 한다. 즉, 1 kcal의 열량을 발생시키는 데 필요한 일은 4.2 kJ이다.

$$J = 4.185\ \mathrm{kJ/kcal}$$

단위 질량의 유체에 dQ인 미소 열량을 가하여 주면 그 일부는 유체의 체적이 변화할 때의 외부 일로 소비되고 나머지는 내부 에너지의 증가량으로 저장된다. w를 외부에 대한 일, u를 내부 에너지라고 하고 이것을 식으로 표시하면 다음과 같다.

$$dQ = du + dw \tag{1-12}$$

이것을 열역학 제1법칙이라고 한다. 열역학 제1법칙은 한마디로 에너지 보존의 법칙이다. 유체에서 외부에 대한 일 w는 압력 P가 일정하고 체적 V가 변화한다면 다음과 같이 나타낼 수 있다.

$$dw = PdV \tag{1-13}$$

이것을 식 (1-12)에 대입하면 다음과 같이 된다.

$$dQ = du + PdV \tag{1-14}$$

물체가 가지는 열에너지란 내부 에너지와 외부 에너지의 합으로서 일반적으로 단위 질량의 물체에 대해서 생각한다. 이 중에서 외부 에너지란 물체가 그 체적 V를 유지하기 위하여 주위의 압력 P를 밀어내고 있는 에너지인데 PV로 표현할 수 있다. 따라서 단위 질량의 물체가 가지는 전체 열에너지를 i라고 하고 내부 에너지를 u라고 하면

$$i = u + PV \tag{1-15}$$

가 된다. 이 i를 엔탈피(enthalpy)라고 부른다. 이것을 미분하면

$$di = du + PdV + VdP$$

가 되는데 식 (1-14)에서 $dQ = du + PdV$이므로

$$di = dQ + VdP \tag{1-16}$$

엔탈피는 질량이나 부피와 같이 물질의 한 특성이다. 모든 물질이 한정된 양의 질량과 부피를 갖는 것과 같이 일정한 에너지를 갖는다. 물질 2몰은 1몰보다 2배의 엔탈피를 갖는다. 1몰 물질의 엔탈피의 양은 물질의 상태에 따라 결정되는 압력이나 온도와 같은 여러 가지 변수에 의존한다. 그러므로 엔탈피를 상태함수 또는 상태특성을 갖는다고 한다. 화학계(chemical system)에서 열이 흡수 또는 방출되거나 계의 부피가 변화되면 에너지의 변화가 일어난다. 부피가 증가하려면 계는 팽창되어 대기압을 밀어내야 하므로 에너지가 요구된다. 이 에너지를 압력 - 부피의 일이라고 한다. 이 압력 - 부피의 일의 항이 식 (1-14)의 PdV이며 $-PdV$가 되면 부피가 팽창할 때 계의 에너지가 감소하였다는 것을 의미한다. 다시 말하면 계가 대기를 밀어내기 위하여 일을 하였다는 의미이다.

어떤 기체의 엔탈피 h란 한 마디로 말해서 그 기체의 단위 질량 내 포함되어 있는 열량의 합계라고 할 수 있다. 엔탈피 100 kJ/kg이란 그 기체 1 kg에 100 kJ의 열이 포함되어 있다는 것을 뜻하며 이것을 가열하여 75 kJ의 열을 주었다고 하면 이 기체의 엔탈피는 175 kJ/kg로 된다. 산업환기에서는 수분을 함유한 공기를 처리할 때 엔탈피의 개념이 중요하다.

어떤 물체에 단위 질량의 온도를 dT만큼 올리는데 필요한 열량을 dQ라고 하면 $dQ \propto dT$ 또는 $dQ = CdT$가 된다.

$$C = \frac{dQ}{dT} \tag{1-17}$$

위 식에서 표현된 비례상수 C를 비열(specific heat)라고 하며 단위로서 kJ/kg℃를 사용한다. C는 온도와 압력 등의 영향을 받고 또 변화하는 방법은 예를 들어, 정적변화

또는 정압변화 등에 의해서 지배된다. 유체가 액체인 경우에는 정압비열 C_p가 주로 사용되지만 유체가 기체인 경우에는 정압비열 C_p와 정적비열 C_v가 모두 사용된다. 이들 비열의 정의는 다음과 같다.

- C_p : 압력을 일정하게 유지하고 단위 질량에 기체의 온도를 1℃ 높이는데 필요한 열량
- C_v : 체적을 일정하게 유지하고 단위 질량에 기체의 온도를 1℃ 높이는데 필요한 열량

9) 증기압

모든 액체는 항상 기화하려는 성질을 가지고 있다. 즉, 액체의 상태에서 기체의 상태로 상태변화를 하려는 성질을 가지고 있다. 일정 온도에서 어떤 액체가 곧바로 기화하지 못하는 이유는 중력의 힘 즉, 대기압이 누르고 있기 때문이다. 어떤 밀폐된 공기 속에서 액체의 증발현상이 일어날 때 증기의 상태로 기화된 분자들의 운동에 의해서 생기는 압력 즉, 분압을 그 액체의 증기(vapor pressure)이라고 한다.

액체의 증기압은 분자간의 힘에 달려 있다. 왜냐하면 분자가 액체를 이탈할 수 있는 힘의 정도는 다른 분자와의 인력의 세기에 달려 있기 때문이다. 이러한 분자운동은 온도에 따라 증가하므로 증기압은 온도의 함수가 되며 따라서 그림 1-2와 같이 온도가 상승함에 따라 증기압도 상승하게 되는데 선형방정식이 아닌 2차 함수적 즉, 기하급수적으로 증가하게 된다.

어떤 액체가 끓는다는 것은 그 액체의 온도가 충분히 상승하여 그 온도에서 증기압이 그 액체의 표면에 작용되고 있는 압력과 같게 되어 액체의 표면에서뿐만 아니라 액체내부에서도 직접 증발되고 있는 현상이다. 따라서 액체의 끓는 온도는 액체표면에 작용하고 있는 압력과도 밀접한 관계를 가지게 되는데 예를 들어, 높은 산중에서 밥을 지을 때 밥이 잘 익지 않는 이유는 높은 산의 기압이 낮아져서 물의 끓는 온도가 낮아졌기 때문이다. 산업환기에서는 대부분의 유기용제들이 높은 증기압을 가지고 있어서 쉽게 증발이 이루어지기 때문에 환기량을 계산할 때나 전체환기를 계산할 때 특히 유의하여야 한다.

밀폐된 공간에 일정한 증기압을 가진 액체를 방치해 두면 증발이 이루어져 어느 시점에 이르면 그 온도에서 공기 중 최고농도에 이르게 될 것이다. 이때의 농도를 포화증기농도(saturated vapor concentration: SVC)라고 하며 다음과 같이 계산한다.

$$\text{포화증기농도(SVC, ppm)} = \frac{\text{그 온도에서 그 물질의 증기압(mmHg)}}{\text{대기압(mmHg)}} \times 10^6 \quad (1\text{-}18)$$

예제 1-7

Q&A

대기압이 760 mmHg이고 기온이 21℃에서 CCl_4의 증기압은 약 100 mmHg이다(그림 1-2 참조). 이때 포화증기농도는 몇 ppm 및 mg/m^{3}인가? CCl_4의 분자량은 154이다.

풀이

$$\text{포화증기농도} = \frac{100\ \text{mmHg}}{760\ \text{mmHg}} \times 10^6 = 131{,}579\ \text{ppm}\,(13.2\%)$$

$$131{,}579\ \text{ppm} \times \frac{154}{24.1} = 840{,}795\ \text{mg/m}^3 = 840\ \text{g/m}^3$$

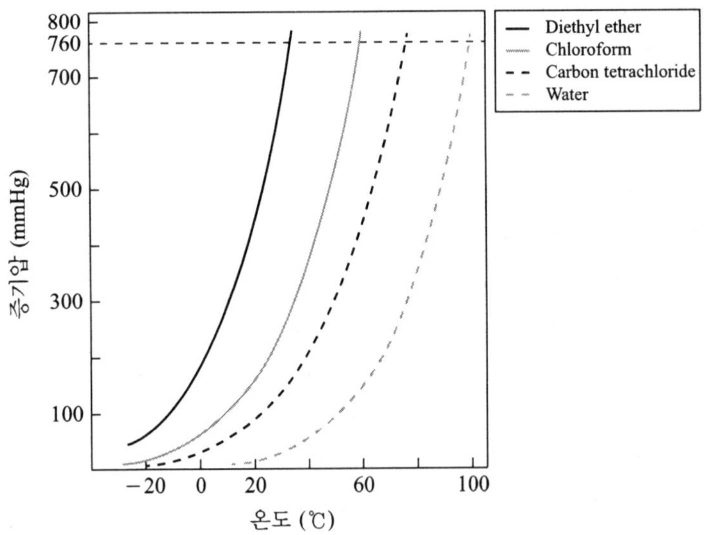

그림 1-2 온도에 의하여 변하는 증기압

(3) 공기의 구성과 성질

1) 공기의 구성

지구를 둘러싸고 있는 공기는 눈에 보이지 않고 무독성, 무취 가스들의 혼합기체이며 이러한 물질이 지구 위를 덮고 있는 상태를 대기라고 하고 이 영역 내를 대기권이라고 한다. 대기권은 대기의 물리적 양상에 따라서 대류권(troposphere), 성층권(stratosphere), 중간권(mesosphere) 및 열권(thermosphere)로 나눈다. 이 중에서 대류권은 해발 약 11 km 이내의 공기층으로 우리가 보고 느끼는 기상현상은 모두 이 대류권에서 일어나고 그 중에서도 해발 1 km 내외의 대기층이 인간의 활동과 가장 밀접한 관계가 있다.

대류권 내 공기의 화학적인 성분은 표 1-4와 같다. 그 농도는 수증기의 함유량에 따라 다소의 차이는 있으나 대략 산소와 질소가 전체의 99%를 차지하고 일반적으로 산소 21%, 질소 79%라고 하며 이들의 농도는 상당히 안정된 상태로 존재한다. 쉽게 농도가 변하는 물질들은 인간의 활동에 따라 결정되며 작업공정에 따라 오염물질의 종류가 달라져서 작업자의 건강을 위협하게 된다. 그러나 이러한 오염물질들의 작업장 내 농도는 1%를 넘어가는 경우가 드물기 때문에 작업환경에서 유해물질의 농도표시는 흔히 ppm(part per million)을 사용하게 된다.

표 1-4 대류권 내 정상공기의 화학성분 (용적조성 : %)

구 분	화학성분	농 도
1. 농도가 매우 안정되어 가장 쉽게 변하지 않는 물질	O_2	20.946 ± 0.002%
	N_2	78.084 ± 0.004%
	Ar	0.934 ± 0.001%
	CO_2	0.033 ± 0.001%
2. 쉽게 농도가 변하지 않는 물질	Ne	18.18 ± 0.04 ppm
	He	5.24 ± 0.01 ppm
	Kr	1.14 ± 0.01 ppm
	Xe	0.087 ± 0.001 ppm
	H_2	0.5 ppm
	CH_4	2.0 ppm
	N_2O	0.5 ± 0.1 ppm
3. 쉽게 농도가 변하는 물질	SO_2	0~1 ppm
	NO_2	0~0.2 ppm
	NH_3	극미량(trace)
	O_3	0.07 ppm(겨울) 0.02 ppm(여름)

2) 표준공기

화학이나 물리학에서 이야기하는 표준상태(STP: standard temperature and pressure)란 0℃, 1 atm(760 mmHg)를 의미한다. 특히, 압력에 있어서 위도 45°지역인 해수면에서 0℃일 때의 공기 압력은 평균 1 kg/cm^2(14.7 lb/in^2: psi)이고 이것을 1기압(atmosphere absolute: ata)이라고 하며 이것은 수은주로 760 mmHg, 수주(水柱)로서 10.3328 m에 해당한다.

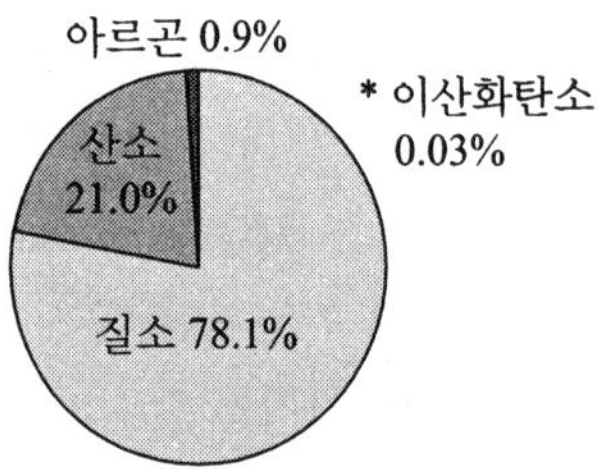

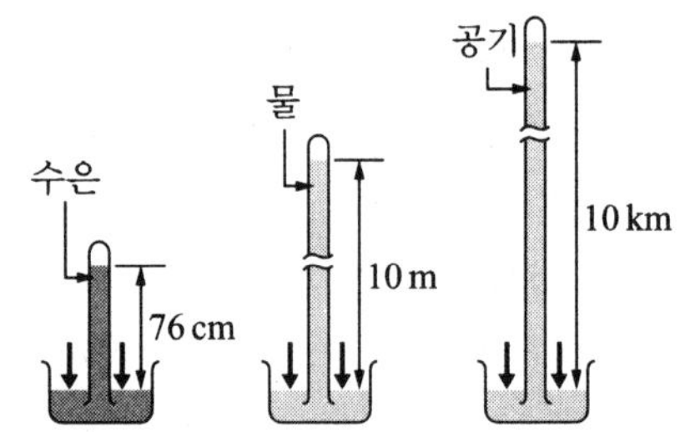

$$
\begin{aligned}
28 \times 0.781 &= 21.868 \\
32 \times 0.209 &= 6.688 \\
40 \times 0.009 &= 0.036 \\
\hline
\text{총 } 0.999 &= 28.592
\end{aligned}
$$

- 1기압이 표면적 1 m^{2}에 작용하는 힘은 10만 N
- 10^5 N ≒ 10^4 kg×9.8 m/sec^2(중력가속도)
  = 10 ton×9.8 m/sec^2 (약 10 ton의 무게)

1몰(mol) 공기 질량 : 28.97 g

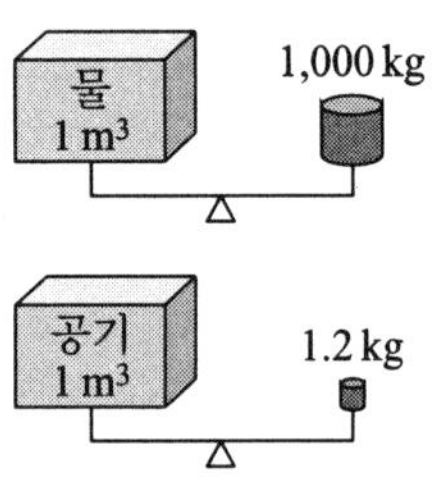

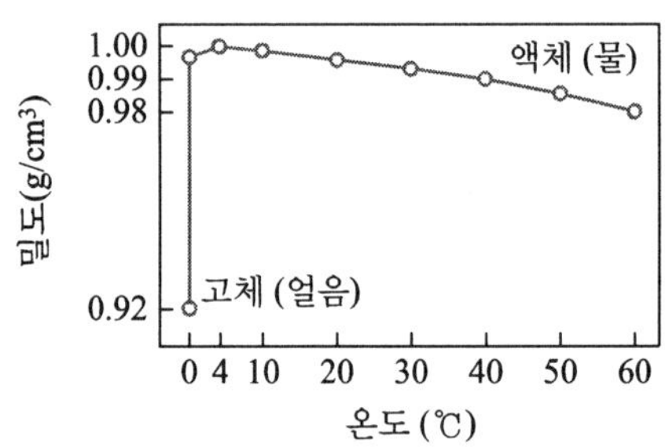

그림 1-3 공기와 물의 기본적인 특성 이해

산업환기에서 말하는 표준상태의 공기란 분자량은 약 29.0이고 온도는 21℃(70°F), 기압은 760 mmHg(29.92 inchHg), 상대습도 50%를 말한다. 표준공기의 밀도는 ρ = 1.203 kg/m^3(0.075 lb/ft^3)이지만 온도와 고도에 따라 달라진다. 또 공기의 점성계수 μ = 1.807×10^{-4} poise, 동점성계수 ν = 1.502×10^{-5} m^2/sec이며 이것 역시 온도에 따라 달라진다. 주어진 환경에서 실제 측정한 환기량에 대해서 실측치인 actual을 의미하는

a를 사용하며 표준상태에서는 standard를 의미하는 s를 덧붙임으로서 사용하기도 한다. 그러나 특별한 언급이 없는 한 모든 값은 표준상태의 공기를 의미한다.

3) 온도

기온을 측정할 때 온도계의 감열부가 건조한 상태에서 측정한 온도를 건구온도(dry bulb temperature: DB)라고 하며, t(℃)로 표시한다. 온도계의 감열부를 천으로 감싼 다음 측정코자 하는 환경에 30분 이상 방치한 물을 모세관 현상으로 빨아 올려 감열부가 젖은 상태에서 측정한 온도를 습구온도(wet bulb temperature: WB)라고 하고 t'(℃)로 표시한다. 이 습구온도는 주위의 공기가 포화증기에 가까우면 건구온도와의 차이가 작아지고 건조하게 되면 그 차이는 커진다. 또한 감열부에서의 증발이나 열전달에 의한 열량은 주위공기의 기류속도에 따라 다르므로 일정한 풍속에서 측정해야 한다. 이때 감열부는 약 3 m/sec 이상의 기류속도에 설치하는 것이 좋다. 기류를 이용하여 습구온도를 측정하고 건구온도와 습구온도를 이용하여 상대습도를 측정하는 도구로는 아스만 통풍건습계(Assmann psychrometer)가 있다.

온도가 높은 공기일수록 많은 수증기를 포함할 수 있으므로 습공기의 온도를 낮게 하여 어떤 온도에 이르면 포화상태가 되고 더욱 냉각시키면 수증기의 일부가 응축하여 이슬이 맺히게 되는데 이때의 온도를 노점온도(dew point temperature: DP)라고 t''(℃)로 표시한다. 노점온도는 수증기 분압에 대해서 일정한 값을 가지며 이 수증기 분압은 노점온도에 대해서 포화증기압과 같다. 수증기를 내포한 공기 중에 수증기 x가 점차 증가하여 더 이상 수증기를 포함할 수 없는 때의 공기를 포화공기(saturated air)라고 한다.

4) 습도

수증기를 함유한 공기의 습한 정도를 나타내는 지표로서 상대습도(relative humidity: RH)를 사용하는데 현재 문제 공기의 수증기 분압(P_v)과 그 온도에 있어서 포화공기의 수증기 분압(P_s)과의 비를 백분율로 나타낸 것이다.

$$\mathrm{RH} = \frac{P_v}{P_s} \times 100(\%)$$

포화공기의 수증기 분압 P_s는 온도에 따라 변하므로 수증기 분압 P_v가 같은 습공기라고 하더라도 온도를 변화시키면 상대습도는 변화하게 된다. 공기 중에 포함되어 있는 수증기의 절대량을 계산하는데 사용하기 위해서는 상대습도가 적합하지 못하다. 공기 중에 포함되어 있는 수증기의 질량비에 의해서 습도의 정도를 나타낸 것이 절대습도이다. 즉, 건조한 공기를 기준으로 건조한 공기 1 kg을 함유하고 있는 습공기 속의 수증기량이 x[kg]일 때 이를 절대습도 x[kg/kg(DA)] 또는 x[kg/kg']라 표시한다. 여기서 kg(DA) 또는 kg'는 건조한 공기를 나타내며 습공기는 건조한 공기와 수증기가 혼합된 것으로 생각하므로 습공기$(1+x)$ kg 속에는 건공기 1 kg과 수증기 x[kg]이 포함되어 있는 것이다.

5) 습공기(moist air)

지상부근에 존재하는 대기의 성분은 수증기를 제외하면 거의 일정한 비율로 존재하지만 수증기를 고려하면 약간의 변화가 생긴다. 수증기를 함유한 공기를 습공기(moist air)라고 하고, 수증기를 함유하지 않은 공기를 건공기(dry air)라고 한다.

표 1-5 습공기표

t [℃]	P_w [kg/cm²]	P_s [mmHg]	x_s [kg/kg(DA)]	i_s [kcal/kg(DA)]	v_s [m³/kg(DA)]	i_a [kcal/kg]	v_a [m³/kg]
−10.0	2.919×10^{-3}	2.147	1.762×10^{-3}	−1.355	0.7476	−2.40	0.7455
−9.0	3.158×10^{-3}	2.323	1.097×10^{-3}	−1.029	0.7506	−2.16	0.7483
−8.0	3.414×10^{-3}	2.511	2.062×10^{-3}	−0.6955	0.7536	−1.92	0.7512
−7.0	3.689×10^{-3}	2.713	2.229×10^{-3}	−0.3557	0.7567	−1.68	0.7540
−6.0	3.983×10^{-3}	2.930	2.407×10^{-3}	−0.00864	0.7598	−1.44	0.7568
−5.0	4.298×10^{-3}	3.161	2.598×10^{-3}	0.3461	0.7628	−1.20	0.7597
−4.0	4.635×10^{-3}	3.409	2.802×10^{-3}	0.7090	0.7659	−0.96	0.7625
−3.0	4.995×10^{-3}	3.674	3.021×10^{-3}	1.081	0.7690	−0.72	0.7653
−2.0	5.379×10^{-3}	3.957	3.255×10^{-3}	1.461	0.7722	−0.48	0.7682
−1.0	5.790×10^{-3}	4.259	3.505×10^{-3}	1.852	0.7753	−0.24	0.7710
0.0	6.228×10^{-3}	4.581	3.772×10^{-3}	2.253	0.7785	0.00	0.7738
1.0	6.696×10^{-3}	4.925	4.057×10^{-3}	2.665	0.7817	0.24	0.7766
2.0	7.194×10^{-3}	5.292	4.361×10^{-3}	3.089	0.7849	0.48	0.7795
3.0	7.724×10^{-3}	5.681	4.685×10^{-3}	3.524	0.7882	0.72	0.7823
4.0	8.289×10^{-3}	6.097	5.030×10^{-3}	3.974	0.7915	0.96	0.7851
5.0	8.890×10^{-3}	6.539	5.398×10^{-3}	4.436	0.7948	1.20	0.7880
6.0	9.530×10^{-3}	7.010	5.790×10^{-3}	4.914	0.7982	1.44	0.7908
7.0	1.0209×10^{-2}	7.5093	6.207×10^{-3}	5.407	0.8016	1.68	0.7936
8.0	1.0931×10^{-2}	8.0404	6.651×10^{-3}	5.916	0.8050	1.92	0.7965
9.0	1.1698×10^{-2}	8.6045	7.123×10^{-3}	6.443	0.8084	2.16	0.7993
10.0	1.2512×10^{-2}	9.2033	7.625×10^{-3}	6.988	0.8120	2.40	0.8021
11.0	1.3375×10^{-2}	9.8381	8.157×10^{-3}	7.552	0.8155	2.64	0.8050
12.0	1.4290×10^{-2}	10.511	8.723×10^{-3}	8.137	0.8191	2.88	0.8078

t [℃]	P_w [kg/cm^2]	P_s [mmHg]	x_s [kg/kg(DA)]	i_s [kcal/kg(DA)]	v_s [m^3/kg(DA)]	i_a [kcal/kg]	v_a [m^3/kg]
13.0	1.5260×10^{-2}	11.225	9.324×10^{-3}	8.743	0.8228	3.12	0.8106
14.0	1.6288×10^{-2}	11.981	9.962×10^{-3}	9.372	0.8265	3.36	0.8135
15.0	1.7375×10^{-2}	12.780	10.64×10^{-3}	10.03	0.8303	3.60	0.8163
16.0	1.8526×10^{-2}	13.627	11.36×10^{-3}	10.70	0.8341	3.84	0.8191
17.0	1.9743×10^{-2}	14.522	12.12×10^{-3}	11.41	0.8380	4.08	0.8220
18.0	2.1030×10^{-2}	15.469	12.92×10^{-3}	12.14	0.8419	4.32	0.8248
19.0	2.2390×10^{-3}	16.469	13.78×10^{-3}	12.91	0.8460	4.56	0.8276
20.0	2.3826×10^{-3}	17.525	14.68×10^{-3}	13.70	0.8501	4.80	0.8305
21.0	2.5343×10^{-3}	18.641	15.64×10^{-3}	14.53	0.8542	5.04	0.8333
22.0	2.6942×10^{-3}	19.817	16.65×10^{-3}	15.39	0.8585	5.28	0.8361
23.0	2.8630×10^{-3}	21.059	17.73×10^{-3}	16.29	0.8229	5.52	0.8390
24.0	3.0409×10^{-3}	22.368	18.86×10^{-3}	17.23	0.8673	5.76	0.8418
25.0	3.2284×10^{-3}	23.747	20.06×10^{-3}	18.20	0.8719	6.00	0.8446
26.0	3.4259×10^{-3}	25.199	21.33×10^{-3}	19.23	0.8765	6.24	0.8475
27.0	3.6339×10^{-3}	26.729	22.67×10^{-3}	20.29	0.8813	6.48	0.8503
28.0	3.8527×10^{-3}	28.339	24.09×10^{-3}	21.41	0.8862	6.72	0.8531
29.0	4.0830×10^{-3}	30.033	25.59×10^{-3}	22.57	0.8912	6.96	0.8560
30.0	4.3251×10^{-3}	31.814	27.17×10^{-3}	23.79	0.8963	7.20	0.9568
31.0	4.5796×10^{-3}	33.686	28.85×10^{-3}	25.07	0.9016	7.44	0.8616
32.0	4.8471×10^{-3}	35.653	30.62×10^{-3}	26.40	0.9070	7.68	0.8645
33.0	5.1280×10^{-3}	37.719	32.48×10^{-3}	27.80	0.9126	7.92	0.8673
34.0	5.4229×10^{-3}	39.889	34.45×10^{-3}	29.26	0.9183	8.16	0.8701
35.0	5.7324×10^{-3}	42.165	36.54×10^{-3}	30.79	0.9242	8.40	0.8700
36.0	6.0571×10^{-3}	44.553	38.73×10^{-3}	32.39	0.9303	8.64	0.8758
37.0	6.3976×10^{-3}	47.058	41.06×10^{-3}	34.07	0.9366	8.88	0.8786
38.0	6.7546×10^{-3}	49.684	43.51×10^{-3}	35.84	0.9431	9.12	0.8914
39.0	7.1286×10^{-3}	52.435	46.10×10^{-3}	37.69	0.9498	9.36	0.8843
40.0	7.5204×10^{-3}	55.317	48.83×10^{-3}	39.63	0.9568	9.60	0.8871
41.0	7.9307×10^{-3}	58.335	51.71×10^{-3}	41.66	0.9639	9.84	0.8899
42.0	8.3601×10^{-3}	61.493	54.76×10^{-3}	43.80	0.9714	10.08	0.8928
43.0	8.8095×10^{-3}	64.799	57.98×10^{-3}	46.05	0.9791	10.32	0.8956
44.0	9.2795×10^{-3}	68.256	61.37×10^{-3}	48.41	0.9871	10.56	0.8984

[주] P_w : 포화수증기압

P_s : 포화공기 중의 수증기의 수증기 분압이며 P_w와 같다.

x_s, i_s, v_s : 포화공기의 절대습도, 엔탈피, 비용적

i_a, v_a : 건공기의 엔탈피, 비용적

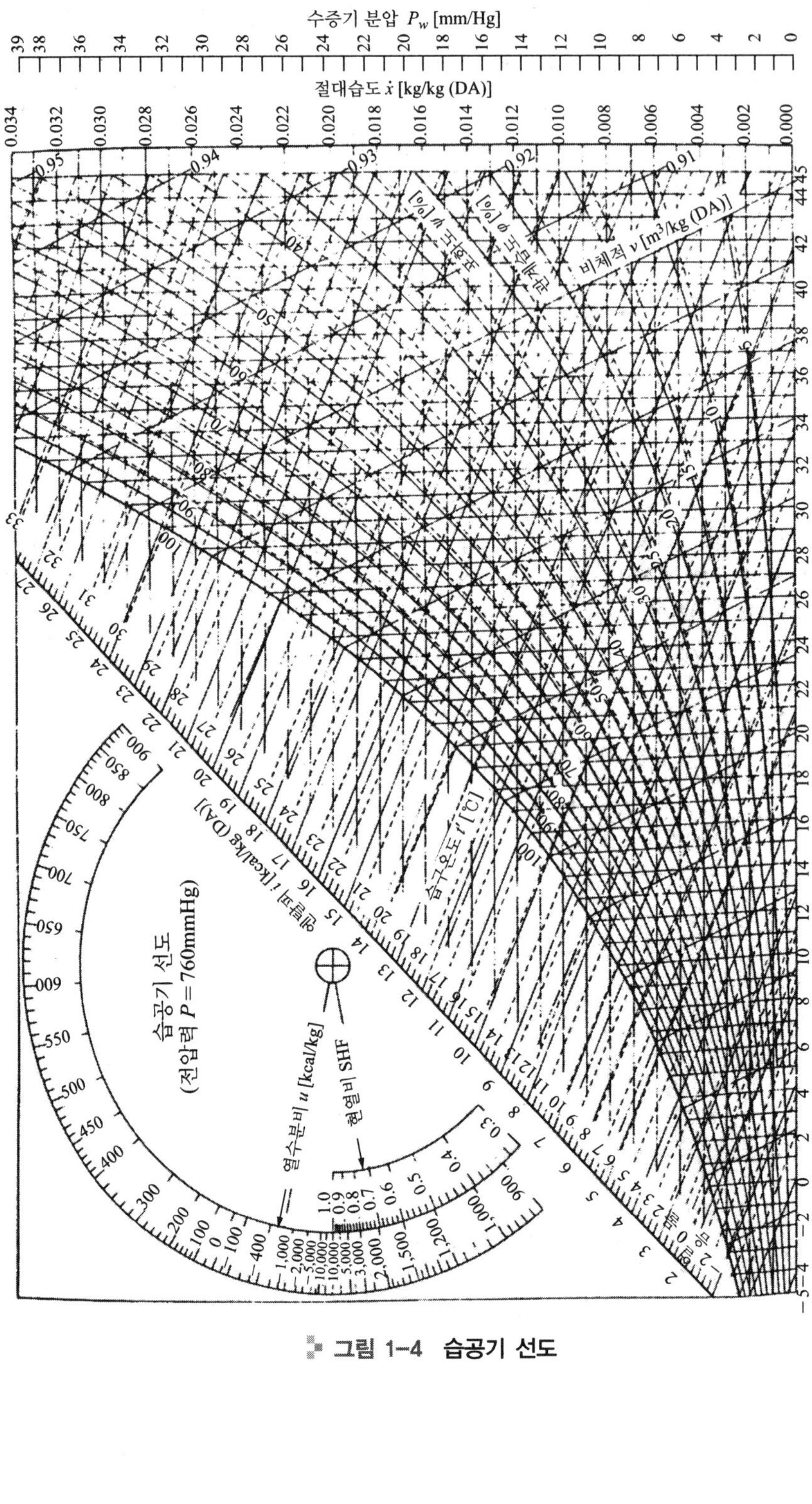
수증기 분압 P_w [mm/Hg]
절대습도 x [kg/kg (DA)]
습공기 선도
(전압력 P = 760mmHg)
엔탈피 i [kcal/kg (DA)]
습구온도 t' [℃]
건구온도 t [℃]
비체적 v [m³/kg (DA)]
열수분비 u [kcal/kg]
현열비 SHF

그림 1-4 습공기 선도

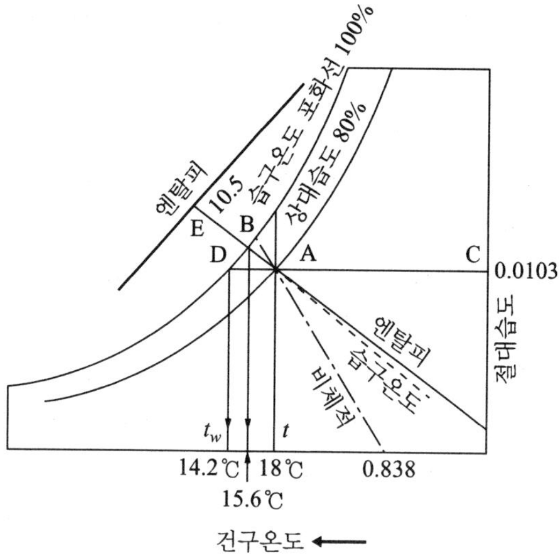

그림 1-5 습공기 선도 읽는 법

중량 1 kg의 건공기(이 때의 체적은 V[m³], 압력은 P_a[ata]이다)와 x[kg]의 수증기(체적은 V[m³], 압력은 P_v[ata])가 혼합하여 같은 체적 V[m³]의 습공기를 만들었다면, 이 습공기의 중량은 $(1+x)$[kg]이 된다. 이때 습공기의 압력을 P[ata]라고 하면, 다음의 식이 성립한다. 여기서 P를 전압, P_a, P_v를 분압이라고 한다면

$$P = P_a + P_v \tag{1-19}$$

이 된다. 즉, 동일 체적의 건공기와 수증기를 합치면 동일체적의 습공기가 되는데 이 때 습공기의 압력은 건공기의 압력과 수증기의 압력의 합과 같으며, 또 습공기의 중량도 건공기의 중량과 수증기 중량의 합과 같다.

산업환기에서도 습공기에 대한 개념은 중요하지만 공기조화시스템에서 습공기에 대한 개념은 대단히 중요하다. 그 이유는 습도가 온감이나 보건에 중요한 요소일 뿐만 아니라 건공기는 상온에서 언제나 기체이지만 수증기는 응축이나 증발을 하면서 잠열로서 열량적으로 많은 영향을 미치기 때문에 공조시스템을 설계할 때 가장 먼저 고려해야 할 사항이다. 예를 들면, 건구온도 25℃, 상대습도 50%의 습공기에 있어서 수증기 질량은 전체의 1%에 불과하지만 그 습공기가 가진 엔탈피의 약 절반은 수증기의 엔탈피로서 99%의 질량을 차지하는 건공기와 거의 비슷하기 때문이다.

습공기의 여러 가지 상태량을 나타낸 것을 습공기표(psychrometric table)라고 하며 표 1-5는 표준대기압(760 mmHg) 상태에서 측정한 값을 표로 나타낸 것이다. 따라서 고도가 높은 곳에서는 이 표의 값들이 수정되어야 하지만 일반적으로 공기조화에서는

이 표를 그대로 사용하고 있다. 이 표에서 P_w, P_s는 각 온도에 대한 포화수증기의 압력을 각각 [ata]와 [mmHg]로 나타낸 것이며, 이것은 각 온도에서 포화공기 중의 수증기 분압과 같다. 표의 x_s, i_s, v_s는 각 온도에 대한 포화공기의 절대습도[kg/kg(DA)], 엔탈피[kcal/kg(DA], 비체적[m³/kg(DA)]을 표시하며, i_a, v_a는 건공기의 엔탈피[kcal/kg], 비체적[m³/kg]을 표시한 것이다.

습공기의 상태를 표시한 그림을 습공기선도(psychrometric chart)라고 하며 습공기 중의 수증기의 분압, 절대습도, 상대습도, 건구온도, 습구온도, 노점온도, 비체적, 엔탈피 등의 각 상태값을 하나의 선도에 나타낸 것이다. 일반적으로 압력은 대기압 하에서 사용되므로 일정하다고 가정하면 습공기의 상태값은 이들 중 2개의 값을 구하면 다른 상태값은 따라서 결정되므로 2개의 변수를 좌표로 하는 선도로 표현할 수 있다. 그림 1-3은 일반적으로 가장 많이 사용되는 대기압 상태에서 엔탈피와 절대습도를 사교좌표축(斜交座標軸)으로 하는 i-x선도이다.

예제 1-8

건구온도 t가 18℃, 상대습도 RH가 80%일 때, 그림 1-3을 이용하여 습구온도, 절대습도, 노점온도, 엔탈피, 비체적을 구하시오.

풀이

우선 2개의 변수에 의해서 만들어지는 공기의 상태를 표시하는 상태점(state point)을 구한다. 그림 1-4와 같이 횡축의 건구온도 18℃를 따라 올라가서 상대습도 80%와 만나는 점 A를 구하면 이것이 상태점이 된다. 습구온도 t_a'[℃]는 교점 A를 지나 좌측상단으로 올라가는 경사진 파선(점선)으로 상대습도 100%에 해당하는 교점 B값을 읽거나 B점에서 수직선으로 내려오면 15.6℃를 읽을 수 있다. 절대습도 x는 A 상태점을 지나고 횡축과 평행하게 우측방향으로 평행선을 그어 만나는 점 C를 읽으면 0.0103 kg/kg(DA)를 얻는다. 노점온도 t_a''[℃]는 위의 평행선을 좌측방향으로 연장시켜 포화곡선과의 교점 D에서 수직선을 아래로 그려 내리면 14.2℃를 읽을 수 있다. 엔탈피 i는 좌측상단의 엔탈피를 표시하는 경사선과 상태점 A를 지나는 실선과의 교점 E를 읽으면 되는데 10.5 kcal/kg(DA)이다. 비체적 v_s은 좌측상단에서 우측하단으로 내린 일점쇄선으로 표시되며 0.838 m³/kg이 된다.

- 습구온도 $t_a' = 15.6$℃
- 절대습도 $x = 0.0103$ kg/kg(DA)
- 노점온도 $t_a'' = 14.2$℃
- 엔탈피 $i = 10.5$ kcal/kg(DA)
- 비체적 $v_s = 0.838$ m³/kg

(4) 밀도보정계수(density correction factor: d_f)

이상기체의 법칙에 의하면 일정량의 기체에서 부피는 절대온도에 비례하고 압력은 반비례한다($VP=nRT$). 즉, 공기의 부피는 절대온도가 증가함에 따라 증가하고 압력이 증가함에 따라 감소함으로 공기의 밀도는 온도가 증가하고 고도가 높아지면 낮아진다.

산업환기에서 최종적으로 송풍기를 선정하고 동력을 계산할 때에는 에너지 보존법칙과 질량 보존법칙이 적용되기 때문에 실제 측정한 측정치들을 표준공기의 상태로 보정해 줄 필요가 있다. 송풍기를 선정할 때는 평가표의 모든 값들은 표준상태의 공기를 기준으로 만들어진 것이다. 따라서 만약 공기의 밀도가 현저하게 달라지면 송풍기의 평가도 이에 따라 교정되어야 된다. 만약 동일체적을 이동시킬 경우 낮은 밀도의 공기를 이동시키는 송풍기는 높은 밀도의 공기보다 적은 질량을 이동시킨다. 다시 말해서 송풍기가 밀도가 낮은 공기를 이동시킬 때에는 밀도가 높은 공기를 이동시킬 때보다 에너지를 덜 소모하게 된다. 따라서 필요한 송풍기의 동력수도 작은 양의 공기질량을 운반시키기 때문에 작아지게 된다.

공기의 밀도에 영향을 주는 일차적인 요소는 해발의 높이이며 그 다음은 공기의 온도이다. 공기의 온도와 해발 고도가 높아지면 공기의 밀도도 작아진다. 따라서 정확한 송풍기 정압과 동력수를 산출하기 위해서는 반드시 공기의 밀도를 고려하여 계산하여 주어야 하는데 이 때 사용되는 보정치가 밀도보정계수(density correction factor: d_f)이다.

예를 들면, 표준공기와 현저한 차이가 있는 밀도의 공기가 국소배기장치를 통과하고 있다면 송풍기의 선정과 동력은 일단 표준공기로 환산한 수치를 이용하여 선정해야 하며 실제 필요한 송풍기의 동력은 다시 실제 공기에 맞추어 환산시켜 주어야 하는데 이 때 사용되는 보정치가 바로 밀도보정계수인 것이다. 해발고도와 온도에 따른 밀도보정계수는 표 1-6과 같다.

한편, 표에 의존하지 않고 온도에 의한 밀도보정계수는 다음 식에 의해서도 구할 수 있다.

$$d_f = \frac{(294)(\text{atm})}{(℃+273)(760)} = \frac{(530)(\text{atm})}{(°\text{F}+460)(29.92)} \qquad (1\text{-}20)$$

여기서, d_f : 밀도 보정계수, 무차원

atm : 대기압, mmHg 혹은 inchHg

°F : 화씨온도

℃ : 섭씨온도

표 1-6 밀도보정계수

	해발고도, m								
	−305	0	305	610	915	1220	1525	1830	2135
	대기압, mmHg								
	788	760	733	707	681	656	632	609	586
온도, ℃	밀도보정계수 (d_f)								
−40	1.31	1.26	1.22	1.17	1.13	1.09	1.05	1.01	0.97
−18	1.19	1.15	1.11	1.07	1.03	1.00	0.96	0.92	0.89
4	1.10	1.06	1.02	0.99	0.95	0.92	0.88	0.85	0.82
21	1.04	1.00	0.96	0.93	0.90	0.86	0.83	0.80	0.77
38	0.98	0.95	0.91	0.88	0.85	0.82	0.79	0.76	0.73
66	0.90	0.87	0.84	0.81	0.78	0.75	0.72	0.70	0.67
93	0.83	0.80	0.77	0.75	0.72	0.69	0.67	0.64	0.62
121	0.77	0.75	0.72	0.69	0.67	0.64	0.62	0.60	0.58
149	0.72	0.70	0.67	0.65	0.62	0.60	0.58	0.56	0.54
177	0.68	0.65	0.63	0.61	0.59	0.57	0.54	0.52	0.50
204	0.64	0.62	0.59	0.57	0.55	0.53	0.51	0.49	0.48
232	0.60	0.58	0.56	0.54	0.52	0.50	0.48	0.47	0.45
260	0.57	0.55	0.53	0.51	0.49	0.48	0.46	0.44	0.43
288	0.54	0.52	0.51	0.49	0.47	0.45	0.44	0.42	0.40
316	0.52	0.50	0.48	0.46	0.45	0.43	0.42	0.40	0.39
371	0.47	0.46	0.44	0.42	0.41	0.39	0.38	0.37	0.35
421	0.44	0.42	0.41	0.39	0.38	0.36	0.35	0.34	0.32
482	0.40	0.39	0.38	0.36	0.35	0.34	0.32	0.31	0.30
535	0.38	0.36	0.35	0.34	0.33	0.31	0.30	0.29	0.28

실제 공기의 밀도를 계산할 때는 표준공기의 밀도에 밀도보정계수를 곱해줌으로서 구할 수 있다.

$$\rho_{(a)} = \rho_{(s)} \times d_f \tag{1-21}$$

여기서, $\rho_{(a)}$: 실제 공기의 밀도

$\rho_{(s)}$: 표준공기의 밀도, 1.203 kg/m^3

예제 1-9

해발고도가 610 m인 곳에서 대기압이 707 mmHg이다. 이때 작업장에서 배출되는 공기의 온도가 121℃라면 이 공기의 밀도는 얼마인가?

풀이

$$d_f = \frac{(294)(707)}{(121+273)(760)} = 0.69$$

$$\rho_{(a)} = 1.203 \times 0.69 = 0.830 \text{ kg/m}^3$$

(5) 혼합공기의 성질과 후드의 위치

가스나 증기는 상온(25℃)과 대기압 760 mmHg에서 단일분자물질로 존재하는 것을 말한다. 가스란 상온에서도 기체상으로 존재하는 것을 말하며 증기란 상온에서 고체나 액체상으로 존재하지만 증기압에 의해 증발하여 기체상으로 존재하는 것을 말한다. 산소와 수증기의 예를 보면 가스와 증기를 쉽게 구별할 수 있다. 그러나 실제 사업장에서 가스와 증기를 엄격하게 구분하기는 쉽지 않다. 대부분의 액체는 그 액체의 증기압에 따라 공기와 최대한 혼합하려는 성질을 가지고 있으며 다음과 같은 성질을 갖는다.

- 어떠한 압력과 온도에서도 증기는 공기와 최대한 혼합하려고 한다.
- 더운 공기는 차가운 공기보다 더 많은 증기를 함유한다.

예제 1-10 Q&A

21℃에서 수은의 증기압은 0.0013 mmHg이다. 밀폐된 작업장에서 수은을 방치했을 때 공기 중 수은의 최대 농도는 몇 mg/m^{3}이겠는가? (수은의 분자량은 200.6)

풀이

포화증기농도(SVC)로 계산하면, 0.0013 / 760 = 0.0000017

$$0.00017\% = 1.7 \text{ ppm} = 14 \text{ mg/m}^3 \left(1.7 \times \frac{200.6}{24.1} = 14.2\right)$$

위 예제에서 풀어 본 수은과 공기의 혼합기체는 어떤 형태로 존재할까? 수은과 같이 비중이 대단히 무거운 금속 증기들은 쉽게 바닥에 가라앉을까?

1) 증기농도가 매우 높고(% 단위로 존재) 공기와 잘 혼합되지 않는 경우

유기증기는 일반적으로 공기보다 무겁다. 공기보다 무거운 유기증기(예를 들면, 프로판(C_3H_8)의 증기밀도(공기비중)는 1.554)는 작업장의 밑바닥으로 가라앉을까? 만약 증기의 양이 대단히 많아서 % 단위로 존재한다거나 맨홀과 같이 환기로 인한 혼합이 전혀 이루어지지 않는다면 바닥에 가라앉을 것이다.

따라서 맨홀, 탱크, 오븐, 지하실 등과 같이 환기능이 매우 약하여 공기와 혼합이 이루어지지 않고 % 단위로 다량의 증기가 누출되면 증기가 바닥에 가라앉아 폭발, 발화 및 질식의 위험이 있다. 2013년 ㅇㅇ제철사고 당시 전로(轉爐)내부에서 내화벽돌 설치 발판 제거작업 중 무색무취의 아르곤 가스(분자량 39.95)가 누출되어 5명이 사망한 사건은 바로 이런 이유 때문이었다.

2) 증기농도가 낮고(ppm 단위로 존재) 공기와 잘 혼합되는 경우

그러나 일반적인 작업장의 경우 유기증기의 양이 % 단위로 존재하는 경우는 거의 없고(이 경우에는 작업자의 건강 관련 문제보다는 화재 및 폭발 위험이 매우 높으므로 '안전'에 해당되는 문제임) 보통은 미량인 ppm 단위로 존재한다. 이 경우 화학물질은 최대한 공기와 혼합하려는 성질 즉, 확산력(diffusion)에 의해 위아래 전후좌우 모든 방향으로 일정한 농도로 희석된다. 쉽게 말하면, 증기상의 화학물질이 비중이 아무리 무거워도 이 경우는 바닥으로만 가라앉지 않는다는 말이다.

실제 현장에서 화학이나 화공을 공부했다는 사람들도 이에 대해 설명을 하여도 고장관념 때문에 받아들이지 않는 경우를 종종 보았다.

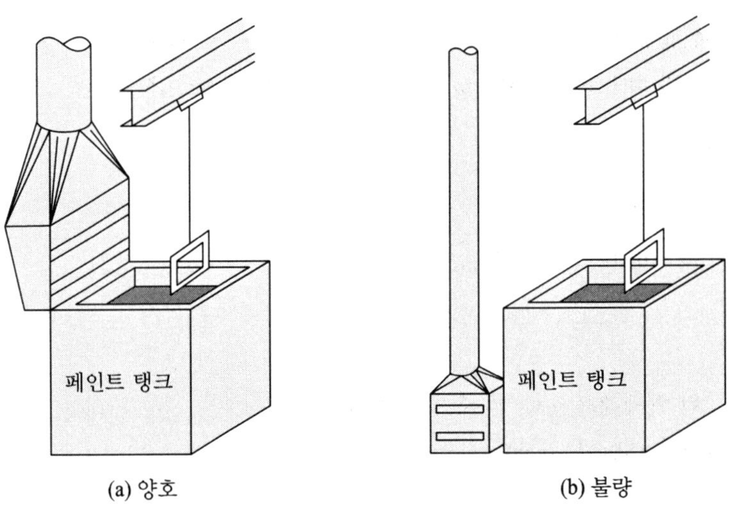

그림 1-6 일반적인 오류로 범하기 쉬운 후드의 위치

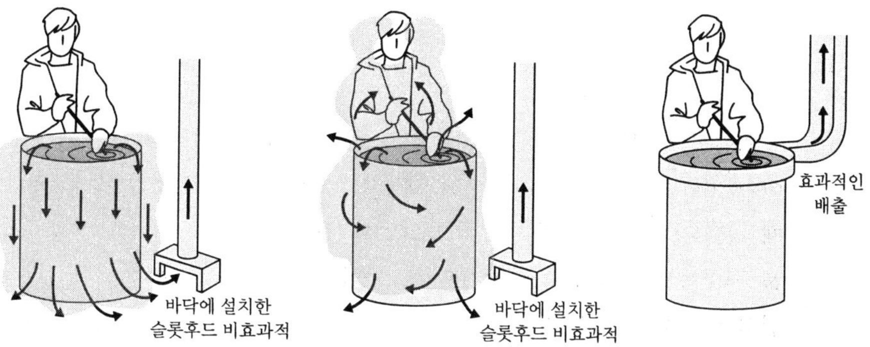

그림 1-7 영국 HSE 자료에서 제시한 후드 위치

환기시설 중 흔히 범하기 쉬운 오류 중 하나는 공기보다 무거운 증기는 밑바닥으로 가라앉을 것으로 생각하여 이를 제거하기 위해서는 그림 1-6, 1-7과 같이 후드를 바닥에 설치해야 한다고 생각하는 것이다. 그러나 실제 공기와 화학물질증기의 혼합기체(mixture)에 대한 유효비중(effective specific gravity)은 전혀 화학물질증기가 섞여 있지 않은 순수한 공기의 비중과 거의 동일하다. 따라서 오염물질이 공기 중에서 자유롭게 확산 이동이 이루어지므로 공기보다 무거운 증기라 할지라도 밑바닥으로만 가라앉지 않기 때문에 후드를 바닥에 설치하는 오류를 범하지 말아야 한다.

예제 1-11

공기 중에 아세톤의 농도가 1,000 ppm 존재할 때 이 혼합기체의 유효비중은 얼마이겠는가? 단, 아세톤의 공기비중은 2.0이다.

풀이

$$\text{혼합기체의 비중} = \frac{1{,}000 \times 2.0 + 999{,}000 \times 1.0}{1{,}000{,}000} = 1.001$$

예제 1-11에서 보았듯이 아세톤의 농도가 1,000 ppm이 되어도 혼합공기의 유효비중은 1.001이며 이는 순수 공기비중 1과 다를 바가 없다. 혼합기체의 유효비중은 후드를 설치할 때 중요한 개념이므로 꼭 기억해 두어야 한다.

(6) 입자의 종단속도(terminal velocity)

입자상 물질이 공기 중에서 침강할 때는 Stokes' law의 영향을 받는다. Stokes 법칙이란 어떤 물질의 흐름이 관성의 영향을 받지 않고 유체의 점성에 영향을 받고 움직일 때 성립된다. 이런 물질의 흐름은 유체의 점성으로 의해 생기는 마찰력으로 인한 저항을 의미하므로 Stokes 저항이라고도 한다. 공기 중 입자상 물질의 침강속도는 Stokes 법칙에 의해 다음과 같다.

$$V_{grav} = V_{ts} = \frac{g \cdot d^2 \cdot (\rho_p - \rho_a)}{18\mu} \tag{1-22}$$

여기서, V_{grav} : 침강속도, cm/sec

g : 중력가속도, 980 cm/sec^2

d : 입자상 물질의 직경, cm

ρ_p : 입자상 물질의 밀도, g/cm^3

ρ_a : 공기의 밀도, 0.0012 g/cm^3

μ : 공기의 점성계수, 1.807×10^{-4} poise(= g/cm · sec = dyne · sec/cm^2)

식 (1-22)는 입경이 0.1 ~ 1,000 μm인 입자상 물질에 대해서 적용할 수 있다. 입경이 약 0.1 μm인 입자상 물질의 침강속도는 매우 낮아 거의 가스와 같은 Brown운동을 한다. 입경이 1 ~ 50 μm인 입자상 물질의 침강속도는 다음과 같이 더욱 간편하게 사용할 수 있다.

$$V_{grav} = 0.003\rho_p d^2 \tag{1-23}$$

여기서, V_{grav} : 침강속도, cm/sec

d : 입자상 물질의 직경, μm

ρ_p : 입자상 물질의 밀도, g/cm^3

예제 1-12 Q&A

입자의 직경이 1 μm이고 밀도가 1.5 g/cm^{3}인 입자의 종단속도를 구하시오.

풀이

식 (1-22)를 이용하면 1 μm = 1×10^{-4} cm이므로

$$V_{grav} = \frac{980 \times (1 \times 10^{-4})^2 \times (1.5 - 0.0012)}{18 \times 1.807 \times 10^{-4}} = 0.0045 \text{ cm/sec}$$

식 (1-23)을 이용하면

$$V_{grav} = 0.003 \times 1.5 \times 1^2 = 0.0045 \text{ cm/sec}$$

예제 1-13 Q&A

위 예제의 입자가 1.5 m 가라앉는데 걸리는 시간을 계산하시오.

풀 이

1.5 m = 150 cm이므로 $\frac{150 \text{ cm}}{0.0045 \text{ cm/sec}} = 33{,}333 \text{ sec}$ (=9시간 16분)

예제에서 보는 바와 같이 입자의 침강속도는 입자 직경의 제곱에 비례하기 때문에 입경의 크기가 조금만 작아져도 쉽게 침강하지 않고 공기 중에 오랫동안 부유(浮遊)하게 되어 결국 작업자의 호흡을 통하여 인체로 침투하게 된다.

3 관내 유체 흐름의 기본개념

(1) 정상류와 유체의 연속방정식

관(duct)내 유체의 흐름은 질량보존의 법칙(mass conservation)과 유체의 연속방정식(continuity equation)에 의하여 설명된다. 질량보존의 법칙(물질은 만들어지지도 않고 소멸되지 않으며 보존된다)은 정상류로 흐르고 있는 관내 유동에 적용된다. 그림 1-8에서처럼 한 개의 관에 유체가 흐르고 있다고 하자. 단면 1에서의 평균밀도, 평균속도, 면적을 각각 ρ_1, V_1, A_1이라고 하고 단면 2에서의 값을 각각 ρ_2, V_2, A_2라고 한다면 단면 1을 통과하는 단위 시간당 질량은 단면 2를 통과하는 단위 시간당 질량과 같아야 한다. 즉, 질량보존의 원리를 적용하면

$$\rho_1 V_1 A_1 = \rho_2 V_2 A_2 \tag{1-24}$$

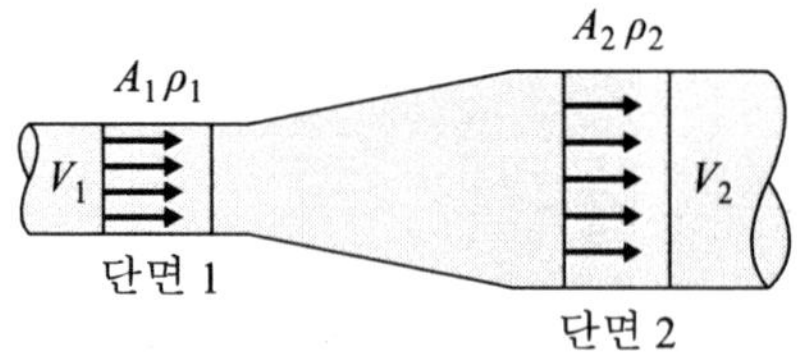

그림 1-8 관내 유체의 흐름

이 된다. 만약 질량이 아닌 중량으로 표현하면 식 (1-25)가 된다.

$$\gamma_1 V_1 A_1 = \gamma_2 V_2 A_2 \qquad (1\text{-}25)$$

γVA 단위는 N/sec로서 매초당 중량 또는 Newton으로 측정되는 중량유량(weight flow rate)을 말한다. 만약 밀도나 비중량이 변하지 않는다면 식 (1-24)와 식 (1-25)는 다음과 같다.

$$Q = V_1 A_1 = V_2 A_2 \qquad (1\text{-}26)$$

여기서 Q를 유량(flowrate)라고 하고 단위는 m^3/sec이 된다. 기체에서와 같이 압력의 변화에 따라서 그 밀도가 변하는 압축성 유체에 대해서는 질량유량이나 중량유량으로 표시되어야 하나 산업환기에서 공기의 흐름은 취급하는 양이나 거리가 제한되어 있기 때문에 밀도나 비중량의 변화가 없는 비압축성 유체로 간주한다. 따라서 식 (1-26)을 그대로 사용하게 되고 SI 단위계에서 보통 유량의 단위는 m^3/min, 속도의 단위는 m/sec를 사용하므로 단위 변환을 위하여 다음과 같이 표시하기도 한다.

$$Q = 60 \times VA \qquad (1\text{-}27)$$

여기서, Q : 유량, m^3/min
V : 공기의 평균속도, m/sec
A : 단면적, m^2

한편, 원형관의 단면적을 구하기 위해서는 반지름(radius: r) 혹은 직경(diameter: D)을 사용해야 하는데 일반적으로 수학에서는 반지름을 쓰지만 공학에서는 직경을 사용한다. 또 시중에서 관의 규격을 구입할 때에는 직경을 Φ(phi)라고 하며 단위는 mm를 사용한다. 즉, $\Phi = 200$짜리 관이라면 직경 D는 200 mm라는 뜻이다.

예제 1-14

Q&A

Φ=300 mm인 관에 유량이 100 m^3/min인 공기가 흐르고 있다. 공기의 속도는 얼마이겠는가?

풀이

$V=\dfrac{Q}{60A}$, 관의 면적 $A=\dfrac{\pi D^2}{4}=3.14\times\dfrac{0.3^2}{4}=0.07065\ \mathrm{m}^2$

$V=\dfrac{100}{60\times 0.07065}=23.6\ \mathrm{m/sec}$

(2) 베르누이(Bernoulli)의 정리

유체입자들에 작용하는 표면력으로서 전단응력은 작용하지 않고 수직응력(압력)만 작용할 때, 유체입자의 운동을 지배하는 Newton의 운동법칙을 오일러(Euler)의 운동방정식이라고 한다. 그림 1-8과 같이 밀도 ρ인 마찰이 없는 정상, 비압축성 유체의 미소체적이 속도 V로 유선을 따라 흐른다고 하자. 이 체적의 유선방향에 대한 단면적의 변화는 δA, 압력은 p, 길이의 변화는 δs로 할 때 두 단면적 사이의 압력변화는 다음과 같이 정리할 수 있다.

$$\frac{dp}{\rho}+VdV+g\,dz=0 \tag{1-28}$$

식 (1-28)을 1차원 흐름에 대한 오일러(Euler)의 운동방정식이라고 한다. 이 식은 유체가 유선을 따라 마찰 없이 흐를 때 에너지의 변화는 없다는 것을 의미한다. 비압축성 유체인 경우 Euler의 에너지 식 (1-28)을 적분하면 Bernoulli 방정식이라는 중요한 정리를 얻게 된다.

$$\int\frac{dp}{\rho}+\int VdV+g\int dz=\text{constant}$$

유체가 비압축성인 경우 ρ는 일정하기 때문에 다음과 같이 된다.

$$\frac{p}{\rho}+\frac{V^2}{2}+gz=\text{constant}$$

위 식을 다시 g로 나누어주면 식 (1-29)을 얻게 된다.

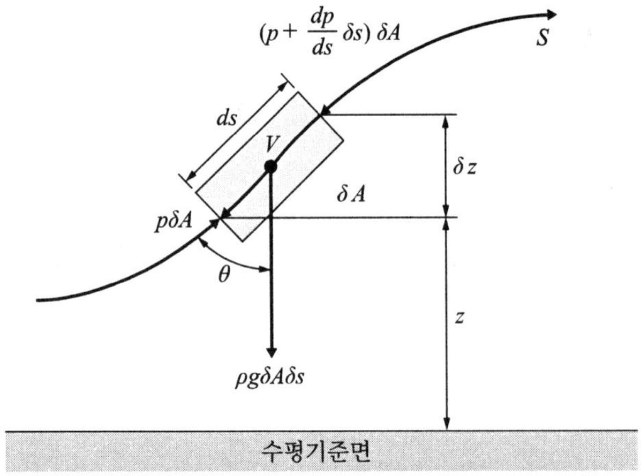

그림 1-9 연속방정식의 응용

$$\frac{p}{\gamma}+\frac{V^2}{2g}+z = \text{constant} \tag{1-29}$$

또 식 (1-29)의 각 항에 γ를 곱해주면 식 (1-30)을 얻게 된다.

$$p+\frac{\gamma V^2}{2g}+\gamma z = \text{constant} \tag{1-30}$$

식 (1-29)과 식 (1-30)을 베르누이 방정식이라고 한다.

베르누이 방정식은 바로 에너지 보존법칙을 의미하는 것으로 비점성, 비압축성, 정상 유동을 하는 유체입자가 가지는 에너지는 유선을 따라 일정불변하다는 것이다. 베르누이 방정식의 각 항은 에너지를 의미한다. 즉, 식 (1-29)과 식 (1-30)의 첫째 항은 유체의 체적이 가지는 단위 질량당 압력에너지, 둘째 항은 단위 질량당 속도에너지, 셋째 항은 단위 질량당 위치에너지를 의미한다. 실제 에너지를 측정할 때에는 압력을 이용한 물기둥의 높이를 측정하기 때문에 각 항을 수두(head)라고 부르기도 한다.

압력수두 : $\frac{p}{\gamma}$

속도수두 : $\frac{V^2}{2g}$

위치수두 : z

베르누이 방정식은 이상(理想)유체의 흐름에서 임의의 한 공간점으로 유입된 에너지의 총량은 유출된 에너지의 총량과 동일하며 그 에너지가 보존된다는 뜻이다. 그림에서 베르누이 정리를 이용하면 두 지점에서의 에너지는 보존되므로 다음과 같이 쓸 수 있다.

$$\frac{p_1}{\gamma} + \frac{V_1^2}{2g} + z_1 = \frac{p_2}{\gamma} + \frac{V_2^2}{2g} + z_2$$

이 3개 수두의 항은 언제나 일정한 상수가 되고 이 상수를 h라고 표시하며 이것을 전수두(total head)라고 부른다. 한 유선상의 모든 점에서 3수두의 합 즉, $p/\gamma + V^2/2g + z$은 그림에서 보는 바와 같이 언제나 동일하며 이 선을 에너지선(E.L.: energy line)이라고 하고 $p/\gamma + z$를 연결하는 선을 수력구배선(H.G.L.: hydraulic grade line)이라고 한다. 또 식 (1-30)에서 p를 정압(static pressure), γz를 위치압(potential pressure), $\gamma V^2/2g$를 속도압 또는 동압(velocity pressure or dynamic pressure)이라고 한다. 뒤 장에서 설명하겠지만 정압과 속도압을 측정할 때는 피토(Pitot)관을 마노미터(manometer)에 연결하여 사용한다.

한편, 산업환기에서처럼 유체가 기체인 경우 위치수두 z의 값은 매우 작으므로 일반적으로 무시하고 베르누이 정리는 다음과 같다.

$$\frac{p}{\gamma} + \frac{V^2}{2g} = \text{constant(일정)} \tag{1-31}$$

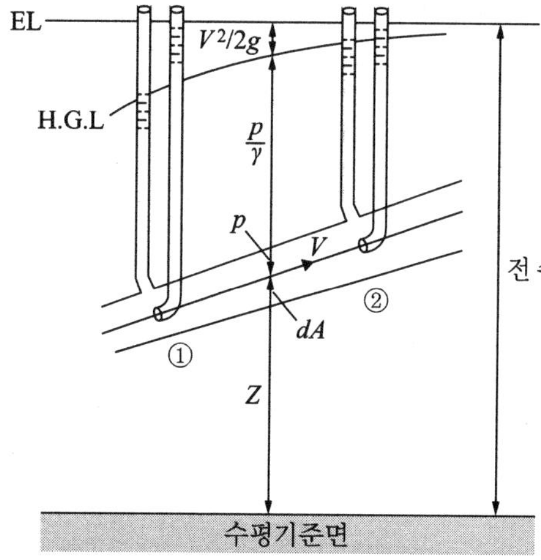

그림 1-10 베르누이 방정식의 전 수두

(3) 관내 공기흐름의 압력

1) 압력의 단위

압력이란 단위 면적당 작용하는 힘으로서 정의된다. 영국과 미국에서는 보통 평방인치당 파운드(psi: pound per square inch)를 사용하지만 SI 단위계에서는 평방미터당 킬로그램(kg/m^2)을 사용한다. 우리가 게이지(gauge)를 사용하여 압력을 측정할 때 표준대기압에서는 게이지압력을 0로 맞춘다. 이와 같은 압력을 게이지압이라고 한다. 게이지압의 0점을 완전 진공상태로 하고 이 게이지로 측정한 압력을 절대압(ata: atmosphere absolute)이라고 한다. 위도 45°이고 해발고도가 0인 지점에서 공기의 압력을 측정하면 10.13 mH_2O/cm^2(14.7 psi) 또는 760 mmHg, 즉, 1기압을 나타낸다.

산업환기에서 사용하는 압력 단위는 압력에 의해서 밀어 올릴 수 있는 물기둥의 높이(수주: 水柱)로 압력을 표시하며 SI 단위계에서는 mmH_2O를 사용한다.

2) 정압(SP: static pressure)

정압이란 일정 공간에 있는 유체가 모든 방향의 공간 벽에 동일한 크기로 미치는 압력이다. 공간 벽을 부풀리는 방향으로 미치는 압력을 양압(positive pressure)이라고 하고 수축시키는 방향으로 미치는 압력을 음압(negative pressure) 혹은 부압(負壓)이라고 한다. 환기장치에서는 송풍기의 앞쪽에 있는(up stream) 관에는 관 벽을 안으로 수축시키려는 압력이므로 음압이 되지만 송풍기 뒤쪽에 있는(down stream) 관에는 관 벽을 밖으로 팽창시키려는 압력이므로 양압이 된다(그림 1-11, 1-12 참조).

국소배기장치의 덕트가 일정한 직경을 유지한다면 측면으로 정압은 변하지 않으나 공기 흐름방향으로 정압은 감소한다(절대 값으로 측정된 실측치는 증가한다). 정압은 환기장치 내에 이동공기의 초기속도를 부여하고 또 공기가 덕트를 이동할 때에 발생하는 마찰과 난류 때문에 발생하는 유체저항을 극복하여 공기의 이동을 지속시키는 데 필요하다. 정압은 국소배기장치 내에 존재하는 잠재에너지(potential energy)이다. 마노미터를 이용하여 측정할 때는 작은 구멍을 뚫고 피토(Pitot)관을 덕트 내 공기 흐름방향에 수평으로 위치시켜 측정한다. 구멍을 뚫을 때 거스러미(burr)가 생기지 않도록 드릴을 이용해야 한다.

정압을 정리하면 다음과 같다.

① 운동에너지(Kinetic energy)에 반하는 잠재에너지(Potential energy)

② 덕트 내 모든 방향으로 동일하게 미치는 에너지로 덕트를 부풀리는 힘 즉, 양압(+)과 반대로 우그러뜨리는 힘 즉, 음압(−)으로 나타남

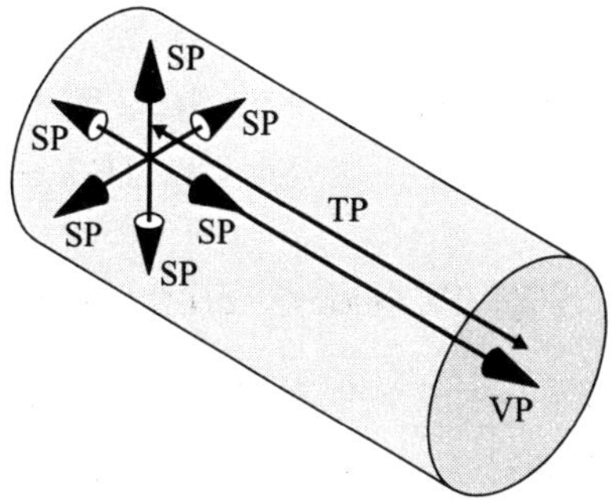

그림 1-11 한 점에서 정압, 속도압 그리고 전압

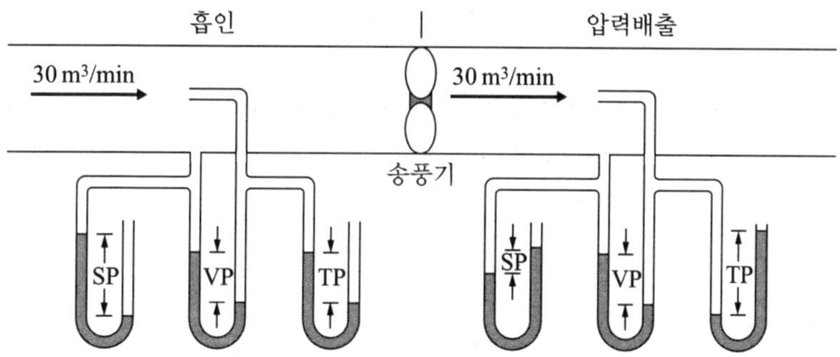

SP + VP = TP	SP + VP = TP
− 1.1 + 0.56 = − 0.54	0.2 + 0.56 = 0.76
대기압보다 낮은 압력	대기압보다 높은 압력

그림 1-12 정압, 속도압, 전압 측정의 원리

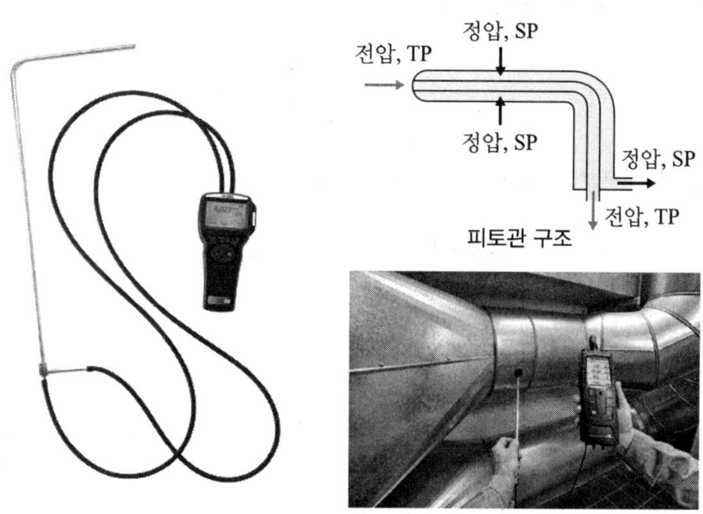

그림 1-13 피토관과 측정방법

③ 덕트 내 압력 크기가 외기보다 크면 양압, 작으면 음압
④ 공기흐름에 대한 저항(마찰손실, 압력손실)로 나타남
⑤ 공기를 이동시키는데 소요되는 에너지로 결국 송풍기가 부담함

3) 속도압 또는 동압(VP: velocity pressure or dynamic pressure)

속도압 또는 동압이란 유체의 흐름방향으로 작용하는 압력으로 항상 양압만 존재한다. 이 압력은 국소배기장치 내에 운동에너지(kinetic energy)로서 정지상태의 유체를 가속시켜 움직이게 하는데 요구되는 압력이다. 표준공기에서 속도압은 다음과 같다.

$$\mathrm{VP} = \frac{V^2}{2g} \quad (\text{비표준상태에서 } \mathrm{VP} = \frac{\gamma V^2}{2g}) \tag{1-32}$$

여기서, VP : 속도압(공기 속도두), kg_f/m^2 (≒10 pascal≒1 mmH_2O)
V : 공기의 속도, m/sec
g : 중력가속도, 9.8 m/sec^2
γ : 공기의 비중량

위 식은 공기의 속도두(속도가 밀어 올린 공기의 기둥)를 나타낸 것으로 실제 환기장치 등에서 공기의 기둥높이를 측정하기란 곤란한 일이므로 공기 속도두의 단위를 실용성 있는 물의 기둥 높이로 변환하여야 한다. 표준공기에서 공기의 밀도는 1.2 kg/m^3인데 반해 물의 밀도는 1000.52 kg/m^3이므로 수주(水柱) 1 cm의 무게는 공기주(空氣柱) 834 cm의 무게에 해당한다(1000.52 ÷ 1.2 = 833.8). 따라서 속도두를 수주의 높이로 환산하고 수주 높이를 mmH_2O로 표시하면 식 (1-32)는 다음과 같이 고쳐 쓸 수 있다.

$$\mathrm{VP} = \frac{V^2}{2 \times 9.8\ \mathrm{m/sec^2}} \times \frac{10\ \mathrm{mmH_2O}}{8.34\ \mathrm{m\ of\ air}}$$

위 식을 풀면 속도와 속도압의 관계는 다음과 같이 된다.

$$V = 4.043\sqrt{\mathrm{VP}} \quad (\text{단, } \gamma = 1.2\ \mathrm{kg_f/m^3}\text{인 표준공기}) \tag{1-33}$$

여기서, V : 공기의 속도, m/sec
VP : 속도압, mmH_2O

식 (1-32)에서 보는 바와 같이 움직이는 공기의 속도를 측정하면 그 공기가 미치는 속도압을 계산할 수 있다. 속도압은 속도의 제곱에 비례하기 때문에 속도가 두 배가 증가하면 압력(단위 면적당 힘)은 네 배가 된다.

속도압은 후드 안으로 들어오는 순간부터 정압으로 변한다. 따라서 속도가 크면 클수록 속도압을 커지며 이어서 정압도 따라서 감소하게 된다(절댓값으로 나타나는 실측치는 증가하게 된다).

4) 전압(TP: total pressure)

전압은 정압과 속도압의 합으로 표시되며, 장치 내에서 필요한 전 에너지(total energy)이다.

$$\text{TP} = \text{VP} + \text{SP} \tag{1-34}$$

베르누이의 정리에 의하여 국소배기장치 내 에너지의 총합은 에너지의 이득이나 손실이 없다면 언제나 일정불변이다. 따라서 정압이나 속도압은 서로 상호변환이 가능하다. 즉, 정압이 큰 곳(속도가 느린 곳)에서는 속도압이 작아지고 그 반대도 성립된다. 그러나 속도의 변환이 현격한 곳에서는 에너지의 손실이 있게 되는데 이러한 위치는 축소관이나 확대관에서 일어난다. 이러한 에너지의 손실은 정압의 형태로 나타낼 수 있다. 흐름이 가속되는 지점, 즉, 축소관에서는 속도압이 증가하며 이 속도압의 일부는 정압이 속도압으로 변환된 것이며 이때의 손실은 적은 편이지만 흐름이 감속되는 지점, 즉, 확대관이 있는 지점에서는 속도압이 감소하면서 속도압의 일부가 정압으로 변환되는데 이때의 손실은 비교적 큰 편이다. 그 이유는 흐름의 속도가 감속되면서 흐름이 소용돌이를 일으키기 때문에 많은 에너지 손실을 초래하게 된다.

예제 1-15 Q&A

직경이 30 cm인 덕트에 공기가 100 m^3/min으로 흐르고 있다. 현재의 상태가 표준공기라면 속도와 속도압은 얼마인가?

풀이

먼저 관의 단면적을 구하면

$$A = \frac{\pi \times D^2}{4} = \frac{3.14 \times 0.3^2}{4} = 0.07065\ \text{m}^2$$

$Q = 60\,VA$에서 $V = \dfrac{Q}{60 \times A} = \dfrac{100}{60 \times 0.07065} = 23.6\ \text{m/sec}$

$$\text{VP} = \left(\frac{V}{4.043}\right)^2 = \left(\frac{23.6}{4.043}\right)^2 = 34.0\ \text{mmH}_2\text{O}$$

예제 1-16

760 mmHg, 15℃인 공기의 비중량이 1.225 kg_f/m^3이다. 이 공기가 20 m/sec의 속도로 덕트 내 흐르고 있다면 이때의 속도압은 얼마인가?

풀이

표준공기가 아니기 때문에 정확한 계산을 위해서 식 (1-33)을 사용하지 말고 식 (1-32)을 사용한다.

$$VP = \frac{\gamma V^2}{2g} = \frac{1.225 \times 20^2}{2 \times 9.8} = 25\ mmH_2O$$

예제 1-17

덕트 내 표준공기가 15 m/sec로 흐르고 있다. 이 때 송풍기의 앞쪽에서 정압을 측정하였더니 10 mmH_2O였다. 전압은 얼마인가?

풀이

먼저 속도압을 구하면

$$VP = \left(\frac{V}{4.043}\right)^2 = \left(\frac{15}{4.043}\right)^2 = 13.8\ mmH_2O$$

송풍기 앞쪽에서의 정압은 음압을 가지게 됨으로 $SP = -10\ mmH_2O$

$TP = VP + SP$이므로 $TP = 13.8 + (-10) = 3.8\ mmH_2O$

(4) 관내 기류의 압력손실

1) 유체 유동의 형태와 Reynolds수

관에서 유동은 기본적으로 두 가지 형태가 있으며 각각 근본적으로 다른 형태를 가지고 있다. 첫 번째 형태는 층류유동(laminar flow)이라고 부르는데 유체입자가 층과 층을 이루며 유체의 분자들이 모두 열을 지어 질서정연하게 흐르는 형태를 말한다. 두 번째는 난류유동(turbulent flow)으로 입자들이 아주 심한 불규칙한 운동을 하면서 무질서하게 흐르는 형태를 말한다.

1880년 영국의 공학자인 Osborne Reynolds는 관 내 층류와 난류구역사이의 천이를 연구하였다. Reynolds는 그림 1-14와 같이 투명한 수조에 붙어 있는 유리관을 통하여

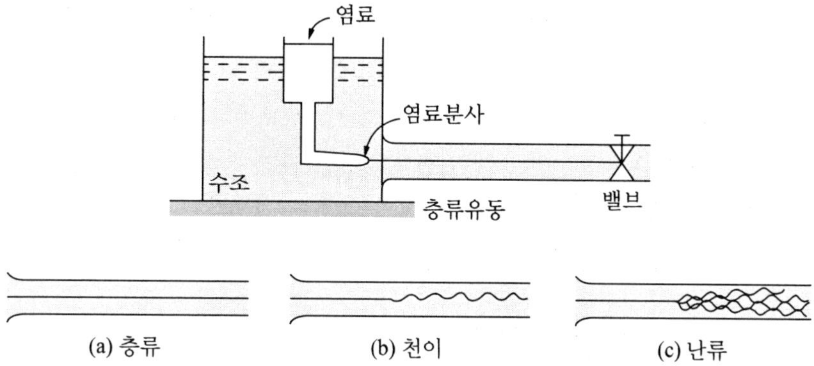

그림 1-14 Reynolds의 실험과 유동 형태의 종류

수조의 물을 유출시키면서 동시에 물과 비중이 같은 염료를 분출시켜 유리관에 유입하게끔 하였다. 수조의 밸브를 약하게 열어 유속이 비교적 적을 때는 염료는 선명한 선을 그으면서 관축에 평행하게 흐르는 것을 관찰하였는데 이러한 유동을 층류라고 하였다(그림 1-14의 a). 밸브를 열어 유속을 크게 하면 점차 불안정한 유동이 일어나기 시작하는데 이와 같이 층류에서 난류로 변화하는 과정의 흐름을 천이유동(transition flow)라고 하였다(그림 1-14의 b). 더욱 유속을 증가시키면 관 입구에 약간 들어온 곳에서부터 염료는 단면전체에 걸쳐 확산하면서 아주 불규칙한 흐름을 하게 되는데 이것을 난류(turbulence)라고 정의하였다(그림 1-14의 c).

Reynolds는 층류와 난류는 점성력과 관성력의 상대적 크기에 의하여 지배한다고 생각하고 관성력과 점성력의 비로서 무차원 계수인 Reynolds 수(Reynolds number: R_e)를 정의하였다.

$$R_e = \frac{\rho VD}{\mu} = \frac{VD}{\nu} = \frac{\text{관성력}}{\text{점성력}} \tag{1-35}$$

여기서, ρ : 유체의 밀도, kg/m^3

V : 유체의 평균유속, m/sec

D : 관의 직경, m

μ : 점성계수, $kg_f \cdot sec/m^2$

ν : 동점성계수, m^2/sec

층류로부터 난류로 천이되는 R_e를 상임계 R_e(upper critical Reynolds number)라고 말하며 보통 12,000～14,000사이의 범위이다. 난류로부터 층류로 천이될 때의 R_e를 하임계 R_e(lower critical Reynolds number)라고 말하며 이때는 2,100～4,000 사이이

다. 하임계 R_e은 중요한 의미를 갖는데 그 이유는 외부로부터 교란으로 유체의 흐름을 난류로 만든다고 하여도 점성력의 작용에 의하여 결국은 스스로 층류로 천이되어 버리기 때문이다. 그러므로 공학에서는 하임계 R_e를 임계 R_e(critical Reynolds number)라고 말하고 층류와 난류의 척도로서 사용한다. 그러나 공학자들은 설계시 안전한 쪽을 택하여 원형관에 대한 임계 R_e를 2,100으로 잡는다.

$R_e < 2{,}100$: 층류 유동

$2{,}100 < R_e < 4{,}000$: 천이유동

$R_e > 4{,}000$: 난류 유동

환기장치에서 사용하는 관내 R_e는 보통 $10^5 \sim 10^6$이기 때문에 난류를 형성하고 있으며 아무리 작은 경우에도 $R_e = 3 \times 10^4$ 정도이기 때문에 난류를 형성한다.

한편, 표준공기에서 동점성계수 ν는 1.5×10^{-5} m²/sec이므로 식 (1-35)은 다음과 같이 간략하게 쓸 수 있다.

$$R_e = \frac{VD}{\nu} = \frac{VD}{1.5 \times 10^{-5}} = 0.666\, VD \times 10^5 \qquad (1\text{-}36)$$

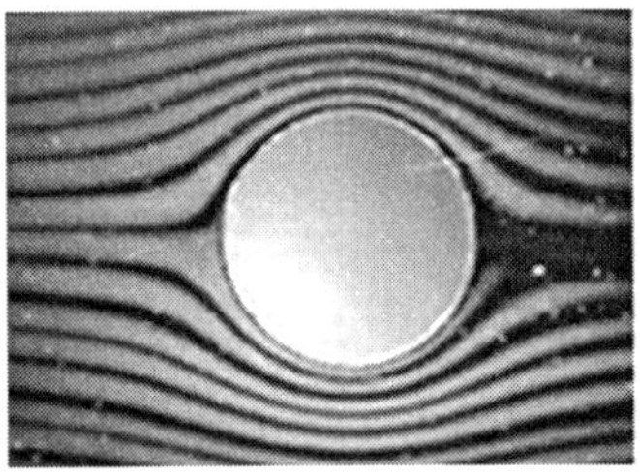

층류

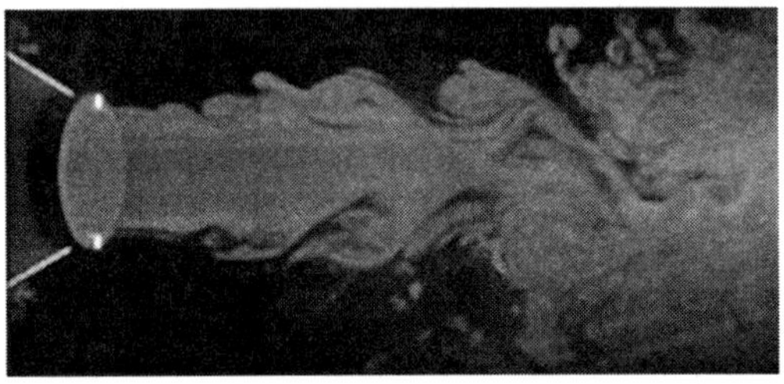

난류

그림 1-15 층류와 난류 유동 그림

예제 1-18 Q&A

기압 760 mmHg, 21℃에서 동점성계수 $\nu = 1.5 \times 10^{-5}$ m²/sec이다. 직경이 200 mm인 관에 R_e가 3×10^4인 공기가 흐른다면 이 때 공기의 속도는 얼마인가?

풀이

식 (1-36)으로부터 $V = \frac{R_e \nu}{D} = \frac{3 \times 10^4 \times 1.5 \times 10^{-5}}{0.2} = 2.25 \text{ m/sec}$

예제 1-19

예제 1-17에서 공기의 흐름을 층류로 유지하고자 하려면 이 때 필요한 공기의 최대 속도와 유량을 구하시오.

풀이

층류에서의 R_e는 적어도 2,100 이하이어야 하기 때문에 R_e를 2,100으로 잡으면

$$V = \frac{2{,}100 \times 1.5 \times 10^{-5}}{0.2} = 0.16 \text{ m/sec}$$

$$Q = VA = 0.16 \times \frac{3.14 \times 0.2^2}{4} = 0.005 \text{ m}^3\text{/sec} = 0.3 \text{ m}^3\text{/min}$$

2) 관내 압력손실

직경이 D인 수평상의 원형관 내를 비중량 γ인 유체가 평균속도 V로 흐를 때 거리 l만큼 떨어진 두 공간 점 사이에서 단위 체적당 유체가 잃는 에너지 즉, 압력손실 Δp는 다음과 같은 비례식이 성립한다.

$$\Delta p \propto \frac{l}{D} \cdot \frac{\gamma V^2}{2g}$$

여기에 무차원 계수인 마찰계수(friction factor) f를 삽입하면 Darcy-Weisbach의 마찰손실(압력손실) 방정식을 구할 수 있다.

$$\Delta p = f\frac{l}{D} \cdot \frac{\gamma V^2}{2g}(=\text{VP}) \tag{1-37}$$

여기서, f : 마찰계수, 무차원

l : 관의 길이, m

D : 관의 직경, m

γ : 비중량, kg_f/m^3

V : 유체의 속도, m/sec

g : 중력가속도, 9.8 m/sec^2

여기서 마찰계수 f는 실험에 의해서 결정되며 Reynolds수 R_e와 관 내면의 상대조도(relative roughness) e/D에 의한 함수이다.

$$f \equiv \Phi\left(R_e,\ \frac{e}{D}\right)$$

e/D는 e는 덕트 내면 돌기의 평균 높기를 나타낸 것으로 절대표면돌기의 높이 k로 표현하고 단위는 mm를 사용하며 D는 관의 직경을 mm로 나타낸다.

미국의 엔지니어인 Lewis F. Moody(1880~1953)는 상업용 관을 구입하여 실험한 결과를 그림 1-16과 같이 선도로서 제시하였다. 실험 결과 표면의 조도는 유동에 큰 영향을 미치는 것으로 나타났으며 조도의 간격 역시 마찰 손실에 아주 중요한 요인으로 나타났다. 큰 관에서는 f에 영향을 주는 것이 표면의 굴곡에 의한 것이다. 또 Moody는 다음과 같은 실험식을 제시하였다.

$$f = 0.001357\left\{1+\left(20{,}000\frac{e}{D}+\frac{10^6}{R_e}\right)^{1/3}\right\} \tag{1-38}$$

식 (1-38)을 통하지 않고 Moody 선도를 이용하면 쉽게 f값을 구할 수 있다. 마찰계수 f는 횡축의 R_e와 선도 내 e/D를 알고 있으면 종축에서 읽을 수 있다.

많은 공학자들이 실험에 통하여 마찰계수 f와 R_e와의 사이에는 다음과 같은 식들이 성립하므로 e/D의 값을 모른다고 하더라도 R_e의 값을 알면 f를 구할 수 있다.

① 층류 유동인 경우(이 때에 마찰계수는 조도와 전혀 무관)

$$f = \frac{64}{R_e}$$

② $R_e \le 10^5$에서는 Blasius식이 성립된다.

$$f = \frac{0.3164}{R_e^{0.25}}$$

③ 그러나 R_e가 더욱 높아 $10^5 < R_e \le 10^8$인 범위에서는

$$f = 0.0032 + \frac{0.221}{R_e^{0.237}}$$

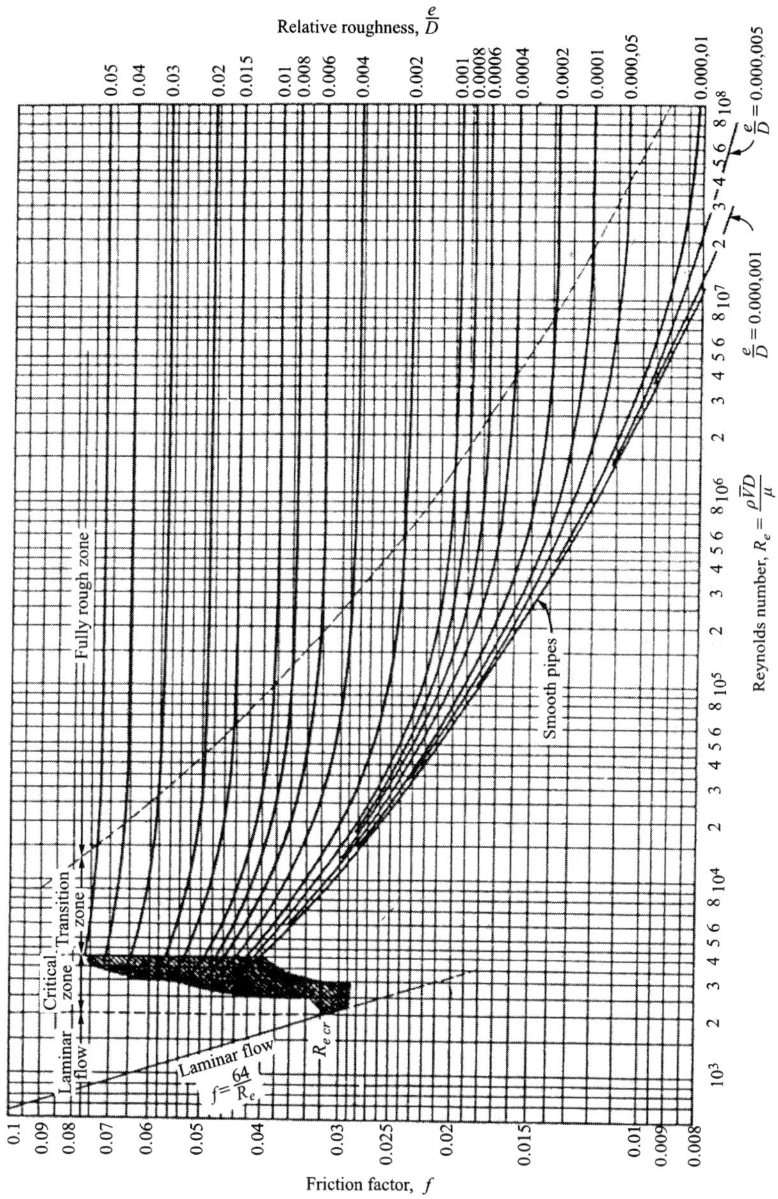

그림 1-16 Moody 선도

예제 1-20

관의 직경이 300 mm이고 상대조도가 거의 없는 매끄러운 얇은 직선의 강관을 통하여 유량이 70 m^3/min으로 표준공기가 흐르고 있다. 길이 10 m당 압력손실은 얼마인가?

풀이

먼저 관내 공기의 속도를 구하면

$$V = \frac{Q}{A} = \frac{Q}{\frac{\pi D^2}{4}} = \frac{70/60}{\frac{3.14 \times 0.3^2}{4}} = 16.5\ \text{m/sec}$$

Reynolds수를 구하면 식 (1-36)에 의하여

$$R_e = 0.666 \times 16.5 \times 0.3 \times 10^5 = 3.3 \times 10^5$$

그림 1-12의 Moody 선도에서 $f = 0.014$이다. 따라서 압력손실은

$$\Delta p = f\frac{l}{D} \times \frac{\gamma V^2}{2g} = 0.014 \times \frac{10}{0.3} \times \frac{1.2 \times 16.5^2}{2 \times 9.8} = 7.8\ \text{kg}_f/\text{m}^2(\fallingdotseq \text{mmH}_2\text{O})$$

예제 1-21

예제 1-19를 Moody 선도 없이 마찰계수 f를 계산해 보시오.

풀이

$10^5 < R_e \le 10^8$ 범위이므로

$$f = 0.0032 + \frac{0.221}{R_e^{0.237}} = 0.0032 + \frac{0.221}{330000^{0.237}} = 0.0141$$

환기장치에 사용되는 관들의 대다수는 원형단면을 가진 덕트를 사용하나 때로는 사각형관을 사용하므로 이에 알맞은 압력손실을 계산해야 한다. 이때에는 전술한 원형관에 대한 방정식들을 수력반경(R_h: hydraulic radius)의 개념에 의거하여 해결할 수 있다. 수력반경은 수리평균수심(hydraulic mean depth)라고도 하는데 유동 단면적 A를 접수주위(wetted perimeter) P로 나눈 것을 말한다.

$$R_h = \frac{A}{P} = \frac{\text{유동의 단면적}}{\text{접수주위(임의의 단면에서 유동하는 유체와 접한 벽의 길이)}}$$

따라서 가로가 a, 세로가 b인 사각형관의 수력반경은

$$R_h = \frac{a \times b}{2(a+b)} \tag{1-39}$$

직경이 D인 원형관인 경우에는

$$R_h = \frac{\frac{\pi D^2}{4}}{\pi D} = \frac{D}{4} \tag{1-40}$$

만약 사각형관과 원형관의 R_h가 같고 그 때의 유체속도 V가 같다면 단위 길이당 압력손실은 같아질 것이고 유체역학적인 특성은 같아질 것이다. 이와 같이 사각형관과 동일한 유체역학적인 특성을 갖는 원형관의 직경을 수력직경(D_h: hydraulic diameter) 또는 등가직경(d_e: equivalent diameter)이라고 한다. 식 (1-39)와 식 (1-40)으로부터 등가직경은 다음과 같이 유도된다.

$$d_e = D_h = 4R_h = \frac{2ab}{a+b} \tag{1-41}$$

사각형관에 대한 압력손실은 식 (1-41)에서 얻은 등가직경 d_e 값을 식 (1-37)의 D값 대신에 사용함으로서 구할 수 있다. 사각형관의 압력손실은 다음과 같다.

$$\begin{aligned} \Delta p &= f\frac{l}{d_e}\times\frac{\gamma V^2}{2g} \\ &= f\frac{l}{4R_h}\times\frac{\gamma V^2}{2g} \\ &= F\frac{l}{R_h}\times\frac{\gamma V^2}{2g} \end{aligned} \tag{1-42}$$

따라서 식 (1-42)에서 $F=(f/4)$의 관계가 있음을 알 수 있다. 이때의 F를 패닝마찰계수(Fanning friction factor)라고 하며 사각형관의 압력손실 계산 시 R_h와 같이 사용된다. 물론 마찰계수 f는 Moody 선도나 앞선 계산식에서 쉽게 구할 수 있다.

결국 비원형관에서의 압력손실 계산은 등가직경 원형관에 대해 얻어진 마찰계수 f를 사용하면 된다. 이 방법은 난류유동 문제일 때는 만족할 만한 결과를 얻을 수 있으나 층류유동에 대해서는 이것을 사용하였을 경우 큰 오차가 발생한다. 다행히 환기장치에서는 거의 모두가 난류유동이기 때문에 비원형관에 대해 위의 방정식을 사용하여도 거의 오차가 발생하지 않는다.

직사각형관은 쉽게 제작할 수 있고 비용도 적게 들기 때문에 보통 공기조화, 난방, 환기장치에 많이 쓰인다. 그러나 압력손실이 원형관의 그것보다 20% 정도나 커지기 때문에 특별한 경우가 아니면 권장하지 않는다. 압력손실이 커지는 이유는 사각형관에는 원형관에 비하여 기류가 단면 전체를 같은 속도로 통과하기 어렵고 각진 부분에서는 기류의 통로로 사용되지 못하는 부분도 생기기 때문이다. 따라서 사각형관의 단면을 곱한 면적 모두가 기류가 통과하는 면적으로 사용될 수 없다. 예를 들어, 한 변이 a인 정사각형의 등가직경은 식 (1-41)에 의해 계산하면 $d_e = a$이다. 그림 1-17에서 정사각형 관의 회색부분은 원형관인 등가직경으로 계산하면 포함되지 않은 부분임을 쉽게 알 수 있다. 다시 말하면 유체가 통과할 때 유체역학적 특성상 정사각형관이 동일한 변을 직경으로 하는 원형관보다 효과적이지 못함을 알 수 있다. 이는 곧 압력손실의 증가로 이어진다.

뿐만 아니라 공조시설과 달리 환기장치는 오염물질을 운반해야 하는데 예를 들어, 분진을 송풍시킨다면 정사각형관의 각진 부분에 침적이 쉽게 일어나 단면적 A가 좁아지고 이는 곧 유량 Q를 감소시킨다. 또 각진 부분이 원형관보다 난류 발생이 심하여 소음 진동을 더 유발시킬 것이다.

현재 우리나라에서는 산업환기를 제대로 공부하지 않은 사람들이 설계한 기존의 환기장치 상당부분이 사각형관으로 되어 있다. 이는 위에서 지적한 여러 가지의 단점을 가지고 있으며 특히, 많은 압력손실로 인하여 사용주가 과도한 전기사용료를 지불해야 함으로 보이지 않는 경제적 부담을 안게 되어 반드시 개선되어야 한다.

사각형관의 세로와 가로의 비 즉, $\text{ar} = b/a$로 정의된다. 등가직경의 개념은 대략 $(1/4) < \text{ar} < 4$일 경우에만 적용할 수 있다. 즉, 가로와 세로의 비가 대략 서로 25%에서 400% 안에 있는 사각형관에 대해서 등가직경을 적용할 수 있다. 양변의 비가 75% 이상 정사각형에 가까우면 다음 수식을 이용하여 더 정확한 등가직경을 구할 수 있다.

$$d_e = 1.3 \times \frac{(ab)^{0.625}}{(a+b)^{0.25}} \tag{1-43}$$

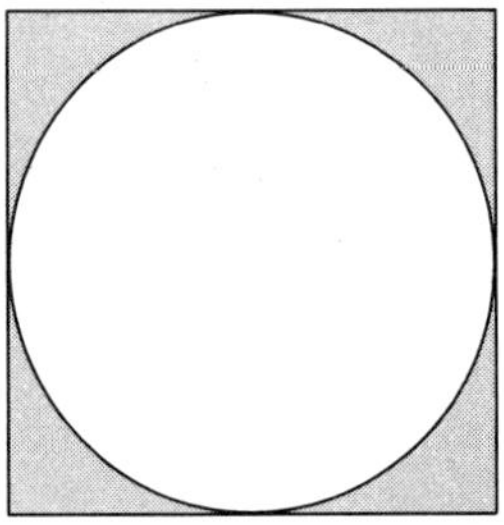

그림 1-17 정사각형관의 등가직경 개념

예제 1-22 Q&A

가로가 700 mm, 세로가 300 mm인 직사각형관을 유량 250 m^3/min의 표준공기가 흐르고 있다. 10 m당 압력손실은 얼마인가? 단, 관의 내면은 상대조도가 거의 없는 매끈한 관이다.

풀이

먼저 직사각형관에 대한 등가직경을 구해면

$$D_h = 4R_h = \frac{2ab}{a+b} = \frac{2\times 0.7\times 0.3}{0.7+0.3} = 0.42\text{ m}$$

직사각형관 내의 평균속도 V는

$$V = \frac{Q}{60A} = \frac{250}{60\times 0.7\times 0.3} = 19.8\text{ m/sec}$$

$$R_e = 0.666\,VD\times 10^5 = 0.666\times 19.8\times 0.42\times 10^5 = 5.5\times 10^5$$

Moody 선도나 계산식에 의하여 마찰계수를 구하면 $f = 0.013$
따라서 10 m당 압력손실은 다음과 같다.

$$\Delta p = f\frac{l}{D_h}\times\frac{\gamma V^2}{2g} = 0.013\times\frac{10}{0.42}\times\frac{1.2\times 19.8^2}{2\times 9.8} = 7.4\text{ mmH}_2\text{O}$$

예제 1-23 Q&A

가로 400 mm이고 세로가 300 mm인 사각형관의 등가직경은 얼마인가?

풀이

양변의 비 300/400 = 0.75 즉, 75% 이상이므로 식 (1-43)을 적용하면

$$d_e = 1.3\times\frac{(300\times 400)^{0.625}}{(300+400)^{0.25}} = 377.7\text{ mm}$$

3) 실제 설계 시 압력손실의 계산

지금까지 설명된 식으로부터 압력손실치 Δp를 구하려면 반드시 마찰계수 f를 구해야 하기 때문에 여러 가지 자료가 필요하고 복잡한 계산이 필요하다. 그러나 실제 환기장치 설계 시 기류의 흐름을 표준공기로 보고 또 고도의 변화가 ±300 m 이내로 보면 보다 간편하게 압력손실치를 구할 수 있다. 여기서 압력손실치란 관의 한 지점에서 다

른 지점으로 이동할 때 소요되는 에너지양을 말하는데 주로 마찰에 의해 발생하기 때문에 압력손실치는 곧 마찰손실치라고 해도 무방하다.

압력손실치의 계산 방법에는 두 가지 방법이 있는데 첫 번째는 '등거리 방법(equivalent length method)'이고 두 번째는 '속도압 방법(velocity pressure method)'이다.

① 등거리 방법

미국 ACGIH에서 제시한 등거리 방법이란 '내부는 아연도금강관(galvanized sheet pipe)으로 조도는 깨끗하고 매끈하며($k = 0.15$ mm) 모양은 원형관으로서 30 m당 이음새가 약 40개를 가지고 있는 직관에 밀도 1.204 kg/m^{3}의 표준공기가 흐를 때 덕트 100 m당 발생하는 압력손실치를 파스칼(1 Pa = 0.1 mmH$_2$O)'로 계산하는 방식으로 Wright의 공식을 근거로 만들었다. 우리나라에서는 위의 값들을 Pa 대신에 mmH$_2$O로 환산한 '덕트 1 m당 발생하는 마찰손실(mmH$_2$O)'를 사용하면 된다. 그림 1-18a, b는 압력손실치를 등거리법을 이용하여 찾아내는 그림이다.

그림 1-18a를 이용하여 압력손실치를 찾아보자. 종축의 수평선들은 유량 Q (m^3/sec), 왼쪽 아래에서 오른쪽 위로 그어진 사선은 덕트의 직경 D(mm), 왼쪽 위에서 오른쪽 아래로 그어진 사선은 기류의 속도 V(m/sec)이다. 횡축의 수직선들은 단위 길이(m)당 압력손실치 Δp를 mmH$_2$O로 나타낸 것이다. 유량(Q), 덕트의 직경(D), 기류속도(V) 3가지 변수가 만나는 점에서 횡축에 수직으로 내려오면 단위 길이당 압력손실치(Δp)를 구할 수 있다. 그래프의 간격이 대수(logarithm)로 되어 있기 때문에 등간격으로 잘못 읽지 않도록 주의하기 바란다.

그림을 이용하지 않고 간단하게 계산 수식으로 만든 공식을 이용하는 방법도 있다. 다음 식은 단위 길이당 마찰손실치를 계산하는 수식이다. 여기서 주의할 것은 덕트의 직경은 반드시 mm 단위로 계산해야 한다.

$$\text{등거리법 마찰손실(mmH}_2\text{O/m)},\ h_f = 5.38\frac{V^{1.9}}{D^{1.22}} \qquad (1\text{-}44)$$

여기서, V : 공기의 속도, m/sec
D : 덕트의 직경, mm

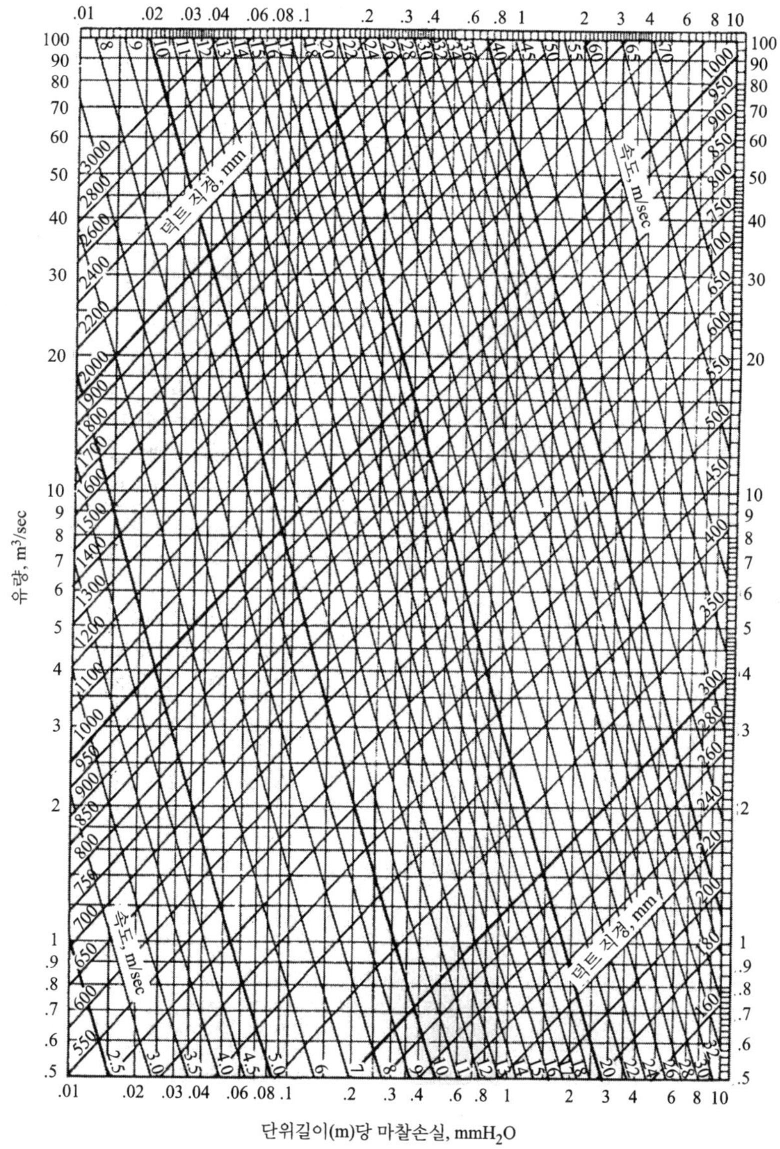

그림 1-18a 등거리법을 이용한 관 마찰손실(고유량)

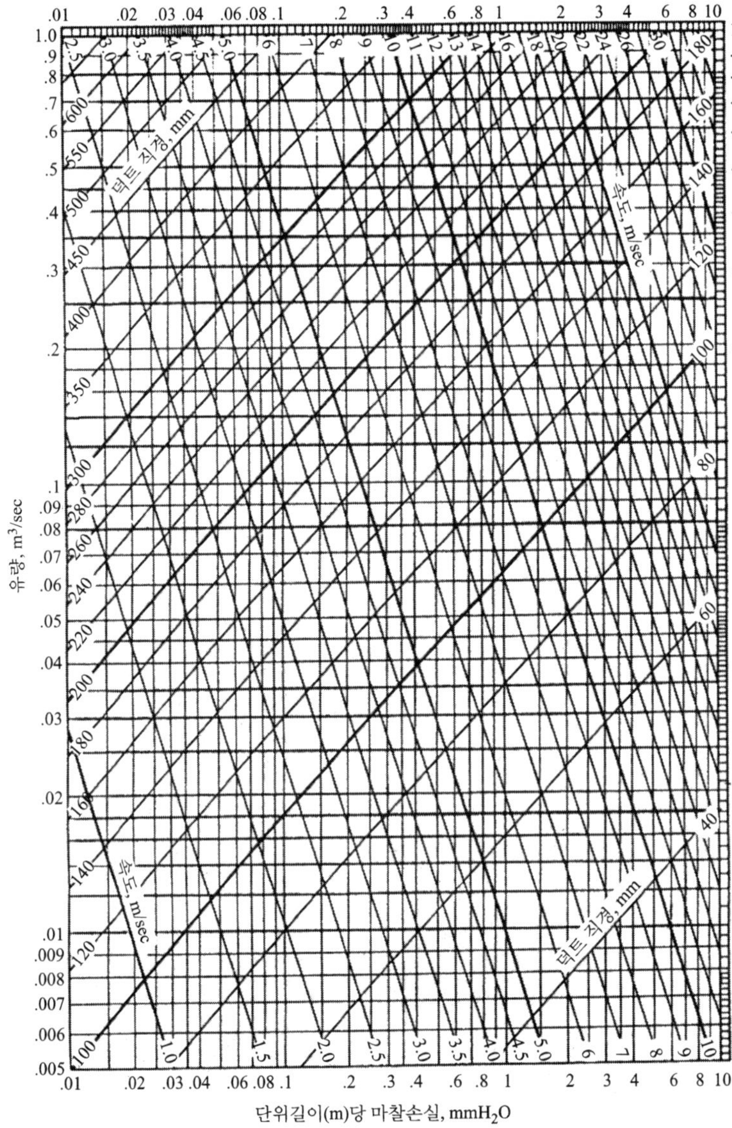

그림 1-18b 등거리법을 이용한 관 마찰손실(저유량)

예제 1-24

직경이 100 mm, 길이 3 m인 아연도금강관 덕트에 표준공기가 유량이 5.4 m^3/min으로 흐르고 있다. Chart를 이용한 등거리 방법으로 압력손실치 Δp를 구하시오.

풀이

유량 $Q = 5.4\ m^3/min = 0.09\ m^3/sec$, 직경 $D = 100\ mm$

기류의 속도 $V = \dfrac{Q}{A} = \dfrac{0.09}{\dfrac{3.14 \times 0.1^2}{4}} = 11.5\ m/sec$

위의 세 가지 점이 만나는 점을 횡축에 수직으로 내려오면 2 mmH_2O/m

따라서 3 m에 대한 압력손실치 $\Delta p = 2 \times 3 = 6\ mmH_2O$

예제 1-25

위 예제를 등거리법 계산공식을 이용하여 계산하시오.

풀이

$$마찰손실(mmH_2O/m) = 5.38\frac{V^{1.9}}{D^{1.22}} = 5.38\frac{11.5^{1.9}}{100^{1.22}} = 2.0\ mmH_2O/m$$

따라서 3 m에 대한 압력손실치 $\Delta p = 2 \times 3 = 6\ mmH_2O$ (예제 1-24와 동일함)

등거리법 그림을 이용할 때 명심해야 할 조건들은 표준공기를 대상으로 한 것이며 관의 재질이 아연도금강관이라는 점이다. 만약 재질이 달라서 내부표면의 조도가 아연도금강관과 다르다면 이들 조도에 알맞게 압력손실치를 보정해 주어야 한다. 보정치는 표 1-7과 같다.

표 1-7 내부 조도에 따른 압력손실치의 보정

덕트의 내부 조도면	예	보정계수
특히 매끄러운 면	합성수지 덕트, 접합부가 없는 철관	0.9
중간정도 거친 면	콘크리트 덕트	1.5
특히 거친 면	리벳이 박힌 철판, 유연성(flexible) 덕트	2.0

예제 1-26

Q&A

예제 1-24, 1-25의 덕트가 아연도금강판이 아니고 유연성 덕트였다면 압력손실치는 얼마로 보정해야 하는가?

풀이

내부조도가 다르므로 압력손실치를 보정해 주어야 한다. 표 1-7에서 보정계수는 2.0이므로 $\Delta p = 6 \times 2.0 = 12.0$ mmH_2O

② 속도압 방법

속도압 방법에 의한 관의 압력손실 계산은 관의 길이에 속도압과 마찰손실계수(friction loss factor: F_d)를 곱하는 것이다. 이 방법은 원래 식 (1-37)의 Darcy-Weisbach의 마찰계수 방정식을 이용한 것으로 먼저 마찰손실계수 F_d를 구해야 하는데 F_d는 (ㄱ) 마찰계수 f를 관의 직경으로 나누거나 (ㄴ) 기류의 속도, 유량 그리고 관의 재질로부터 구할 수 있다.

$$\Delta p = F_d L \mathrm{VP} \tag{1-45}$$

여기서, Δp : 압력손실치, mmH_2O
L : 관의 길이, m
VP : 속도압, mmH_2O
F_d : 마찰손실계수, 무차원

여기서 F_d는 다시 여러 가지 재질과 표준공기에 대해 다음과 같이 간단히 정리할 수 있는 정확도의 오차범위는 5% 미만이다.

$$F_d = \frac{aV^b}{Q^c} \tag{1-46}$$

여기서, F_d : 마찰손실계수, 무차원
V : 속도, m/sec
Q : 유량, m^3/sec
a, b, c : 상수

여기서 상수 a, b, c는 표 1-8에 표시되어 있는 바와 같이 관의 재질에 따라서 달라진다.

표 1-8 덕트의 재질로 본 식 (1-46)의 상수 *a*, *b*, *c*값

덕트의 재질	*k*, mm	*a*	*b*	*c*
알루미늄, 흑철, 스테인리스 스틸	0.05	0.0162	0.465	0.602
기타 금속관(아연도금강관 포함), 플라스틱 덕트	0.15	0.0155	0.533	0.612
유연성관(내부에 철사가 있는 섬유관)	0.9	0.0186	0.604	0.639

현재 가장 많이 사용되고 있는 재질은 아연도금강관이므로 식 (1-46)에 표 1-8의 상수를 대입하면 F_d는 다음과 같이 된다.

$$F_d = \frac{aV^b}{Q^c} = 0.0155\frac{V^{0.533}}{Q^{0.612}} \tag{1-47}$$

예제 1-27

예제 1-24를 속도압 방법으로 계산하고 비교하여 보시오.

풀이

식 (1-47)을 이용하는데 여기서 주의할 것은 유량 Q의 단위가 m^3/min이 아니고 m^3/sec이다. 따라서 $Q = 5.4\ m^3/min = 0.09\ m^3/sec$

$$F_d = \frac{aV^b}{Q^c} = 0.0155\frac{V^{0.533}}{Q^{0.612}} = 0.0155\frac{11.5^{0.533}}{0.09^{0.612}} = 0.2487$$

$$VP = \left(\frac{11.5}{4.043}\right)^2 = 8.1\ mmH_2O$$

$\Delta p = F_d L VP = 0.2487 \times 3 \times 8.1 = 6.0\ mmH_2O$ (예제 1-24, 1-25와 동일함)

속도압법을 사용할 때 주의할 점은 우리나라에서 유량 단위는 보통 m^3/min을 사용하므로 마찰손실계수 F_d를 계산할 때 유량 단위를 m^3/min 그대로 사용하는데 반드시 단위를 m^3/sec로 바꾸어야 한다. 실제 많은 학생들이 단위를 바꾸지 않아 답이 틀리는 경우가 많았다.

등거리 방법이든 속도압 방법이든 어느 방법을 채택해도 결과는 차이가 없으나 최근 산업환기 전문가들은 정확성과 계산의 편리성 때문에 등거리 방법보다는 속도압 방법을 선호한다.

(5) 배기와 급기흐름의 특성

조그만 개구면(opening)에서 공기를 불어내는(blowing) 경우에는 개구면으로부터 상당한 거리에까지 그 영향을 줄 수 있으나 반대로 공기를 흡인하는(suction) 경우에는 개구면으로부터 영향을 주는 범위가 매우 짧다는 것이다. 그림 1-19에서 보는 바와 같이 불어내는 공기인 경우 토출면의 직경을 d라고 했을 때 토출면 직경의 30배인 $30d$ 만큼 떨어진 곳에서도 토출면 속도의 10%가 유지되는 반면, 흡인하는 경우에는 개구면 직경 $1d$만큼 떨어진 거리에서 개구면 속도의 10%만 속도만 유지한다는 것이다. 여기서 알 수 있는 것은 불어내는 공기의 유속은 먼 거리까지 영향을 미칠 수 있으나 흡인되는 공기의 유속은 아주 가까운 거리 밖에는 영향을 줄 수 없다는 점이다.

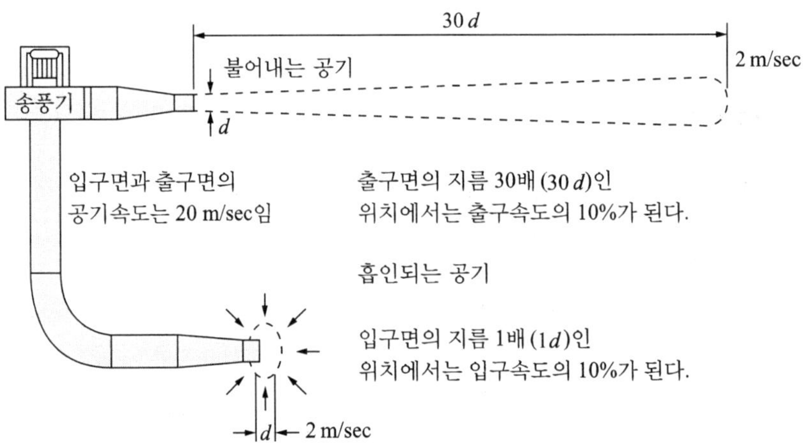

그림 1-19 불어내는(blowing) 공기와 흡인되는(suction) 공기가 유속에 미치는 거리

실제 일상생활에서 진공청소기를 이용하여 먼지를 흡인할 때 아무리 작고 가벼운 먼지라도 5~6 cm만 떨어져 있어도 흡인이 안 되지만 가까이 있으면 엄청난 속도로 빨려 들어간다는 것을 알 수 있다. 또 불고기를 구을 때 발생하는 연기는 후드를 가까이 대면 순간적으로 잘 빨려 들어가지만 조금만 떨어져 있어도 잡히지 않는다는 것을 알 수 있다(그림 1-20).

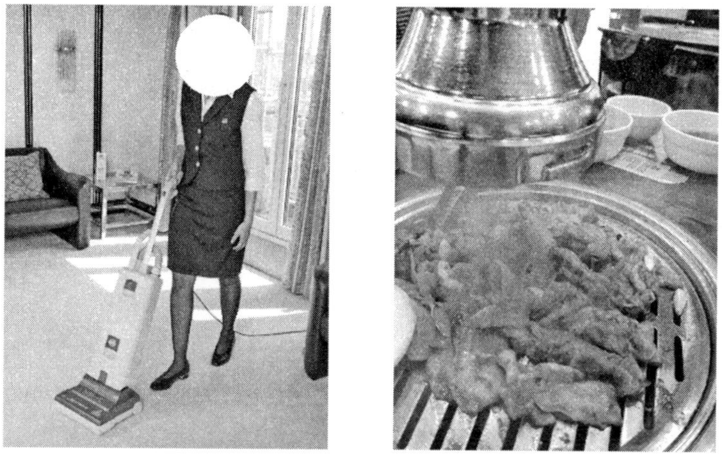

그림 1-20 일상생활에서 흡인공기가 미치는 거리를 알아 볼 수 있는 예

그림 1-21은 개구면과의 거리와 제어풍속 간의 관계를 나타낸 것으로 거리가 1 cm 떨어졌을 때 2700 cm/sec가 6 cm일 때는 500 cm/sec로 급격히 떨어진다는 것을 알 수 있다.

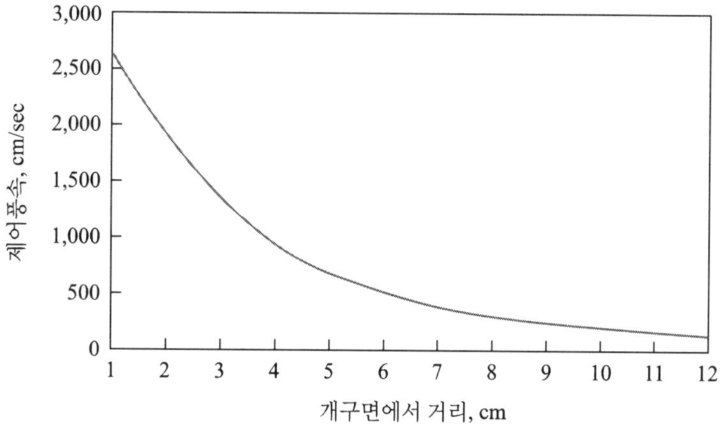

그림 1-21 개구면에서 거리와 제어풍속의 관계

따라서 후드를 설치할 때 오염 배출원에서 가까이 설치해야 하며 그렇지 못한 경우 흡인효과는 기대하기 어렵다. 그림 1-22는 영국 HSE에서 제공하는 사진으로 후드가 멀어지면 오염물질을 포집하기 어렵다는 것을 단적으로 보여주고 있다. 결론적으로 후드는 공정에 지장을 받지 않는 한 가능하면 가까이 설치해야 한다.

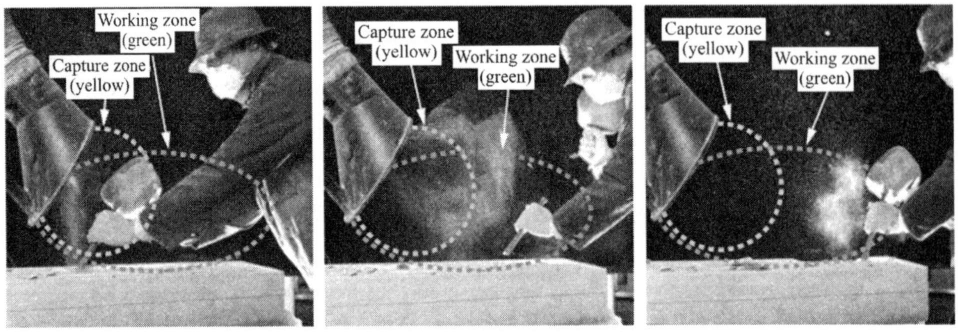

효과적임 부분 효과 비효과적임

그림 1-22 영국 HSE에서 제공하는 후드의 위치

Chapter 2

전체환기

1 전체환기의 개념

전체환기란 작업장소, 방, 건물 내에 공기를 공급하고(air supply) 오염된 공기를 배기시키는(air exhaust) 일반적으로 폭 넓게 사용하는 환기방식을 말한다. 국소배기가 유해물질을 배출원으로부터 직접 외부로 제거하는 것에 반해 전체환기는 공간 내 유해물질이나 불필요하게 상승한 온도를 제거하기 위하여 외부로부터 공급된 신선한 공기를 공간 내 전체 공기와 교환하는 방식을 의미한다. 전체환기를 적용할 수 있는 곳은 고온작업장이나 독성이 적은 물질이 저농도로 넓은 공간에 퍼져 있는 작업장이다. 전체환기의 목적은 다음의 세 가지로 나눌 수 있다.

첫째, 오염물질의 농도를 감소시켜 작업자의 건강을 유지한다.
둘째, 화재나 폭발을 방지한다.
셋째, 불필요한 고온과 습도를 제거한다.

이상의 목적을 달성하기 위하여 전체환기는 다음과 같이 그 기능에 따라 두 가지 종류의 환기로 나눌 수 있다.

희석환기

희석환기란 잠재적으로 건강상 유해한 물질이나 폭발 및 화재 가능 조건을 제어하기 위하여 외부의 신선한 공기를 내부의 유해 공기와 교환하는 환기를 의미한다. 유해물질을 오염원으로부터 완전히 제거한다기보다는 유해물질의 농도를 낮추는 방식이기 때문에 작업자의 건강을 위한다는 측면에서 국소배기방식보다 만족스럽지 못하다. 경우에 따라서는 국소배기 방식보다 경제적으로 더 나은 효과를 가질 수 있다. 그러나 한 건물 내에 난방이나 냉방을 위해 조성된 공기를 자주 희석시킬 경우에는 소요되는 에너지 비용이 상당히 증가하기 때문에 전체환기를 실시할 때는 단순히 경제적인 측면만 고려하지 말도록 조심해야 한다. 그러나 작업의 형태나 공정이 복잡하여 도저히 국소배기장치를 설치할 수 없는 경우라든지 작업자에게 건강상 문제를 야기하지 않을 물질들이 넓은 공간에 저농도로 존재할 경우에는 희석환기가 적절하다.

열관리환기

불필요하게 상승한 작업장의 온도를 낮출 목적으로 작업장 내 뜨거워진 공기를 외부의 차가운 공기로 교환하는 방식이다. 고온으로 인한 불쾌감이나 상해를 예방하기 위해서 용광로 작업, 주조, 세탁 등의 작업장에서 이 방식을 사용할 수 있다.

(1) 환기방식

전체환기의 방식에는 자연환기방식과 인공환기방식으로 나눌 수 있다. 자연환기방식이란 환기를 위한 특별한 기계적 시설 없이 작업장의 온도차이나 압력 차이에 의해 발생하는 기류의 흐름을 자연적으로 이용하는 방식이다. 이에 반해 인공환기방식이란 환기를 위해 기계적 시설을 이용하는 방식을 말한다. 앞에서도 언급하였듯이 산업환기란 단순히 배기시설만 설치하면 시간 경과에 따라 실내가 음압이 되기 때문에 궁극적으로 환기가 이루어지지 않게 된다. 전체환기에서는 급·배기구의 환기방식과 위치에 따라서 환기의 특성이 많이 달라진다.

환기방식을 결정함에 있어서는 실내의 압력을 양압으로 할 것인지 음압으로 할 것이지를 먼저 결정해야 한다. 만약 오염도가 심하여 그대로 방출하였을 경우 인근 주민들에게 피해의 우려가 있을 경우에는 실내압을 음압으로 조정할 필요가 있다. 그러나 깨끗한 공기가 필요한 전자산업이나 식품산업에 있어서는 항상 양압을 유지하도록 해야 한다.

1) 자연환기방식의 원리

자연환기 방식이란 건물의 문, 창문, 창틈 또는 벽틈, 환기구를 통하여 외부와 실내와의 온도 차이나 실내온도 차이에 의한 대류현상이나 압력 차이에 의해 자연적으로 환기가 이루어지는 방식이다. 자연환기에 영향을 주는 요소로는 외부에 작용하는 바람과 외부 및 내부의 온도 차이이다. 바람은 침기(infiltration)를 일으키는 가장 강력한 힘이다. 바람이 접근하는 건물의 맞은편은 양압이 형성되고 바람의 방향이 꺾이면서 기류의 흐름이 빠른 쪽으로부터 음압이 형성되며 이 음압은 건물 후면까지 이어져 건물 내에 압력 차이가 생기게 된다. 그림 2-1과 그림 2-2는 바람으로 인해서 생기는 건물주변에서의 압력 차이를 잘 나타내 주고 있는데 각 그림의 b는 압력의 방향과 크기를 나타내 주고 있다. 그림 2-1에서 보는 바와 같이 건물 맞은편 중심부에는 강력한 양압이 형성되지마는 바람의 방향이 꺾이는 지붕부터는 음압이 형성되어 지붕선을 따라 흐르게 되고 건물 후면에까지 이어진다. 따라서 바람 방향의 맞은편에서는 침기 즉, 급기현상이 일어나지마는 지붕과 후면에서는 탈기(exfiltration) 즉, 배기현상이 생기게 된다. 그림 2-2와 같이 건물의 방향에 대해 정면이 아닌 사면으로 바람이 불 때에는 건물의 A-D면이 A-B면보다 기류의 속도가 더 빠르게 형성되기 때문에 음압이 형성되어 배기 형상이 일어나게 된다. 정확한 압력의 크기는 바람의 속도, 건물의 크기와 모양, 바람의 각도 등에 의해 결정된다.

외기와 실내 공기 사이의 온도 차이도 많은 영향을 주게 된다. 그림 2-3과 같이 실내 공기보다 낮은 외부 공기는 밀도 차이에 의해 건물의 아래 부분으로 새어 들어오며 더워진 실내 공기는 건물의 위쪽으로 상승, 즉, 대류현상에 의해 새어 나가게 된다. 이러한 현상은 외기와 실내 공기 사이의 온도 차이가 심할수록 강하게 나타난다.

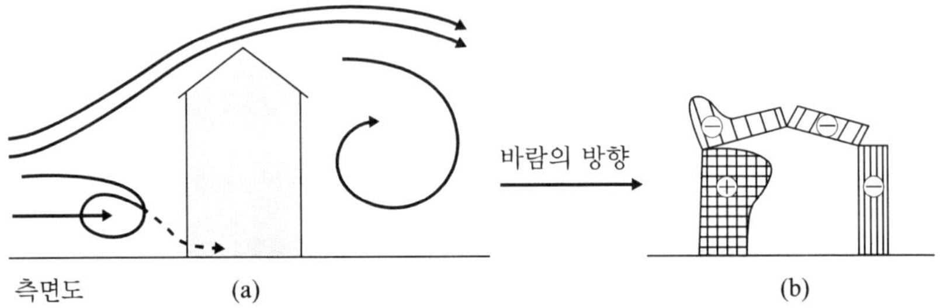

그림 2-1 바람의 방향에 수직인 건물의 압력

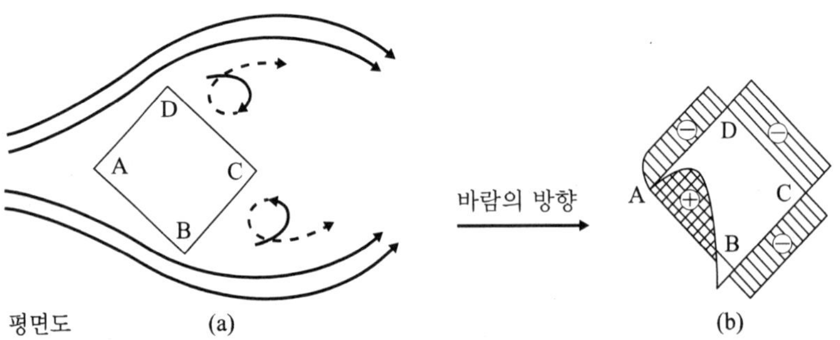

그림 2-2 바람의 방향에 사면으로 선 건물의 압력

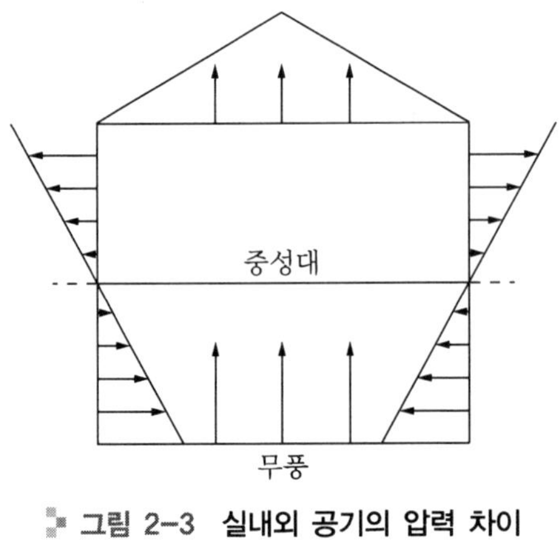

그림 2-3 실내외 공기의 압력 차이

외부 공기와 실내 공기와의 압력 차이가 0인 부분을 중성대(neutral pressure level: NPL)이라고 하는데 중성대 위치가 환기의 정도를 좌우하게 된다. 중성대의 위치가 높을수록 환기현상은 잘 일어나게 되는데 보통 건물의 중간 높이에 놓이게 되며 경우에 따라서는 천장 부근에 형성되기도 한다. 중성대의 위치는 건물의 높이에 따라 달라지지만 건물높이의 약 0.3～0.7배 사이에 위치한다. 이와 같이 높은 건물에서 대류현상에 의한 자연환기현상을 굴뚝효과(stack effect)라고 한다. 굴뚝효과는 건물이 높을수록 잘 일어나고 각 층에 따라 약 10^{-3} mmH_2O의 압력 차이를 만들게 된다.

자연환기를 이용할 경우에는 바람의 통로를 차단하지 않도록 건물 밖의 여러 가지 구조물이나 작업장 내 공정시설을 정리 정돈할 필요가 있다. 자연환기방식은 기계시설을 사용하지 않기 때문에 에너지 손실이 없어 경제적이며 소음과 같은 부가적인 문제점이 없다는 장점을 가지고 있다. 그러나 겨울철에 가온한 공기를 배출해야 하고 여름철에는 냉방용 공기를 배출해야 하기 때문에 경우에 따라서는 더 비경제적일 수도 있다. 자연환기방식은 기류의 방향과 대류가 일정하지 않아서 환기량을 정확하게 예측할 수 없을 뿐만 아니라 실내의 압력변화도 양음의 압력관계가 일정하지 않기 때문에 작업장 환경관리를 목적으로 사용하기에는 부적당하지만 공공건물, 주택, 사무실 등 오염된 실내 공기를 관리할 목적으로는 적당한 방식이라고 할 수 있다.

2) 작업장 자연환기방식의 실제

다음 표 2-1은 실제 작업장 자연환기방식에 대한 안전보건공단(KOSHA) 자료이다. 각 방식에 따른 장단점이 잘 기술되어 있으므로 작업공정에 맞는 방식을 채택해야 한다.

자연환기방식은 바람의 세기와 방향, 실내외 온도차 혹은 압력에 의한 자연력에 의존하므로 자연환경 조건에 맞도록 설계하여 설치하면 적은 비용으로 좋은 효과를 볼 수 있다. 예를 들어, 조선소 등 중공업의 경우 대부분이 해변에 위하고 있기 때문에 작업장 설계단계에서부터 해풍과 육풍의 방향을 잘 이용하여 환기장치를 설치한다면 예상보다 좋은 효과를 볼 수 있다. 그러나 자연력에 의존하기 때문에 많은 한계점을 갖는다. 바람이 미약하거나 실내외 온도 차이가 거의 없는 경우 환기는 거의 일어나지 않을 수 있다. 다음 그림 2-4는 안전보건공단 자료로서 자연환기가 갖는 한계점을 극명하게 보여주고 있다.

표 2-1 사업장 자연환기방식 실제 (출처: 안전보건공단)

	일반형	창문형	그릴형
지붕의 공기흐름	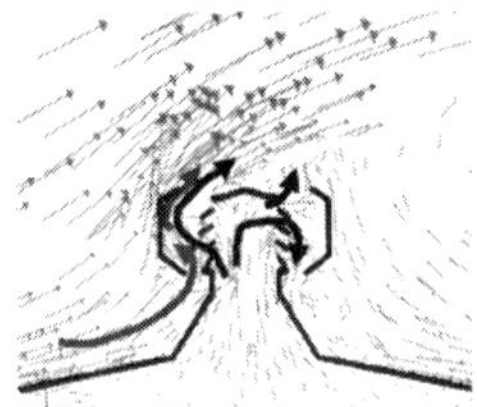	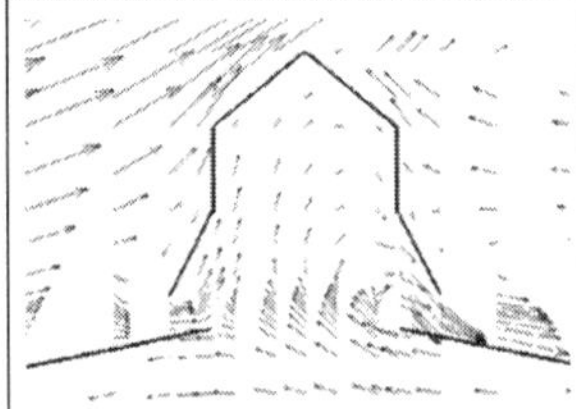	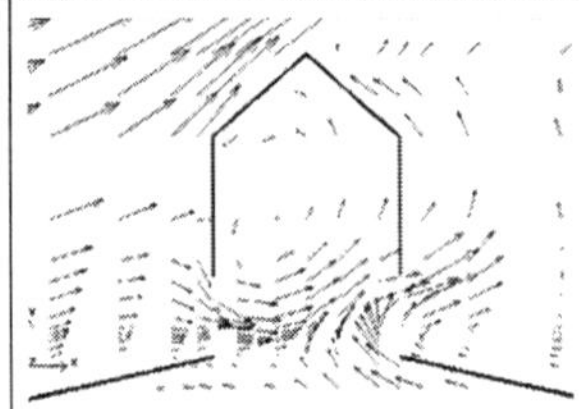
실제 형태			
적용	▪ 열 발생공정	▪ 작업장 내부 오염물질의 발생이 적은 공정	
장점	▪ 비나 눈의 유입 방지 ▪ 바람에 의한 다락 현상 방지 ▪ 환기효율이 우수함	▪ 정온 상태에서 환기 효과 우수 ▪ 설치가 쉽고 비용이 저렴 ▪ 채광 효과 있음	▪ 그릴을 변화시켜 환기량을 조절 ▪ 설치가 쉽고 비용이 저렴
단점	▪ 구조가 복잡, 압력손실이 높음 ▪ 실내외 온도차이가 적을 경우 환기량 급감 ▪ 설치비용이 높음	▪ 바람의 영향을 많이 받음 ▪ 바람이 불 경우 실내로 오염물질이 재유입 및 단락현상 발생으로 환기효율이 급감 ▪ 기상 상황에 따라 조절해야 하는 번거로움이 있어 관리가 어려움	

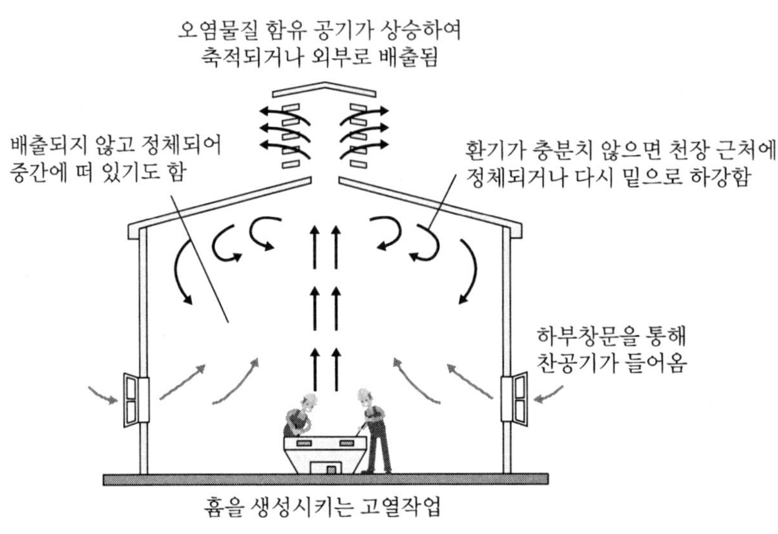

그림 2-4 자연환기방식의 한계 (출처: 안전보건공단)

3) 기계환기방식

그림 2-5와 같이 기계환기방식(mechanical ventilation)은 기계적인 시설을 이용하여 치환용 또는 보충용 공기를 공급하는 급기시설과 오염된 공기를 배출하기 위한 배기시설을 갖추고 있다. 시설의 설치비와 운용 시 에너지 사용으로 인한 경제적인 부담과 소음과 같은 부가적인 문제점이 있을 수 있다. 기계환기방식에도 자연력이 작용하지만 기계력에 의한 환기량이 자연력에 의한 환기량보다 크므로 거의 일정한 환기량을 확보할 수 있다.

따라서 대체로 정확히 환기량을 예측할 수가 있고 실내의 압력변화를 쉽게 조정할 수 있어서 작업장의 환경관리에 적합한 방식이다. 기계환기방식은 냉방용공기와 난방용 공기의 손실을 최소화하기 위하여 공기조화설비(HVAC)와 같이 사용하는 경우가 많다.

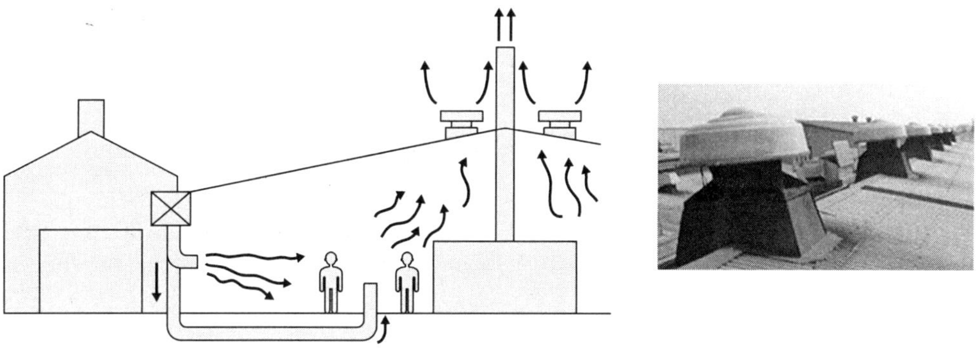

그림 2-5 기계환기방식과 지붕환기장치 모습

건축법에 의한 기계환기방식

국토교통부에서 정한 「건축물의 설비기준 등에 관한 규칙(국토교통부령 제467호, 2017, 현재 2019년 개정에 대한 입법 예고된 상태)」에는 건축물에 대한 환기시설기준이 자세히 나와 있다. 「규칙」 [별표 1의5] 신축공동주택 등의 기계환기설비의 설치기준 제7호는 다음과 같다.

7. 기계환기설비는 다음 각 목의 어느 하나에 해당되는 체계를 갖추어야 한다.
   가. 바깥공기를 공급하는 송풍기와 실내 공기를 배출하는 송풍기가 결합된 환기체계
   나. 바깥공기를 공급하는 송풍기와 실내 공기가 배출되는 배기구가 결합된 환기체계

다. 바깥공기가 도입되는 공기흡입구와 실내 공기를 배출하는 송풍기가 결합된 환기체계

이상을 정리하면 표 2-2와 같다.

비록 건축법에서는 기계환기방식이라고 되어 있지만 엄밀한 의미에서 제1종 환기만 기계환기방식이고 나머지 제2종과 제3종 환기방식은 혼합환기방식이다. 건축법이지만 그 용도가 사업장도 적용되기 때문에 숙지해야 한다.

표 2-2 건축법에 의한 기계환기방식과 그 용도

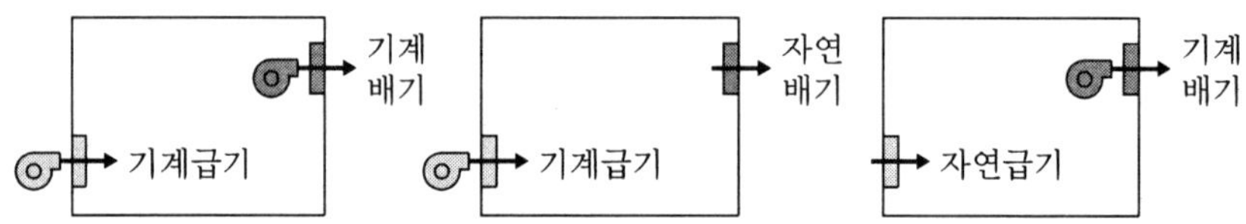

제1종 환기	제2종 환기	제3종 환기
▪ 기계식 급기·배기 ▪ 일반적인 중립적 환기 설비	▪ 기계식 급기, 자연 배기 ▪ 양압 형성 : 제품 보호를 위한 전자산업, 수술실, 식품 가공 공장	▪ 자연 급기, 기계식 배기 ▪ 음압 형성 : 병원성 미생물이 절대 외부에 노출되어서는 안 되는 음압 병동, 냄새 배출을 억제하기 위한 화장실, 실내수영장, 욕실
「건축물의 설비기준 등에 관한 규칙」 제7호 가목	「건축물의 설비기준 등에 관한 규칙」 제7호 나목	「건축물의 설비기준 등에 관한 규칙」 제7호 다목

4) 혼합환기방식

기계환기와 자연환기의 장점만을 선택하여 사용하는 것이 혼합방식이다. 이 방식은 배기구만 기계적인 환기장치를 한다든지 급기구만 기계적인 환기장치를 한다든지 아니면 지붕에 자연환기를 보조할 보조장치를 설치하여 운용하는 경우를 말한다. 건축법에서 말하는 「건축물의 설비기준 등에 관한 규칙」 제7호 '나'와 '다'항이 여기에 해당한다.

실외의 바람보다 실내 공기의 온도 차이가 환기에 더 효과적일 수 있다. 예를 들어, 열처리 공정은 자신이 주위의 공기를 가온하여 위쪽으로 공기를 밀어 올리게 되면 결

과적으로 오염된 공기가 상방으로 확산되게 되는데 이때에는 따로 기계적인 장치가 필요하지 않을 수 있다. 이런 경우 열처리 과정에서 근로자가 가온된 공기 위에서 작업하는 일이 없고 상반신을 굽혀 가온된 공기를 들여 마시지만 않는다면 천장에 자연환기를 보조할 수 있는 보조장치를 설치함으로서 매우 효율적으로 환기를 실시할 수 있다(그림 2-6). 이때 사용하는 보조장치로는 지붕환기장치(roof ventilator)가 있는데 모두 시간당 환기횟수는 10～30회 정도로 일정하지는 않다. 실내의 압력을 음압으로 조정할 수가 있다.

그러나 열처리 공정이 아닌 경우 공기의 유입구와 배기구를 잘못 설치하면 환기효과가 떨어질 수 있다. 예를 들어, 침지(dipping) 공정에서 발생하는 처리물질들은 고열이 아니기 때문에 상승기류가 생기지 않는다. 이때 그림 2-7과 같이 왼쪽에 공기 유입구를 만들고 오른쪽에 배기 팬을 설치하였을 경우 오염물질이 적게 나올 때는 문제가 없으나 배기 팬의 용량이 적거나 오염물질의 양이 과도하게 배출되면 그림에서처럼 처리조의 오른쪽 반은 극심하게 오염된다.

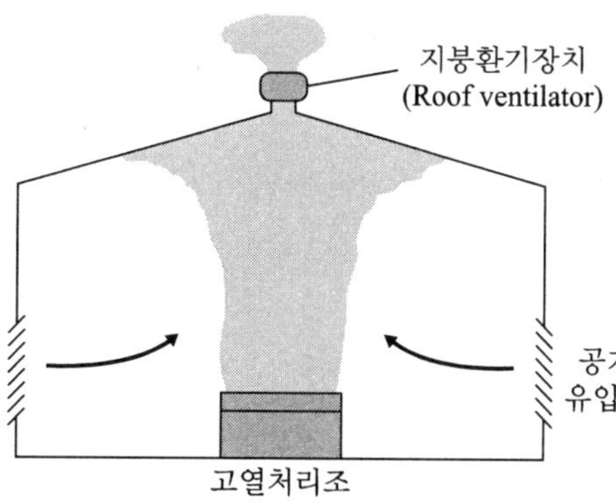

그림 2-6 적합한 혼합환기방식(자연과 기계환기방식의 혼합)

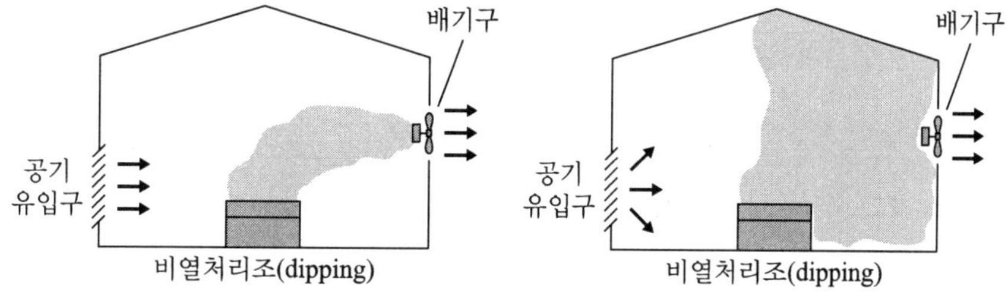

그림 2-7 부적합한 혼합환기방식

오염도의 정도가 심각하여 인근 주민들에게 피해를 줄 가능성이 있는 경우와 전염성이 강한 병원성 미생물(예를 들어, 중증급성호흡기증후군(SARS), 중동호흡기증후군(MERS), 우환폐렴 등)의 배출이 우려되는 병동은 실내압을 음압으로 설치해야 한다. 이 경우에는 급기는 자연환기방식을 취하되 배기구에는 기계환기장치를 설치하고 오염물질을 정화할 수 있는 공기정화장치를 동시에 설치해야 한다(제3종 환기방식). 그러나 전자, 의약, 식품산업 등과 같이 고도의 청정실(清淨室)이 필요한 곳에서는 급기구에 기계환기장치를 실시하고 배기구는 자연환기방식을 채택하여 실내를 늘 양압으로 유지해야 한다(제2종 환기방식).

(2) 전체환기의 원칙

첫째, 희석에 필요한 충분한 양의 필요환기량을 구해야 한다.

표 2-3은 유기용제가 공기와 완전히 희석하는데 필요한 공기의 양을 나타낸 것이다. 이 표에서 '권장하지 않음'이라고 표시한 물질은 미국 ACGIH의 TLV를 기준으로 만든 것이며 우리나라 노출기준을 여기에 적용한 것이다. 이 물질들은 인체에 대한 독성이 너무 강하기 때문에 전체환기를 사용하지 말고 국소배기장치를 권장한다. 노출기준이나 TLV가 25 ppm 이하인 극독성(extremely toxic) 물질에 적용한 것이다.

그러나 우리나라 '산업안전보건기준에 관한 규칙 제428조(유기화합물질의 설비 특례)'를 보면 다음의 경우에는 '밀폐설비나 국소배기장치를 설치하지 아니할 수 있다'라고 되어 있다. 즉, 전체환기를 하여도 된다는 의미이다.

1. 유기화합물의 노출기준이 100피피엠(ppm) 이상인 경우
2. 유기화합물의 발생량이 대체로 균일한 경우
3. 동일한 작업장에 다수의 오염원이 분산되어 있는 경우
4. 오염원이 이동성(移動性)이 있는 경우

따라서 우리나라의 산업안전보건법에 따르면 노출기준이 100 ppm 이상이면 전체환기를 하여도 무방하다.

표 2-3 유기용제에 대한 희석공기의 유량

종 류	노출기준 (2020 기준)	분자량 (M.W.)	비중 (s.g.)	1리터 증발 시 필요한 환기량, m^3
Acetone	500	58.08	0.792	660
n-Amyl acetate	100	130.18	0.879	1630
Benzene	0.5	78.11	0.879	권장하지 않음
n-Butanol(butyl alcohol)	100	74.12	0.810	2633
n-Butyl acetate	200	116.16	0.882	914
Butyl Cellosolve(2-butoxyethanol)	20	118.17	0.903	권장하지 않음
Carbontetrachloride	5	153.84	1.595	권장하지 않음
Cellosolve acetate(2-ethoxyethanol)	5	132.16	0.975	권장하지 않음
Chloroform	10	119.39	1.478	권장하지 않음
1-2 Dichloroethane(ethylene dichloride)	10	98.87	1.257	권장하지 않음
1-2 Dichloroethylene	200	96.95	1.291	1610
Dioxane	20	88.10	1.034	권장하지 않음
Ethyl acetate	400	88.10	0.901	620
Ethyl alcohol	1000	46.07	0.789	420
Ethyl ether	400	74.12	0.713	580
Gasoline	300	86.0	0.660	특별 고려사항 필요
Methyl acetate	200	74.08	0.928	1510
Methyl alcohol	200	32.04	0.792	2980
Methyl Cellosolve acetate (2-methoxyethyl acetate)	5	118.13	1.007	권장하지 않음
Methyl ethyl ketone(2-butanone)	200	72.10	0.805	1350
Methyl isobutyl ketone	50	100.16	0.801	3860
Naphtha(coal tar)	-	106.16	0.850	특별 고려사항 필요
Nitrobenzene	1	123.11	1.205	권장하지 않음
n-Propyl acetate	100	102.13	0.886	2090
1,1,2,2-Tetrachloroethane	1	167.86	1.588	권장하지 않음
Tetrachloroethylene	25	165.85	1.624	권장하지 않음
Toluene	50	92.13	0.866	4530
Trichloroethylene(TCE)	10	131.40	1.466	권장하지 않음
Xylene	100	106.16	0.881	2000

* 1리터 증발 시 필요량(m^3)에는 반드시 안전계수 K값을 곱해 주어야 함.

한편, 표 2-3에 1리터 증발 시 필요환기량(m^3)은 계산에 의한 유효환기량이며 실제 적용할 때에는 이들 공기량에 안전계수 K를 곱해서 사용해야 한다. 여기서 안전계수 K라는 것은 작업장 내 혼합 정도에 따라서 완전한 혼합을 유도하기 위해 환기량을 더 많이 계산해 주는 정도이다. 예를 들면, $K=2$라면 실제 필요환기량은 유효환기량의 2배만큼 늘려서 환기하라는 의미이다. 그림 2-8은 전체환기에 필요한 안전계수 K값을 나타낸 것이다. $K=10$인 경우에는 사각지대(死角地帶: dead space)가 생겨서 환기가 제대로 이루어지지 않기 때문에 실제 필요환기량은 유효환기량의 10배 만큼 늘려야 한다는 의미이다.

우리나라 '산업안전보건기준에 관한 규칙 제430조(전체환기장치의 성능 등)'을 보면 안전계수 K를 다음과 같이 정하였다.

> 작업시간 1시간당 필요환기량
>
> $$= \frac{24.1 \times \text{비중} \times \text{유해물질의 시간당 사용량} \times K}{\text{분자량} \times \text{유해물질의 노출기준}} \times 10^6$$
>
> 주) 1. 시간당 필요환기량 단위 : m^3/hr
>
> 2. 유해물질의 시간당 사용량 단위 : L/hr
>
> 3. K : 안전계수로서
>
> 가. $K=1$: 작업장 내의 공기 혼합이 원활한 경우
>
> 나: $K=2$: 작업장 내의 공기 혼합이 보통인 경우
>
> 다: $K=3$: 작업장 내의 공기 혼합이 불완전한 경우

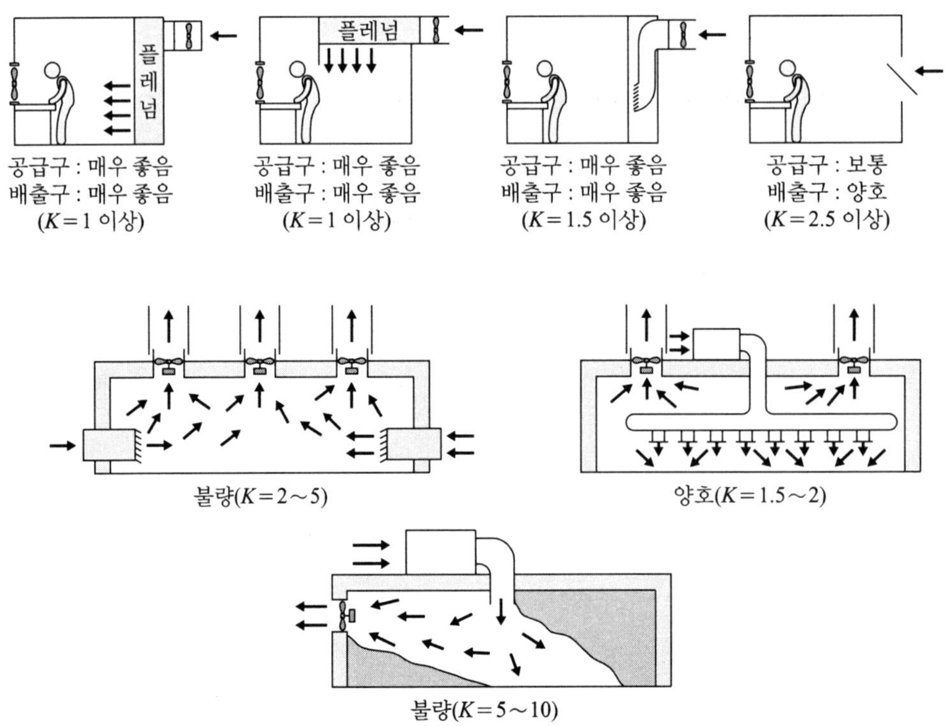

그림 2-8 전체환기장치의 안전계수 K값

둘째, 가능하면 오염물질이 발생하는 가장 가까운 위치에 배기구를 설치해야 한다. 그래야만 오염물질이 곧바로 배출되는 소위 "점환기(spot ventilation)"의 효과를 얻을 수 있다.

셋째, 급기구를 통하여 들어온 공기가 오염물질이 있는 영역을 통과하여 배기구로 빠져나가도록 설계해야 한다. 작업자는 희석하려는 공기와 오염원의 중간에 위치하게 하여야 하며 오염물질이 작업자의 호흡기를 통과하지 못하도록 작업자의 등 뒤에서 앞쪽으로 혹은 옆에서 옆으로 흐르도록 한다(그림 3-28 참조).

넷째, 배출되는 공기를 보충하기 위한 보충용 공기장치(make up air system) 즉, 급기시설이 필요하다. 보충용 공기는 겨울철에는 가온되어 공급되어야 한다. 통상 전체환기장치는 저압용 송풍기 즉, 축형 송풍기에 의해 다량의 공기가 처리된다. 따라서 보충용 공기는 이 장치들이 원활하게 작동될 수 있도록 공급되어져야 한다.

다섯째, 배출된 공기가 다시 작업장 안으로 들어오지 못하게 해야 한다. 그러기 위해서는 배기구의 높이를 지붕선보다 높게 위치시킨다거나 배기구 가까이에 창문, 급기구, 기타 열림 장치가 있어서는 안 된다.

여섯째, 오염된 공기는 작업자가 호흡하기 전에 충분히 희석되어야 한다. 작업자가 오염원 근방에서 작업해야 할 경우에는 안전농도까지 희석되었는지 확인할 필요가 있으며 만약 그렇지 못할 경우에는 희석공기의 유입을 증가시켜야 한다.

특히, 표면처리, 수동의 도장작업 등은 작업자가 작업 중에 몸을 굽혀 유기용제를 흡입할 수 있기 때문에 건강상 중대한 문제를 야기할 수 있음을 명심해야 한다. 화재방지를 위한 전체환기에 대해서는 인화성의 오염물이 도착하기 전에 폭발인화점 이하로 희석되었는지 확인해야 한다.

일곱째, 오염물질의 발생은 가능하면 비교적 일정한 속도로 유출되도록 조정해야 한다. 갑자기 오염물질이 증가하게 되면 필요한 희석공기의 양도 증가시켜야 하기 때문에 여러 가지 어려움이 따를 수 있다. 겨울철에는 한꺼번에 다량의 희석공기를 외기에서 끌어 들이면 가온된 공기의 유실로 경제적 손실도 초래된다.

여덟째, 작업장내 압력을 경우에 따라서 양압이나 음압으로 조정해야 한다. 만약 유해 오염원 주위에 다른 작업공정이 존재하면 배출량을 급기량보다 많게 하여 음압을 형성시켜서 주위 작업자들에게 유해물질이 확산되지 않도록 하고, 반대로 주위에 다른 작업공정이 없으면 급기량을 배출량보다 약간 많게 하여 양압을 만들므로 환기효율을 높인다.

2 목적별 전체환기

(1) 전체환기의 제한조건

작업장의 오염물질을 제거하고 작업환경을 개선한다는 측면에서 전체환기방법은 국소배기방법보다 덜 효과적이다. 그러나 작업공정상 국소배기장치를 도저히 설치하지 못하는 경우라든지 특별한 작업환경조건 하에서는 전체환기방법이 효과적일 수도 있다. 전체환기를 실시할 경우에는 다음과 같은 제한조건이 뒤따르기 때문에 이 제한조건을 만족시키지 못할 경우에는 반드시 국소배기방법을 선택해야 한다.

첫째, 발생되는 유해물질의 양이 너무 많으면 희석시킬 공기의 유량도 많이 필요하기 때문에 전체환기가 비현실적이다. 다시 말하면 유해물질의 발생량이 적은 경우에는 전체환기방법이 가능하지만 너무 많은 경우에는 국소배기방식을 택한다.

둘째, 작업자가 유해물질 발생원으로부터 멀리 떨어져 있거나 발생 유해물질의 농도가 충분히 낮아서 노출기준 혹은 허용기준 이하이면 전체환기를 택한다.

셋째, 유해물질의 독성이 낮아야만 전체환기가 가능하다.

넷째, 유해물질의 발생량이 비교적 일정해야 전체환기가 가능하다. 유해물질의 발생량이 일정하지 않아 어느 순간에 갑자기 농도가 증가하게 되면 희석에 필요한 공기를 일순간에 공급하기 어렵기 때문에 이런 경우에는 국소배기방법을 택해야 한다.

다섯째, 한 작업장 내 유해물질의 배출원이 분산되어 있으면 전체환기가 효과적일 수 있다.

여섯째, 유해물질의 배출원이 이동성이면 전체환기가 효과적일 수 있다.

일곱째, 공정상 국소배기장치의 설치가 불가능하면 전체환기를 해야 한다.

이 중에서도 가장 중요한 제한조건은 유해물질의 독성에 관한 사항이다. 일반적으로 먼지나 흄은 독성이 강할 뿐만 아니라 환기에 필요한 풍속이 증기에 비해 빨라야 한다. 우리나라 산업안전보건법에 명시되어 있듯이 일반적으로 전체환기는 노출기준이 100 ppm 이상인 유기증기를 제거하는 데 적합하다.

(2) 건강보호를 위한 환기

1) 희석환기량 계산식

유해물질의 발생량이 일정할 때 작업장 내 유해물질의 농도를 일정하게 유지하기 위해 필요한 환기량의 계산은 희석하기 위해 공급되는 공기가 오염되지 않았다는 가정하에 기초적인 물질평형방정식(equation of material balance)으로부터 시작된다.

유해물질의 축적률 = 발생률 − 제거율

이것을 수식으로 표현하면 다음과 같다.

$$VdC = Gdt - Q'Cdt \qquad (2\text{-}1)$$

여기서, V : 작업장의 공기체적
G : 유해물질의 발생률
Q' : 유효환기량
C : 공기 중 유해물질의 농도
t : 시간

만약 작업장 내 농도가 안정상태(steady state)에 도달하면 $dC=0$가 되므로

$$Gdt = Q'Cdt$$

$$\int_{t_1}^{t_2} Gdt = \int_{t_1}^{t_2} Q'Cdt$$

작업장 내 농도 C와 발생률 G가 일정하다고 하면 다음과 같이 적분된다.

$$G(t_2 - t_1) = Q'C(t_2 - t_1)$$

$$Q' = \frac{G}{C} \qquad (2\text{-}2)$$

작업장 내 불완전한 혼합을 보정하기 위해 안전계수 K를 도입하면

$$Q' = \frac{Q}{K} \qquad (2\text{-}3)$$

여기서, Q' : 유효환기량, m^3/min
Q : 실제 필요환기량, m^3/min

K : 불완전한 혼합을 보정한 안전계수, 무차원

식 (2-2)과 식 (2-3)으로부터 실제 환기량은 다음과 같다.

$$Q = \left(\frac{G}{C}\right)K \qquad (2\text{-}4)$$

여기서 안전계수 K는 다음과 같이 몇 가지 유의사항을 고려하여 결정하게 되는데 통상 1에서 10사이로 결정되어진다.

첫째, 작업장 내로 유입되는 보충용 공기(급기)의 혼합정도와 분배정도(그림 2-7 참조)

둘째, 유기용제의 독성이다. 비록 노출기준이나 TLV가 그 물질의 독성정도를 정확하게 의미하는 것은 아니지만 적절한 K값을 결정함에 있어서 아래와 같은 가이드라인이 제시되어 사용되어 왔다.

저독성 물질(slightly toxic) : TLV > 500 ppm

중등도 독성물질(moderately toxic) : TLV 100 ~ 500 ppm

고독성 물질(highly toxic) : TLV < 100 ppm

셋째, 산업위생전문가들은 경험과 개별적인 문제해결기법을 토대로 다음과 같은 점들을 고려하여 K값을 결정해야 한다.

① 작업공정시간, 작업공정의 사이클 그리고 유해물질 배출원으로부터 작업자의 통상적인 위치
② 유해물질 배출원의 위치와 수
③ 계절별 자연환기량의 변화
④ 기계환기장치에 의한 환기효율의 감소정도
⑤ 작업자의 호흡위치에서 유해물질의 농도에 영향을 미치는 기타 상황 변화

2) 평형상태일 때의 전체환기량

건강을 위해서 필요한 환기량의 계산은 유해물질의 양, 노출기준, 불완전 혼합을 보완하기 위한 안전계수 등에 좌우한다. 실내의 쾌적한 환경을 목적으로 하는 환기에서는 단위 시간당 실내 공기의 환기횟수가 흔히 사용되므로 이때에는 실내 공기가 차지하는 부피(기적: 氣積) 즉, 실내공간의 체적이 필요하지만 작업환경개선을 위한 안전보건을 목적으로 하는 환기에는 환기횟수를 사용하지 않는 경향이 많으므로 환기량을 산출하는 데 실내공간의 체적을 사용하지는 않는다.

식 (2-2)에서 보는 바와 같이 환기량의 계산은 먼저 유해물질의 발생량 G가 결정되

면 이 발생량을 건강유지를 위해 필요한 허용농도 C로 나누어 줌으로서 쉽게 구할 수 있다.

0℃, 1기압하인 STP(Standard Temperature and Pressure)상태에서 어떤 화학물질 1 mole(MW) 분자가 완전 증기하였을 때 차지하는 부피는 22.4 L이며 이 속에는 6.02×10^{23}개의 분자가 존재한다(Avogadro's principle). 산업환기에서는 표준공기는 0℃가 아니고 21℃이므로 화학물질 1 mole이 차지하는 부피는 24.1 L이다($22.4\times(273+21)/273 \fallingdotseq 24.1$ L). 증발 후 차지하는 부피를 계산하기 위해서는 그 화학물질의 질량이 필요하기 때문에 부피는 알고 있으나 질량을 모를 경우 그 물질의 부피를 mL로 환산하고 여기에 그 물질의 비중(SG: specific gravity)을 곱해주면 질량이 g 단위로 계산된다(왜냐하면, 물 1 mL은 1 kg이 아닌 1 g이다. 1 mole은 kg 단위가 아니라 g 단위이다). 따라서 지금 어떤 화학물질이 L 단위로 ER(L/min)만큼 소모되면서 증발하고 있다면 이 물질이 차지하는 부피 G(generation, 공기 중으로 생산되는 부피)는 다음과 같이 계산된다.

$$1\,\text{MW(g)} : 24.1\,\text{L} = 1000\,\text{mL} \times \text{SG} \times \text{ER(액체가 소모되는 질량, g)} : G\text{(공기 중으로 생산되는 부피, L)}$$

$$\text{따라서, } G\text{(L/min)} = \frac{24.1\,(\text{L}) \times 1000 \times \text{SG} \times \text{ER}\,(\text{g/min})}{\text{MW}\,(\text{g})}$$

그림 2-9와 같이 단위 시간당 소모되는 액체상의 화학물질 소모율을 ER(L/min)이라고 하고 이 화학물질이 단위 시간당 공기 중으로 생산되는 부피 즉, 발생률을 G (m^3/min)라고 하면 다음과 같은 수식이 성립된다.

$$G(\text{m}^3/\text{min}) = \frac{24.1 \times \text{SG} \times \text{ER}}{\text{MW}} \tag{2-5}$$

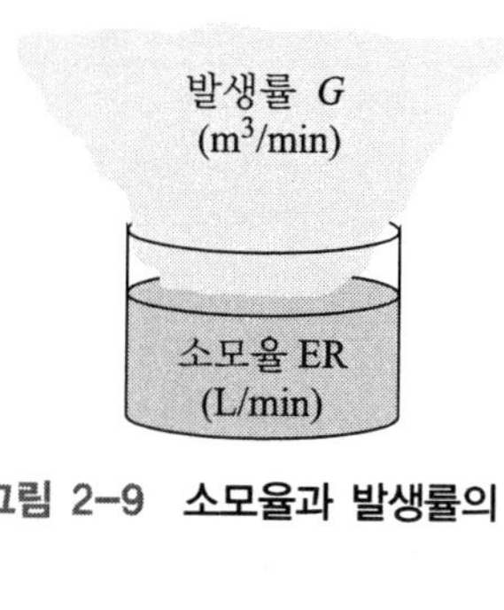

그림 2-9 소모율과 발생률의 의미

유효환기량의 계산은 위 식을 노출기준 C로 나누어주고 C의 단위가 ppm이면 이것을 보정하기 위해 10^6을 곱해주면 된다. 따라서 필요환기량 Q는 다음과 같다.

$$Q = \frac{24.1 \times \mathrm{SG} \times \mathrm{ER} \times 10^6 \times K}{\mathrm{MW} \times C} \tag{2-6}$$

여기서, Q : 필요환기량, m^3/hr(m^3/min)

SG : 휘발성 유해물질의 비중, 무차원

ER : 유해물질의 단위 시간당 소모되는 율, L/hr(m^3/min)

MW : 휘발성 유해물질의 분자량

C : 노출기준, ppm

K : 안전계수, 무차원

식 (2-6)은 우리나라 '산업안전보건기준에 관한 규칙 제430조(전체환기장치의 성능 등)'과 동일한 계산식이며 K값은 전술한 바와 같다.

식 (2-6)의 24.1이란 숫자는 ER의 단위가 L/hr이고 Q의 단위를 m^3/hr인 경우에만 적용되는 계수이다. 만약에 ER의 단위와 Q의 단위가 변할 경우에는 단위에 맞추어 이들 계수도 표 2-4와 같이 고쳐주어야 한다. 예를 들어, 소모율 ER의 단위가 pints/min이고 필요환기량 Q의 단위를 m^3/min로 할 경우 변환계수는 11.4이다.

표 2-4 단위 변화에 따른 변환계수

단위 시간당 소모되는 용액의 단위 (즉, ER 단위)	변환계수	
	Q [m^3/min]	Q [cfm = ft^3/min]
liter/min	24.1	851
liter/hr	0.4	14.2
pints/min	11.4	403
pints/hr	0.19	6.7
gallons/min	91.2	3221
gallons/hr	1.52	53.7

* 1 pint = 473 mL, 1 gallon = 3785.3 mL, m^3 = 35.3145 ft^3

예제 2-1

Q&A

톨루엔을 60% 함유하고 있는 접착제를 사용하고 있는 작업장이 있다. 작업장 내에서 사용하고 있는 접착제는 3 pints/hr씩 소모되면서 증발하고 있다면 이때에 톨루엔을 희석하는데 전체 필요환기량을 m^3/min으로 구하시오. 단, 톨루엔의 노출기준은 50 ppm, 분자량은 92, 비중은 0.870이며 1 pint = 0.473 L이다. 또 안전계수 K는 5라고 가정한다.

풀이

접착제에서 나오는 톨루엔은 0.6×3 = 1.8 pints/hr이고 표 2-1에서 변환계수는 0.19이므로

$$Q=\frac{0.19\times 0.87\times 1.8\ \mathrm{pts/hr}\times 10^6\times 5}{92\times 50}=323\ \mathrm{m^3/min}$$

만약, pint를 곧바로 L로 고쳐서 계산하여도 같은 결과가 나온다.
1.8 pint × 0.473 = 0.8514 L이므로

$$Q=\frac{0.4\times 0.87\times 0.8514\ \mathrm{L/hr}\times 10^6\times 5}{92\times 50}=322\ \mathrm{m^3/min}$$

예제 2-2

Methyl ethyl ketone(MEK)을 사용하는 접착 작업장에서 1시간에 2 kg의 MEK를 소모하고 있다. 현재 공기가 표준상태라고 할 때 필요환기량을 계산하시오. MEK의 비중은 0.805, 분자량은 72.10, 노출기준은 200 ppm이고 K는 5라고 한다.

풀이

사용하는 휘발성 화학물질이 부피 단위로 주어진 게 아니고 중량 단위로 주어졌기 때문에 여기서 비중을 계산에 포함시킬 필요가 없다. 먼저 발생률 G를 구하면

$$G=\frac{24.1(\mathrm{L})\times 2000(\mathrm{g/hr})}{72.10}=668.5\ \mathrm{L/hr}=0.6685\ \mathrm{m^3/hr}$$

따라서 필요환기량 Q는 다음과 같다.

$$Q=\left(\frac{G}{C}\right)K=\frac{0.6685\times 10^6}{200}\times 5=16712.5\ \mathrm{m^3/hr}=278.5\ \mathrm{m^3/min}$$

예제 2-3

현재 작업장의 온도는 30℃이다. 탈지조에서 TCE(분자량 131.4, 비중 1.466)가 시간당 2 L씩 소모되고 있다(평형상태).

1) TCE는 현재 시간당 몇 mole이 소모되고 있는가?
2) TCE가 증발하여 발생하는 부피(G)는 시간당 몇 $\mathrm{m^3}$인가?
3) 노출기준이 50 ppm이고 K=2라면 시간당 필요환기량은 몇 $\mathrm{m^3}$인가?

풀이

1) 소모되는 TCE를 질량으로 고치면 2000 mL × 1.466 = 2,932 g

$$n(\text{몰 수}) = \frac{\text{질량(m)}}{\text{MW(분자량)}} = \frac{2932}{131.4} = 22.3\,\text{mole}$$

2) 표준상태가 아니므로 1 mole이 차지하는 부피는 $22.4 \times \frac{273+30}{273} = 24.86\,\text{L}$

$24.86\,\text{L/mole} \times 22.3\,\text{mole} = 554.4\,\text{L} = 0.554\,\text{m}^3$

3) $Q = \left(\frac{G}{C}\right) \times 10^6 \times K = \frac{0.554 \times 10^6 \times 2}{50} = 22{,}160\,\text{m}^3$

한편, 독성이 강한 물질에 대해서는 전체환기를 실시하지 말고 국소배기장치를 설치하고 가동해야 한다. '산업안전보건기준에 관한 규칙'을 보면 관리대상 유해물질은 전체환기에 대한 성능기준(제430조)이 마련되어 있다.

그러나 허가대상 유해물질(제453조)에 대해서는 '허가대상 유해물질의 가스·증기 또는 분진의 발산원을 밀폐하는 설비나 포위식 후드 또는 부스식 후드의 국소배기장치를 설치하여야 한다. 다만, 작업의 성질상 밀폐설비나 포위식 후드 또는 부스식 후드를 설치하기 곤란한 경우에는 외부식 후드의 국소배기장치(상방 흡인형은 제외한다)를 설치할 수 있다'라고 되어 있어 국소배기장치만 허용한다.

그 외에도 베릴륨(제471조), 석면(제480조), 금지유해물질(제499조)에 대해서도 전체환기에 대한 예외조항이 없이 오로지 국소배기장치를 설치·가동하도록 규정하고 있다.

3) 유해물질의 농도가 증가할 때 전체환기량

유해물질의 농도는 시간변화에 따라 계산되어질 수 있다. 유해물질의 발생량이 제거되는 양보다 많을 경우에는 시간이 지남에 따라 유해물질의 농도는 증가하게 될 것이다. 식 (2-1)은 다시 다음과 같이 쓸 수 있다.

$$\frac{dC}{G - Q'C} = \frac{dt}{V}$$

위 식을 농도 C와 시간 t로 적분하면

$$\int_{C_1}^{C_2} \frac{dC}{G - Q'C} = \int_{t_1}^{t_2} \frac{dt}{V}$$

$$\ln\left(\frac{G - Q'C_2}{G - Q'C_1}\right) = -\frac{Q'(t_2 - t_1)}{V}$$

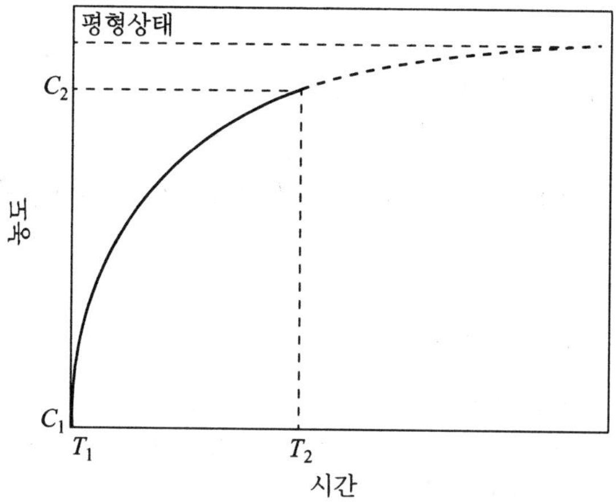

그림 2-10 시간에 따라 증가하는 유해물질의 농도

여기서 아래첨자 1은 초기조건을 의미하는 것이고 아래첨자 2는 나중의 조건을 의미한다. 이것을 그림으로 그린 것이 그림 2-10이다. 이것은 작업장 내 유해물질의 발생량이 제거율보다 많을 때 작업장 내 유해물질의 증가정도를 시간에 따라 나타낸 것이다.

만약, 주어진 조건에 도달하는데 걸리는 시간을 계산하고자 할 때에는 위 식을 $t_2 - t_1$ 혹은 Δt로 정리하면 된다.

$$\Delta t = -\frac{V}{Q'}\left[\ln\left(\frac{G - Q'C_2}{G - Q'C_1}\right)\right] \tag{2-7}$$

처음의 농도가 0인 경우 즉, $C_1 = 0$이면 식 (2-7)은 식 (2-8)이 된다.

$$\Delta t = -\frac{V}{Q'}\left[\ln\left(\frac{G - Q'C_2}{G}\right)\right] \tag{2-8}$$

여기서, Δt : 시간, min

V : 작업장의 기적, m^3

Q' : 유효 환기량, m^3/min

G : 유해물질의 발생량, m^3/min

C : 유해물질의 농도, parts/10^6

여기서 주의해야 할 것은 농도 C_2는 ppm 혹은 parts/10^6으로 계산되어지기 때문에 계산할 때 주의해야 한다. 예를 들어, 200 ppm은 200×10^{-6}으로 계산해야 한다.

만약, 처음농도가 0인 상태에서($C_1 = 0$) $t_2 - t_1$ 혹은 Δt 사이에 변화한 농도 C_2를 계산하고자 할 경우에는 식 (2-7)을 다음과 같이 변화시켜 사용할 수 있다.

$$C_2 = \frac{G\left(1 - e^{-\frac{Q'\Delta t}{V}}\right)}{Q'} \tag{2-9}$$

여기서 C_2를 ppm으로 환산하기 위해서는 10^6을 곱해주어야 한다.

예제 2-4

Q&A

공기 체적이 1000 m^3인 작업장에서 톨루엔을 2 L/hr으로 사용하고 있다(톨루엔 분자량 92.13, 비중 0.866, 노출기준 50 ppm). 작업장의 초기농도가 0이었던 것이 40 ppm까지 올라가는데 필요한 시간을 계산하시오.

풀 이

먼저 유효환기량 Q'를 계산하면

$$Q' = \frac{24.1 \times 0.866 \times 2 \times 10^6}{92.13 \times 50} = 9{,}061\ \mathrm{m^3/hr} = 151.0\ \mathrm{m^3/min}$$

유해물질의 발생량 G는

$$G = \frac{24.1(\mathrm{L}) \times 0.866 \times 2000(\mathrm{mL/hr})}{92.13} = 453\ \mathrm{L/hr} = 7.55\ \mathrm{L/min}$$
$$= 0.0076\ \mathrm{m^3/min}$$

40 ppm까지 올라가는 필요한 시간 Δt는 식 (2-8)에 의하여 구하면

$$\Delta t = -\frac{V}{Q'}\left[\ln\left(\frac{G - Q'C_2}{G}\right)\right]$$
$$= -\frac{1000}{151} \times \left[\ln\left(\frac{0.0076 - 151 \times 40/10^6}{0.0076}\right)\right]$$
$$= 10.48\ \mathrm{min}\ \ (10분\ 29초)$$

예제 2-5

Q&A

예제 2-4에서 작업장의 기적이 2000 m^3이라고 하고 15분 후의 농도는 얼마이겠는가?

풀 이

식 (2-9)에 대입하면

$$C_2 = \frac{G\left(1 - e^{-\frac{Q'\Delta t}{V}}\right)}{Q'}$$

$$= \frac{0.0076 \times \left(1 - e^{-\frac{151 \times 15}{2000}}\right)}{151} = 0.000034 = 34 \text{ ppm}$$

4) 유해물질의 농도가 감소할 때 전체환기량

작업을 중단하여 유해물질의 발생량이 감소하면 일정한 시간에 따라 작업장 내의 유해물질의 농도는 감소할 것이며 이때의 수식을 다음과 같이 유도할 수 있다. 식 (2-1)에서 $G=0$이므로

$$VdC = -Q'Cdt$$

$$\int_{C_1}^{C_2} \frac{dC}{C} = -\frac{Q'}{V} \int_{t_1}^{t_2} dt$$

$$\ln\left(\frac{C_2}{C_1}\right) = -\frac{Q'}{V}(t_2 - t_1) \tag{2-10}$$

$$C_2 = C_1 e^{-\frac{Q'(t_2 - t_1)}{V}} \tag{2-11}$$

그림 2-11은 위의 계산식을 그림으로 나타낸 것으로서 유해물질의 발생을 중지시키고 환기를 계속하면 시간에 따라 유해물질의 감소가 어떻게 이루어지는지를 설명하여 주고 있다.

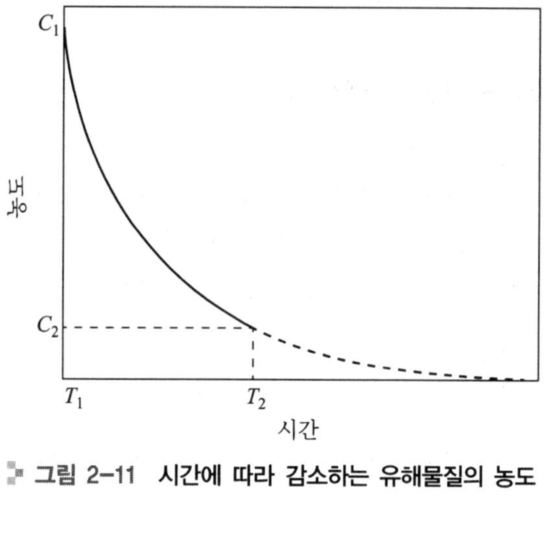

그림 2-11 시간에 따라 감소하는 유해물질의 농도

예제 2-6 Q&A

예제 2-4에서와 같은 조건 하에서 다만 톨루엔의 발생을 중지시켰다고 하자. 공기 중의 농도가 40 ppm에서 5 ppm으로 감소하는 데 걸리는 시간은 얼마인가?

풀이

식 (2-10)을 이용하면

$$\Delta t = -\frac{V}{Q'}\ln\left(\frac{C_2}{C_1}\right)$$

$$= -\frac{1000}{151}\times\ln\left(\frac{5}{40}\right) = 13.77\ \text{min}\ \ (13분\ 46초)$$

예제 2-7 Q&A

예제 2-4와 같은 조건 하에서 톨루엔의 발생을 중지시켰다. 작업장의 농도가 서서히 줄어들면서 유해물질의 농도가 30 ppm인 시점부터 5분이 지난 후의 농도를 계산하시오.

풀이

식 (2-11)을 이용하면

$$C_2 = C_1 e^{-\frac{Q'(t_2 - t_1)}{V}}$$

$$= 30\times e^{-\left(\frac{151\times 5}{1000}\right)} = 14.1\ \text{ppm}$$

5) 혼합물질에 대한 전체환기량

상당히 많은 작업장은 한 가지 물질보다는 여러 가지 물질이 발생한다. 여러 가지 물질이 혼합되었을 때에는 특별한 정보가 없으며 인체에 대한 위해도(hazards)는 상가작용(additive)을 한다고 본다. 작업장의 현재 농도를 C, 노출기준은 OEL이라고 했을 때 다음의 합이 1을 초과하면 노출기준을 초과하였다고 본다.

$$\frac{C_1}{\text{OEL}_1} + \frac{C_2}{\text{OEL}_2} + \cdots + \frac{C_n}{\text{OEL}_n}$$

이와 같이 두 개 이상의 혼합물질이 존재할 때 전체환기에 대한 필요환기량 Q 계산은 각각에 대한 환기량을 계산하고 모두를 합해야 된다.

그러나 상가작용이 아니고 인체에 대한 독성이 독립적인 경우에는 각 유해물질의 양이 노출기준을 초과했을 때 즉, 다음의 각 값이 1을 초과하면 노출기준을 초과한 것이다.

$$\frac{C_1}{\mathrm{OEL}_1} \quad \text{or} \quad \frac{C_2}{\mathrm{OEL}_2}$$

이와 같은 경우 필요환기량 Q를 계산하려면 각 물질들에 대한 환기량을 구하고 이 중에서 가장 높은 값을 필요환기량으로 정한다.

예제 2-8

Q&A

MEK(분자량 72.1, 비중 0.805, 노출기준 200 ppm)가 시간당 1 L씩 소모되고 있으며 K=4이다. 같은 작업장에서 톨루엔(분자량 92.1, 비중 0.866, 노출기준 50 ppm)이 1 L씩 증발하고 있으며 K=4이다. 전체환기를 할 때 필요한 환기량 Q는 얼마인가?

풀이

MEK의 환기량 : $\dfrac{24.1\times 0.805\times 1\times 10^6\times 4}{72.1\times 200} = 5{,}381\ \mathrm{m^3/hr}$

톨루엔의 환기량 : $\dfrac{24.1\times 0.866\times 1\times 10^6\times 4}{92.1\times 50} = 18{,}128\ \mathrm{m^3/hr}$

MEK와 톨루엔은 상가작용을 하므로 $Q = 5{,}381 + 18{,}128 = 23{,}509\ \mathrm{m^3/hr}$

6) 일반 실내에서의 전체환기

작업장이 아닌 일반 실내 즉, 주택, 공공건물, 학교, 사무실, 극장, 지하상가 등과 같은 곳에서의 전체환기는 제조업 작업장과는 달리 특정 유해물질이 과다하게 존재하는 경우가 적기 때문에 전체환기량을 계산하는 방식도 다르다. 일반 실내에서 공기오염의 지표로는 이산화탄소(CO_2)를 사용한다. 그 이유는 이산화탄소는 인체의 대사과정에서 발생하는 가스로서 이산화탄소의 증가는 곧 실내에 과다한 인구가 밀집되어 있음을 의미하고 현재 환기가 불충분하다는 것을 쉽게 알 수 있으며 과다한 경우 불쾌감을 유발하기 때문이다. 또 이산화탄소의 농도와 인체 체취와의 관계는 아주 밀접한 관계가 있으며 실제 측정이 용이하기 때문에 실내 공기오염의 지표로서 자주 사용한다. WHO에서는 이산화탄소의 실내 허용치는 0.1%(1,000 ppm)이지만 주택과 같이 장시간 지내야 하는 장소에서는 0.07%(700 ppm)로 정하고 있다.

이산화탄소를 기준으로 일반 실내 공간에서 1인당 필요한 최소 환기량은 30 m^3/hr인데 이것은 다음과 같은 수식에서 유도된 것이다.

$$Q = \frac{G}{C_i - C_o} \tag{2-12}$$

여기서, Q : 필요환기량, m^3/hr

G : 1인 1시간당 CO_2의 배출량, 21 L/hr

C_i : 실내 CO_2의 허용기준, 보통 0.1%

C_o : 외기에서 CO_2의 농도, 0.033%

G는 동양인의 경우 대략 20~21 L이며 서양인의 경우는 대략 22.6 L로 잡고 있다. 따라서 위 식을 그대로 적용하면

$$Q = \frac{0.021\ \mathrm{m^3/hr}}{0.001 - 0.00033} = 31\ \mathrm{m^3/hr}$$

1인 1시간당 필요한 환기량은 실내의 종류와 활동상태에 따라 다르나 대체로 주택은 30~40 m^3/hr, 학교 50 m^3/hr, 극장 45~50 m^3/hr, 사무실 및 상점 50~60 m^3/hr, 그리고 유해 작업을 하는 공장에서는 90~100 m^3/hr으로 잡고 있다. 실내 공기오염 분야에서는 실내 공기의 환기정도를 시간당 공기교환횟수 즉, ACH(air change per hour)로 나타내는 데 이는 환기량을 실내의 기적으로 나타내는 것이다.

$$\mathrm{ACH} = \frac{Q}{V} \tag{2-13}$$

여기서, ACH : 시간당 공기교환횟수, 회

Q : 필요환기량, m^3/hr

V : 실내 공간의 공기체적, m^3

예제 2-9

기적이 200 m^3인 교실에 학생 30명이 공부하고 있다. 여름철이기 때문에 인체의 체취를 감안하여 CO_2의 서한도(허용치)를 0.07%로 하였을 때 시간당 공기교환횟수를 계산하시오. 단, 1인당 CO_2의 배출량은 21 L/hr, 외기의 CO_2농도는 0.033%이다.

풀이

먼저 1인당 필요한 환기량을 계산하면

$$Q = \frac{0.021\ \mathrm{m^3/hr}}{0.0007 - 0.00033} = 56.8\ \mathrm{m^3/hr}$$

총 필요한 환기량 $Q_T = 56.830 = 1{,}704\ \mathrm{m^3/hr}$

따라서 시간당 공기교환횟수 $\mathrm{ACH} = \frac{1704}{200} = 8.5$회

한편, CO_2의 농도를 2회에 걸쳐 측정함으로서 실내 공기의 환기량을 계산할 수 있다. 사람들이 사무실을 빠져나간 직후에 첫 번째 농도를 측정하고 다음은 일정한 시간이 경과하여 CO_2의 발생이 전혀 없는 시간에 측정 두 농도를 비교함으로서 환기량을 산출할 수 있다.

$$\mathrm{ACH} = \frac{\ln(C_1 - C_0) - \ln(C_2 - C_0)}{T} \tag{2-14}$$

여기서, C_1 : 처음 측정한 CO_2의 농도, ppm

C_2 : 일정기간 경과하여 두 번째 측정한 CO_2의 농도, ppm

C_0 : 대기 중 CO_2의 농도, 330 ppm

T : C_1과 C_2 사이의 시간, hour

예제 2-10

Q&A

어떤 사무실에 직원이 모두 퇴근한 직후인 오후 5시 10분에 공기 중 CO_2의 농도가 1,500 ppm 이었고 사무실에 아무도 없는 상태에서 오후 8시 30분에 측정한 CO_2의 농도는 500 ppm이었다. 이 사무실의 ACH는 얼마인가?

풀이

$$\mathrm{ACH} = \frac{\ln(1500 - 330) - \ln(500 - 330)}{3.33} = 0.58\text{회}$$

(3) 폭발방지를 위한 환기

1) 필요환기량 계산식

희석환기의 또 다른 목적은 화재나 폭발을 방지하기 위한 것이다. 그렇게 하기 위해서는 폭발성, 인화성이 있는 가스 및 증기 혹은 입자상의 물질을 그 물질의 폭발농도 하한치(lower expolsive limit: LEL) 이하로 감소시켜야 한다. 폭발농도 하한치인 LEL은 작업자의 건강을 위해 만들어 놓은 노출기준에 비해 훨씬 높은 값이므로 당연히 작업자가 LEL의 농도에 노출되어서는 안 된다. 예를 들어, 크실렌의 노출기준은 100 ppm이지만 LEL은 1% 즉, 10,000 ppm이다. 보다 안전성을 고려하여 크실렌을 함유한 공기는 LEL의 25%에 해당하는 2,500 ppm 이하로 유지해야 한다. 이 정도의 농도에서는 심각한 건강상 문제를 야기할 수 있으며 심지어 죽을 수도 있는 농도이다. 밀폐된 건조기, 오븐, 덕트 등과 같은 곳에서는 폭발 및 화재 가능성이 있으므로 예방을 위해서 LEL 이하로 유지시켜 주어야 한다.

따라서 건강보호를 위한 환기장치가 설치되어 있는 곳에서는 따로 폭발 및 화재 예방을 위한 환기시설은 전혀 고려할 필요가 없으나 폭발 및 화재 예방을 위한 환기시설이 되어 있는 곳은 당연히 고농도의 오염물질이 존재할 것이므로 작업자가 함부로 출입할 경우 건강상 위험할 수 있음을 명심해야 한다. 화재 및 폭발 방지를 위한 환기시설은 인화성 혹은 폭발성 물질을 보관하는 창고 등과 같이 작업자들의 출입이 적은 곳에 설치한다.

화재 및 폭발 방지를 위한 환기량 계산식은 식 (2-6)을 변형한 식에서 구할 수 있다.

$$Q = \frac{24.1 \times \mathrm{SG} \times \mathrm{ER} \times 100 \times S_f}{\mathrm{MW} \times \mathrm{LEL} \times B} \tag{2-15}$$

여기서, Q : 필요환기량, m^3/min
SG : 물질의 비중, 무차원
ER : 소모되는 율, L/min
S_f : 안전계수, 무차원
MW : 분자량
LEL : 물질의 폭발농도 하한치
B : 온도에 따른 보정 상수, 무차원

LEL은 percent 단위로 표현되기 때문에 분자에 보정하는 수 10^6 대신에 10^2을 곱해야 한다. 안전계수 S_f는 LEL을 보다 안전한 수준으로 유지하기 위해 필요한 값이다.

대부분의 가열로(oven)와 밀폐된 건조기에서는 오븐의 모든 부분에서 매시간 LEL의 25% 이하로 유지시켜 주는 것이 바람직하다. 따라서 적절한 환기가 계속적으로 유지만 된다면 S_f는 4가 되는데 이것은 결국 LEL값을 25%로 낮춘 것이나 마찬가지이다. 회분식 가열로(batch oven)에서 양호한 기류 분포상태를 유지하고 건조 공정이 최고조에 이른 경우에는 매시간 S_f값을 10 내지 12로 유지해야 하지만 공기의 재순환이 이루어지지 않는다거나 부적절한 환기조건 혹은 계속적인 환기가 이루어지지 않을 경우에는 S_f를 이보다 더 크게 잡아 주어야 한다.

B값은 온도 상승 시 LEL값이 떨어지거나 공기와 증기의 혼합정도가 떨어지는 것을 고려하여 보정하는 상수로서 온도가 120℃(250°F)까지는 B의 값은 1로 잡아 주며 120℃ 이상에서는 0.7로 잡아 준다.

화재 및 폭발 방지를 위한 환기는 일반적으로 고온 작업장에서 수행되는 경우가 많다. 만약 고온 작업공정에서 환기가 필요한 경우에는 절대온도에 따라 공기의 부피가 증가하기 때문에 반드시 환기량을 보정해 주어야 한다. 즉, 식 (2-15)은 표준공기에 대한 계산식이기 때문에 이 계산식에서 산출한 값을 다음의 식으로 보정해 주어야 한다.

$$Q_a = Q_s \times \frac{273+t}{273+21} \tag{2-16}$$

여기서, Q_a : 실제 필요한 환기량

Q_s : 표준공기에 의한 환기량

t : 공기의 온도, ℃

또 인화성 혹은 폭발성 물질의 사용 단위가 다른 경우에는 건강보호를 위한 환기량 계산 때와 마찬가지로 표 2-2의 변환계수를 사용하면 된다. 그리고 각 물질에 대한 LEL은 부록에 있는 표를 참고하기 바란다.

예제 2-11

온도가 150℃가 되는 건조오븐 내에서 크실렌이 2 L/hr로 증발하고 있다. 폭발방지를 위한 환기량을 계산하시오. 단, 크실렌의 LEL은 1%, SG는 0.88, MW는 106, S_f는 10으로 한다.

풀이

공정의 온도가 150℃이므로 B값은 0.7로 잡아야 한다.

$$Q_s = \frac{24.1 \times 0.88 \times 2/60(\mathrm{L/min}) \times 100 \times 10}{106 \times 1 \times 0.7} = 9.5\ \mathrm{m^3/min}$$

이상의 환기량은 표준공기인 경우의 환기량이며 온도가 150℃로 상승하였기 때문에 다시 환기량을 보정하여 주어야 한다. 따라서 식 (2-16)에 의하여 실제 필요한 환기량은 다음과 같다.

$$Q_a = 9.5 \times \frac{273 + 150}{273 + 21} = 13.7\ \mathrm{m^3/min}$$

2) 혼합물질에 대한 필요환기량

혼합물질을 구성하는 물질 중 단위 액체 부피당 가장 높은 값의 환기량을 필요로 하는 물질을 전체 필요환기량 Q로 채택한다. 이 물질은 결국 $\frac{\mathrm{SG}}{\mathrm{MW} \times \mathrm{LEL}}$이 가장 큰 값을 가진 물질일 것이다.

(4) 열 관리를 위한 환기

작업환경에서 불필요한 열을 관리하기 위하여 전체환기를 실시하기도 한다. 열 관리를 위한 전체환기의 목적은 고열작업장에서 일하는 작업자들에게 발생할 수 있는 고열로 인한 불쾌감, 장애 및 재해를 예방하기 위함이다. 고열로 인한 직업성 질환이나 장애는 총 열부하량이 인체의 방어기전(항상성: homeostasis)을 초과하는 곳에서 발생할 수 있으며 결과적으로 인체에 열 스트레스(heat stress)를 유발하게 된다. 그러므로 열 관리를 위한 환기는 고열작업으로 인한 열 스트레스가 일어날 수 있는지를 생리적으로 평가한 다음 이루어져야 한다.

고열환경에서 환기시설의 개발은 통상 공기의 유량, 속도, 온도, 습도, 그리고 문제의 공간에서 공기흐름의 통로를 고려하여 설계되어야 한다. 여기에 대한 전문적인 지식을 얻기 위해서는 산업환기보다는 공기조화를 전문적으로 다루는 기관에서 발행하는 도서를 참고하는 것이 좋다. 미국의 냉난방공조협회(American Society of Heating, Refrigeration and Air Conditioning Engineers: ASHRAE)에서 발생하는 전문서적을 참고하면 많은 도움이 될 것이다.

1) 인체의 열평형

인체 심부의 온도는 항상 37±1℃를 유지해야 한다. 그러기 위해서는 인체와 환경 사이에 일정한 열 교환으로 열평형이 이루어져야 한다. 환경과 교환이 이루어져야 하는 열은 인체에서 만들어지는 열(휴식 시 1시간당 체중 1 kg당 약 1 kcal 혹은 1.16 watts 이고 중(中)등도의 작업에서는 약 5 kcal 혹은 7 watts)과 환경에서 열이 만들어진다면 그 열도 포함된다. 열 교환에 관여하는 조건들은 기온, 기습, 피부온, 기류의 속도, 피부에서 땀의 증발정도, 복사열, 그리고 입고 있는 옷의 형태, 양, 특성 등에 의해 결정된다. 호흡으로 상실되는 열은 매우 건조한 환경에서 고된 작업을 하지 않는 한 거의 무시된다.

인체와 작업환경 사이의 열 교환은 주로 대류(convection), 복사(radiation) 그리고 땀의 증발(evaporation) 등에 의해 이루어진다. 기본적인 열평형 방정식(heat balance equation)은 다음과 같다.

$$\Delta S = (M - W) \pm C \pm R - E \tag{2-17}$$

여기서, ΔS : 체내의 열량의 변화

$M - W$: 신진대사(metabolism)에 의한 생산 열량 − 작업수행으로 손실된 열량

C : 대류(convection)에 의한 열 교환

R : 복사(radiation)에 의한 열 교환

E : 증발(evaporation)에 의한 열 손실

이러한 열평형은 물리적인 현상이지 화학적인 현상은 아니며, 열평형에 관련되는 인체의 주요기관은 허파가 아니라 피부이다. 식 (2-17)을 보면 M은 항상 양(+)의 값을 갖는 수치이다. C와 R은 양 혹은 음(−)의 값을 갖는 수치이며 인체가 열을 얻거나 잃는 방법에 따라 달라진다. 예를 들면, 인체가 따뜻한 난로 곁에 있으면 복사열을 얻게 되어 양의 값을 갖지만 차가운 외기에 노출되면 역으로 외기 쪽으로 열을 발산시키게 되므로 음의 값을 갖게 된다. 작업환경에 대해서 인체가 가장 쾌적한 상태가 되기 위해서는 ΔS값이 0가 되어야 한다. 따라서 열평형 방정식이 $E = (M - W) \pm C \pm R$의 상태가 될 때 인체는 가장 쾌적한 상태에 놓이게 된다.

열 교환을 계산하는 단위는 SI 단위계로서 단위 피부면적당 watt 즉, W/m^2을 사용한다. 열평형 방정식은 통상적으로 사용하는 긴소매와 바지로 된 작업복을 입은 작업자에게 적용할 수 있다. 체표면적이 1.8 m^2(19.4 ft^2)이고 체중이 70 kg(154 lbs)로 정의된 “표준작업자”에게 작업량이 시간당 소모되는 열량 즉, kcal/h 혹은 Btu/h의 단위로서 산출되었을 때 적용이 가능하다.

① 대류(convection)

T. F. Hatch의하면 인체의 피부와 그 주위에 있는 공기 사이에 대류에 의한 열

교환은 외기의 온도(t_a), 피부의 평균온도(t_{sk}), 피부 위의 기류 속도(V_a)에 의해 좌우된다. 이 관계는 위에서 언급하였듯이 한 겹의 통상적인 작업복을 입은 "표준작업자"에 아래와 같은 수식으로 표현된다.

$$C = 7V_a^{0.6}(t_a - t_{sk}) \tag{2-18}$$

여기서, C : 대류에 의한 열 교환, kcal/hr
V_a : 기류, m/s
t_a : 기온, ℃
t_{sk} : 피부의 평균온도(통상 35℃로 가정), ℃

상수 7은 체표면적이 1.8 m^2인 표준작업자를 기준으로 하였을 때 적용되며 0.6은 인체를 원주로 생각하였을 때 경험적으로 얻어진 수치이다. 기온이 35℃(95°F) 이상이면 대류에 의해 외기로부터 열을 받아 체온이 상승하며 기온이 35℃ 이하이면 대류에 의해 외기로 체열이 빠져 나가므로 체온이 내려가게 된다.

② **복사(radiation)**

이론적으로 절대온도 0도 이상의 모든 물체는 복사열을 방출하고 있으며 자연계에서 복사열의 주된 열원은 태양이다. 복사열은 공기의 유무와 관계없이 직진하며 그 속도는 빛의 속도와 동일하다. 복사열에 의한 체표면과 옷 사이의 열 교환은 체표면 절대온도와 복사열원 혹은 감소원의 4승에 의해 비례하지만 실제 한 겹의 옷을 입은 사람과 환경 사이의 복사열에 의한 열 교환은 1차 함수의 관계로 표현하여도 충분히 정확한 값을 얻기 때문에 다음과 같이 표현된다.

$$R = 6.8(t_w - t_{sk}) \tag{2-19}$$

여기서, R : 복사에 의한 열 교환, kcal/hr
t_w : 복사열원에서 방출되는 평균 복사온도, ℃
t_{sk} : 피부 표면의 평균온도, ℃

③ **증발(evaporation)**

수분 1 g이 증발하면 기화열로서 0.58 kcal가 소모된다. 증발은 기류의 속도(V_a) 그리고 피부 표면온도에서 물의 증기압(p_{sk})과 공기 중 물의 분압(p_a)과의 차이의 함수이다. 한 겹의 작업복을 입은 표준작업자에게 다음과 같이 표현된다.

$$E = 14.4\,V_a^{0.6}(p_{sk} - p_a) \tag{2-20}$$

여기서, E : 증발에 의한 열교환, kcal/hr

V_a : 기류의 속도, m/s

p_{sk} : 피부 표면에서 물의 증기압, mmHg

(피부온도 35℃에서 45 mmHg)

p_a : 공기에서 물의 증기압, mmHg

고온 건조한 작업환경에서 E의 값은 작업자에게서 만들어지는 땀의 양에 의해 제한되어질 수 있다. 8시간 작업을 하는 동안 평균 작업자의 최대 땀 생산량은 시간당 1 L를 약간 넘으며 이 정도는 시간당 600 kcal의 증발로 인한 열 손실과 맞먹는 양이다.

2) 열순응(Acclimatization)

고열작업에 노출되었던 사람들이 고열에 대해 순응현상(acclimatization to heat)을 일으킨다는 것은 잘 알려져 있다. 약 2주 정도 열에 노출되면 열에 견딜 수 있는 능력이 현저히 증가하는 데 초기단계에서는 대사작용에 의해 자신의 에너지를 효율적으로 조절하면서 열 생산을 감소시키고 처음 며칠 동안 땀 생산이 증가하게 된다. 그 다음에는 열을 조절하는 메커니즘이 훨씬 민감해지면서 환경조건의 변화에 쉽게 반응한다. 혈액량이 증가하면서 세포 외의 체액량이 증가하고 동시에 맥박은 감소한다. 또 땀 속에 염분의 양이 감소하여 고열 건조한 환경에서 작업을 할지라도 염소농도의 결핍을 초래하지 않게 된다.

3) 급성 고열 장애

고열로 인한 여러 가지 장애들은 임상적으로 다음과 같이 구별된다.

① **열피로(heat exhaustion)**

고온다습한 환경에서 특히, 미숙련자가 작업을 하였을 때 심한 탈수와 염분손실로 인하여 발생하는데 말초혈관의 확장으로 말초혈관에 혈액이 저류하여 혈압이 저하되는 등, 순환기계의 이상으로 생긴다. 두통, 현기증, 오심, 구토, 갈증, 무력감 등을 초래하고 심하면 의식이 혼미해진다. 신속히 차갑고 신선한 그늘에 눕히고 허리띠를 느슨하게 풀어주어 혈액순환을 촉진시키고 5%의 포도당 주사를 정맥주사 하거나 경구투여 해야 한다.

② **열경련(heat cramp)**

과도한 염분의 손실로 인체 내 전해질의 균형이 깨지면서 신경전달에 이상이 생겨 수의근에 심한 경련을 일으킨다. 이때는 신속하게 휴식을 취하게 하고 수분과 염분을 섭취하여 전해질의 균형을 맞춰줘야 한다. 생리식염수 1~2 L를 정맥주사하거나 0.1%의 식염수를 복용케 한다.

③ **열사병(heat stroke)**

고온 다습한 환경에서 미숙련된 사람이 과도하게 일할 때 체온조절중추신경에 이상이 생겨 열의 방산이 이루어지지 않고 체내에 열이 울적하게 된다. 열피로와 같은 전구증상이 있고 발한이 제대로 이루어지지 않아 체온이 급격히 상승하여 심부온도가 41℃까지 상승하게 되어 뇌의 손실을 초래하고 궁극적으로는 사망에 이른다. 치료하지 않으면 100% 사망하게 되고 치료가 된다고 해도 예후가 불량하다. 응급처치로는 냉수마찰 등 가능한 한 체온을 급속하게 낮춰줘야 한다.

4) 온열지수

고열작업을 평가할 수 있는 몇 가지 온열지수(thermal index)들이 개발되어 왔다. 과거에는 감각온도(effective temperature: ET), 수정된 감각온도(corrected effective temperature: CET), 냉각력(cooling power) 등을 사용했으나 현재에는 거의 사용하지 않는다. 우리나라 노동부에서는 감각온도와 유사한 것으로 평가되며 계산이 간편하고 합리적인 지수인 WBGT(wet bulb globe temperature index)를 사용한다. WBGT는 NIOSH에서 개발한 고열작업의 권고 기준치로 측정이 간편하고 경제적인 비용으로 측정이 가능하며 계산을 쉽게 할 수 있다는 장점이 있다. WBGT 측정에는 두 종류가 있다.

① 태양광선이 있는 옥외 작업장 : $\text{WBGT} = 0.7\text{NWB} + 0.2\text{GT} + 0.1\text{DB}$ (2-21)

② 태양광선이 없는 옥내·외 작업량 : $\text{WBGT} = 0.7\text{NWB} + 0.3\text{GT}$ (2-22)

여기서, WBGT : 건구·습구·흑구온도지수(Wet Bulb Globe Temperature)
NWB : 자연습구온도(Natural Wet-Bulb Temperature)
DB : 건구온도(Dry Bulb Temperature)
GT : 흑구온도(Globe Temperature)

현재 우리나라의 고용노동부에서 정한 고열작업장의 노출기준은 표 2-5와 같다. 이것은 미국 ACGIH의 TLV를 그대로 채택한 것이다.

한편, ACGIH에서는 고열작업장의 heat-stress에 의한 작업강도 기준을 작업자의 숙련도에 따라 그림 2-12와 같이 다르게 권고하고 있다.

표 2-5 고온작업에 대한 노출기준 [단위: ℃, WBGT]

작업강도 / 작업과 휴식 시간비	경작업	중등작업	중작업
계속 작업	30.0	26.7	25.0
매시간 75% 작업, 25% 휴식	30.6	28.0	25.9
매시간 50% 작업, 50% 휴식	31.4	29.4	27.9
매시간 25% 작업, 75% 휴식	32.2	33.1	30.0

1. 경작업 : 시간당 200 kcal까지의 열량이 소요되는 작업을 말하며, 앉아서 또는 서서 기계의 조정을 하기 위하여 손 또는 팔을 가볍게 쓰는 일 등을 뜻함.
2. 중등작업 : 시간당 200~350 kcal의 열량이 소요되는 작업을 말하며, 물체를 들거나 밀면서 걸어 다니는 일 등을 뜻함.
3. 중작업 : 시간당 350~500 kcal의 열량이 소요되는 작업을 말하며, 곡괭이질 또는 삽질하는 일 등을 뜻함.

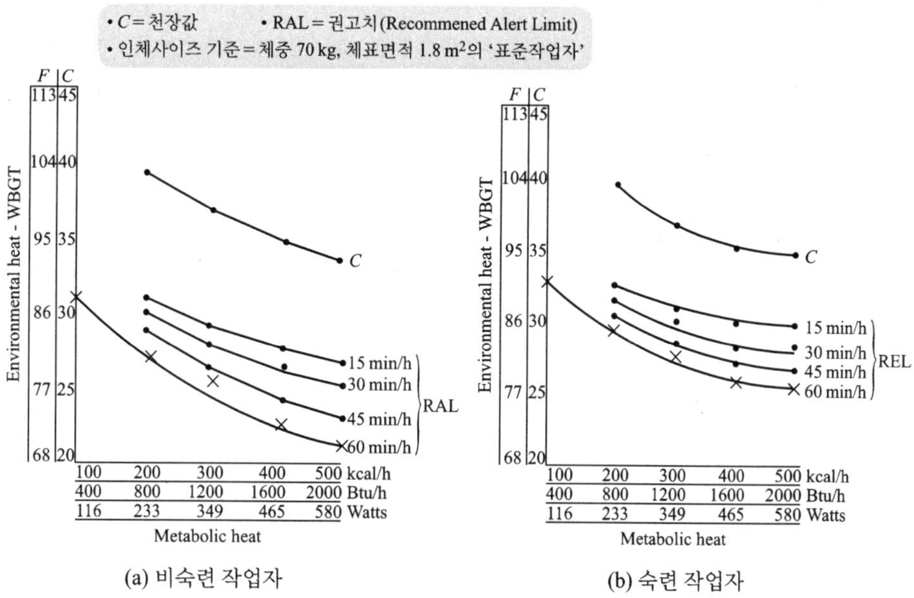

그림 2-12 고열작업장에서 heat stress에 의한 작업강도 권고치 (미국 ACGIH)

5) 환기에 의한 열관리

작업자의 불필요한 노출을 방지하기 위해서는 차단판(baffle)과 차폐판(shield) 및 칸막이를 설치할 수 있다. 서늘한 공기를 이용할 수 있는 경우에는 작업 중 고열이나 다습을 개선하기 위하여 배기에 의한 국소배기방식을 이용할 수도 있다. 반응로나 용광로처럼 열원을 둘러쌀 수 있는 경우에는 부력상승식의 굴뚝이나 강제배기식의 굴뚝을 설치하여 작업환경으로 유입되는 고열을 방지할 필요가 있다. 부분적으로 둘러싸는 경우나 국소배기의 경우에는 제어풍속을 이용하여 환기량을 계산할 수 있다.

국소배기장치를 적용할 수 없는 경우에는 전체환기시설을 이용해야 한다. 필요환기량을 산출하기 위해서는 우선 온도와 습도를 결정한 다음 모든 열원으로부터 현열(sensible heat)과 잠열(latent heat)의 합을 계산해야 한다. 현열이란 열원으로부터 곧바로 온감을 느낄 수 있는 열을 말하며 잠열이란 현재 온감으로 느끼지는 못하지만 수증기와 같이 액화되면서 열을 발산하는 잠재된 열을 말한다. 공기조화시스템을 설계할 때에는 총 소요 에너지를 계산하는 데 잠열의 계산이 대단히 중요하지만 공기조화시설이 아닌 환기장치만 설계할 때에는 일반적으로 잠열 계산을 통상적으로 하지 않으며 단지 현열의 합만 가지고 환기량을 계산한다. 그 이유는 대부분의 작업환경에서 현열에 의한 열부하가 잠열에 의한 열부하보다 훨씬 크기 때문이다. 현열을 내는 열원은 거의 모든 열원이 여기에 포함되는 데 용광로, 난로, 조명시설, 작업자, 전동기, 태양열이 대표적이다. 현열을 제거하기 위한 전체환기량의 계산을 다음과 같이 유도된다.

1 m³의 공기를 1℃ 변화시키는데 필요한 열량 H는 아래와 같다.

$$H = C_p \cdot \rho$$

여기서, C_p : 공기의 정압비열, 0.24 kcal/kg · ℃

ρ : 공기의 밀도, 1.203 kg/m³

따라서 이것을 Δt만큼 변화시키는데 필요한 열량을 계산할 때는 Δt를 곱해주면 된다.

$$H_t = C_p \cdot \rho \cdot \Delta t$$

현재의 현열 발생량을 H_s(kcal/hr)라고 하면 필요한 희석 환기량은 H_s를 H_t로 나누어 주면 된다. 따라서 필요한 환기량 Q는 다음과 같다.

$$Q = \frac{H_s}{C_p \cdot \rho \cdot \Delta t} = \frac{H_s}{0.29 \Delta t} \tag{2-23}$$

여기서, Q : 필요환기량, m³/hr

H_s : 현열의 합, kcal/hr

Δt : 온도 상승허용치, ℃

온도상승치 Δt란 실외 공기와 현재 유지하고자 하는 실내 공기의 온도 차이를 말하는데 예를 들면, 실외 공기 온도가 30℃이고 실내 공기 온도가 35℃라면 실내 공기가 실외 공기보다 5℃ 상승하였으므로 실외 공기 온도에 맞추기 위해서는 5℃의 차이가 생긴다는 의미이다.

예제 2-12

10 HP짜리 기계가 10대, 시간당 250 kcal를 내는 작업자가 10명, 0.5 kW짜리 형광등이 두 대가 켜져 있는 작업장이 있다. 실내 온도가 32℃이고 외부 공기 온도가 26℃일 때 외부 공기 온도로 맞춰 주기 위해서 필요한 환기량을 m^3/min로 계산하시오. 단, 1 HP·hr = 2545 Btu, 1 kW = 3413 Btu/hr, 1 Btu = 0.2520 kcal이다.

풀이

먼저 단위 변환을 하면, 1 HP = 641 kcal/hr, 1 kW = 860 kcal/hr

현열의 합을 구하면 기계 : 10 HP × 10대 × 641 kcal/hr = 64,100 kcal/hr

작업자 : 10명 × 250 kcal/hr = 2,500 kcal/hr

형광등 : 0.5 kW × 2대 × 860 kcal/hr = 860 kcal/hr

합 계 : 67,460 kcal/hr

따라서, $Q = \dfrac{67,460}{0.29 \times (32-26)} = 38770\ \mathrm{m^3/hr} = 646\ \mathrm{m^3/min}$

6) 기류의 속도에 의한 냉각

실내 온도가 35~38℃ 이하에서는 대류와 증발작용에 의해 작업자의 체열을 낮출 수 있으나 그 이상이면 증발에 의한 체열 방산은 거의 일어나지 않고 오히려 외부의 열이 체내로 침투하여 체내의 열 부담이 증가하게 된다. 보통 체열 방산을 위해 공급하는 공기의 온도는 27℃ 이하로 유지하는 것이 바람직하다. 표 2-6은 고열작업장에서 작업자에게 체열을 방산시켜 쾌적한 작업조건을 조성하기 위해 필요한 기류의 속도이다.

표 2-6 고열작업장에서 쾌적한 작업조건을 위해 필요한 기류의 속도

	작업환경	기류의 속도, m/sec
연속적 노출	▪ 냉방장치가 있는 공간	0.25~0.4
	▪ 전체환기를 하는 고정 작업장	
	- 앉아서 하는 작업	0.4~0.6
	- 서서하는 작업	0.5~1.0
간헐적 노출	▪ 가벼운 열 부하 및 활동	5~10
	▪ 중등도 열 부하 및 활동	10~15
	▪ 과도한 열 부하 및 활동	15~20

주) 기류의 속도가 5 m/sec 이상이면 국소배기장치의 성능을 파괴시킬 수 있으므로 유의하여야 한다.

7) 복사열 관리

복사열이란 매개체를 필요로 하지 않는 형태의 열에너지이므로 복사열은 앞에서 열거한 수단 즉, 환기방법으로는 제어하기 어렵다. 뜨거운 물체의 몸체 표면을 복사열의 방출이 낮은 물질로써 페인팅하거나 코팅하는 것은 복사열 방출을 저감시키는 하나의 방법이다. 직접적으로 제어할 수 없는 주조형의 금속이나 유리와 같은 재질에 대하여서는 복사열에 대한 차열판을 설치하는 것이 효과적이다. 이러한 차열판은 금속판, 스크린 기타 물질들로 만들어지며 작업자와 복사열원 사이에 설치하여야 한다. 차열이란 작업자로 향하여 입사되는 복사열의 대부분을 반사시키고 흡수되었던 일부의 복사열만 작업자에게 재방출시킴으로서 복사열을 감소시키게 된다. 표 2-7은 통상적으로 사용하는 차폐 재질들에 대한 복사열의 반사 정도와 열의 재방출 정도를 %로 나타낸 것이다. 표에서 보는 바와 같이 알루미늄은 거의 대부분(95%)의 복사열을 반사시키고 오직 5%만 재방출시키기 때문에 차열판으로서 가장 적합하다. 반사형 차열판의 성능을 높이기 위해서 반사면에 기름 먼지가 묻지 않도록 깨끗하게 유지시켜 주어야 한다. 환기를 추가시키면 현열에 의한 열 부하는 제어할 수도 있지만 복사열에 의한 열 부하의 제어효과는 아주 미미하다.

표 2-7 통상적인 차폐재질의 상대적 효율

차폐재질	표면에 입사된 복사열의 반사율, %	표면으로부터 복사열의 방출률, %
밝은 광택의 알루미늄	95	5
밝은 광택의 아연	90	10
산화된 알루미늄	84	16
산화된 아연	73	27
깨끗하고 새로운 알루미늄 페인트	65	35
오래되고 더러운 알루미늄 페인트	40	60
부드러운 철판	45	55
녹슨 철판	35	65
벽돌	20	80
검은색 래커(lacquer)	10	90
흰색 래커	10	90
석면보드	6	94
검은색의 평판 래커	3	97

Chapter 3

국소배기

전체환기가 작업장 내에서 유해물질의 농도를 희석시키는 것이라면 국소배기는 유해물질을 오염원으로부터 포착하여 작업장 밖으로 배출하는 것이다. 국소배기는 때때로 전체환기보다 효과적일 수 있는데 그 이유는 저유량으로 유해물질을 작업장 밖으로 배출하고 에너지도 적게 소모하기 때문이다(전체환기장치에 비해 국소배기장치는 가온된 공기를 덜 배출시키고 더 작은 용량의 송풍기를 사용한다).

국소배기는 다음과 같은 경우에 적절하다.

- 보다 비용 - 효과적인 관리(cost-effective control)가 불가능할 때, 즉, 대치, 공정의 변화, 작업자에 대한 격리 등이 곤란한 경우
- 작업환경 측정결과가 인체에 해가 되는 것으로 나왔거나 생산성을 떨어뜨리는 수준이거나 받아들일 수 없을 정도로 불쾌감을 유발할 정도인 경우
- 국소배기장치 시설 후 생산성, 작업자들의 쾌적감이나 사기, 기기의 작동과 유지관리의 향상 가능성이 있는 경우
- 배출원의 수가 적고 고정되어 있으며 크기가 크고 유해물질이 널리 확산될 가능성이 있는 경우
- 배출원이 작업자의 호흡영역에 가까이 있는 경우
- 배출정도가 시간에 따라 쉽게 변하는 경우

이상과 같은 경우 전체환기보다는 국소배기를 실시하는 것이 바람직하다. 전체환기에 비해 국소배기를 할 경우 다음과 같은 장점을 갖게 된다.

- 전체환기는 유해물질의 완전 제거가 매우 어려운 반면 국소배기는 정확하게 설계하면 배출원으로부터 유해물질을 완전히 제거가 가능하다.
- 필요환기량이 전체환기량보다 적기 때문에 동력의 사용이 적게 들고 난방 또는 냉방공기의 옥외 배출이 적어 경제적이다.
- 부식성 오염물질로 인한 작업장 내 기기류의 손상을 막을 수 있다.
- 국소배기장치용으로 사용하는 송풍기는 공기저항에 강하므로 작업장 내의 횡단방해기류(cross draft)나 부적절한 환기량에 크게 영향 받지 않는다. 반면 전체환기는 횡단방해기류에 많은 영향을 받을 수 있다.
- 침강성이 큰 분진도 제거할 수 있어서 작업장 내 청소비와 작업인력이 절약된다.
- 일반적으로 대기오염 관리비용은 처리되는 공기량에 비례하게 되는데 국소배기장치를 설치할 경우 고농도의 오염물질을 함유한 소량의 공기를 처리하게 되므로 공기정화장치를 설치 시 경제적이다.

국소배기장치는 그림 3-1과 같이 5개 부분으로 구성되어 있다.

- **후드(hood)** : 후드는 배출원에서 오염물질을 포착하여 붙잡아 들임으로서 제어한다.
- **덕트(duct)** : 덕트는 오염물질을 공기정화기로 운반하거나 외부로 배출시킨다.
- **공기 정화기(air cleaner)** : 공기 정화기는 오염물질을 공기로부터 분리, 제거하는 역할을 한다. 경우에 따라서는 유독 물질을 덜 유독한 물질로 변화시켜 주기도 하는데 예를 들어, 탄화수소 증기를 이산화탄소와 수증기로 변화시켜 무독하게 만들기도 한다.
- **송풍기와 모터(fan & motor)** : 송풍기와 모터는 공기를 움직이게 하는 근본적인 에너지를 공급하며 덕트에서 속도압을 정압으로 변화시킨다.
- **배기구(stack)** : 배기구는 오염물질을 최종적으로 외기로 배출시키다.

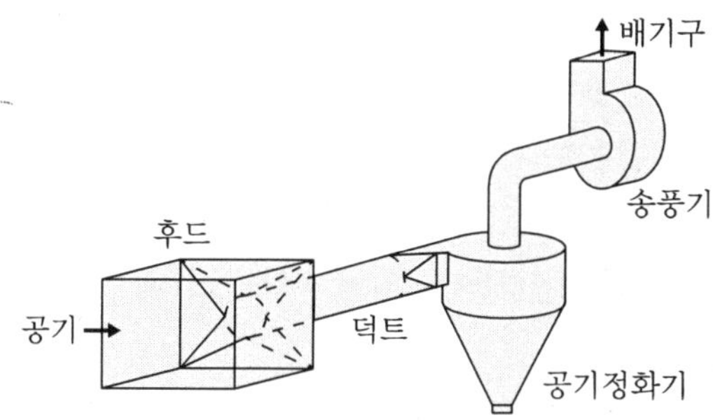

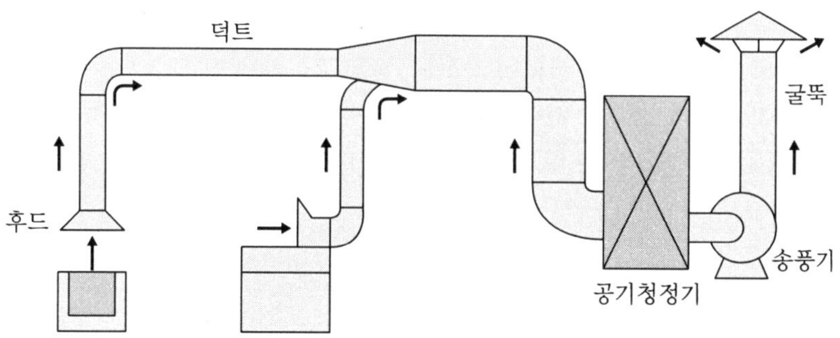

그림 3-1 전형적인 국소배기장치의 구성과 실제모습 (출처: 안전보건공단)

국소배기장치를 공부하기에 앞서 국소배기장치에서 자주 사용되는 속도에 관한 용어를 먼저 알아두어야 한다. 그림 3-2를 참고하면 그 의미를 쉽게 이해할 수 있다.

- **제어풍속 혹은 포착속도(control velocity or capture velocity)** : 후드 앞쪽의 어느 지점 혹은 후드의 개구 지점에서 공기의 속도이며 유해물질을 함유한 공기를 배출 지점에서 잡아 후드 안으로 흡인하는 속도이므로 방해기류를 극복할 수 있을 정도의 속도가 필요하다.
- **개구면 속도(face velocity)** : 후드 개구면에서의 공기속도이다.
- **슬롯 속도(slot velocity)** : 슬롯형 후드의 슬롯 개구면에서 공기속도이다. 후드 개구면에서 공기분포의 균일성을 확보하기 위한 수단으로서 슬롯 속도를 주로 이용한다.
- **플레넘 속도(plenum velocity)** : 플레넘이란 공기흐름의 균일한 분포 유지를 위해 후드나 덕트의 공간을 확대한 부분을 말하며 '공기충만실'이라고 번역하기도 한다. 플레넘 속도란 플레넘 내부의 공기속도를 말하며 슬롯형 후드에서 플레넘의 최대 속도는 슬롯 속도의 1/2 이하이어야 한다.
- **덕트 속도(duct velocity)** 혹은 **반송속도(搬送速度)** : 덕트의 횡단면(cross section)을 지나가는 공기속도이다. 공기 중에 침강성의 고형물질이 존재하는 경우에는 이 물질이 침강되지 않도록 덕트의 속도를 유지시켜 주어야 한다. 즉, 덕트 속도는 최소덕트설계속도 이상이어야 한다.
- **최소덕트설계속도(minimum duct design velocity)** : 설계를 할 때 덕트 내에서 입자상 물질들이 침강하지 않고 운반될 수 있는 최소의 공기속도를 말하며 덕트 내 유속을 결정짓는 데 매우 중요하다. 이 속도 이상을 유지하기 위해서는 $Q = VA$에서 유량 Q는 일정, 최소덕트설계속도 V도 일정 이상이어야 하므로 덕트의 면적 A는 일정한 값 이하로 유지해 주어야 한다. 다시 말해, 설계할 때 최소덕트설계속도가 만들어지지 않으면 계속 시행착오를 거쳐서 덕트의 직경 Φ를 축소해 나가야 한다.

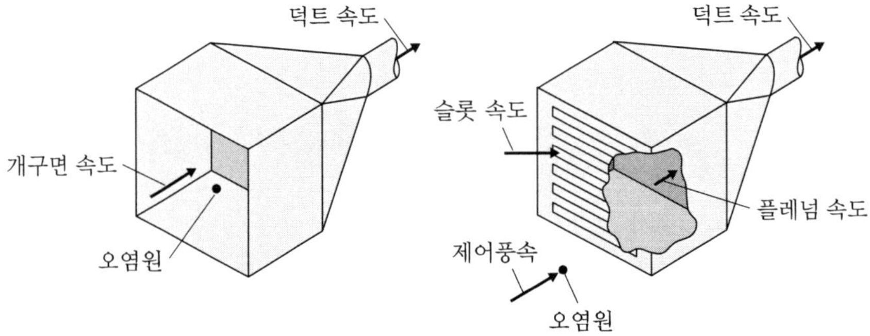

그림 3-2 국소배기장치에서 사용되는 속도

1 후드

국소배기장치에서 후드는 공기를 덕트로 흡인하는 출발점이 되는 부분이다. "후드(hoods)"란 그 모양이나 접합상태에 관계없이 모든 흡인 개구부에 폭넓게 사용되는 용어이다.

후드는 국소배기장치 중에서 제일 중요한 부분이다. 어떠한 국소배기장치도 후드에서 유해 오염물질을 제어하지 못한다면 제 구실을 하지 못한다. 아무리 덕트가 잘 연결되어 있고 아무리 성능이 좋고 용량이 큰 송풍기가 부착되어 있다고 하더라도 후드에서 유해물질을 제대로 잡아주지 못한다면 이 장치의 실질적인 가치는 0나 마찬가지이다.

부적절한 후드의 선택이나 설계는 바람직한 국소배기의 작동을 기대하기 어렵고 작동이 되더라도 송풍기의 크기나 회전속도의 증가로 과잉의 에너지를 소모하게 되어 경제적인 손실을 초래하게 된다. 훌륭한 후드선택을 위해서는 유해물질에 대한 산업위생적인 전문지식, 유체역학적인 지식, 공정의 이해, 각 작업자들의 작업형태를 정확히 이해해야 한다.

(1) 후드의 형태

후드는 유해물질의 특성, 설치 위치, 작업공정 등을 고려하여 여러 가지 형식과 구조를 가지고 있다. 후드는 그 모양에 따라서 일반적으로 크게 3가지 형태인 포위형 후드(enclosing hoods), 수형 후드(receiving hoods) 그리고 포집형 후드(capture hoods)로 나눌 수 있다.

이 세 가지의 전형적인 형태는 그림 3-3과 같다. 그러나 크게 두 가지 형태인 포위형과 외부형 후드(exterior)로 나누기도 하고 포위형, 부스형(booth), 외부형, 레시버형(수형)으로 나누기도 한다. 어떠한 형태로 나누든지 그 이름만 다를 뿐이지 실제 형태는 대동소이하다.

1) 포위형 후드(enclosure hoods)

포위형 후드란 작업공정이나 유해물질의 배출원을 완전 혹은 부분적으로 감싸는 형태를 말한다(그림 3-3의 a). 완전포위형은 실험실의 glove box와 같이 최소의 개구부만 남기고 나머지는 완전히 밀폐시키는 형태이다. 부분포위형은 일부분만 감싸는 형태로서 실험실의 후드나 큰 구조물(예를 들어, 자동차 등)을 후드 안에서 작업하는 부스형

(booth)(페인트 스프레이 부스) 후드와 같은 것이다. 공기의 흐름방향은 당연히 밀폐 개구부의 안쪽으로 향해야 하며 유해물질을 함유한 공기가 외부로 흘러 나와서는 안 된다.

포위형은 작업 공정이 어떤 형태로 이루어지든 간에 일단은 가장 먼저 고려되어야 한다. 완전포위형이 가장 먼저 고려되어야 하고 이것이 어려울 경우에 부분포위형을 고려해야 한다. 그림 3-4는 포위형 후드의 포위형태를 나타낸 것으로 작업자나 작업공정을 방해하지 않는 한 가능하면 배출원을 많이 둘러싸는 것이 바람직하다.

포위형 후드의 필요환기량 Q의 계산은 다음과 같다.

$$Q = V_f A_f$$

여기서, Q : 필요환기량, m^3/min
V_f : 개구면에서 평균 유속, m/min
A_f : 후드 총 개구부, m^3

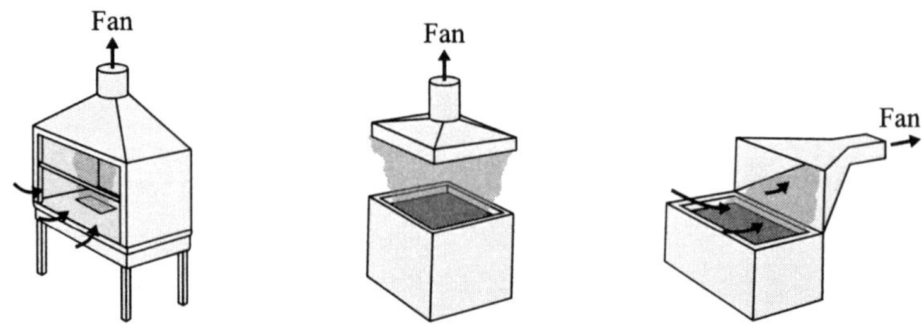

(a) 포위형 후드
유해물질이 후드 안에서 배출한다.

(b) 수형 후드
유해물질이 상승 또는 튕겨 나오는 것을 후드가 잡아준다.

(c) 포집형 후드
후드가 유해물질을 끌어 잡아당긴다.

그림 3-3 전형적인 후드의 세 가지 형태

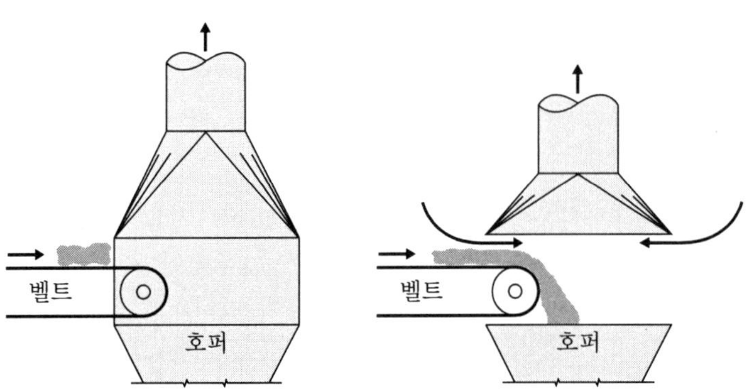

양호 (완전포위식) 불량 (부분포위식)

그림 3-4 포위형 후드의 포위형태

따라서 개구면의 면적이 작으면 작을수록 환기량도 적어지기 때문에 작업자나 작업 공정에 방해를 주지 않는 한 가능한 한 많이 둘러싸는 것이 바람직하다. 포위형 후드는 유해 오염물질의 농도가 다른 후드보다 더 짙을 가능성이 많기 때문에 근로자들의 건강보호는 물론이고 유해 오염물질의 축적으로 인한 인화나 폭발 가능성을 배제하기 위해서 후드 내 공기가 균일하게 분산되도록 설계해야 한다. 그림 3-5와 같이 횡단방해기류가 없더라도 개구면에서 공기속도는 균일하지 않으며 속도가 느린 개구부의 어느 지점에서는 오염물질이 흡인되지 않는다. 개구면에서 공기의 균일한 속도 유지를 위해서 다음의 조치가 필요하다.

- 후드의 깊이를 상대적으로 깊게 만든다. 그림 3-6에서 d_{encl}은 개구면 높이 h 혹은 폭 w 중 큰 쪽의 0.75배 이상을 유지한다. 후드 뒤쪽에서 공기속도가 불균일할 경우 후드 깊이를 깊게 하면 상대적으로 개구부에서 속도는 균일해질 수 있다.
- 플레넘을 설치한다(그림 3-6). 플레넘 앞부분은 차단판(baffle), 슬롯(slot), 구멍 뚫린 금속판 혹은 필터 벽을 붙인다. 깨끗한 필터의 공기저항은 2.5 mmH_2O 이상이다. 필터 대신 차단판을 사용하면 총 면적은 개구면의 90～90%이어야 한다. 슬롯일 경우

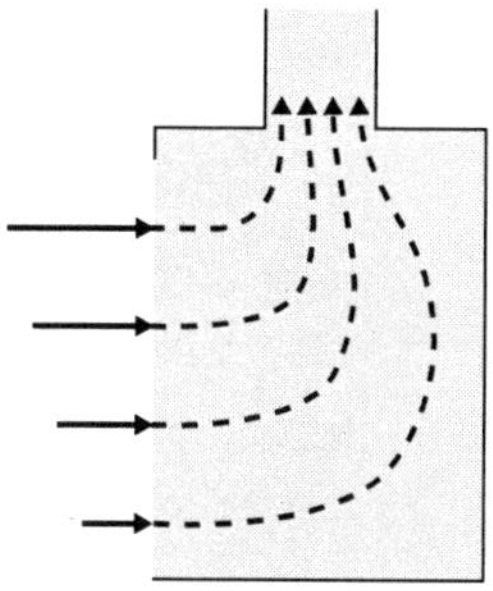

그림 3-5 포위형 혹은 일반개구 후드의 공기속도 분포

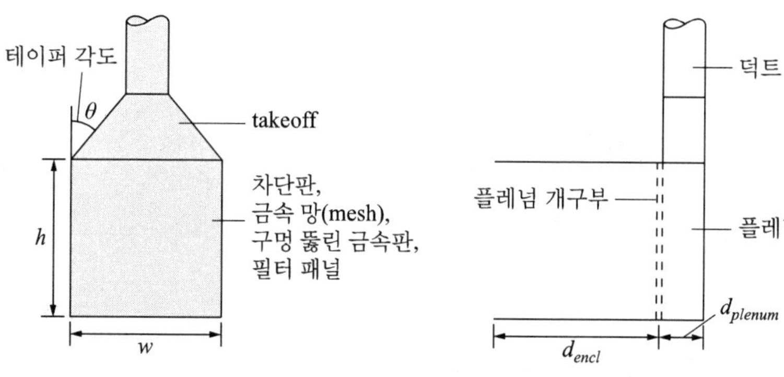

그림 3-6 전형적인 포위형 후드

에는 적어도 3개는 되어야 한다. 금속망(mesh)이나 구멍 뚫린 금속판이 이들을 대신할 수 있다.

- 덕트와 연결할 때에는 테이퍼의 각도는 45°이다. 만약 공간이 충분하지 않으면 그림 3-7처럼 takeoff 부분을 여러 개 할 수 있다.
- 분리영역(separation zone)을 만들지 않기 위해서 개구부의 높이와 폭은 확장해야 한다. 분리영역이란 그림 3-8과 같이 공기 흐름방향과 역행하는 영역이 만들어지는 부분을 말하며 만약 역행하는 부분에 오염물질이 있으면 작업자는 오염물질에 노출되게 된다. 그림 3-8a와 같이 횡단방해기류가 없고 작업자가 후드의 중앙에 서 있으면 분리영역은 약하게 만들어진다. 그러나 그림 3-8b와 같이 횡단방해기류가 왼쪽에서 오른쪽으로 흐르고 있고 그 흐름이 강할수록 강한 분리영역이 만들어지게 되어 작업자는 쉽게 오염물질에 노출된다.

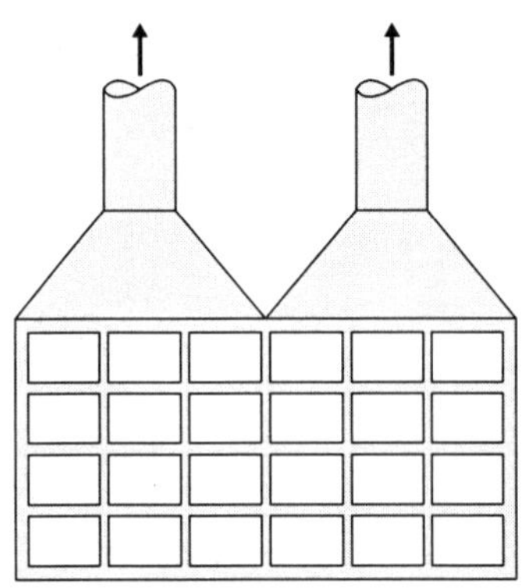

그림 3-7 폭이 매우 넓은 후드와 두 개의 takeoffs

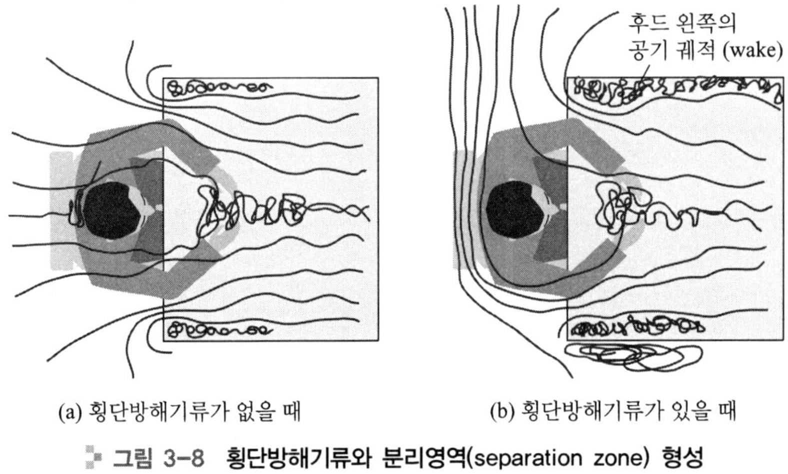

그림 3-8 횡단방해기류와 분리영역(separation zone) 형성

- 개구부를 둥글게 혹은 테이퍼로 만든다(그림 3-9). 개구면 부위에서 후드 안쪽으로 들어오는 공기가 분리영역(separation zone)이 만들어지지 않기 위해서는 테이퍼의 반경은 5 cm 이상이어야 한다.

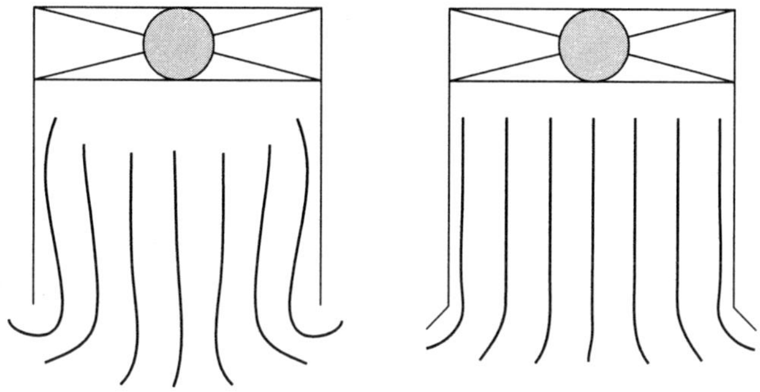

그림 3-9 테이퍼 입구의 모양

① Plug flow 후드

plug flow란 모든 부분에서 공기의 흐름이 일정하고 수평으로 흐르는 것을 말한다. 그림 3-6이 전형적인 plug flow에 대한 후드 타입이다. 이 후드를 설계할 때 몇 가지 주의점은 다음과 같다.

- 작업자가 접근하는 한 면만 개방되게 만든다. 개구면의 공간은 작업에 지장이 없도록 충분하게 확보한다.
- 한 시간에 몇 번 접근하지 않는 공정이라면 쉽게 열고 닫을 수 있는 문이나 패널을 설치한다.
- 안쪽을 들여다보아야 하는 경우에는 어느 한 지점에 플라스틱이나 안전유리를 설치한다.
- 후드 안쪽에 방폭의 light를 설치한다.
- 사용이 간편하도록 설계한다.
- 공기의 흐름이 균일하게 흐르도록 설계한다. 앞에서 언급한대로 테이퍼는 45°, 후드 내부에 차단판 혹은 구멍이 뚫린 패널, 여러 개의 takeoff를 장착한다.
- 그림 3-10과 같이 보조 공기공급장치를 설치하는 것이 바람직하다.

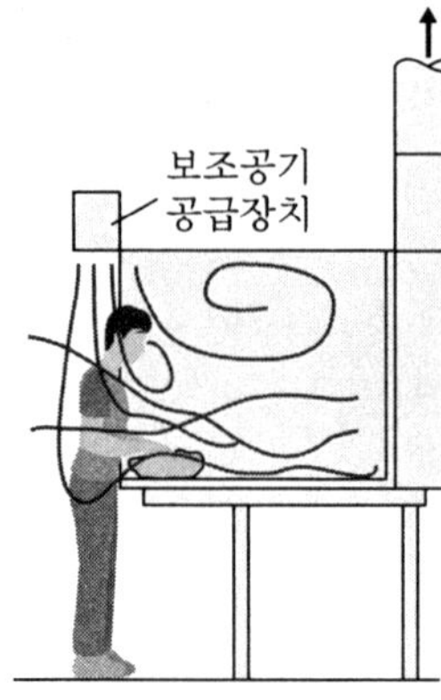

그림 3-10 plug flow 후드의 보조 공기공급장치

② **하방형 부스형 후드(Room 타입)**

공기의 흐름방향이 수평이 아닌 수직의 plug flow인 경우에는 하방형 부스형 후드를 채택한다. 천장에서 바닥으로 공기를 균일하게 흐르게 하는 것이 작업자를 보호하는데 가장 중요하다. 이 후드는 수평 후드에서 생기는 궤적을 만들지 않는다는 장점을 가지고 있다. 공기의 흐름방향이 거의 대부분 위에서 아래로 내려가는 형태이지만 공기가 위쪽으로 올라가는 것도 생각해 볼 문제이다. 흐름이 균일하지 않는 상태에서 공기가 공급되면 plug flow가 만들어지지 않는다. 공기의 흐름이 매우 느리거나 없는 곳에서는 정체지역이 형성된다. 너무 빠른 속도로 공기가 공급되면 바닥이나 물체로부터 공기가 다시 튀기는 현상(splash)이 만들어진다. 또 큰 규모의 공기 회오리(eddies)는 측면으로 만들어져 오염물질로부터 작업자를 보호하지 못함으로 공기구름으로부터 작업자를 분리시키지 못한다. 따라서 후드 안의 공기속도는 일정하게 유지시켜야 한다.

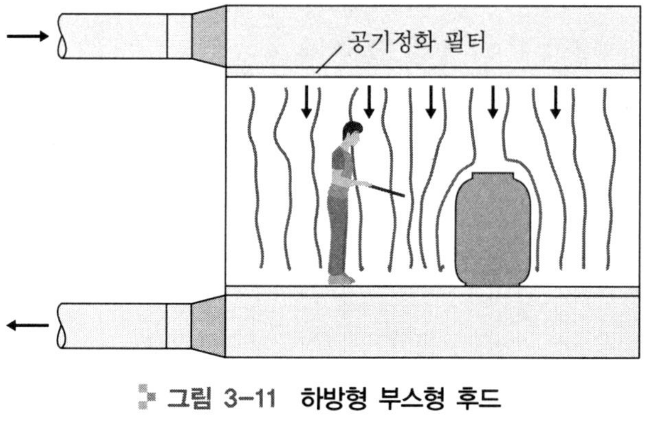

그림 3-11 하방형 부스형 후드

③ 고열공정의 포위형 후드

땜질이나 용접과 같이 열원이 작은 공정에서 상승기류가 생기는 문제는 크게 문제되지 않는다. 그러나 매우 높은 온도(150℃)의 열원이 바닥 가까운 곳에 있다면 후드 뒤쪽의 배기구가 수직으로 올라가는 오염물질을 충분히 잡아주지 못할 수 있다. 만약 배기구 쪽으로 수직으로 올라가는 공기의 속도가 후드 개구부에서 올라가는 속도보다 느리게 되면 그림 3-12a와 같이 후드 위쪽의 개구면으로 흘러 넘치게 된다. 이는 고열원에서 생기는 상승기류가 빨라서 상승기류에 의해 생기는 양압이 배기구 쪽의 후드정압보다 크기 때문에 생기는 형상이다. 이럴 경우에는 그림 3-12b와 같이 덕트의 위치를 상승기류와 일직선이 되도록 위쪽에 만들어야 한다.

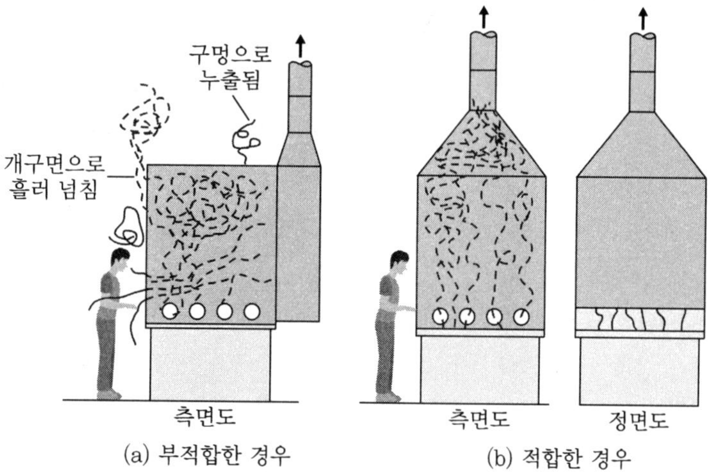

그림 3-12 고열 공정에서 포위형 후드

④ 실험실 후드

그림 3-13은 전형적인 실험실 후드의 모형이다. 과거 설치된 실험실 후드에는 그림에서 보는 바와 같이 차단판(baffle)이 설치되어 있지 않다.

차단판의 설치는 오로지 공기속도를 균일하게 유지하여 오염물질이 후드 밖으로 흘러넘치지 않도록 하기 위함이다. 슬롯은 그림에서처럼 개구부 앞부분의 위쪽에 한 개, 후드 뒤 부분에 세 개를 만든다. 후드의 공간은 공기의 속도를 보다 더 일정하게 유지하기 위해 조절할 수 있다. 최근에는 그림과 같이 차단판뿐만 아니라 유속도 측정할 수 있는 풍속계도 부착한 후드가 판매되고 있다.

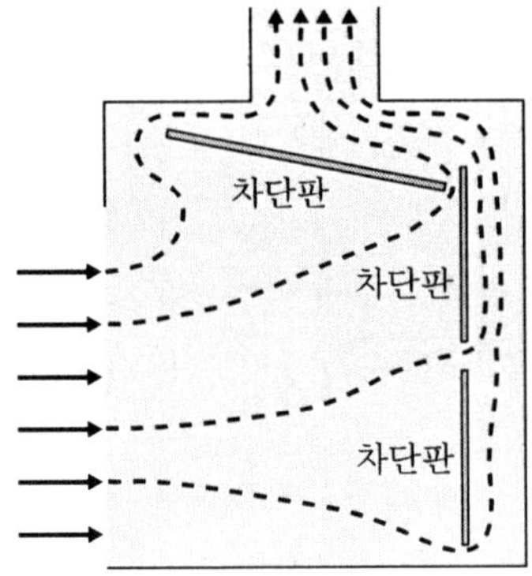

그림 3-13 실험실 후드

2) 수형 후드(receiving hoods)

어떤 공정은 일정한 방향성을 가지고 유해물질을 배출하게 된다. 예를 들면, 가열로(furnace)는 공기와 가스로 구성된 열기류를 가열로 위 방향으로 밀어 올리게 되고 회전 연마기(grinder)는 연마 회전체와 피연마물체의 접촉면에서 접선방향으로 입자상 물질을 튕겨 보내게 된다. 이러한 공정에서 이상적인 후드의 형태는 오염물질들을 그 지점에서 잡아주도록 설치하는 것이다(그림 3-3의 b).

수형 후드에서 환기량의 계산은 수형 후드를 향해 날아 들어오는 유해물질을 함유한 공기(수반(輸搬) 공기)의 유량에 따라 결정된다. 후드의 크기도 이동해 들어오는 공기의 유량에 따라 달라진다. 제재소에서 배출되는 눈에 보이는 톱밥들을 공기 중에 머물기에는 입자의 크기가 너무 커서 관성에 의해 날아가는 방향의 수형 후드에 쉽게 잡히며 눈에 보이기 때문에 확인할 수 있다. 호흡을 통해 쉽게 호흡기 내에 침투가 용이한 성질을 갖고 있는 미세한 입자 또는 가스나 증기는 반드시 공기에 실려야만 먼 곳까지 이동이 가능하다. 이러한 물질들에게 수형 후드를 적용하는 데는 제한적일 수도 있다. 그 이유는 이들 물질들은 입자의 크기가 너무 작아 공기와 혼합이 잘 이루어져 관성의 지배를 받지 못하기 때문에 후드의 용량이 조금만 작아도 후드의 개구부를 쉽게 벗어나 버린다. 그리고 눈에 쉽게 보이지 않기 때문에 후드에 잡히는지 쉽게 확인하기가 어렵다.

이와 같이 만약 작업공정이 호흡성 오염물질을 후드로 운반할 만큼의 충분한 속도를 유지하지 못하거나 열원 공정이 아니라면 이런 공정에 수형 후드의 사용은 건강보호를 위해 바람직하지 못하다.

3) 포집형 후드(capturing hoods)

포집형 후드란 유해물질을 후드로 잡아들이기에 충분한 흡인력을 발휘하는 후드를 말한다. 후드 개구부의 모양에 따라서 그림 3-14처럼 구분할 수 있다.

횡단방해기류를 이겨내고 후드 안으로 오염물질을 흡인시키려면 후드 개구면과 발생원과의 거리가 짧을수록 유리하며 포착속도가 빠를수록 흡인효과는 높아진다. 포집형 후드는 포위형 후드처럼 둘러싸는 것이 아니라 배출원을 따라서 위치시킬 수 있어 작업공정을 방해하지 않는다는 장점 때문에 보다 널리 사용되고 있다. 또 다른 장점은 다른 후드에 비해 작업영역을 크게 방해하지 않으며 후드가 오염원 가까이에 설치되므로 작업자가 오염원과 후드 사이에 위치하지 않는다는 점이다. 그러나 이 후드의 단점은 우선 오염원으로부터 충분한 포착속도를 만들기 위해서 많은 환기량이 필요하고 두 번째는 작업장 내 횡단기류가 후드의 포착효율을 심각하게 저해시킬 수 있으며 세 번째는 대부분 후드의 포착거리가 60 cm(2 ft)에 불과하다는 것이다. 또 하나의 단점은 포집형 후드 주변의 빠른 포착속도는 용제, 분말, 기타 원료물질을 과도하게 배출시킨다는 점이다. 이 경우에는 활성탄 흡착제를 이용한 용제 회수장치나 다른 용제 손실방지 장치가 추가적으로 필요하다.

① 실효포착영역(effective capture zone)

포집형 후드의 실효영역이란 후드 안으로 오염물질이 충분히 잡혀서 흡인되어지는 영역을 말한다(그림 3-15). 실효영역의 경계는 후드 안으로 유인되는 속도와 어떤 오염물질의 포착속도 권고치가 일치하는 부분이다. 그러나 이 두 경계영역은 횡단방해기류, 상승기류, 기계적인 움직임 등에 의해 확연하게 달라질 수 있다.

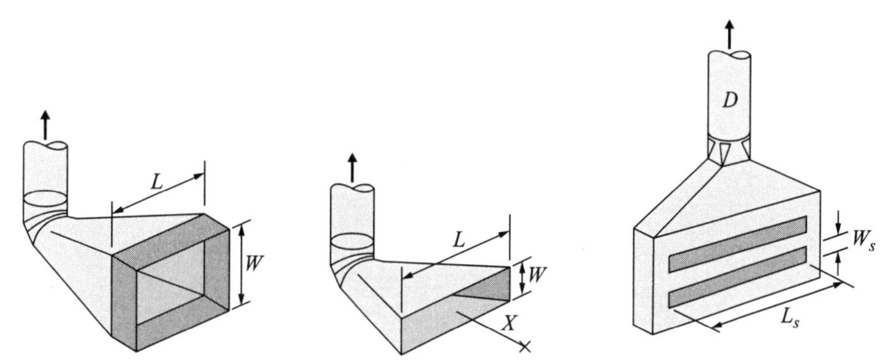

(a) 일반개구 (plain opening) (b) 슬롯 (slot) (c) 슬롯 플레넘 (slot-plenum)

그림 3-14 포집형 후드의 개구부 형태

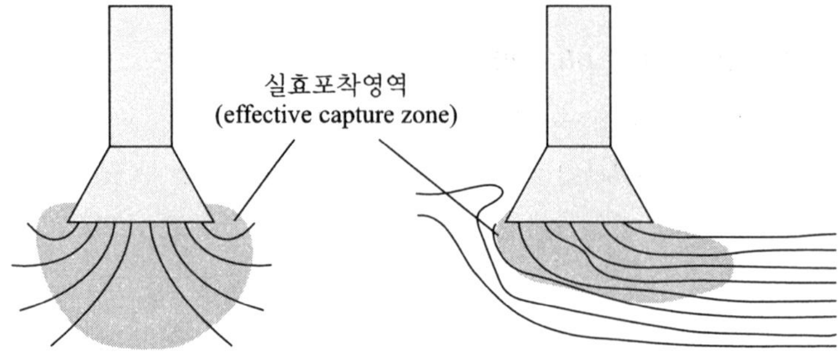

그림 3-15 포집형 후드의 실효포착영역

포집형 후드의 효과는 다음의 요인들에 의해 영향을 받는다.

- **오염원과의 거리** : 후드 개구면과의 거리에 따라서 포착속도는 급격하게 감소한다(그림 3-16).
- **오염원의 위치** : 오염원은 후드의 정 중앙에 위치시켜야 한다.
- **후드의 모양** : 후드 앞의 일정거리에서도 후드 모양이 일반개구 혹은 슬롯이냐에 따라 다르다. 긴 슬롯은 일반 개구보다 개구면에 따라 길게 속도가 형성된다. 한편 일반개구는 수평보다는 수직면 쪽에서 더 효과적이다.
- **후드 주변에 공기흐름을 방해하지 않는 평판의 존재** : 이러한 평판이 존재하면 공기흐름에 방해(channel)가 되어 흡인되는 유량이 감소할 수 있다. 예를 들어, 플랜지는 개구부 뒷부분의 공기흐름을 막아 후드 앞부분의 속도를 높이는 결과를 낳는다. 같은 원리로 테이블탑(tabletop)이 있는 후드는 흡인하는 공기에

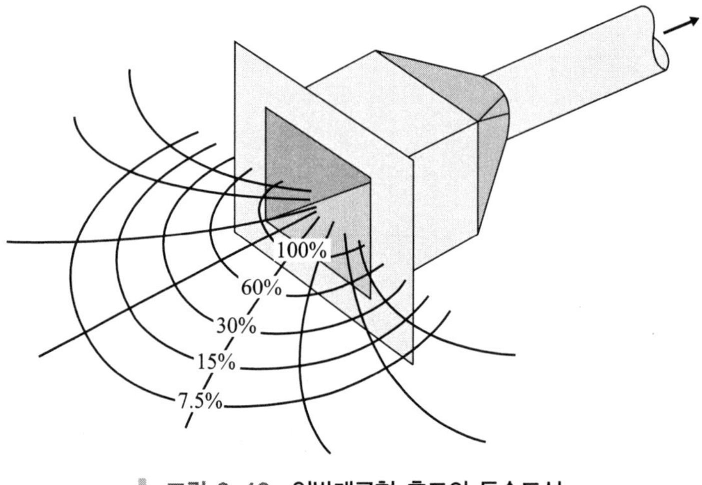

그림 3-16 일반개구형 후드의 등속도선

채널을 만들어 공기가 위쪽으로 흐르는 속도를 높여 유량을 감소시킬 수 있다. 역시 후드 측면의 차단판이 후드 개구부에 공기 채널을 만들어 흡인하는 유량을 감소시킬 수도 있다. 그림 3-17과 같이 가끔 후드 개구부에 수직적인 차단판(baffle)을 만들어 횡단방해기류(cross-draft)를 차단하는데 사용하기도 한다. 만약 횡단방해기류가 약하면 후드 개구부의 공기 위에 공기 채널이 만들어져 후드 개구부로 흡인이 이루어진다. 그러나 만약 횡단방해기류의 속도가 큰 경우에는 차단판 위쪽으로 강력한 궤적 영역(wake zone)이 만들어지며 궤적을 따라 공기가 흐르기 때문에 오히려 후드의 효과는 감소한다.

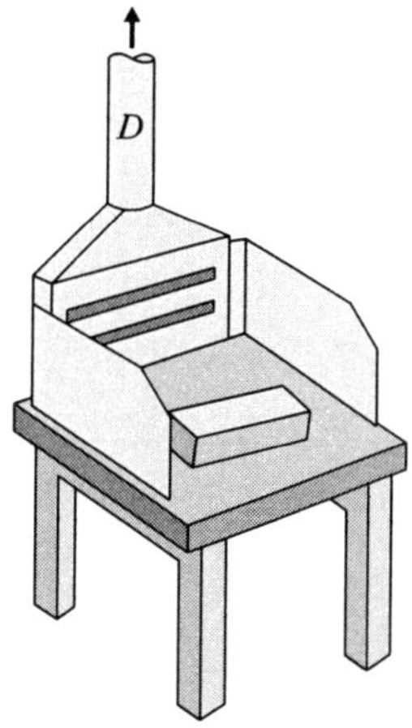

그림 3-17 차단판이 있는 슬롯 후드

- **오염원과 개구부 사이에 물체나 평판의 존재 여부** : 공기 채널을 만들어 오염물질의 흡인이 잘 이루어지지 않는다. 대표적인 예가 실험실 흄 후드 앞에 실험도구를 놓아두면 흡인에 잘 이루어지지 않는다.
- **공기흐름 간의 경쟁 발생** : 빠른 속도의 횡단방해기류(예, 포착속도의 25% 이상 속도) 다른 평판이나 물체에 영향을 받지 않으면 실효영역을 왜곡시킬 수 있다. 같은 원리로 후드 개구부 주변에 공기가 뿜어 나온다거나 기계적이 공기흐름이 존재하면 실효영역이 가라앉거나 왜곡되어진다.
- **오염물질의 움직임** : 만약 오염물질이 빠른 속도로 발생한다면 공기가 흡인이 된다고 하여도 오염물질의 흡인은 이루어지지 않는다. 일반적으로 이러한 일은 분진에서 자주 일어나며 동시에 흐름 간에 경쟁이 일어난다.
- **상승기류가 있는 오염물질** : 상온보다 높은 온도의 오염물질은 상승기류가 발생한다. 만약 수평선상의 개구부가 존재하면 오염물질은 쉽게 탈출한다. 이 같은

경우 공정에 방해를 주지 않으면서 상승기류를 잡기 위해서는 일반적으로 후드의 각도는 45°를 유지해야 한다(그림 3-18).

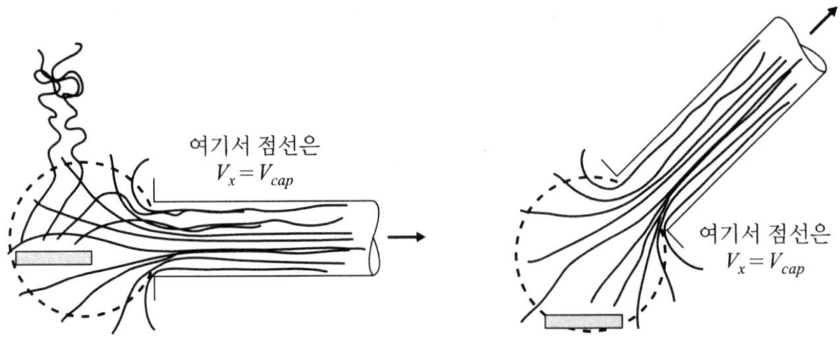

그림 3-18 오염원이 상승기류인 경우 후드 위치

일반적으로 포집형 후드의 폭은 예측되는 오염물질의 구름의 폭보다 50% 이상 더 넓어야 한다. 또 후드 폭은 포착거리 X(후드 개구면으로부터 가장 먼 오염원까지의 거리) 이상은 되어야 한다. 오염원이 작업벤치(work bench)의 어떤 곳에서 발생한다면 후드 폭은 작업벤치 폭이 되어야 한다. 예를 들어, 폭 60 cm의 작업벤치(work bench)에서 오염물질이 발생하고 오염물질 구름의 폭이 60 cm 이하이고 포착거리 X가 60 cm 이하라면 후드 개구면의 폭은 적어도 90 cm(50% 이상의 폭이 더하여짐) 이상이어야 한다.

② 측방 일반개구 후드(side draft capturing hoods)

용접 후드나 측방 흡인 후드가 여기에 속한다(그림 3-19의 a). 이 후드는 움직일 수 있게 설치하거나 고정시켜 설치할 수 있는데 중요한 것은 가능한 후드를 오염원 가까이에 설치해야 한다. 후드와 오염원과의 거리가 결정되고 오염원의 크기에 따라 후드의 개구면이 결정되면 환기량 Q는 후드 개구면에서 가장 먼 지점(이를 포착거리 X라고 함)에 있는 오염물질을 잡아 줄 수 있도록 충분히 포착속도를 고려하여 계산되어져야 한다.

③ 슬롯 후드(slot hoods)

전기 도금조, 침지(dipping)조나 이와 유사한 형태의 작업에 적용되는 폭이 좁은 개방처리조의 국소배기에 사용되는 후드이다(그림 3-19의 b). 슬롯은 처리조의 가장자리를 따라 설치되고 후드의 뒷부분은 플레넘으로 연결된다. 슬롯을 사용하는 가장 큰 이유는 슬롯을 따라 전장에 걸쳐 균일한 유속을 분포시키기 위함이며 그 형태상 일반개구 후드보다 더 많은 흡인저항을 유발하게 된다.

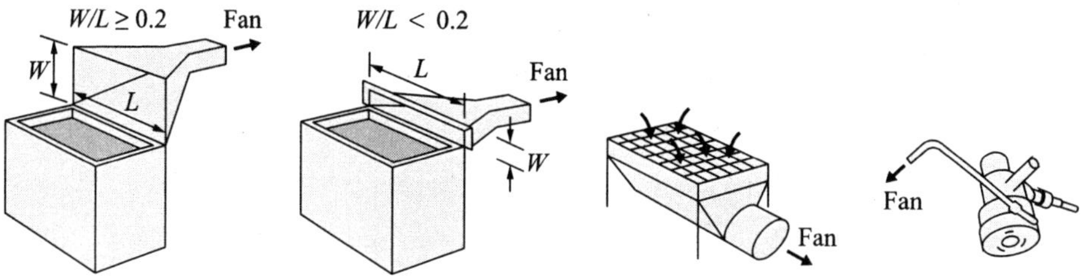

(a) 측방형 후드 (b) 슬롯 후드 (c) 하방형 후드 (d) 저용량 고속후드

그림 3-19 포집형 후드의 전형적인 네 가지 형태

포착거리가 개구부로부터 거리가 멀어지면 모든 후드는 일반개구 후드와 같은 효과를 갖는다. 거리가 짧으면 슬롯 후드는 실린더 모양의 등속도선(면)을 만든다. 슬롯 후드는 슬롯을 따라 수평적으로 효과를 발휘하지만 수직적인 효과는 약하다. 그래서 수직적인 효과를 높이기 위해서는 그림 3-14의 (c)처럼 슬롯을 2개 이상 만들어야 한다. 그러나 슬롯간의 거리가 상대적으로 떨어져 있지 않으면(슬롯 중앙선(midline) 간의 거리가 포착거리 X보다 짧은 경우를 말함) 슬롯의 효과보다는 하나의 큰 일반개구형 사각형 후드의 효과를 갖는다.

슬롯의 길이는 슬롯 앞 오염원의 폭보다 커야 하며 포착거리가 멀어지면 당연히 슬롯의 길이는 길어져야 한다. 슬롯 속도 V_s가 커지면 커질수록 슬롯 전장에 걸친 속도는 일정하게 유지되며 후드 앞에서는 속도도 일정하게 유지된다. 필요 환기량은 여러 요인에 근거하고 슬롯의 길이는 기하학적으로 결정되기 때문에 슬롯 속도는 슬롯의 폭에 의해서만 영향을 받을 수 있다.

상대적으로 느린 값인 슬롯 속도 $V_s = 5$ m/sec(약 1,000 ft/min)이라도 다음의 조건들을 만족하면 슬롯에서 일정한 속도를 유지할 수 있다.

- 플레넘 속도가 슬롯 속도의 1/2이다(플레넘과 덕트의 연결부분이 위로 향하여 있을 경우 플레넘의 깊이가 슬롯 폭의 합계보다 적어도 2배이어야 함).
- 덕트와 연결부분이 슬롯의 중앙부분에 있고 슬롯에 수직이거나(슬롯으로 흡인된 공기가 90°로 꺾임) 플레넘이 매우 깊다(플레넘의 깊이 = 슬롯의 길이).
- 테이크오프(takeoff)의 각도가 45° 이하이다.
- 가장 가까운 슬롯이 덕트 연결부(taper)로부터 슬롯 길이의 적어도 1/2이다.

만약 이 같은 조건을 만족시키지 못하면 슬롯의 속도는 더 빨라야 한다. 10 m/sec 이상의 슬롯 속도는 10 m/sec 보다 아주 미미한 효과만 갖는다.

만약 어쩔 수 없이 플레넘이 작어야 하거나 덕트와의 연결부분이 슬롯의 정 중안이 아니고 한 쪽에 치우쳐야 한다면 슬롯 속도가 10 m/sec라고 해도 슬롯 먼 끝부분으로 갈수록 속도는 떨어질 것이다.

이 후드는 포집형 후드 중에서 다른 후드보다 더 적은 양의 공기유입으로 더 멀리 떨어져 있는 오염물질을 흡인할 수 있다. 그러나 아무리 잘 설계된 슬롯 후드라고 해도 최적의 흡인거리는 약 60 cm(2 ft) 정도에 불과하며 처리조 한 쪽에만 후드를 설치할 최대 거리는 90 cm(3 ft)이다. 처리조의 양 측면에 슬롯을 설치하면 처리조의 폭은 두 배 즉, 120 cm(4 ft)까지 늘릴 수 있다. 120 cm가 넘는 처리조에 대해서는 푸시 - 풀(push-pull) 후드를 사용해야 한다.

슬롯 후드의 장점은 커다란 개방처리조에 대해 균일한 공기흐름을 유지하여 일류(溢流)현상을 줄임으로서 오염물질을 효과적으로 흡인시킬 수 있다. 그러나 단점으로는 높은 슬롯 속도로 인한 압력손실이 크다는 점이다.

④ 하방 포집형 후드(downdraft hoods)

후드를 오염원의 밑에 설치한다는 것을 제외하고는 측방 포집형 후드와 동일하다(그림 3-19의 c, 그림 3-20). 이 후드는 테이블 표면 가까이에서 유기용제를 가지고 작업하거나 용접 절단작업 등에 적합하다. 이 후드의 장점은 큰 입자상 물질이 개구부의 그릴(grille)을 침적물 상자로 떨어진다는 것이다. 필요환기량은 오염원까지의 거리가 매우 낮기 때문에 매우 적은 것으로 예상된다. 필요환기량 계산은 $Q = V_c(5X^2 + A_f)$를 이용하는데 여기서 X는 후드 개구부로부터 오염물질이 나오는 최대 거리이다(필요환기량 계산은 차후에 배움). 만약 작업자가 그릴 바로 위에서 일한다면 X는 0이고 필요환기량 $Q = V_c \times A_{grille}$이 된다. 현실적으로 그릴 위로 나오는 오염물질의 최대 거리가 0일 리는 없으며 적어도 30 cm 정도는 될 것이다. 예를 들어, 손으로 잡는 연마도구는 공기를 교란시킴으로 "X"는 오염물질의 최대 높이보다 높다는 것을 인식해야 한다. 최대의 단점은 그릴에 도구나 큰 물체를 놓으면 공기의 흐름을 차단하여 환기가 이루어지지 않는다. 또 개구부 밖에서 나오는 오염물질을 잡기는 매우 어렵다.

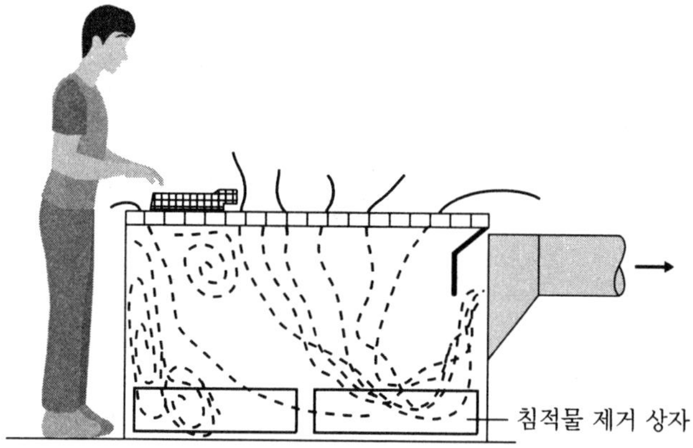

그림 3-20 하방 포집형 후드

⑤ **저용량 고속후드(low-volume, high-velocity hoods)**

그림 3-19의 d는 고성능 수공구 및 기계공구에 적합하도록 특수 제작된 포집형 후드이다. 이들은 최소유량으로 오염원에서 곧바로 오염물질을 흡인하기 때문에 초고속의 속도(50～60 m/sec)를 유지해야 한다. 초고속의 포착속도를 얻기 위해서는 높은 흡인력(정압)이 필요한 데 다른 형태의 후드가 수 십 mmH_2O인 것에 반해 이들 초고속후드에서는 150～200 mmHg(물인 경우에는 3,000～4,000 mmH_2O)가 필요하다. 이들 국소배기장치에는 송풍기보다는 작은 터빈압축기(compressor)가 필요하다. 저용량 고속후드는 공기조절 즉, 냉난방시 비용이 비싼 곳, 다른 후드의 사용이 불가능한 동력용 공구나 공정에 유용하다.

⑥ **공기보충형 후드(compensating air hood)**

이것은 후드나 후드 가까운 곳에 낮은 속도의 공기를 공급하여 환기효과를 높이는 포집형 후드이다(그림 3-21). 이 후드가 적용되려면 횡단방해기류가 0.18 m/sec(35 ft/min) 이하로 매우 느려야 한다. 공급공기가 많아서 후드가 다 받아들이지 못하면 일류현상이 일어나 작업장 내 오염물질의 농도가 높아짐으로 이러한 현상이 일어나지 않도록 잘 조절해야 한다. 배기공기의 유량은 공급공기의 유량보다 적어도 30%보다 많아야 하며 공급공기의 속도는 0.25 m/sec 이하이어야 한다. 이런 후드는 shakeout을 하는 주조 작업에서 많이 사용된다.

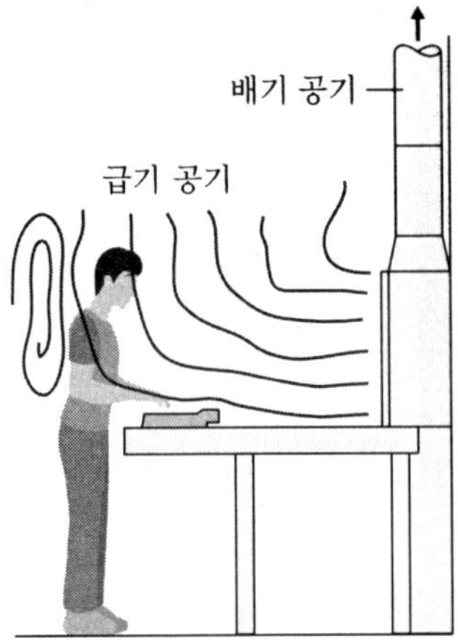

그림 3-21 **공기보충형 후드(compensating air hood)**

⑦ 푸시 - 풀 후드(push-pull hood)

덕트나 노즐에서 토출하는 공기는 토출구 직경의 30배 거리에서 토출 속도가 10%로 떨어지지만 흡인하는 경우에는 개구면 흡인 속도의 10%가 흡인구의 직경만큼 떨어진 곳이다. 이러한 물성을 이용한 것이 푸시 - 풀 후드이며 이것은 적은 유량을 가지고도 먼 거리까지 오염물질을 이송시킬 수 있다. 그러나 그림 3-22처럼 후드 앞 특히, 푸시 제트(push jets) 가까이에 물체가 있으면 환기가 잘 이루어지지 않는다. 또 푸시(공급) 공기량이 풀(배기) 공기량보다 너무 많으면 그림 3-22의 c처럼 오염물질이 작업장으로 넘쳐버린다.

⑧ 기타 유용한 포집형 후드

작업자가 작업에 지장을 받거나 환기장치로 인하여 스트레스를 받을 경우에는 작업자는 환기장치의 사용을 회피하게 될 것이다. 특히, 작업이 어렵거나 인간공학적인 문제가 발생할 공정에서 작업자는 더욱 환기장치 사용을 회피할 수 있다. 따라서 산업위생전문가는 작업공정에 맞게 편리한 후드를 창조해 내야 한다. 그림 3-23은 이러한 후드들에 대한 대표적인 예이다. 크고 무거운 구조물을 다루는 작업공정의 경우 호이스트를 이용하여 구조물을 운반한 다음 체인후드(chain hood)의 V자 모양 슬롯으로 집어넣어 작업할 수 있다(그림 3-23a). 또 후드 바닥을 움직이도록 만들어 물건을 잡아 당겨 작업하고 집어넣을 수 있다(그림 3-23b).

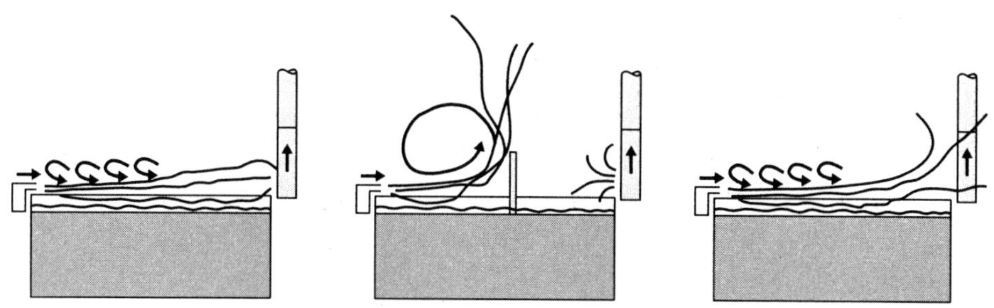

(a) push와 pull의 공기량 밸런스가 양호　　(b) 공기흐름이 방해 받음　　(c) push 공기량이 pull보다 너무 많음

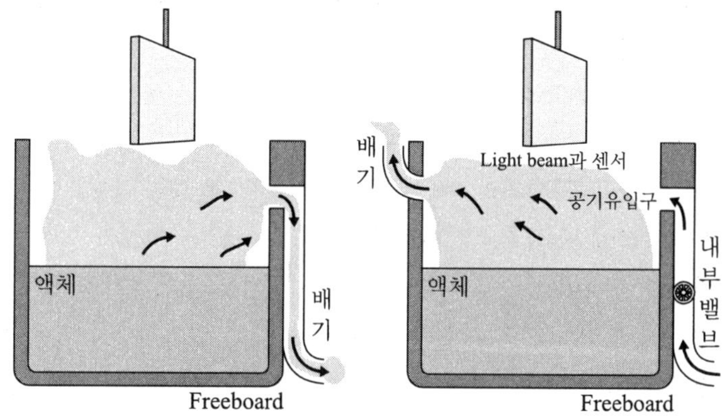

왼쪽 처리조는 폭이 너무 넓어 비효과적임. 반면, 오른쪽은 push-pull 환기방식은 효과적임.
처리조를 가로질러 수형 후드쪽으로 나가는 공기가 오염물질을 운반함

그림 3-22　개방처리조의 푸시 - 풀 후드(diptanks용)

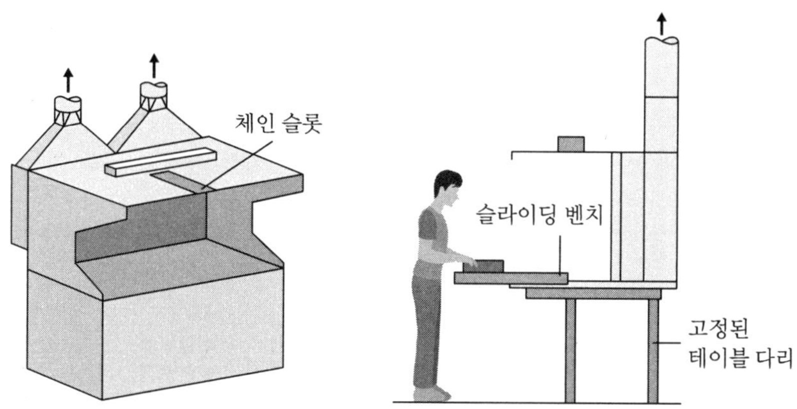

(a) 체인 후드 (chain hood)　　(b) 롤 아웃 후드 (roll out hood)

그림 3-23　기타 편리한 후드

(2) 후드의 대표적인 오용 사례

천개형 후드(canopy hood)는 오염물질을 함유한 기류의 속도가 매우 빠른 경우를 제외하고는 흡인할 때 후드 밖에서 공기의 속도가 충분하지 못하기 때문에 포집형 후드로 간주하지 않는다. 캐노피 후드는 캐노피로 올라오는 고온의 가스나 증기를 제어하는 수형 후드로는 유용하나 포집형 후드로 사용하는 것은 결코 경제적이지 못하다.

상온의 유기용제 세척 처리공정의 열원에서 사용하는 수형 후드 사양의 캐노피 후드는 유기용제 증기의 확산운동으로 인하여 후드 안쪽으로 증기가 쉽게 들어오지 않기 때문에 미스트나 증기를 잡아주지 못하는 경우가 있다(그림 3-24의 a). 만약 비열원 처리조에서 천개형 후드를 이용하여 오염물질을 충분히 잡아 주기 위해서는 그림 3-24의 b처럼 유량을 850%나 증가시켜야만 충분한 환기가 이루어질 수 있기 때문에 비열원에서 천개형 후드를 사용하는 경우에는 세심한 주의가 필요하다.

그림 3-25는 고열처리조에서 대표적인 천개형 후드의 잘못된 설계이다. (a) 후드는 작업자가 작업 중 후드 안으로 들어가지 못하도록 후드의 길이를 길게 하여 흄으로부터 완전하게 벗어날 수 있다. 그러나 (b)의 경우 작업자가 작업 중 후드 안으로 들어갈 수 있도록 후드의 길이는 짧고 폭은 길게 하여 결과적으로 흄을 들어 마시게 된다. 이런 경우는 오히려 후드가 있으므로 오염물질(흄)을 더 마시게 되는 어처구니없는 상황에 놓이게 된다.

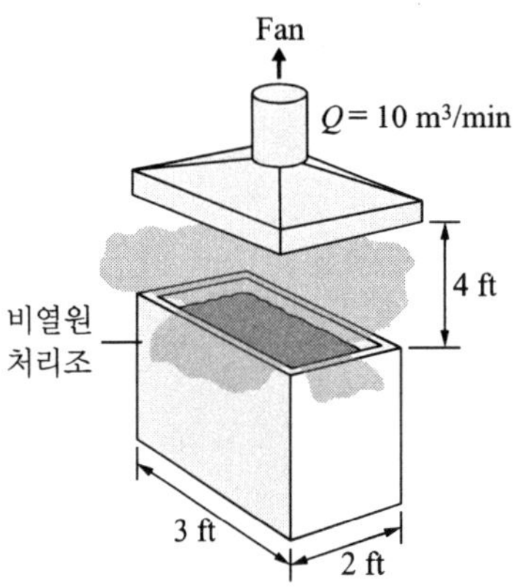

(a) 비열원 처리조에서 천개형 후드는 유해증기를 잡지 못한다.

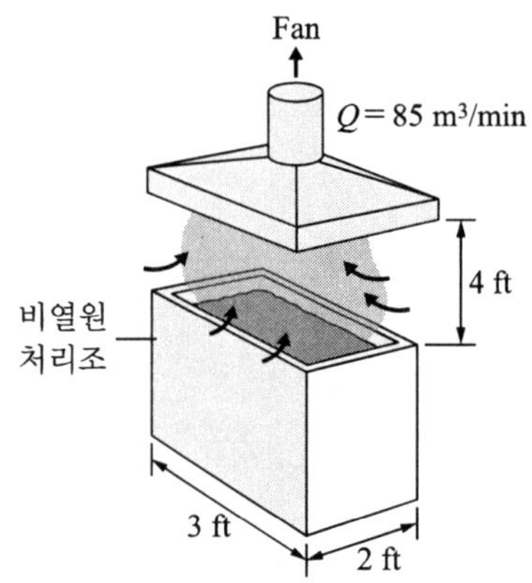

(b) 비열원 처리조에서 천개형 후드를 포집형 후드로 사용하기 위해서는 유량을 850%까지 증가시켜야만 한다.

그림 3-24 비열원 처리조에서 천개형 후드를 사용하는 경우

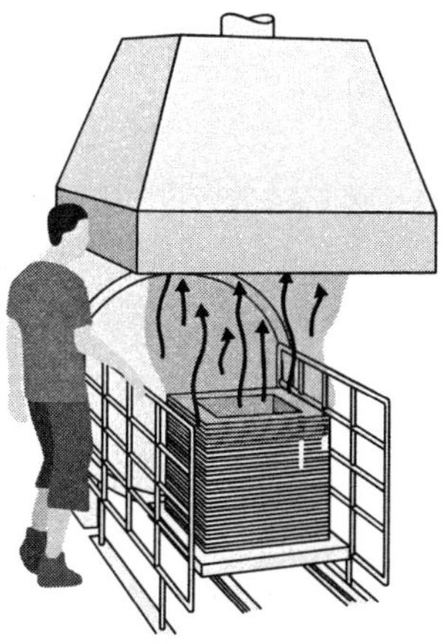

(a) 양호 : 작업자가 흄에서 벗어남

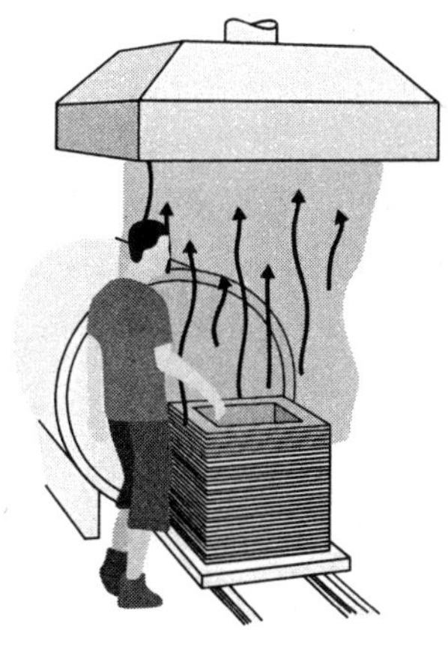

(b) 불량 : 작업자가 흄에 노출되고 특히, 호흡영역으로 흄이 통과

그림 3-25 고열처리조 천개형 후드의 잘못된 설계 (자료 출처: 영국 HSE)

비교적 적은 환기량을 요구하는 포위형 후드는 유해물질의 배출원을 후드 안에 위치시켜야 한다. 포위형 후드는 후드 안으로 흐르는 공기의 유속이 비교적 낮기 때문에 만약 배출원을 후드 밖에 위치시키면 오염물질을 잡아주지 못할 수도 있다(그림 3-26). 따라서 후드 앞에 있는 오염원을 제어하기 위해서는 환기량을 증가시키든지 아니면 포집형 후드를 설치해야 한다.

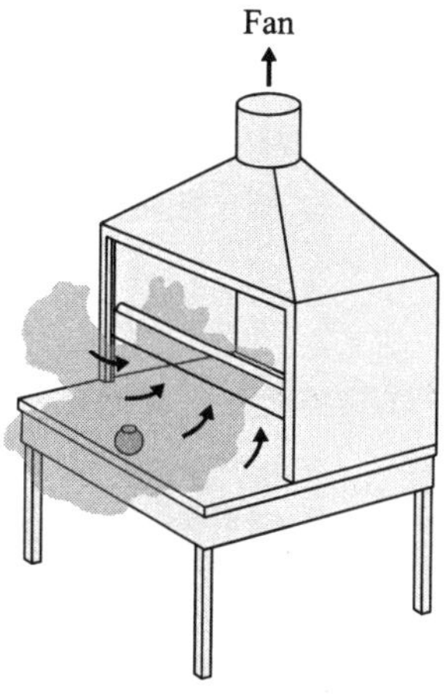

그림 3-26 오염물질이 포위형 후드 밖에 있을 경우

(3) 공기흐름의 균일한 분포(air distribution)

후드 특히, 포집형 후드로 유입하는 공기흐름의 분포를 균일하게 유지시키는 것은 후드 개구면에서 일류(溢流)현상을 줄여 오염물질을 모두 후드 안으로 흡인시키는데 매우 중요하다. 공기흐름을 균일하게 분포시키는 방법으로는 세 가지 방법을 사용할 수 있다.

1) 경사접합부(taper)와 플레넘(plenum)

점진적인 경사접합부는 후드 개구부로 유입한 기류를 난류현상을 줄이면서 경사부를 따라 덕트로 유입시키게 된다(그림 3-27의 a). 그러나 경사각이 너무 커서 60° 이상이 되면 공기흐름이 경사부를 통과할 때 깨어지게 되어 그 속도 분포가 불량하게 된다. 후드 개구면에서 덕트와 연결되는 플레넘은 후드로 유입된 공기의 유속을 떨어뜨림으로 공기흐름을 균일하게 하는 역할을 담당한다. 플레넘은 가능한 한 길게 설치해야 한다. 길이가 긴 후드인 경우에는 여러 개의 덕트연결부(takeoff)를 설치함으로서 공기흐름을 균일하게 유지할 수도 있다. 대형 후드인 경우에는 이와 같은 경사부를 실질적으로 만들 수 없어 균일한 공기흐름의 조절에 어려움이 있을 수 있다.

2) 분리판(splitter vanes)

후드 내부에 날개를 이용하여 후드 개구부를 몇 개로 나누어 후드 안으로 유입되는 공기를 분할 유입시킬 수 있다(그림 3-27의 b). 이 방법을 경사접합부 방법에 비해 공간을 절약하고 작은 공기저항을 유발하는 반면 대부분의 국소배기장치에서 분리판은 부식이 잘 되거나 오염물질이 축적될 수 있는 단점을 안고 있어 현재는 거의 사용하지 않고 있다.

3) 슬롯 저항(slot resistances)

흡인력을 가진 플레넘(plenum)에 슬롯 후드를 설치하는 방법은 기류의 흐름을 균일하게 분포시키는 또 다른 방법이다(그림 3-27의 c). 여러 가지 연구결과 슬롯의 폭 W가 슬롯의 길이 L의 20% 미만일 때 슬롯 부분에서 공기의 흐름이 균일한 것으로 밝혀졌다. 따라서 슬롯이란 W/L이 0.2 미만인 경우를 의미한다. 슬롯을 임의로 조절할 수 있게 만들 수도 있으나 작업자가 잘못 조절할 수도 있기 때문에 실제 슬롯 후드는 슬롯과 플레넘을 고정시키는 방법으로 설치한다.

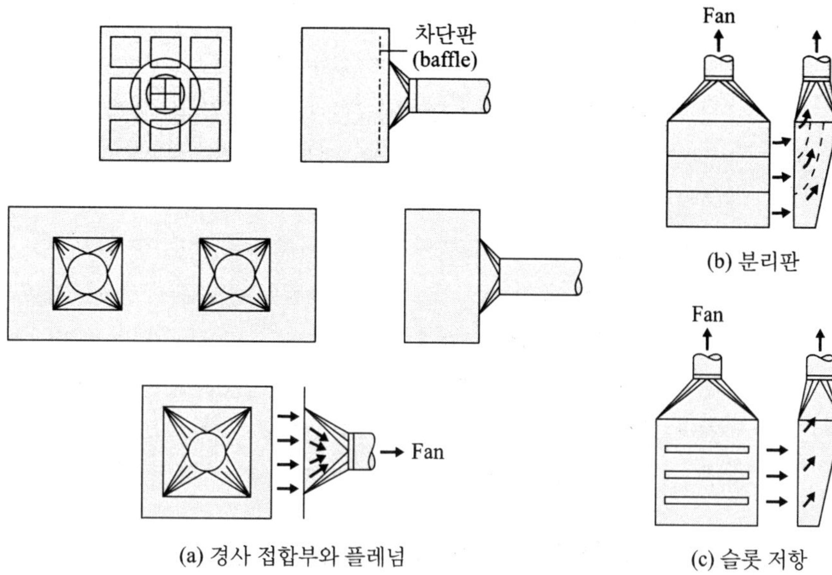

그림 3-27 후드에서 균일한 공기흐름 분포 방법

(4) 후드 선택의 지침

표 3-1은 후드를 선택함에 있어 반드시 기억해야 할 사항을 나열한 것이다.

표 3-1 후드 선택의 지침

1) 필요환기량을 최소화할 것
2) 작업자의 호흡영역을 보호할 것
3) 추천 설계사양을 따를 것
4) 작업자가 사용하기 편리하도록 만들 것
5) 일반적인 오류를 범하지 말 것

1) 필요환기량을 최소화할 것

국소배기의 근본적인 목적은 최소 유량으로 근로자에게 건강상 유해하지 않을 정도의 충분한 양만큼 오염물질을 제어하는 것이다. 후드의 설계란 결국 가동비를 절감함으로서 경비를 줄이려는데 그 목적이 있다. 다음과 같은 사항들은 환기량을 감소시키는데 도움을 줄 것이다.

① 측면의 횡단방해기류를 막을 수 있는 차단판(baffle)이나 커튼을 이용하여 가능하면 공정을 많이 둘러싸야 한다. 이렇게 함으로서 공정으로부터 유해물질의 작업장 내 유입과 작업장 내 방해기류를 최소화시킬 수 있다.

② 포집형 후드나 수형 후드를 설치할 경우에는 가능한 한 유해물질의 배출원에 가까이 위치시켜야 한다.

③ 공정으로부터 발생하는 오염물질의 양을 줄이는 것은 곧 환기량을 줄이는 것이다.

④ 후드 개구부로 유입되는 공기흐름이 균일한 분포를 유지하도록 후드를 설계해야 한다. 공기흐름이 균일하게 분포되어야 후드 안에서 오염물질의 제어가 용이하게 된다. 최소설계속도를 유지하기 위해 후드의 일부분에서 너무 빠른 속도를 유지하다보면 다른 부분에서는 공기흐름의 분포가 깨어지고 이 부분에서는 오염물질을 쉽게 흡인시키지 못할 수도 있기 때문에 이런 설계는 피해야 한다.

2) 작업자의 호흡영역(breathing zone)을 보호할 것

환기장치의 근본적인 목적은 호흡에 의한 유해 오염물질의 인체 침투를 막기 위한 것이므로 유해물질이 작업자의 호흡영역을 침범하지 않도록 후드를 설치해야 한다. 작업도중 작업자가 구부려서 내용물을 꺼내는 공정, 개방처리조, 용접공정인 경우에는 특히 주의해야 한다. 특히, ACGIH에서는 가능한 한 개방처리조에서 캐노피 후드를 사용하지 않도록 권하고 있다. 앞선 그림 3-25의 경우 국소배기 후드 설치로 인하여 오히려 오염물질로부터 노출이 더 심해지는 경우이다.

또 횡단기류가 발생할 때 작업자의 위치는 경우에 따라서 작업자의 호흡영역을 보호하지 못하는 경우가 있다. 예를 들어, 그림 3-28의 위치 2와 같이 후드를 정면으로 대하여 작업할 때 등 뒤에서 기류가 흐르게 되면 작업자의 호흡영역에서 역기류와 난류가 형성되어 소위 경계층 분리현상(boundary layer separation)으로 인해 작업자는 상당량의 오염물질에 노출된다. 그림 3-28의 위치 1은 작업자가 기류에 대해 평행하게 일하는 경우로 호흡영역에서 오염물질의 노출이 감소하게 된다. 실제 부스형 후드에서 접착제 도포 작업 시 위치 1이 위치 2보다 50%의 농도 감소가 있는 것으로 발표되었다. 현재까지의 연구에 의하면 작업자는 횡단방해기류에 대해 평행하게 서서 작업하는 것이 더 바람직한 것으로 밝혀졌다.

영국 HSE에서 제공하는 그림 3-28의 아래 그림을 보면 더욱 쉽게 이해할 수 있다. 대형 후드인 경우 대부분의 작업자는 Position A의 위치에서 작업할 것이다. 그러나 이럴 경우 위 그림 위치 2와 같이 유도된 궤적에 의해 작업자의 앞에서 오염물질 구름이 만들어진다. 이것을 '유도궤적효과(an induced effect)'라고 한다. 물론, Position C는 절대 있어서는 안 되는 위치 선정이다. 오히려 오염물질을 실컷 들여 마시는 꼴이 된다.

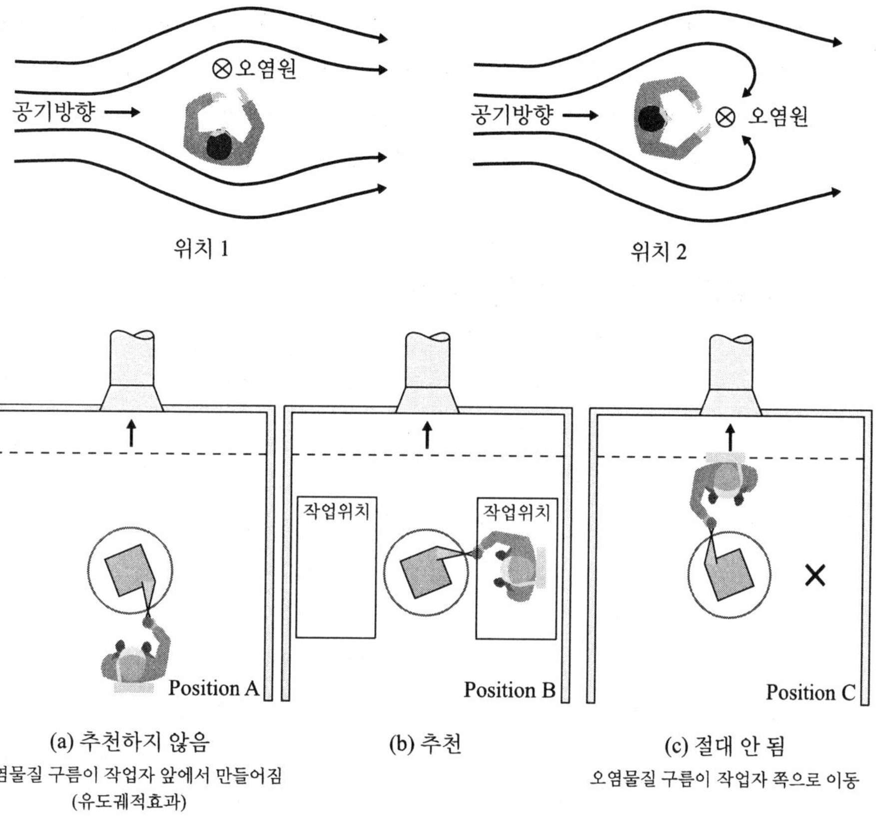

그림 3-28 작업자의 위치와 횡단기류에 의한 난류 형성 비교 (자료출처: 영국 HSE)

3) 추천 설계사양을 따를 것

환기시설은 많은 경험과 연구에 의해 만들어진 ACGIH와 OSHA의 설계기준을 따르는 것이 가장 바람직하다. 이들 설계사양을 따른다고 하더라도 대부분의 추천 설계사양들은 후드 작동을 방해하는 횡단방해기류(cross draft)를 고려하지 않고 있다는 것을 명심하기 바란다. ACGIH의 사양을 따른 포집형 후드의 설계라 할지라도 강한 횡단기류로 인하여 그 효율의 75%까지 떨어질 수 있다. 또 표준 설계사양들은 독성이 강한 물질을 취급하는 공정에는 충분하지 않을 수도 있음을 기억해야 한다.

4) 작업자가 사용하기 편리하도록 만들 것

후드는 작업자의 작업 방해를 최소로 할 수 있도록 설계되어야 한다. 예를 들어, 포위형 후드에 자주 열고 닫아야 하는 출입문을 설계한다면 작업자가 귀찮아서 아예 문을 열어 놓을 수 있으며 작업자에게 편리하도록 하려는 의도에서 작업공정에 너무 가까이 설치한 포집형 외부식 후드는 오히려 작업자가 불편함을 느껴 환기장치를 제거해 버리거나 전원을 꺼버릴 수 있다. 후드의 크기를 너무 작게 만들면 필요환기량을 줄일 수는 있지만 작업자가 불편하여 사용을 기피하면 아무 소용이 없게 된다. 물론 작업자의 안전한 움직임을 방해하여 기계에 의한 안전사고 위험을 증대시키는 후드는 설계해서는 안 된다.

5) 일반적인 오류를 범하지 말 것

후드 설계상 범할 수 있는 일반적인 오류는 두 가지가 있다.

첫째는 후드 개구면으로부터 멀리 떨어져 있는 오염물질도 충분히 흡인할 수 있다고 생각하는 것이다. 이 개념은 매우 중요하기 때문에 이미 제1장에서도 언급한 바 있다(그림 1-13). 우리는 송풍기가 공기를 불어내는(blowing) 힘과 공기를 후드 안으로 빨아들이는(suction) 힘이 동일할 것이라고 잘못 생각하기 쉽다. 송풍기의 토출기류는 일반적으로 제트기류와 같은 특성을 가지고 있다. 즉, 제트기류의 한 점에서 공기의 평균속도는 기류의 횡단면적에 비례하여 커진다. 이에 반하여 송풍기 안쪽으로 흡인되는 기류는 덕트 개구면 주위의 구상 공기 체적(spherical volume)에 의해 형성되기 때문에 흡인공기의 속도는 개구부로부터 오로지 덕트의 직경만큼 떨어진 범위 안에서 급격하게 감소한다. 이 범위를 벗어나게 되면 흡인공기의 속도는 거의 0에 가깝게 떨어지기 때문에 공기를 흡인할 수 없게 된다. 아무리 잘 설계된 포집형 후드라고 하더라도 후드 개구면으로부터 60 cm(2 ft) 이상 떨어진 거리에서는 충분한 포착속도를 발휘할 수 없다. 이 이상의 거리에서는 횡단기류와 다른 공기의 흐름으로 인해 오염물질을 작업장 내 공기 중으로 확산시켜 버린다.

둘째는 공기보다 무거운 증기는 작업장의 바닥에 가라앉아서 후드를 작업장의 바닥에 설치해야 된다고 생각하는 것이다. 이 개념 역시 매우 중요하기 때문에 제1장에서 언급하였는데 그림 1-5를 참고하기 바란다. 다시 말하면 공기보다 무거운 증기라고 하더라도 — 예를 들어, 수은 증기라고 하더라도 — ppm 단위 정도의 적은 양이 공기와 섞일 때는 완전 혼합이 이루어져 공기와 수은 증기의 혼합공기에 대한 유효비중은 순수 공기의 비중과 거의 동일하기 때문에 후드를 바닥에 설치해서는 안 된다. 따라서 이 때의 후드도 오염원의 측방이나 상방에 설치해야 한다.

6) 선택지침의 실질적인 적용

아무리 기초를 튼튼하게 교육받은 산업위생담당자라고 할지라도 막상 작업현장에서 그 작업공정에 알맞은 환기시설을 설계 혹은 설치하라고 하면 작업공정이 너무 다양하기 때문에 여러 가지 어려운 문제에 직면하게 된다. 이럴 경우 가장 좋은 방법은 이미 여러 학자들에 의해 연구된 기존의 설계방식을 이용하는 것이다. 이런 자료를 가장 손쉽게 구할 수 있는 방법은 ACGIH에서 발간한 서적을 이용하는 것이다. ACGIH는 1951년 "Industrial Ventilation - A Manual of Recommended Practice for Design" 초판을 발간하였으며 2019년 30번째 개정하였다. SI 단위계를 사용하는 국가들을 위하여 Metric 단위로 변환시킨 책자를 발간하였는데 오류가 많았다. Metric 단위로는 23판만이 한정 출판하였다.

(5) 공기 중 오염물질의 종류와 특성

작업장의 공기 중에 부유하고 있는 오염물질을 6가지로 분류하면 분진(dust), 흄(fume), 미스트(mists), 매연(smoke), 증기(vapor)와 가스(gas)로 구분할 수 있는데 처음의 4가지를 입자상 물질(particulates)이라고 하고 나머지 두 가지를 가스상 물질이라고 한다. 서로 다른 이들 물질들이 공기 중에서 어떻게 이동하고 확산되는지 그 작동기전을 아는 것은 적합한 후드를 선정함에 있어 매우 중요하다. 각 오염물질에 대한 설명은 표 3-2와 같다. 또 그림 3-29는 공기 중 입자상 물질에 대한 크기를 비교한 것이다.

표 3-2 오염물질의 종류

	종 류	입경의 범위	특 성
입자상물질	분진(dust)	0.1 ~ 30.0 μm	고체가 분쇄 또는 붕괴되어 만들어진다. 예를 들어, 돌, 금속, 나무 그리고 석탄가루 등. 큰 입자는 300 ~ 400 μm에 이르기도 하지만 20 ~ 30 μm만 넘으면 공기 중에 부유할 수 없다.
	흄(fume)	0.001 ~ 1.0 μm	증기 상태 특히, 용접과 같이 금속이 용융된 상태에서 공기에 노출되면 응결을 일으켜 생기는 작은 고체상 입자. 작은 흄들은 서로 충돌하여 더 큰 상태의 입자로 변화한다. 암모늄의 백색 흄과 같이 화학반응에 의해서도 만들어진다.
	미스트(mist)	0.01 ~ 10.0 μm	가스상 혹은 액체상태에서 응결이 이루어져 공기 중에 부유하고 있는 액체상의 입자. 작업장에서는 주로 전기도금 개방처리조에서 발생한다.
	매연(smoke)	0.01 ~ 1.0 μm	유기물질이 불완전연소하여 만들어진 에어로졸의 혼합체. 이 정도의 크기에는 fly ash는 포함되지 않는다.
가스상물질	증기(vapor)	0.005 μm	상온에서는 고체나 액체상인 물질이 기체화하여 존재하는 상태를 말하며 많은 유기용제들이 증기를 만든다.
	가스(gas)	0.0005 μm	상온에서 고체나 액체로 존재하지 않는 물질로서 예를 들어, 일산화탄소나 암모니아 같은 물질이다. 충분한 압력과/이나 낮은 온도에서는 액체나 고체로 변할 수 있다.

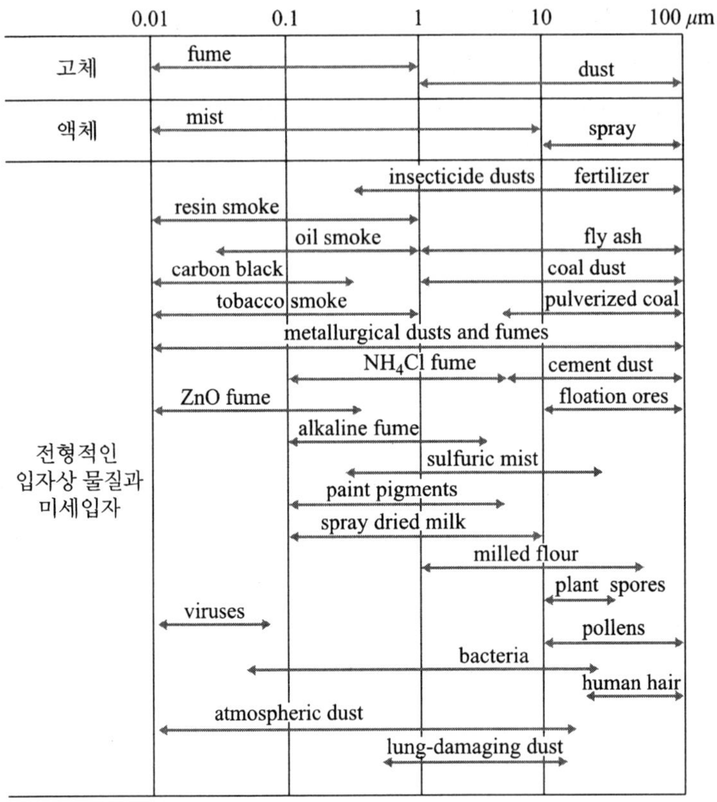

그림 3-29 공기 중 입자상 물질의 크기

이들에 대한 정의보다 더 중요한 것은 이들이 어떻게 건강에 영향을 미치는가 하는 점이다. 어떤 물질이 호흡기에 해를 끼치려면 흡입 시 몸속으로 들어갈 만큼 상당시간을 공기 중에 머물러 있어야 하고 흡입된 후에는 폐 또는 기타 감수성이 있는 인체조직내로 침투하여야 한다. 물론 가스나 증기는 입자의 크기가 분자크기 정도이며 공기 중에서 다른 분자들과 잘 혼합이 이루어지기 때문에 이런 조건들을 만족시킨다.

그러나 입자상 물질인 경우에는 외견상 보는 것과 다를 수 있다. 입자상 물질은 공기역학적 직경(aerodynamic diameter)에 따라 두 가지로 나눌 수 있다. 공기역학적 직경이란 문제의 입자와 동일한 행동을 하는 비중이 1이고 모양은 구형(sphere)인 입자의 직경을 말한다. 동일한 직경을 가진 입자라고 하더라도 다른 비중과 다른 모양을 가진 입자는 공기 중에서 다르게 행동한다. 공기역학적 직경에는 두 가지 등급으로 나눌 수 있다.

1) 30～100 μm 이상인 입자나 액적(droplet)은 쉽게 침전이 이루어져 공기 중에서 유해한 물질이라고 보지 않는다. 이들 물질들이 처음 생성될 때 속도만 주어진다면 이

들의 비산괘도(trajectory) 가까이에 수형 후드를 설치하여 후드 안으로 흡인시키므로 쉽게 처리할 수 있다. 적당한 환기시설이 없다면 이들은 바닥, 대들보, 기계류 등에 퇴적될 것이다. 큰 액적 역시 벽면을 뒤덮어서 미끄럽게 혹은 끈끈하게 만들 것이다. 따라서 대형 입자의 발생은 청결문제를 유발시키지만 보건상 큰 문제를 유발시킨다고 할 수는 없다.

2) 상당기간을 공기 중에 부유할 수 있는 미세입자나 액적은 공기역학적 직경이 50 μm 이하이며 보통 30 μm 이하의 크기를 의미한다. 이들의 작은 입자들은 종종 그라인더 공정에서처럼 대형 입자와 함께 발생한다. 아주 작은 입자들은 공기 중에서 움직일 때 상당한 저항을 만나게 된다. 표 3-3에서 보는 바와 같이 처음 발생 시에는 상당한 속도를 가지고 생성되었다 할지라도 공기 중에서 이동하는 침강속도와 거리는 매우 느리며 짧다. 이들은 주위공기의 흐름에 무관하게 독자적으로 움직일 수 있는 아무런 힘이 존재하지 않는다. 그래서 이들 입자들은 산업위생적으로 매우 중요하며 이들을 제거하기 위해서는 이들을 함유하고 있는 공기를 제거해야만 한다.

표 3-3 톱밥을 평행 이동시켜 정지시키는데 걸리는 거리와 침강시간[a]

입자의 직경, μm	수평비산 후 정지거리[b], cm	1.5 m 침강하는데 걸리는 시간, min
10	6.42	52.4
5	1.6	210.0
3	0.58	588.0
2	0.25	1300.0
1	0.08	4520.0

[a] 입자의 밀도 = 0.16 g/cm^3
[b] 초기속도 = 1310 m/sec

미세한 입자상 물질들이 공기 중에 상당기간 부유한 상태로 존재한다고 하더라도 호흡기계에 미치는 유해정도가 서로 다르다. 우선, 독성정도 혹은 해를 미치는 정도는 물질의 종류에 따라 상당히 다르다.

첫째 어떤 화합물은 다른 물질들이 생물학적으로 아무런 영향을 미치지 않고 단순히 귀찮은 존재(nuisance)정도로만 간주되기도 하며 어떤 물질은 매우 심각한 독성을 유발하기도 한다.

둘째로 입자의 크기에 따라서 호흡기계 내 침투정도가 다르게 된다. 흡입된 입자는 공기역학적 직경에 따라서 서로 다른 호흡기계 부위에 침적(deposition)이 이루어진다. 그림 3-30은 단지 10 μm 이하의 입자들만이 폐에 침적이 이루어진다는 것을 보여주고 있다. 10 μm 이상의 입자는 인후부에 침적이 이루어져 기도 내의 섬모운동에 의해 목

구멍 쪽으로 운반되어 일부는 밖으로 제거되든지 삼켜서 소화기계로 들어가게 된다. 따라서 10 μm 이하의 공기역학적 입경 크기의 입자를 호흡성 분진(respirable particle)이라고 한다. 오늘날 소형 사이클론을 이용하면 호흡성 분진과 비호흡성 분진 사이를 쉽게 구분하여 포집할 수 있다.

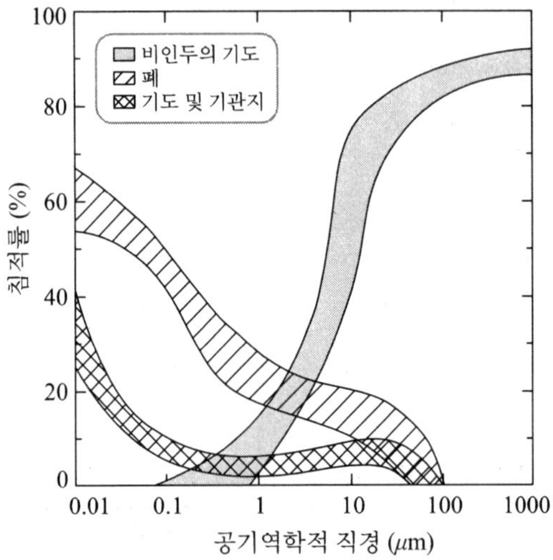

그림 3-30 **입자의 공기역학적 직경에 따른 침적 부위**

이상의 특성들 때문에 미세한 입자들의 제거는 이들을 함유하고 있는 공기를 제거함으로써 가능하다. 입자들이 커서 공기 중에 오랫동안 부유하지 못하거나 수형 후드로 제거가 용이한 입자들을 그다지 큰 문제가 될 수 없으나 이들 미세한 입자들에 대한 제거에는 많은 공기역학적인 지식이 필요하다. 따라서 다음 사항들을 유념해 둘 필요가 있다.

1) 작업장 안에서 오염물질들을 확산시키는 외부기류의 유입을 최소화시켜야 한다. 기류의 발생원으로는 열린 창, 히터 그리고 냉각용 송풍기 등이 있다. 이들 기류가 문제가 될 경우에는 공정부위에 차단판(baffle)을 설치하여 방해기류의 진로를 차단해야 한다.
2) 오염물질들을 확산 이동시키는 기계류나 공정들의 확산력을 없애야 한다. 예를 들어, 공기압축기에서 나오는 토출 공기, 그라인더 휠, 벨트 컨베이어, 덤핑 혹은 채우기 공정, 광범위한 기계류의 진동은 미세한 입자들의 확산을 조장하게 된다. 특히 많은 작업장에서 열처리공정 혹은 열발생공정에서 발생하는 가열공기의 흐름이 심각한 횡단기류로 작용한다. 그 외에도 작업자의 움직임, 급격한 냉각과 가열로 인한 기류의 생성 등은 후드를 선택하거나 설계할 때 늘 고려해야 하는 사항들이다.

(6) 제어풍속 권고치

유해 오염물질을 후드 안으로 잡아서 운반하는데 필요한 최소한의 후드 흡인 공기속도를 포착속도(capture velocity) 또는 제어풍속(control velocity)라고 하고 V_c로 표시한다.

발생원에서 튀어나온 유해입자가 운동에너지를 상실하여 비산속도가 0이 되는 한계점을 제로점(null point)이라고 한다. Hemeon의 제로점이론(null point theory)에 의하면 필요한 제어풍속은 오염 발생원뿐만 아니라 이 발생원을 넘어서 초기 운동에너지가 거의 감소되어 이들 오염물질을 함유한 공기를 붙잡아 들일 수 있는 지점까지 미쳐야 한다고 하였다. 이 지점을 포착점(capture point)이라고 하며 유해물질이 더 이상 작업자에게 접근하지 못하고 후드 쪽으로 흡인하여 가는 가상의 점이다. 이 점은 보통 포위형 후드인 경우에는 후드 개구면상이 되며, 포집형 외부식 후드인 경우에는 발생원과 작업자 사이의 어떤 점이 된다. 외부식 후드의 개구면에서 포착점까지의 거리를 포착거리(capture distance) 혹은 제어거리(control distance)라고 한다.

발생원에서 방출된 오염물질의 입자가 포착점으로 날아오는 속도를 비산속도 V_g라고 할 때 오염물질을 작업장 공기로 비산시키지 않고 후드 안으로 흡인하는데 필요한 최소 속도 즉, 제어풍속 V_c는 당연히 V_g보다 커야 한다. 따라서 작업환경에서 유해물질을 효과적으로 제어하기 위해서는 V_g에 따라서 V_c가 결정되어진다. 또 V_c는 작업장에 존재하는 난기류와 횡단방해기류에 의해 영향을 받기 때문에 어떤 일정한 값으로 정해져 있지 않고 경험에 의해 알맞은 값을 선택하여야 한다.

우리나라 '산업안전보건기준에 관한 규칙' 제429조(관리대상 유해물질), 제454조(허가대상 유해물질), 제500조(금지대상 유해물질)의 국소배기장치의 설치·성능을 보면 제어풍속을 표 3-4와 같이 정하고 있다.

관리대상 유해물질은 가스와 입자상 물질로 나누고 후드의 형태에 따라 제어풍속을 달리하고 있으며 허가 및 금지대상 유해물질은 작업의 공정과 관계없이 오염물질을 가스 혹은 입자상으로 나누어 제어풍속을 0.5 혹은 1.0 m/sec로 간단히 구분하였다.

그러나 미국 ACGIH에서는 표 3-5와 같이 작업공정에 따라 보다 구체적으로 제어풍속을 권고하고 있다. 이 제어풍속의 낮은 쪽과 높은 쪽 중 어느 쪽을 적용할 것인가는 산업위생담당자의 경험에 의한 것이지만 표 3-5의 범위에 미치는 인자를 참고하여 정하면 된다.

표 3-4 우리나라 산업안전보건법상 국소배기장치의 제어풍속

관리대상 유해물질에 대한 국소배기장치 후드의 제어풍속(제429조 관련)

물질의 상태	후드 형식	제어풍속, m/sec
가스 상태	포위식 포위형 외부식 측방 흡인형 외부식 하방 흡인형 외부식 상방 흡인형	0.4 0.5 0.5 1.0
입자 상태	포위식 포위형 외부식 측방 흡인형 외부식 하방 흡인형 외부식 상방 흡인형	0.7 1.0 1.0 1.2

허가대상 유해물질, 금지 유해물질에 대한 국소배기장치 후드의 제어풍속(제454조, 제500조)

물질의 상태	제어풍속, m/sec
가스 상태	0.5
입자 상태	1.0

※ 비고(제429조, 제454조, 제500조 모두 해당)

1. 이 표에서 제어풍속이란 국소배기장치의 모든 후드를 개방한 경우의 제어풍속을 말한다.
2. 이 표에서 제어풍속은 후드의 형식에 따라 다음에서 정한 위치에서의 풍속을 말한다.
   가) 포위식 또는 부스식 후드에서는 후드 개구면에서의 풍속
   나) 외부식 또는 리시버식 후드에서는 유해물질의 가스·증기 또는 분진이 빨려 들어가는 범위에서 해당 개구면으로부터 가장 먼 작업위치에서의 풍속

표 3-5 발생원에 따른 제어풍속(미국 ACGIH 권고치)

확산에너지 정도	공정의 예	제어풍속, m/sec
약한 움직임(little motion)	탈지·처리조에서 증발	0.4～0.5
보통 움직임(average motion)	간헐적인 채우기 : 낮은 속도 컨베이어 운반, 용접, 도금, 산세척	0.5～1.0
높음(high)	대형 통(barrel)에 채우기, 큰 물체의 컨베이어 운반, 파쇄작업	1.0～2.5
매우 높음(very high)	그라인딩(연마), 블라스팅(blasting) 연마, 분쇄(tumbling) 작업	2.5～5.0

범위에 미치는 인자

1. 보충용 공기, 운반체의 움직임에 의한 횡당방해기류의 강도
2. 오염물질 포집과 관련한 인자
   - 오염물질의 독성
   - 다른 오염원의 노출정도
   - 오염물질의 발생량(발생률, 휘발성)
   - 발생시간

후드의 크기가 커서 특히 많은 환기량을 요구하는 후드(예를 들면, 주물작업 시 사용하는 대형 측방 세이크아웃 후드)는 소형 후드에 추천하는 제어풍속보다 낮은 속도를 가져도 무방하다. 그 까닭은 다음과 같다.

1) 후드 안에 많은 양의 공기 기단(air mass)이 존재하고
2) 작은 후드보다는 큰 후드에 있는 오염물질이 많은 시간을 후드의 영향권에 머물게 되며
3) 공기의 양이 많을수록 쉽게 희석이 이루어지기 때문이다.

(7) 필요환기량 Q의 계산

1) 이론적인 환기량의 계산

① 점 흡인(point suction)

그림 3-31과 같이 직경이 매우 작은 덕트의 개구면이 자유공간에 떠 있다고 가정하자. 이 작은 개구면 즉, 점(point)을 통해서 지금 공기를 흡인한다고 할 때 이론적인 송풍량 즉, 환기량을 계산하여 보자. 단위 시간당 흐르는 유량 Q는 단위 면적 A에 유속 V를 곱하면 구할 수 있으므로 제어풍속이 미치는 거리를 X라고 할 때 반경 X를 중심으로 한 구체의 표면적에 흡인 시의 제어속도 V_c를 곱하면 구할 수 있다. 따라서 점 흡인 시 환기량 Q는

$$Q = A V_c = 4\pi X^2 \times V_c = 12.57 V_c X^2 \tag{3-1}$$

여기서, Q : 점 흡인에서의 유량, m^3/min
V_c : 거리 X에서의 제어풍속, m/min
X : 제어풍속이 미치는 거리, m

위 식에서 보는 바와 같이 점 흡인에 있어서 유량이 일정하다고 가정하면 제어풍속은 개구면으로부터 거리의 제곱에 비례하여 급속하게 감소함을 알 수 있다. 따라서 가능하면 오염원으로부터 가까이에 후드를 설치해야 효과가 크다는 것을 알 수 있다.

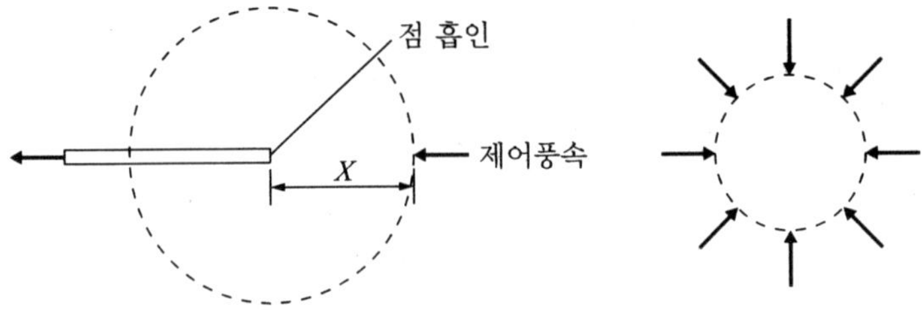

그림 3-31 점 흡인 시 유량과 제어풍속의 개념

② **선 흡인(line suction)**

점 흡인과 마찬가지로 이번에는 매우 가는 길이가 L인 선형의 덕트가 자유공간에 떠 있다고 가정하자(그림 3-32). 이때에는 길이가 L이고 제어풍속이 미치는 거리 X를 반경으로 한 원주(圓柱)의 표면적 A에 제어풍속 V_c를 곱한 값이 유량이 될 것이다. 즉, 이때는 길이가 L이고 반경이 X인 실린더의 표면적 A에 포착속도 V_c를 곱한 것이 된다.

$$Q = 2\pi LX \times V_c = 6.28\, V_c LX \qquad (3\text{-}2)$$

여기서, Q : 선 흡인에서의 유량, m^3/min
V_c : 거리 X에서의 제어풍속, m/min
L : 선의 길이, m
X : 제어풍속이 미치는 거리, m

따라서, 슬롯 후드는 선 흡인의 모양을 하고 있기 때문에 슬롯의 길이 L이 환기량을 결정하는 데 중요한 변수로 등장하고 일반개구 후드와 같이 제어풍속은 개구면으로부터 거리 X의 제곱에 따라 반비례하면서 감소하지는 않는다.

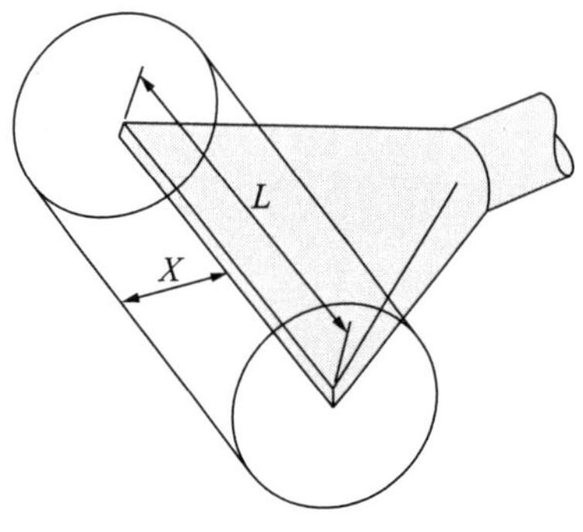

그림 3-32 선 흡인 시 유량과 제어풍속의 개념

2) 원형 및 사각형 후드의 환기량 계산

식 (3-1)과 식 (3-2)는 이론적인 값을 나타내는 것이지 실제는 이러한 형태의 점 흡인이나 선 흡인은 존재하지 않으며 일정한 기하학적인 모양을 갖춘 후드가 사용되어진다. 일반평편(plain opening)개구의 원형이거나 사각형 후드의 개구면으로부터 동일한 유속을 가진 면(등속도면: velocity contours)을 따라서 선을 그리면 그림 3-33의 a와 같다. 그림에서 보는 바와 같이 크기와 모양에 상관없이 이런 모양의 흡인 개구는 모든 방향으로부터 공기를 끌어당기는 성질을 가지고 있다. 유량을 계산하기 위해서는 포착속도 V_c에 포착면적 A_c가 필요하다. 그러데 A_c는 가상의 면적이기 때문에 실제 우리가 실물적인 면적으로 계산할 필요가 있다. 미국의 Dalla Valle는 자유공간에 떠 있는 일반평편개구인 원형 및 사각형 후드의 포착면적 A_c는 실물인 후드 개구면적 A와 다음과 같은 식이 성립됨을 밝혀냈다.

$$A_c = 10X^2 + A \qquad (3\text{-}3)$$

여기서, A_c : 등속도면상의 포착면적, m^2

X : 후드의 중심선으로부터의 포착거리, m

A : 실제 개구면의 면적

따라서, 식 (3-3)을 이용하여 필요환기량을 구하면 자유공간에 떠 있는 원형 및 사각형 후드인 경우 식 (3-4)와 같다.

$$Q = 60 \times V_c(10X^2 + A) \qquad (3\text{-}4)$$

여기서, Q : 필요환기량, m^3/min

V_c : 제어풍속, m/sec

X : 후드의 중심선으로부터의 포착거리, m

A : 개구면의 면적, m^2

그림 3-33에서 보는 바와 같이 이러한 일반평편개구의 후드는 비효율적임을 알 수 있다. 오염물질이 발생하는 지점 이외에 후드의 뒤쪽에서도 공기를 흡인하기 때문이다. 이렇게 뒤쪽에서 유입되어 급속하게 만곡된 기류는 오염물질의 발생지점인 앞쪽의 등속선면을 방해하여 앞쪽의 흡인효과를 떨어뜨리게 된다. 다시 말해, 뒤쪽의 공기를 흡인하기 위해 소모되는 불필요한 에너지만큼 앞쪽의 공기를 흡인하기 위해 필요한 에너지가 없어지기 때문이다.

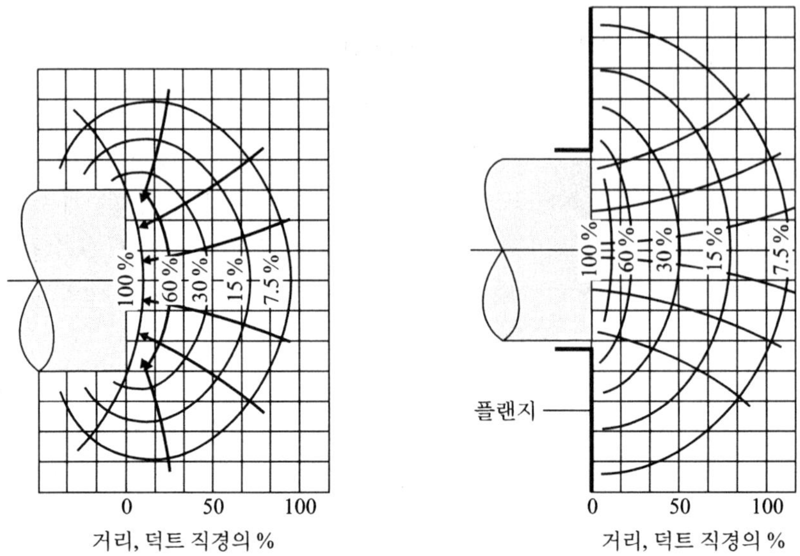

(a) 플랜지가 없는 경우 (b) 플랜지가 있는 경우

그림 3-33 원형 및 사각형 후드의 등속도면

일반개구에 플랜지(flange)를 부착해 줌으로서 이러한 비효율은 쉽게 개선될 수 있다. 그림 3-33의 b와 같이 플랜지 후드는 플랜지가 없는 후드에 비해서 동일한 지점에서 동일한 제어풍속을 얻는데 필요한 공기량을 약 25%까지 감소시킬 수 있다 다시 말해서 플랜지 후드의 필요환기량은 플랜지가 없는 후드의 75%만으로도 동일한 효과를 얻을 수 있다. 따라서 플랜지 후드의 필요환기량은 다음과 같다.

$$Q = 60 \times 0.75 \times V_c(10X^2 + A) \tag{3-5}$$

포집형 후드는 때때로 표면, 예를 들어, 테이블 위나 표면의 바로 위쪽(예를 들어, dip 탱크, tabletop 등)에 놓여 있을 수 있다. 이럴 경우는 다음 식을 사용한다.

플랜지 없이 바닥면에 고정된 후드 : $Q = 60 \times V_c(5X^2 + A)$ (3-6)

플랜지가 있고 바닥면에 고정된 후드 : $Q = 60 \times 0.75 \times V_c(5X^2 + A)$ (3-7)

그러나 실제 작업공정은 매우 다양하기 때문에 식 (3-5), 식 (3-6), 식 (3-7)을 정확하게 구분지어 적용하기는 어려운 경우가 많다. 따라서 산업위생전문가가 어느 공식을 적용할 것인가는 경험에 의하여 결정해야 하는 경우가 많다. 예를 들어, 고열의 상승기류가 있으면 작업대에서 30~60 cm 높이에 후드를 설치해야 하며 온도 상승 속도가 증가함에 따라 이 높이는 증가할 것이다. 이 경우에는 식 (3-5)와 식 (3-6)의 중간 값을 택해야 할 것이다. 왜냐하면 작업대에 의한 공기 채널이 만들어져 흐름에 영향을 줄 것이지만 작업대에 바로 붙어있는 경우보다는 덜 영향을 받기 때문이다.

그러면 플랜지의 폭은 얼마로 하는 것이 적합한가? 미국 ACGIH에서 추천하는 바에 의하면 한쪽 면의 플랜지 폭은 후드 면적 A의 제곱근, 즉 $\sqrt{A}$ 이상으로 하는 것이 바람직하다고 하였다(그림 3-34).

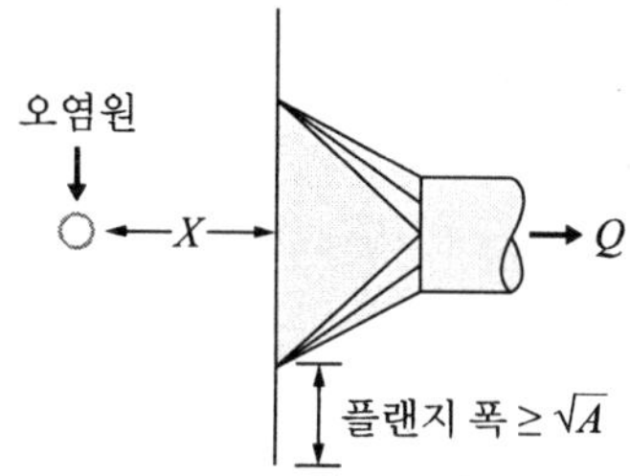

그림 3-34 플랜지 후드의 플랜지 폭 계산

이상의 수식을 보면 플랜지가 있고 바닥에 고정된 후드는 자유공간에 떠 있는 일반 평편개구보다 필요환기량을 절반으로 줄일 수 있다. 또 필요환기량은 후드 개구면과 오염물질과의 거리 X의 제곱에 따라 비례하기 때문에 효과적인 환기를 위해서는 다시 말해, 필요환기량을 줄이기 위해서는 가능한 한 후드를 오염원 가까이에 설치해야 한다(그림 3-35).

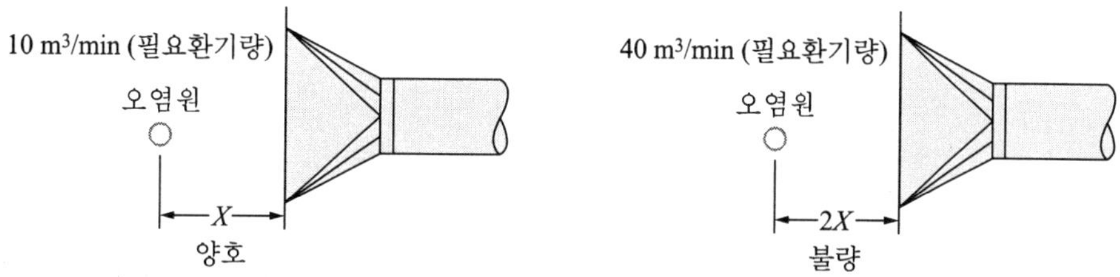

그림 3-35 후드로부터 거리와 필요환기량의 관계

예제 3-1 Q&A

용접작업을 하는 공정이 있다. 후드의 가로가 40 cm, 높이 폭이 20 cm인 직사각형 플랜지 후드를 작업대의 바닥에 부착하여 설치하고자 한다. 제어풍속이 미치는 최대 거리는 후드 개구면으로부터 약 30 cm로 잡았을 때 필요한 환기량과 플랜지의 폭을 계산하시오.

풀이

① 필요환기량의 계산

먼저, 제어풍속을 알아야 한다. 용접작업에서는 흄이 발생하기 때문에 표 3-5에서 제어풍속은 0.5 ~ 1.0 m/sec, 안전을 기하기 위하여 1.0 m/sec로 잡는다. 플랜지가 있고 바닥면에 고정된 후드의 $Q = 60 \times 0.75 \times V_c(5X^2 + A)$이므로

$$\begin{aligned} Q &= 60 \times 0.75 \times 1.0 \times (5 \times 0.3^2 + 0.4 \times 0.2) \\ &= 23.85\ \mathrm{m^3/min} \end{aligned}$$

② 플랜지 폭의 계산

ACGIH에서 $\sqrt{A}$로 추천하기 때문에 $\sqrt{40 \times 20} = 28.3$ cm 이상

3) 슬롯 후드의 환기량 계산

슬롯 후드란 개구면의 폭(W)이 좁고 길이(L)가 긴 것을 말하며 보통 W/L의 비가 0.2 이하인 경우를 말한다. 점 흡인과 마찬가지로 슬롯 후드는 선 흡인을 이론적인 근거로 만들었다. 미국과 일본에서 제시한 공식에 약간의 차이가 있으나 이 책에서는 미국의 ACGIH에서 제시한 식만을 기술하였다.

자유공간에 떠 있는 플랜지 없는 슬롯 후드인 경우,

$$Q = 60 \times 3.7 \times V_c L X \tag{3-8}$$

여기서, Q : 필요환기량, $\mathrm{m^3/min}$

V_c : 포착속도, m/sec

L : 슬롯의 길이, m

X : 포착거리, m

만약, 플레넘이 있는 슬롯 후드는 플랜지가 부착된 것과 같은 효과를 가지며 플랜지 폭 W_f은 일반평편개구와 동일하게 $\sqrt{A_f}$(A는 개구면적) 이상이어야 한다. 이럴 경우 필요환기량 Q는 다음과 같다.

$$Q = 60 \times 2.8 \times V_c L X \tag{3-9}$$

만약 슬롯이 큰 벽에 만들어지면(예를 들어, 슬롯/플레넘 후드의 플레넘을 슬롯으로 만들었을 경우) 필요환기량은 식 (3-9)보다도 더 줄일 수 있다. 최대 식 (3-8)의 50%까지도 필요환기량을 줄일 수 있다.

표 3-6 후드의 필요환기량 계산 공식

후드 형태	후드 설명	W/L 의 비	필요환기량(Q)
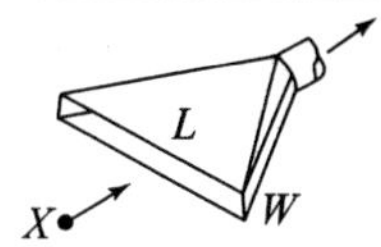	슬롯	0.2 이하	$Q=3.7LVX$
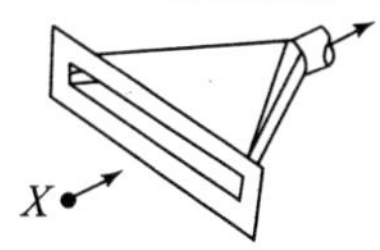	플랜지 슬롯	0.2 이하	$Q=2.6LVX$
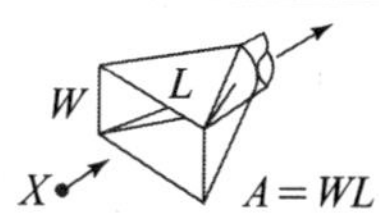	일반(평편)개구	0.2 이상 혹은 원형	$Q=V(10X^2+A)$
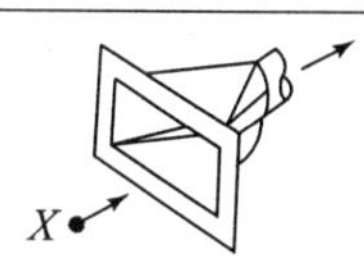	플랜지 일반개구	0.2 이상 혹은 원형	$Q=0.75V(10X^2+A)$
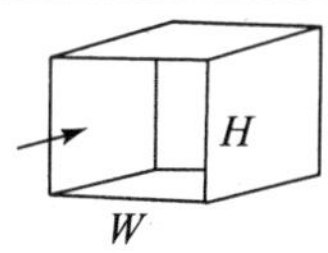	부스	공정에 따름	$Q=VA=VWH$
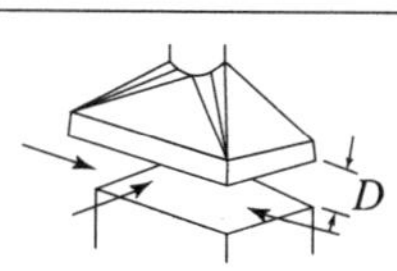	천개형(캐노피)	공정에 따름	$Q=1.4PVD$ P : 후드 둘레 D : 처리조에서 후드까지 높이
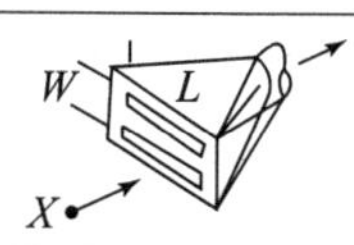	일반개구의 복수 슬롯	0.2 이상	$Q=V(10X^2+A)$
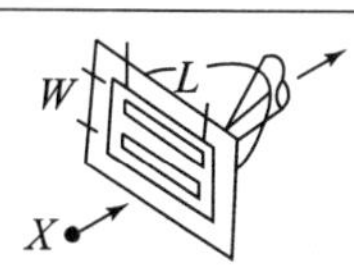	플랜지 부착 복수 슬롯	0.2 이상	$Q=0.75V(10X^2+A)$

일반평편개구와 마찬가지로 식 (3-9)의 상수 2.8은 항상 정해져 있는 값은 아니며 작업공정과 상황에 따라 약간의 변동은 있을 수 있다. 즉, 예전 공식처럼 2.8 대신에 2.6을 곱해 줄 수 있다. 또 그림 3-17과 같이 차단판이 있는 슬롯 후드의 경우 이 차단판의 공기흐름은 보통 무시하고 필요환기량 Q를 계산한다.

중요한 것은 주어진 유량에 있어 슬롯의 폭은 슬롯 속도와 마찬가지로 무관하다는 것이다. 유량 Q를 일정하게 유지하고 슬롯의 폭을 좁게 함으로써 슬롯 속도 V_s를 높인다고 하여도 포착하는 거리(reach)는 개선되지 않는다는 것이다. 복수 슬롯을 가진 슬롯/플레넘 후드의 유량은 각 슬롯 유량의 합이다. 플레넘이 충분하고 동일한 크기의 슬롯이라면 각 슬롯의 유량은 동일하다. 각 슬롯 간의 거리가 포착거리의 0.5배보다 작으면 즉, $0.5X$이면 슬롯 후드의 효과는 없어지고 일반평편개구와 동일해진다.

① **공기흐름의 균일한 분포**

슬롯의 유일한 기능이란 공기의 흐름을 일정하게 분포시킨다는 점이다. 슬롯 후드는 측방 흡인 후드와 같은 대형 후드의 개구면이나 개방 처리조처럼 비교적 긴 처리조의 길이에 따라 균일한 공기 유입 분포와 정확한 제어풍속을 얻고자 할 때 특히 유용하게 적용할 수 있다. 그러나 균일한 속도 분포를 위한 '슬롯 저항'은 그 자체가 상당한 단점도 또한 지니고 있다. 슬롯이라는 매우 좁은 틈을 통하여 공기가 가속되고 또 플레넘에서는 감속이 이루어져 높은 난류가 형성되기 때문에 이로 인한 압력손실이 발생하여 다른 후드에서 쓸 수 있는 송풍기보다 더 큰 용량의 송풍기가 필요하다.

높은 슬롯 속도가 후드의 흡인력을 현저하게 증가시킬 것이라고 생각하는 오류를 범해서는 안 된다. 슬롯의 역할은 공기의 유입속도를 비교적 균일하게 유지시키는데 그 목적이 있으며 유입속도 그 자체를 높이려는 것은 아니다. 다시 말해서 슬롯 속도는 제어풍속에 아무런 영향을 미치지 못한다. 이상의 여러 계산식에서 보는 바와 같이 제어풍속은 공기의 유량 Q와 슬롯의 길이 L에만 영향을 받지 슬롯 속도와는 아무런 관련이 없음을 알아야 한다. NIOSH의 연구결과에 의하면 1.2 m 길이의 슬롯으로부터 얻을 수 있는 제어풍속은 슬롯 속도를 3.6 m/sec에서 30.5 m/sec의 범위 내에서 변동을 시켜도 거의 영향이 없음이 밝혀졌다. 이 말은 슬롯 속도를 높인다고 하여 포착거리가 늘어나지는 않는다는 의미이다. 따라서 단순히 슬롯 속도만 높이게 되면 포착거리는 늘어나지 않고 압력손실만을 높이는 결과를 초래하게 된다.

앞서 '(1) 후드의 형태'에서 언급하였듯이 일정한 설치 조건과 맞으면 상대적으로 느린 슬롯 속도인 $V_s = 5$ m/sec(약 1,000 ft/min)이라도 무방하나 조건이 잘 맞지 않다고 하더라도 $V_s = 10$ m/sec 이상에서는 그 효과가 크지 않은 것으로 밝혀졌다. 따라서 대부분의 슬롯 후드에서 슬롯 속도는 10 m/sec이고 플레넘의 최대 속도는 슬롯 속도의 1/2인 5 m/sec로 하면 과도한 압력손실을 유발하지 않고 공기의 흐름을 균일하게 유지할 수 있어 적절하다고 할 수 있다. 처리조의 중앙 상단에 설치하는 슬롯 후드는 공기가 양쪽 방향에서 덕트로 접근하기 때문에 플레넘의 크기를 가장 작게 설계할 수 있다. 플레넘을 크고 깊게 만드는 주물공장의 쉐이크 아웃 후드인 경우에는 슬롯 속도를 5 m/sec, 플레넘의 속도를 2.5 m/sec로 만들 수 있다.

예제 3-2

플랜지 부착 슬롯 후드가 있다. 슬롯의 길이가 40 cm이고 제어풍속이 1 m/sec, 제어풍속이 미치는 거리는 20 cm인 경우 필요환기량을 구하시오.

풀이

식 (3-9)에서 $Q = 60 \times 2.8 \times V_c LX = 60 \times 2.6 \times 1 \times 0.4 \times 0.2 = 13.4\ \mathrm{m^3/min}$

(실제는 작업공정에 따라 2.8 대신 2.6을 곱할 수 있음)

4) 천개형(canopy) 후드의 계산식

천개형(canopy) 후드는 식당의 조리대 위에 있는 후드와 같은 모양이다. 고열작업의 공정과 고열 가스나 증기가 발생하는 공정에서 효과적으로 사용된다. 그러나 작업자가 작업도중 가까이 접근해야 하는 작업 즉, 도금 처리조, 접착제 취급 작업대 등에서는 사용하지 말아야 한다. 그 이유는 기류가 작업자의 호흡영역을 통과할 경우 오히려 유해물질의 인체 침투가 더 쉽게 이루어지기 때문이다.

① 고열이 없는 캐노피

캐노피 후드의 필요환기량 계산은 오염 배출원에서 캐노피 개구면까지의 높이 H와 캐노피의 둘레 P에 영향을 받는다. 캐노피가 장방형(직사각형)인 경우에는 Dalla Valle에 의한 실험식이 잘 맞는데 이때는 높이 H와 캐노피의 장변 L의 비, $H/L \leq 0.283$인 경우에 잘 맞는다.

$$\text{장방형 캐노피}(H/L \leq 0.283) : Q = 60 \times 1.4 \times PHV_c \tag{3-10}$$

여기서, P : $2(L+W)$, m

H : 처리조 표면에서 캐노피 개구면까지의 높이, m

L : 캐노피의 장변, m

W : 캐노피의 단변, m

V_c : 제어풍속, m/sec

그러나 캐노피의 개구모양이 원형이거나 정방형(정사각형) 혹은 정방형에 가까운 경우에는 Thomas의 실험식이 더 잘 맞는다. 이때는 높이 H와 캐노피의 단변 W의 비, $H/W \leq 3/4$인 경우 잘 적용된다.

원형 또는 정방형 캐노피(4면 개방, $H/W \leq 3/4$) :

$$Q = 60 \times 14.5 \times H^{1.8} \times W^{0.2} \times V_c \quad (3\text{-}11)$$

여기서, W : 캐노피의 단변 또는 직경, m

이상의 식 (3-10), 식 (3-11)은 사방이 모두 노출된 상태에서의 필요환기량이며 만약 3개 측면만 노출되어 있는 경우에는 식 (3-12)이 적용된다.

원형 또는 정방형 캐노피(3면 개방, $H/W \leq 3/4$) :

$$Q = 60 \times 8.5 \times H^{1.8} \times W^{0.2} \times V_c \quad (3\text{-}12)$$

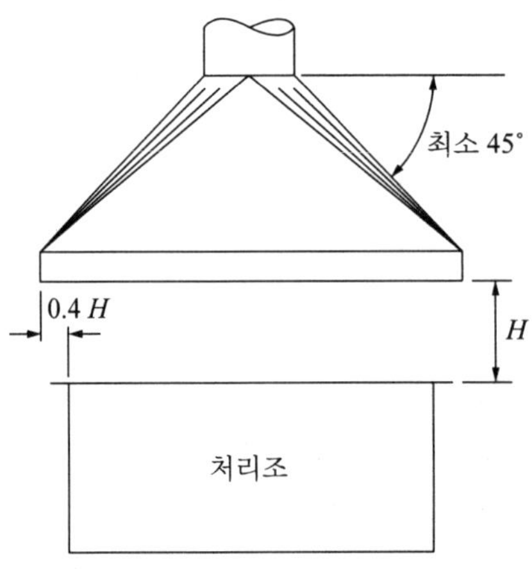

그림 3-36 캐노피 후드의 설치조건

예제 3-3

처리조에서 고열이 아닌 유해가스가 배출되고 있다. 캐노피의 개구면은 한 변이 1 m인 정사각형이며 처리조로부터 높이는 0.5 m이다. 후드의 한 면은 벽에 부착하여 설치되어 있다. 제어풍속을 0.5 m/sec로 하였을 때 필요환기량을 구하시오.

풀이

$H/W = 0.5/1 = 0.5 < 3/4$이므로 Thomas식이며 3면 개방이므로 식 (3-12)를 적용한다.

$$Q = 60 \times 8.5 \times H^{1.8} \times W^{0.2} \times V_c = 60 \times 8.5 \times 0.5^{1.8} \times 1^{0.2} \times 0.5 = 73.2\ \text{m}^3/\text{min}$$

예제 3-4

Q&A

고열 배출원이 아닌 처리조에서 유해가스가 발생하고 있다. 캐노피의 장변은 2 m, 단변은 0.7 m, 처리조로부터 높이가 0.5 m인 경우 필요환기량을 계산하시오. 단, 제어풍속은 0.5 m/sec이다.

풀이

우선, $H/L = 0.5/2 = 0.25 \le 0.283$이므로 Dalla Valle의 식이 잘 적용된다.

$$Q = 60 \times 1.4 \times PHV_c = 60 \times 1.4 \times 2(2 + 0.7) \times 0.5 \times 0.5 = 113.4\ \text{m}^3/\text{min}$$

② 고열이 있는 캐노피

고열이 있는 캐노피의 필요환기량의 계산은 보다 복잡하다. 고열을 발생시키는 공정으로는 전기로, 용해로, 용광로, 열 처리조, 도가니 등을 들 수 있다. 이때에는 고열원으로부터 열 부력으로 인하여 상승기류가 2 m/sec까지 생길 수 있으며 공정 주위의 공기를 끌고 들어가는 유도기류가 발생한다. 따라서 상승기류가 자동적으로 생겨 이를 받아들이므로 수형(receiving) 캐노피 후드라고도 한다. 수형 캐노피 후드의 필요환기량을 계산할 때는 제어풍속의 개념이 필요 없다. 이때에는 열원과 후드의 구조적인 특성, 열 상승 기류량, 유도기류, 난기류 등을 고려하여 필요환기량을 계산할 수 있다.

- **높은 원형 캐노피 후드** : 공기가 열을 받으면 주위의 공기와 함께 난류를 형성하면서 섞이게 된다. 이 결과 상승기류의 직경과 공기유량이 증가하게 된다. 그림 3-37은 후드설계에 필요한 값들을 도식화한 것이다. 상승기류의 직경 D_c는 다음과 같다.

$$D_c = 0.43X_c^{0.88} \tag{3-13}$$

여기서, D_c : 후드 개구면에서 상승기류의 직경, m

X_c : $y + z$ = 가상 오염점에서부터 후드 개구면까지 길이, m

y : 열원의 표면에서부터 후드까지 거리, m

z : 열원으로부터 가상 오염점까지 거리, m

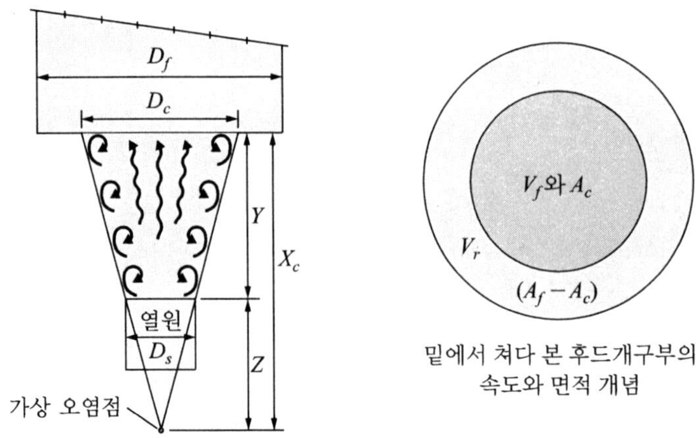

그림 3-37 높은 캐노피 후드

여기서, z는 다시 다음과 같이 계산된다.

$$z = (2.6D_s)^{1.138} \tag{3-14}$$

여기서, D_s : 열원의 직경, m

상승기류의 속도는 다음과 같이 계산된다.

$$V_f = 0.084(A_s)^{0.33}\frac{(\Delta t)^{0.42}}{X_c^{0.25}} \tag{3-15}$$

여기서, V_f : 후드 개구면에서의 고열상승기류의 속도, m/sec
A_s : 열원의 면적, m^2
Δt : 열원과 외부공기의 온도차이, ℃
X_c : $y+z$, m

후드 개구면의 직경은 오염원을 완전히 포집을 위해서 상승기류 기둥의 직경보다 반드시 커야 한다. 후드 개구면의 직경은 다음과 같다.

$$D_f = D_c + 0.8y \tag{3-16}$$

여기서, D_f : 후드 개구면의 직경, m

환기에 필요한 총 공기유량(필요환기량)을 다음과 같다.

$$Q_t = V_f A_c + V_r(A_f - A_c) \tag{3-17}$$

여기서, Q_t : 후드로 유입되는 총 공기유량, m^3/sec

V_f : 후드 개구면에서 고열상승기류 기둥의 속도, m/sec

A_c : 후드 개구면에서 고열상승기류 기둥의 면적, m^2

V_r : 후드 개구면에서 고열상승기류 기둥 이외의 나머지 부분에서 공기속도, (보통 0.5 m/sec)

A_f : 후드 개구면의 총 면적, m^2

예제 3-5

Q&A

직경이 1.2 m인 원형의 용융 포트가 있다. 열원의 온도는 600℃, 외부 공기의 온도는 70℃이다. 후드는 열원 표면에서부터 3 m 상부에 설치하려 한다. 높은 원형 캐노피 후드를 설계하고 필요 환기량을 구하시오.

풀이

① 열원으로부터 가상 오염점까지 거리

$$z = (2.6D_s)^{1.138} = (2.6 \times 1.2)^{1.138} = 3.65\ \text{m}$$

② 가상 오염점에서부터 후드 개구면까지 길이

$$X_c = y + z = 3 + 3.65 = 6.65\ \text{m}$$

③ 후드 개구면에서 상승기류 기둥의 직경

$$D_c = 0.43X_c^{0.88} = 0.43 \times (6.65)^{0.88} = 2.28\ \text{m}$$

④ 상승기류의 속도

$$V_f = 0.084(A_s)^{0.33}\frac{(\Delta t)^{0.42}}{X_c^{0.25}}$$

$$= 0.084 \times (0.25 \times 3.14 \times 1.2^2)^{0.33} \times \frac{(600-70)^{0.42}}{(6.65)^{0.25}} = 0.76\ \text{m/sec}$$

⑤ 후드 개구면의 직경

$$D_f = D_c + 0.8y = 2.28 + 0.8 \times 3 = 4.7\ \text{m}$$

⑥ 환기에 필요한 총 공기유량

$$Q_t = V_fA_c + V_r(A_f - A_c)$$

$$= 0.76 \times (0.25 \times 3.14 \times 2.28^2) + 0.5 \times (0.25 \times 3.14 \times 4.7^2 - 0.25 \times 3.14 \times 2.28^2)$$

$$= 9.7\ \text{m}^3/\text{sec}$$

- **높은 사각형 캐노피 후드** : 원형이 아닌 열처리조로부터 발생하는 고열상승기류는 사각형 캐노피 후드가 더 제어하기 쉬울 것이다. 공기유량의 계산은 후드에서 고열상승기류가 열원의 길이와 폭에 의해 결정되는 것 이외에는 원형 후드와 동일하게 계산하면 된다. D_c(식 (3-13)), z(식 (3-14)), D_f(식 (3-16))을 산출하는 공식은 열상승기류와 후드의 길이와 폭을 결정하는데 각각 사용된다. 나머지 공식들은 원형 후드와 동일하게 사용된다.

예제 3-6

Q&A

길이 1.2 m, 폭 0.75 m인 금속 용융 용광로가 있다. 처리조 내 금속의 온도는 425℃, 외부 온도는 15℃이다. 용광로로부터 2.4 m 위에 사각형 캐노피 후드를 설치하려고 한다. 후드를 설계하고 필요환기량을 구하시오.

풀이

① 가상 오염점에서부터 후드 개구면까지 길이

$$X_{c0.75} = y + z_{0.75} = 2.4 + (2.6D)^{1.138} = 2.4 + (2.6 \times 0.75)^{1.138} = 4.5\ \mathrm{m}$$

$$X_{c1.2} = y + z_{1.2} = 2.4 + (2.6D)^{1.138} = 2.4 + (2.6 \times 1.2)^{1.138} = 6.1\ \mathrm{m}$$

② 후드 개구에서 상승기류 폭과 길이의 계산

$$D_{c0.75} = 0.43X_c^{0.88} = 0.43(4.5)^{0.88} = 1.6\ \mathrm{m}$$

$$D_{c1.2} = 0.43X_c^{0.88} = 0.43(6.1)^{0.88} = 2.1\ \mathrm{m}$$

③ 후드 개구에서 상승기류 속도의 계산

$$V_f = 0.084(A_s)^{0.33}\frac{(\Delta t)^{0.42}}{X_c^{0.25}}$$

여기서 주의해야 할 것은 X_c의 경우 $X_{c0.75}$와 $X_{c1.2}$의 두 개가 있는데 $X_{c0.75}$를 사용한다. 그 이유는 $X_{c0.75}$이 $X_{c1.2}$보다 작기 때문에 $X_{c0.75}$에 때한 V_f가 $X_{c1.2}$의 V_f보다 큰 값이 나와 안전계수 값이 더 크기 때문이다. 따라서

$$\begin{aligned} V_f &= 0.084(A_s)^{0.33}\frac{(\Delta t)^{0.42}}{X_c^{0.25}} \\ &= 0.084(0.75 \times 1.2)^{0.33}\frac{(425-15)^{0.42}}{(4.5)^{0.25}} = 0.7\ \mathrm{m/sec} \end{aligned}$$

④ 후드 개구면의 크기

후드의 폭 : $D_{c0.75} + 0.8y = 1.6 + 0.8 \times 2.4 = 3.5\ \mathrm{m}$

후드의 길이 : $D_{c1.2}+0.8y=2.1+0.8\times2.4=4.0\text{ m}$

⑤ 환기에 필요한 총 공기유량

$$Q_t = V_f A_c + V_r(A_f - A_c)$$
$$= 0.7(1.6\times2.1)+0.5(3.5\times4.0-1.6\times2.1)=7.7\text{ m}^3/\text{sec}$$

- **낮은 원형 캐노피 후드** : 만약 후드와 열처리조 간의 거리가 대략 열처리조의 직경 혹은 1 m를 벗어나지 않는다든지 더 작으면 이 후드는 낮은 캐노피 후드라고 한다. 이 같은 상황에서 열상승기류의 직경이나 단면은 열원과 대략 비슷할 것이다. 그러므로 후드의 직경이나 변의 길이는 열처리조보다 단지 0.3 m 정도 크게 하면 된다. 낮은 원형 캐노피 후드에서 총 필요환기량의 계산은 다음과 같다.

$$Q_t = 0.045(D_f)^{2.33}(\Delta t)^{0.42} \tag{3-18}$$

여기서, Q_t : 총 필요환기량, m^3/sec

D_f : 후드의 직경, m

Δt : 열원과 외부 공기의 온도 차이, ℃

만약, 후드의 모양이 사각형인 경우 총 필요환기량의 계산식은 다음과 같다.

$$\frac{Q_t}{L} = 0.06b^{1.33}\Delta t^{0.42} \tag{3-19}$$

여기서, Q_t : 총 필요환기량, m^3/sec

L : 사각형 후드의 길이, m

b : 사각형 후드의 폭, m

Δt : 열원과 외부 공기의 온도 차이, ℃

(8) 후드유입손실=후드압력손실(hood entry losses=hood pressure losses)

공기가 후드 안으로 유입될 때 후드모양이 공기의 매끄러운 흐름을 방해하여 난류를 형성하게 된다. 이 난류는 속도압을 열로 변환시켜 일부 유용한 에너지가 소실되게 된다.

후드유입손실은 베나 수축(vena contracta)으로 설명이 되는데 이것은 공기가 덕트로 유입될 때 개구부 바로 뒤쪽에서 난류가 발생하면서 기류의 단면적이 수축하는 것을 의미한다. 그림 3-38과 같이 공기가 덕트 밖에서 안으로 흡인될 때 각 유선(air streams)은 유속의 중심부에 더 빠른 속도가 집중되지만 이 같은 빠른 속도들이 덕트의 다른 모든 부분까지 충족시켜 주지는 못한다. 그래서 '유속분리흐름현상(flow separation)'이 발생한다(그림 3-38, 3-39). 베나 수축이 일어나는 기류의 단면적이 가장 좁은 부분의 직경은 덕트 직경의 88%에 해당한다. 이 지점에서의 속도는 동일한 양의 공기가 더 좁은 단면적을 통과해야 하기 때문에 더 빠르다. 따라서 Bernoulli's의 법칙에 의하면 속도압은 증가하게 되고 정압은 감소하게 된다. 공기가 베나 수축 지점을 통과하면 기류는 덕트를 채우게 되고 속도는 다시 감소하게 된다. 이러한 감소는 난류를 형성하게 되고 일부 에너지가 손실되게 된다. 이 같은 손실 즉, 압력손실을 후드유입손실이라고 하며 당연히 베나 수축이 심할수록 후드유입손실은 증가하게 된다.

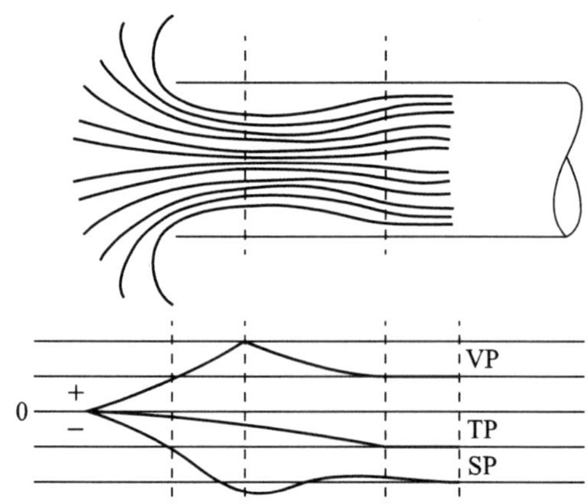

그림 3-38 베나 수축과 압력의 변화

1) 후드유입손실계수(hood entry to duct loss factor(=coefficient) : F_h)

후드유입손실은 후드와 덕트의 연결부분에서 유입손실계수 F_h(무차원)와 덕트의 속도압 VP_d으로 나타낼 수 있다. 후드유입손실계수는 당연히 후드의 모양에 따라 달라진다(표 3-7). 난류현상을 덜 일으키는 모양의 후드는 베나 수축을 많이 일으키는 후드보다 더 낮은 유입손실계수를 가지게 된다.

예를 들어, 일반평편개구의 덕트모양 후드는 덕트 속도압의 약 90%에 해당하는 유입손실계수를 가지는 반면 벨모양의 후드는 난류현상을 줄여서 겨우 덕트 속도압의 4%에 해당하는 값만 가진다. 그러나 공기흐름의 균일한 분포를 위해 사용되는 슬롯 후드인 경우에는 심각한 유입저항을 유발시키기 때문에 거의 슬롯 속도의 2배인 1.78의 유입손실계수를 가진다(그림 3-39).

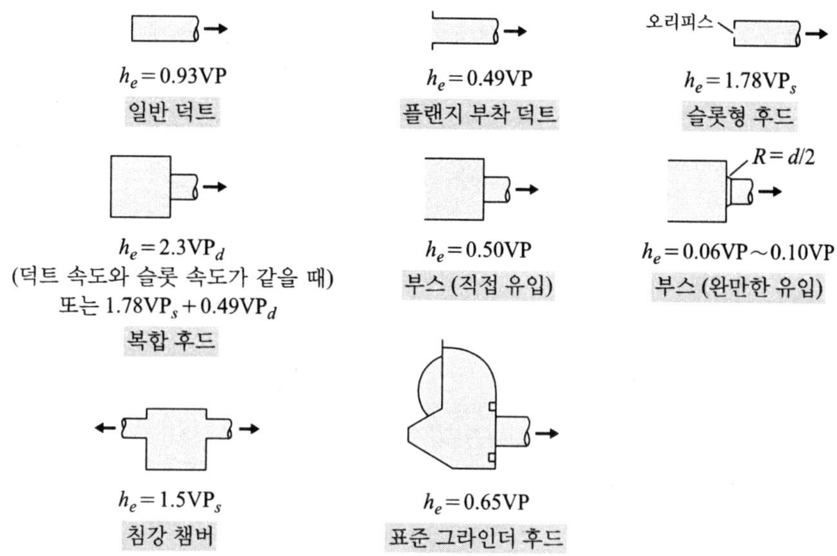

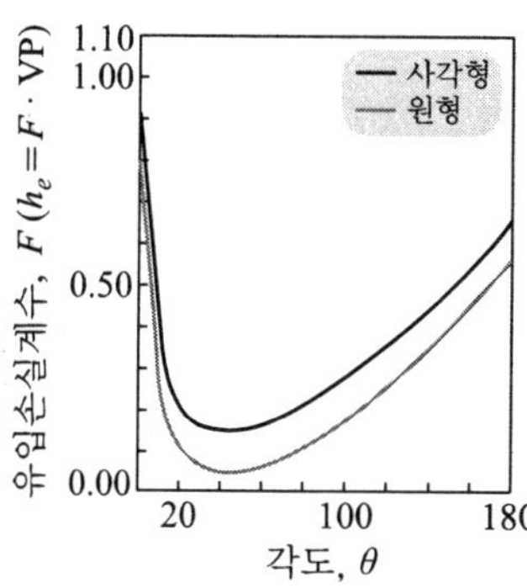

θ	유입손실 원형	유입손실 사각형
15°	0.15VP	0.25VP
30°	0.08VP	0.16VP
45°	0.06VP	0.15VP
60°	0.08VP	0.17VP
90°	0.15VP	0.25VP
120°	0.26VP	0.35VP
150°	0.40VP	0.48VP

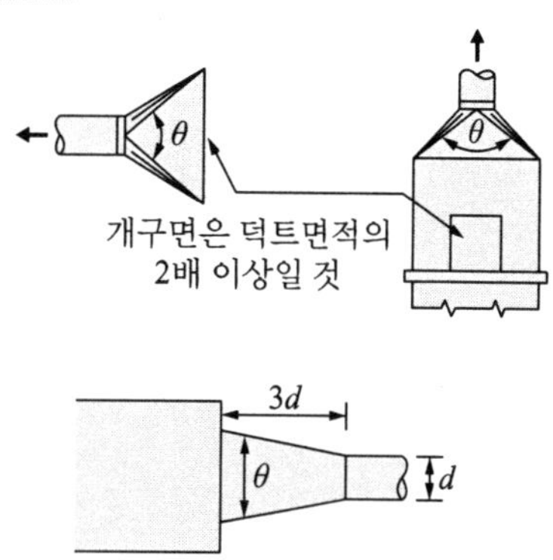

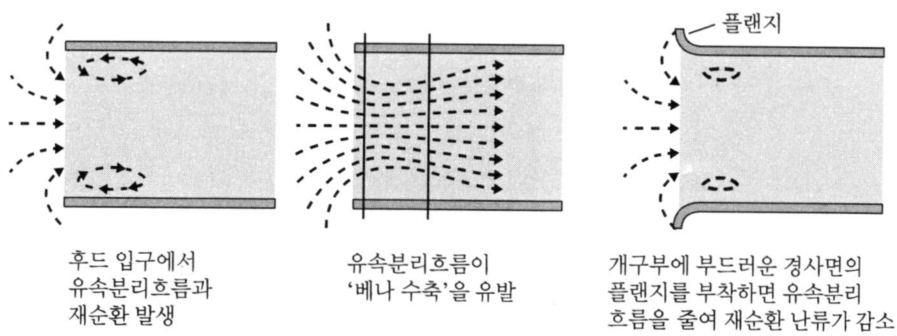

그림 3-39 후드 형태별 유입손실계수와 유속분리흐름(flow separation)

표 3-7 후드 형태별 유입손실계수(F_h)와 후드유입계수

후드의 형태	설명	후드유입손실계수 (F_h)	후드유입계수 (C_e)
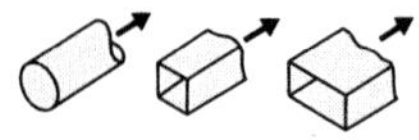	일반 개구면	0.93	0.72
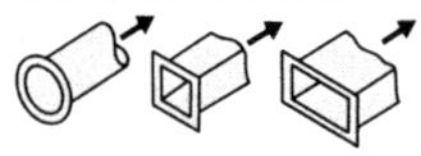	플랜지 부착 개구면	0.49	0.82
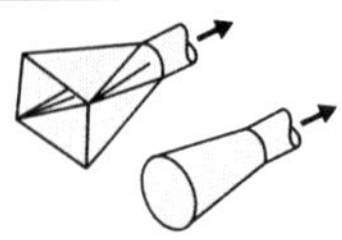	테이퍼 또는 원추형	테이퍼의 각도에 따라 다르다(그림 3-39 참조).	
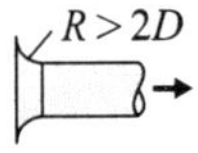 $R>2D$	종형	0.04	0.96
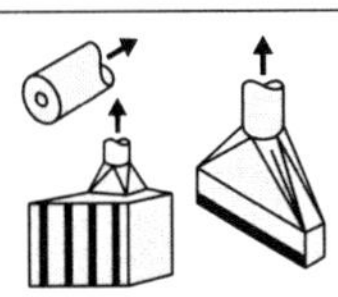	오리피스와 슬롯	(그림 3-39 참조)	
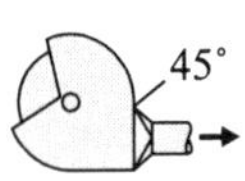 45°	그라인더 후드	직접 배기	
		0.65	0.78
		테이퍼 부착 배기	
		0.40	0.85

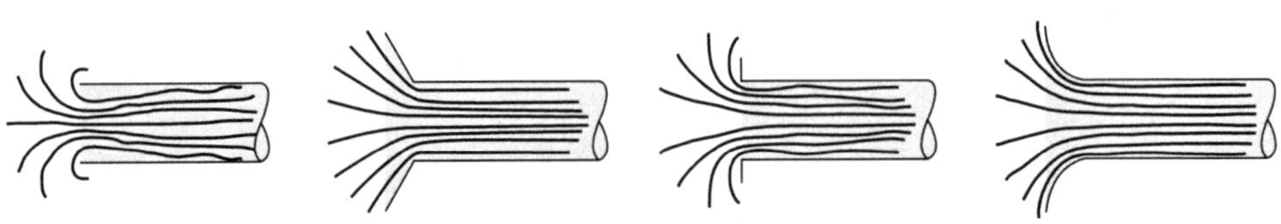

$F_h=0.93$ $F_h=0.25$ $F_h=0.49$ $F_h=0.04$

그림 3-40 일반평편개구 후드의 유입손실계수(F_h)

2) 후드정압(hood static pressure)

후드로 공기를 흡인할 때 정지된 공기를 가속시켜야 하기 때문에 이로 인한 가속손실이 생기고 앞에서 언급한대로 후드의 모양에 따라 유입손실이 발생하는데 이들을 덕트의 속도압으로 표현할 수 있다. 후드가 제대로 작동하려면 후드 내로 공기를 흡인하는 동시에 후드 가까이에 있는 덕트에서 가속에 의한 손실과 후드유입손실을 극복할 수 있는 충분한 흡인력과 정압을 만들어내야 한다. 이와 같은 정압의 양을 후드정압(hood static pressure)이라고 하며 마노미터에 의해 쉽게 측정이 가능하다. 그림 3-41은 미국 OSHA에서 권장하는 후드정압 측정위치와 실제 후드정압을 측정하는 사진이다.

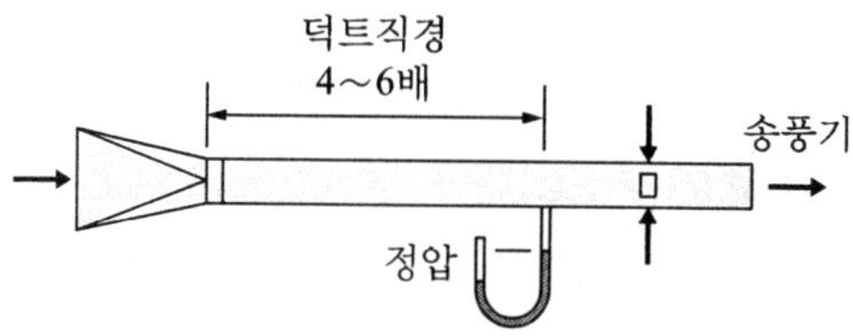

(a) OSHA가 권장하는 후드정압 측정위치

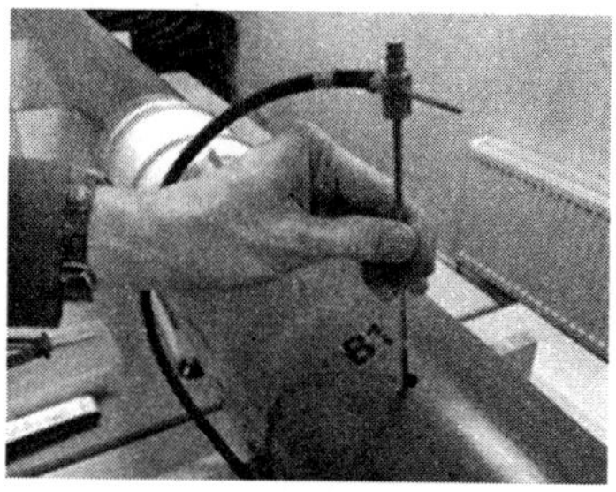

(b) 실제 측정 모습

그림 3-41 후드정압 측정위치와 실제 측정 모습

후드의 정압은 후드나 덕트를 수축시키려는 방향 즉, 음압으로 작용하기 때문에 "−" 부호를 붙여 표기해야 한다.

$$\begin{aligned}\text{후드정압}(SP_h) &= -(\text{후드유입손실} + \text{가속손실}) \\ &= -(F_h \times \text{관내 속도압} + 1.0 \times \text{관내 속도압}) \\ &= -(F_h VP_d + VP_d) = -(F_h + 1)VP_d \\ &= -(h_h + VP_d) \qquad (3\text{-}20)\end{aligned}$$

식 (3-20)에서 보는 바와 같이 정지된 공기를 후드 안으로 흡인할 때 생기는 속도압은 후드 안으로 들어오자마자 정압으로 바뀐다. 따라서 덕트의 속도압이 크면 클수록 후드와 덕트의 정압은 그 절댓값이 커진다(물리적인 계산에서는 정압에 "−"부호를 붙이므로 값은 작아짐).

예제 3-7 Q&A

자유공간에 떠 있는 직경 25 cm(원 면적 0.04909 m^2)인 일반평편개구 후드의 개구면으로부터 25 cm 떨어진 곳의 입자를 흡인하려고 한다. 제어풍속을 1.0 m/sec으로 할 때 필요환기량 Q, 덕트에서의 속도 V, 후드의 정압 SP_h를 구하시오.

풀이

① 필요환기량 Q의 계산

$$Q = 60\,V_c(10X^2 + A) = 60 \times 1.0 \times (10 \times 0.25^2 + 0.04909) = 40.4\ \mathrm{m^3/min}$$

② 덕트 내의 속도 V의 계산

$$V=\frac{Q}{A}=\frac{40.4}{60\times 0.04909}=13.7\ \mathrm{m/sec}$$

③ 후드정압 SP_h의 계산 : 먼저, 속도압 VP를 구하면

$$\mathrm{VP}=\left(\frac{13.7}{4.043}\right)^2=11.5\ \mathrm{mmH_2O}$$

표 3-7, 그림 3-39, 3-40에서 일반평편후드의 유입손실계수 F_h는 0.93

$$\mathrm{SP}_h=-(F_h\mathrm{VP}_d+\mathrm{VP}_d)=-(0.93\times 11.5+11.5)=-22.2\ \mathrm{mmH_2O}$$

식 (3-20)이 적용되는 후드는 그림 3-42a와 같이 단순후드(simple hoods)인 경우에만 해당된다. 만약 그림 3-42b와 같이 복합후드(compound hoods)인 경우에는 좀 더 복합해진다. 복합후드란 에너지손실의 위치가 두 지점 이상에서 발생하는 후드를 말하는데 보통 유입손실이 두 지점에서 발생되는 경우가 복합후드의 일반적인 예이다. 두 지점에서 유입손실이 발생하는 후드의 일반적인 예로는 도금, 도장, 탈지처리 공정 등에서 사용되는 슬롯/플레넘 후드, 측방/플레넘 후드 그리고 주물공정에서 사용되는 측방/플레넘 세이크아웃 후드 등이다.

그림 3-42b는 유입손실이 두 곳에서 발생한다. 처음에 공기는 슬롯을 통하여 유입되고 플레넘을 통과한 뒤 덕트로 빨려들어 간다. 공기가 슬롯의 좁은 틈 사이를 통과할 때 심한 베나 수축이 일어나면서 첫 번째 많은 압력손실이 일어나고 플레넘에서는 속도가 감속되었다가 다시 덕트로 들어갈 때 덕트 속도로 가속되면서 두 번째 압력소실이 발생한다. 유입손실이 두 번 일어나는 복합후드에 대한 후드정압 계산식은 다음과 같다.

덕트의 속도가 슬롯 속도보다 큰 경우 : $\mathrm{SP}_h = h_s + h_h + \mathrm{VP}_d$ (3-21)

슬롯의 속도가 덕트 속도보다 큰 경우 : $\mathrm{SP}_h = h_s + h_h + \mathrm{VP}_s$ (3-22)

여기서, h_s : 슬롯의 유입손실, $\mathrm{mmH_2O}$

h_h : 덕트(후드와 덕트 연결부)의 유입손실, $\mathrm{mmH_2O}$

VP_d : 덕트에서 속도압, $\mathrm{mmH_2O}$

VP_s : 슬롯에서 속도압, $\mathrm{mmH_2O}$

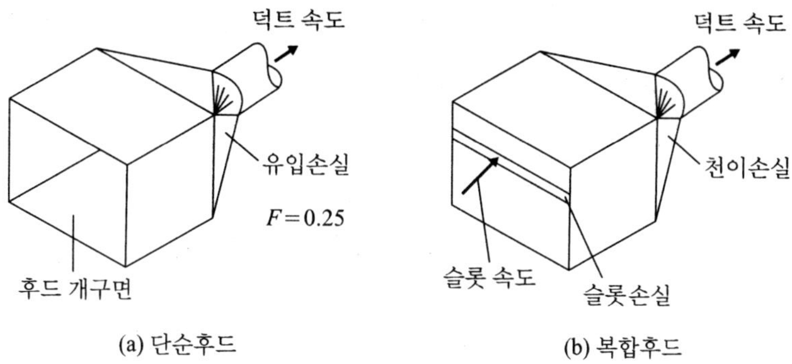

그림 3-42 단순후드와 복합후드

식 (3-21)과 식 (3-22)에서 보는 것과 같이 복합후드의 후드정압 계산은 슬롯에 의한 유입손실과 덕트에 의한 유입손실을 합한 다음 슬롯이나 덕트 속도 중 빠른 한 쪽의 가속에 의한 속도압으로 계산하여 더해 주기만 하면 된다. 실제 대부분의 복합후드에서는 덕트 속도가 슬롯 속도보다 빠르기 때문에 식 (3-22)보다는 식 (3-21)이 주로 사용된다.

예제 3-8

그림 3-41의 b 복합후드가 도금작업에 사용되고 있다. 다음과 같은 조건일 때 후드정압을 구하시오. 슬롯 속도 V_s =10.2 m/sec, 슬롯의 유입손실 h_s =1.78VP_s, 덕트 속도 V_d =20.3 m/sec, 덕트의 유입손실 h_h =0.25VP_d

풀이

슬롯의 속도압 $\mathrm{VP}_s = \left(\dfrac{10.2}{4.043}\right)^2 = 6.4\ \mathrm{mmH_2O}$

덕트의 속도압 $\mathrm{VP}_d = \left(\dfrac{20.3}{4.043}\right)^2 = 25.2\ \mathrm{mmH_2O}$

식 (3-21)를 이용하면

$$\begin{aligned}\mathrm{SP}_h &= 1.78\mathrm{VP}_s + 0.25\mathrm{VP}_d + \mathrm{VP}_d \\ &= 1.78 \times 6.4 + 0.25 \times 25.2 + 25.2 = 42.9\ \mathrm{mmH_2O}\end{aligned}$$

만약 후드에 필터(filter)가 붙어있어 필터에 의한 압력손실이 있는 경우에는 필터에 의한 손실치를 더 계산해 주어야 한다.

이상의 모든 압력손실치를 정리하면 식 (3-23)과 같다. 물론 식 (3-23)은 덕트의 속도가 슬롯의 속도보다 빠른 경우이다.

$$\begin{aligned} SP_h &= -(h_e + F_a VP_d) \\ &= -(h_s + h_h + SP_f + F_a VP_d) \\ &= -\left[(F_s)(VP_s) + (F_h)(VP_d) + SP_f + (F_a)(VP_d)\right] \end{aligned} \tag{3-23}$$

여기서, h_e : 모든 후드유입손실($= h_s + h_h$), mmH_2O

F_a : 가속(혹은 Bernoulli)계수 = 1*, 무차원

h_s : 슬롯 혹은 슬롯타입개구의 유입손실, mmH_2O

h_h : 후드와 덕트 연결부의 유입손실($= F_h VP_d$), mmH_2O

SP_f : 후드 필터의 압력손실, mmH_2O

F_s : 슬롯유입손실계수, 무차원

VP_s : 슬롯의 속도압, mmH_2O

F_h : 후드와 덕트 연결부의 유입손실계수, 무차원

VP_d : 덕트의 속도압, mmH_2O

* 복합후드에서 가속계수는 덕트 속도가 후드 속도보다 빠를 경우에는 덕트 속도압, 슬롯 속도가 덕트 속도보다 빠르면 슬롯 속도압을 사용한다. 국소배기장치에서 가속이 일어나 공기가 움직이기 시작하면 더 이상 가속은 일어날 수 없으므로 복합후드의 가속계수는 덕트나 슬롯 속도압 중 하나만 사용해야 한다.

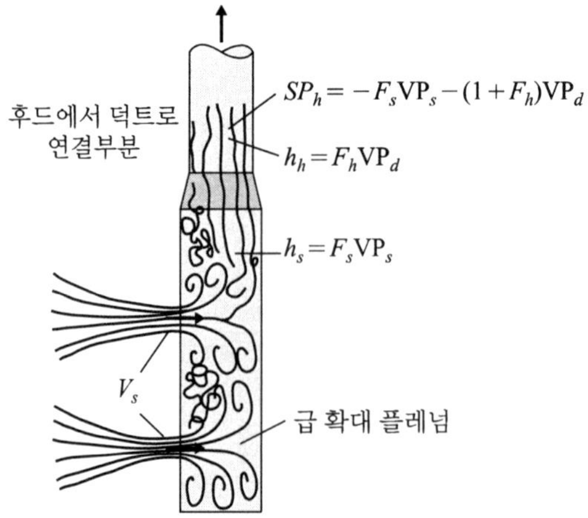

그림 3-43 복합후드에서 후드정압의 개념

3) 유입계수(hood flow coefficient, C_e)

유입손실은 유입손실계수인 F_h 대신에 유입계수 C_e로 표현할 수도 있다. 유입계수는 실제 후드 내로 유입되는 유량과 이론상 후드 내로 유입되는 유량과의 비로 정의된다. 실제 유량 Q_a는

$$Q_a = VA = A\sqrt{\frac{2g\mathrm{VP}_d}{\gamma}} \tag{3-24}$$

이다. 이론상의 최대 유량 $Q_{\max}$이란 공기가 후드로 흡인하는 과정에서 발생하는 에너지손실이 전혀 없어서 후드로 유입된 공기의 속도압이 100% 모두 정압으로 변환된 상태를 말하며 이때에는 당연히 후드유입손실계수 $F_h=0$가 된다. 따라서 식 (3-24)에서 $\mathrm{VP}_d=\mathrm{SP}_h$가 되므로 $Q_{\max}$는

$$Q_{\max} = VA = A\sqrt{\frac{2g\mathrm{VP}_d}{\gamma}} = A\sqrt{\frac{2g(\mathrm{SP}_h)}{\gamma}} \tag{3-25}$$

가 된다. 따라서 식 (3-24)와 식 (2-25)에서 유입계수 C_e는 다음과 같다.

$$C_e = \frac{Q_a}{Q_{\max}} = \sqrt{\frac{\mathrm{VP}_d}{\mathrm{SP}_h}} \tag{3-26}$$

필터가 없는 복합후드인 경우 C_e는 다음과 같다.

$$C_e = \sqrt{\frac{\mathrm{VP}_d}{(F_s)(\mathrm{VP}_s)+(F_h)(\mathrm{VP}_d)+(F_a)(\mathrm{VP}_d)}} \tag{3-27}$$

따라서 식 (3-20)을 식 (3-26)에 대입하여 정리하면 F_h와 C_e의 관계는 다음과 같다.

$$F_h = \frac{1-C_e^2}{C_e^2} \tag{3-28}$$

유입손실이 전혀 없을 때는 $\mathrm{SP}_h=\mathrm{VP}_d$이 되므로 $C_e=1$이 된다. 그러나 모든 후드는 유입손실이 있기 때문에 항상 $C_e<1$이다(표 3-7 참조).

예제 3-9 Q&A

유입계수 C_e가 0.8인 플랜지 부착 원형 후드가 있다. 덕트의 직경은 20 cm(원 면적 0.03142 m^2)이고 필요환기량 Q는 30 m^3/min이라고 할 때 후드정압 SP_h는 얼마인가?

풀이

먼저, 덕트에서의 속도압 VP_d를 구해야 한다.

$$V = \frac{Q}{A} = \frac{30}{60 \times 0.03142} = 15.9\ \text{m/sec}$$

$$\text{VP} = \left(\frac{15.9}{4.043}\right)^2 = 15.5\ \text{mmH}_2\text{O}$$

F_h가 없으므로 C_e로부터 F_h를 구한다.

$$F_h = \frac{1 - C_e^2}{C_e^2} = \frac{1 - 0.8^2}{0.8^2} = 0.56$$

따라서, $\text{SP}_h = -(1 + F_h) \times \text{VP} = -(1 + 0.56) \times 15.5 = -24.2\ \text{mmH}_2\text{O}$

예제 3-10 Q&A

예제 3-8에서 유입계수 C_e를 구하시오.

풀이

$$C_e = \sqrt{\frac{\text{VP}_d}{(F_s)(\text{VP}_s) + (F_h)(\text{VP}_d) + (F_a)(\text{VP}_d)}}$$ 이므로

$$= \sqrt{\frac{25.2}{(1.78)(6.4) + (0.25)(25.2) + (1)(25.2)}} = 0.77$$

(9) 특수후드의 설계 예

1) 개방처리조(open surface tanks)

휘발성 용액을 용매로 사용하는 개방처리조의 작업으로는 유기용제에 의한 탈지, 전기도금, 산처리, 염색 및 탈색 등이 있다. 이들에 대한 환기량의 계산은 사용하는 물질,

처리조의 형태 및 위치, 국소배기장치의 종류 등에 의해 좌우된다. 이들 작업공정에 대한 후드로는 포위형, 캐노피형, 측방형, 그리고 푸시 - 풀 후드가 있다.

포위형 후드는 처리조에 한쪽에 패널을 부착한 2면 개방형과 처리조의 양쪽에 패널을 부착한 1면 개방형이 있다. 이 후드는 횡단방해기류를 줄이고 직접 개방 처리조 위로 보다 많은 환기량을 흡인시킴으로 효율을 높일 수 있다.

캐노피 후드는 자유공간에 설치한 4면 개방, 한쪽을 벽에 붙인 3면 개방이 있다. 대부분의 경우 과량의 공기를 흡인하지 않고는 오염물질을 충분히 후드 안으로 흡인할 수 없는 어려움이 있다. 따라서 이 후드는 고독성 물질을 취급하면서 횡단방해기류를 피할 수 없는 위치나 작업자가 처리조 위에 구부려야 하는 경우에는 사용해서는 안 된다.

측방형 후드는 하나의 슬롯 후드가 사용되는데 이것은 탱크를 가로질러 흐르는 공기를 제어하게 된다. 탱크의 폭이 90 cm(36인치) 이하인 경우에는 탱크의 한 측면에 하나의 슬롯 후드를 사용할 수 있다. 만약 탱크의 폭이 90 cm 이상이 되면 탱크의 양 측면에 하나씩 두 개의 슬롯 후드를 사용하든지 탱크 중앙에 하나의 후드를 설치해야 한다. 만약 위험성 분류가 낮거나 횡단방해기류가 전혀 없는 경우에는 탱크의 폭이 120 cm까지 하나의 슬롯 후드를 사용할 수도 있다.

푸시 - 풀 후드는 처리조의 한쪽 면에 공기를 불어 넣어주고 한쪽에서는 흡인하는 장치이다. 공기를 불어 넣어주는 제트기류는 캐노피, 포위형 혹은 측방형 후드의 최대 제어풍속보다 빨라야 한다. 이 후드에서 흡인하는 필요환기량은 다음에 설명하는 위험성 분류와는 무관하다. 이 후드에 대한 자세한 설명은 다음에 하기로 한다.

개방 처리조 후드 설치를 위한 필요환기량의 결정은 취급물질의 독성과 화재의 위험성, 그리고 사용방법에 있어서 공정상의 위험도 등을 고려한 "유해성 분류(hazard classification)"에 따라 단계적으로 분석 검토한 후 결정되어진다. 제일 먼저 처리조에서 발생하는 오염물질을 그 특성에 따라 A-1에서 D-4까지 16개 군으로 위험성 및 등급을 분류한다.

① 노출 혹은 허용기준농도와 물질의 플래시 포인트(flash point)를 이용하여 그 물질에 대한 잠재적인 위험정도(hazard potential)를 결정한다. 표 3-8은 물질에 대한 잠재적인 위험정도를 A등급에서 D등급까지 구분하고 있다.

② 가동조건에 따라서 위험도의 등급을 다시 표 3-9와 같이 1에서 4까지 구분한다. 표 3-8과 표 3-9를 합성하여 공정별 유해성 정도의 예는 표 3-10과 같다. 여기에 수록된 것들은 일반적으로 가장 많이 사용되는 공정들이며 추가적인 사항에 대해서는 ACGIH의 "Industrial Ventilation"을 참고하기 바란다.

표 3-8 잠재적인 유해정도(hazard potential)의 결정

잠재적인 유해정도	노출 혹은 허용기준		flash point*
	가스 혹은 증기(TLV 참조)	미스트(TLV 참조)	
A	0 ~ 10 ppm	0 ~ 0.1 mg/m^3	-
B	11 ~ 100 ppm	0.11 ~ 1.0 mg/m^3	40℃ 미만
C	101 ~ 500 ppm	1.1 ~ 10 mg/m^3	40 ~ 95℃
D	500 ppm 이상	10 mg/m^3 이상	95℃ 이상

* 공기 중에서 기체가 불이 붙을 수 있는 농도까지 갔을 때 불이 붙을 수 있는 가장 낮은 온도

표 3-9 가동조건에 따른 가스, 증기 혹은 미스트의 유해도 등급결정

등급	용액의 온도 [℃]	비점과 현재온도의 차이 [℃]	상대적 증발도* (100% 증발하는 시간)	가스화 정도
1	96 이상	0 ~ 10	빠름(0 ~ 3시간)	높음
2	66 ~ 95	11 ~ 25	중간(3 ~ 12시간)	중간
3	35 ~ 65	26 ~ 50	느림(12 ~ 50시간)	낮음
4	35 미만	51 이상	없음	없음

* 건조시간(부록 참조) : 5 미만; 빠름, 5 ~ 15; 중간, 16 ~ 75; 느림, 76 이상; 없음

표 3-10 개방처리조의 유해성 등급의 예(OSHA)

유해성 등급	작업공정	온도범위, ℃	발생 유해물질
A-1	크롬산용액에 크롬전기도금	32 ~ 60	크롬산 미스트
A-2	염산용액에 동판 식각(蝕刻)	21 ~ 32	염화수소가스
A-3	크롬산과 황산용액에 알루미늄 산세척	60	산 미스트
A-4	크롬산과 염산용액에 아연 침세(浸洗)	21	염화수소가스
B-1	황산용액에 철 및 강철 산세척	21 ~ 80	황산 미스트, 증기
B-2	황산니켈용액에 니켈도금	21 ~ 32	황산니켈 미스트
B-3	염화아연용액에 아연도금	24 ~ 49	염화아연 미스트
B-4	염화철, 황산구리와 초산용액에 주석 스트립핑(stripping)	21	산 미스트
C-1	가성소다, 소다회 및 인산제삼나트륨	71 ~ 82	알칼리 미스트, 증기
C-2	용액에 알루미늄 식각		
C-3	청산용액에 구리 순간 침지	21 ~ 31	청산 미스트
C-4	주석산나트륨염에 주석도금	60 ~ 77	주석염 미스트, 증기
D-1	마그네슘 염색	100	증기
D-2	파커라이징(parkerizing)	60 ~ 100	증기
D-3	열탕수욕	38 ~ 93	수증기
D-4	염화철용액 내 구리식각	21	없음

표 3-11 횡단방해기류가 없는 위치에서 최소 제어풍속, m/sec

등급	포위형 후드		측방형 후드	캐노피형 후드	
	1면 개방	2면 개방		3면 개방	4면 개방
A-1, A-2주)2.	0.50	0.75	0.75	사용금지	사용금지
A-3주)2., B-1, B-2, C-1	0.38	0.5	0.5	0.63	0.88
B-3, C-2, D-1주)3.	0.33	0.45	0.38	0.5	0.75
A-4주)2., C-3, D-2주)3.	0.25	0.38	0.25	0.38	0.63
B-4, C-4, D-3주)3., D-4인 경우 : 적절한 전체환기시설 필요					

주) 1. 환기량 계산은 다음 표를 참고.
2. 잠재적인 위험도가 A이면 캐노피 후드 사용을 금함.
3. 뜨거운 물의 완벽한 제어가 필요한 곳에서는 다음 단계의 가장 높은 등급으로 설계할 것.

③ 표 3-11을 이용하면 위에서 결정한 공정의 유해성 등급에 해당하는 최소 제어풍속과 후드의 유형을 찾아 낼 수 있다. 여기서 제시한 제어풍속(포착속도)은 창문의 개방, 벽에 부착된 송풍기, 가열기, 기계류의 이동으로 인해 공기의 흐름이 방해받지 않는 경우에 적용된다.

④ 이상의 자료를 이용하여 후드를 통해 흡인해야 할 최소 환기량을 구할 수 있다.

- 포위형 후드에 대한 환기량은 후드 개구부의 면적에 제어풍속을 곱하여 구할 수 있다.
- 캐노피 후드에 대한 환기량은 후드 저변과 처리조의 개방된 가장자리 사이의 개구면적에 제어풍속을 곱하여 구할 수 있다.
- 측방형 후드의 최소 환기량은 표 3-12를 이용하여 공정에 사용되는 처리조의 개방면적(m^3)당 필요환기량(m^3/sec)으로 구할 수 있다. 표 3-12는 개방 처리조의 길이에 따라 후드가 설치된 것으로 가정하고 폭과 길이의 비(W/L)를 근거로 환기량이 계산된다.

표 3-12 측방형 후드의 처리조 표면적당 최소 환기율, m^3/sec

최소제어풍속, m/sec (앞의 도표 참고)	처리조의 폭/길이의 비가 아래의 비로 주어질 때 최소제어풍속 유지를 위해 필요한 처리조 면적당 유량				
	처리조 폭/처리조 길이(W/L)의 비				
	0.0~0.09	0.1~0.24	0.25~0.49	0.5~0.99	1.0~2.0
후드가 벽을 마주보고 있거나 플랜지가 있을 경우 : 주) 2.와 유의사항 12 참조, 그림 3-27의 a, d, e 후드					
0.25	0.25	0.30	0.38	0.45	0.50
0.38	0.38	0.45	0.55	0.65	0.75
0.50	0.50	0.63	0.75	0.88	1.00
0.75	0.75	0.95	1.10	주3	주3
처리조가 자유공간에 설치되어 있는 경우 : 주) 1. 참조, 그림 3-27의 b, f의 후드					
0.25	0.38	0.45	0.50	0.55	0.63
0.38	0.55	0.65	0.75	0.85	0.95
0.50	0.75	0.88	1.00	1.20	1.30
0.75	1.10	주) 3.	주) 3.	주) 3.	주) 3.

주) 1. 후드가 처리조의 중앙선이나 평행한 두 측면을 따라 설치되면 W/L 계산 시 처리조의 폭은 1/2 W로 계산한다.
2. 차단판(baffle)의 길이는 처리조의 길이와 같고 높이는 처리조의 폭과 같으며 수직으로 세워져야 한다.
3. 모든 측방비에서 0.75 m/sec의 제어풍속이 만들어지지 않을 수도 있으나 유량이 처리조 개구면적 m^2당 1.3 m^3/sec이면 충분히 제어할 수 있을 것으로 고려된다.

만약 처리조의 두 변(마주 보는 변)에 각각 포집형 측방 후드를 가지고 있다면 그림 3-44와 같은 방법으로 처리조의 폭을 계산에 포함시켜야 한다. 표 3-12에서 얻은 처리조 표면적당 유량에 처리조의 표면적을 곱한 것이 이 개방 처리조의 필요환기량이 된다.

이상에서 계산한 필요환기량은 횡단기류가 없는 작업장에서 최소값들이다. 횡단방해기류가 존재하면 측방형 후드의 효율을 70%까지 감소시킨다. 측방형 후드로 포착거리가 1 m까지 미치거나 또는 보다 흡인력이 적은 측방형 후드를 사용하고자 할 때에는 개방 처리조 대신에 푸시 - 풀 후드를 사용하는 것이 바람직하다.

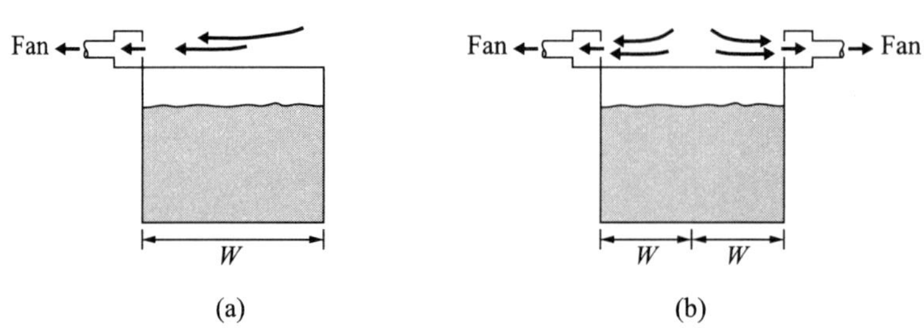

그림 3-44 처리조 폭의 개념

❑ 개방처리조 후드 설계 시 유의사항

① 덕트 속도 : 바람직한 속도를 다음 장에서 나오는 "덕트 최소설계속도"를 참고하여 구한다.

② 후드 유입손실 : 1.78 × 슬롯 VP_s + 슬롯 후드에 대한 덕트 유입손실, 캐노피형 혹은 포위형 후드의 경우 유입손실 : 덕트 유입손실

③ 슬롯 후드의 최대 플레넘 속도 : 1/2 슬롯 속도로 계산한다.

④ 슬롯 속도 : 후드와 덕트의 연결부(take-off)를 경사부로 하고 공기의 흐름을 균일하게 하기 위해 10 m/sec로 한다.

⑤ Plenum의 작은 끝에 충분한 면적을 준다.

⑥ 만약 $L = 1.8$ m 이상이면 다수의 take-off가 바람직하다.
만약 $L = 3$ m(10 ft) 이상이면 다수의 take-off가 반드시 필요하다.

⑦ 처리조의 폭 W는 작동 시 공기를 흡인해야 하는 효과적인 폭을 의미한다(예를 들어, 후드 개구면이 처리조의 가장자리로부터 뒤쪽에 설치되어 있다면 이 만큼의 길이가 처리조의 폭을 계산할 때 포함되어야 한다.
만약 $W = 0.5$ m이면, 처리조의 단일 측면에 슬롯이 적합하다. 만약 $W = 0.5 \sim 0.9$ m이면, 처리조의 양측에 두 개의 슬롯이 바람직하다. 만약 $W = 0.9 \sim 1.2$ m이면, 처리조 양측에 슬롯을 사용하거나 처리조 중앙선을 따라 양측면 슬롯을 사용하거나 push-pull 후드를 설치해야 한다. 모든 다른 조건들이 만족하지 않으면 단일 측면의 슬롯은 사용하지 말아야 한다. 만약 $W = 1.2$ m 이상이면 측방 흡인 후드가 현실적이지 못하기 때문에 push-pull 후드를 고려해야 한다. 공정이 허락하면 포위형 후드를 설치해야 한다. 처리조의 W/L의 비가 2.0을 초과하면 처리조의 긴 측면을 따라 후드가 공기를 흡인하기는 어렵다. 처리조의 W/L의 비가 1.0을 초과하였을 때는 W가 긴 쪽을 따라 공기를 흡인하는 것은 바람직하지 못하므로 반드시 W가 짧은 측면을 따라 흡인시켜야 한다.

⑧ 처리조 내 용액은 처리조 상단에서 아래로 15 ~ 20 cm 하단에 위치시켜야 한다.

⑨ 측방 후드의 타입은 그림 3-45의 a, c, d 그리고 e를 먼저 고려해야 한다. 플레넘은 공기흐름을 균일하게 유지시키는 작용을 한다.

⑩ 가능하면 처리조 위에 제거할 수 있는 덮개를 씌운다.

⑪ 필요하면 깨끗하고 부식에 강한 덕트를 사용해야 한다. 송풍기로 유입되는 부분은 유연성이 있는 접합부를 사용해야 한다.

⑫ 횡단방해기류를 줄이기 위해 차단판(baffle)을 설치해야 한다. 차단판의 길이는 처리조 길이와 동일하며 높이는 처리조 폭과 동일한 높이로 설치한다. 만약 후드가 건물 벽과 마주하여 처리조의 한 측면에 설치되거나 마주한 건물 벽이 가까이

에 있으면 이것은 완벽하게 차단판의 역할을 한다.

⑬ 처리조면에 공기를 공급할 때는 균일하게 하여야 하며 처리조의 앞이나 위에서부터 공급해야 횡단기류가 생기지 않는다.

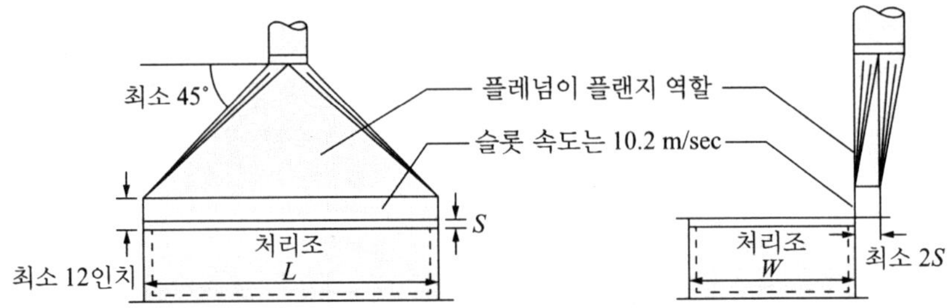

(a) 상방 플레넘

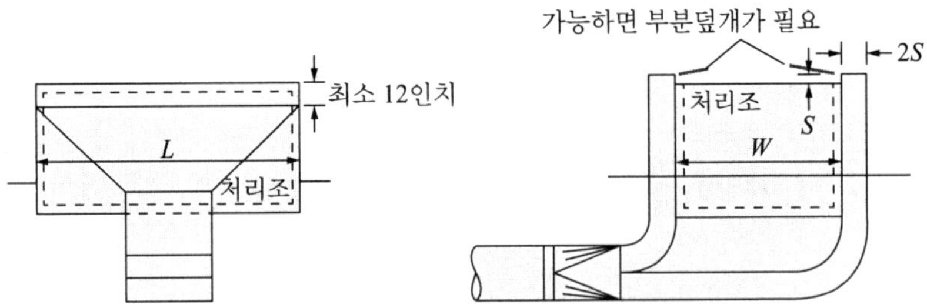

(b) 하방 플레넘

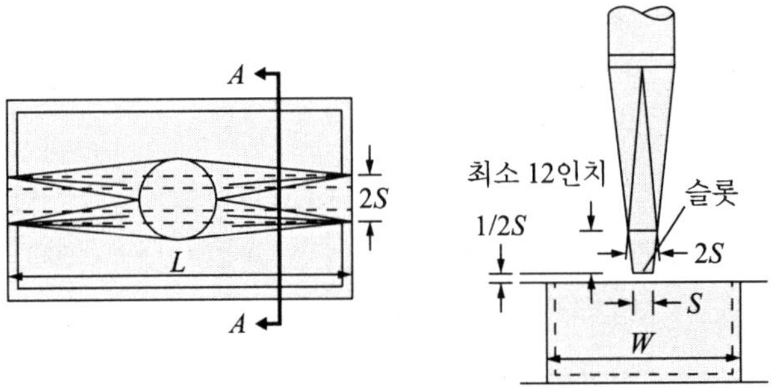

(c) 중앙 플레넘

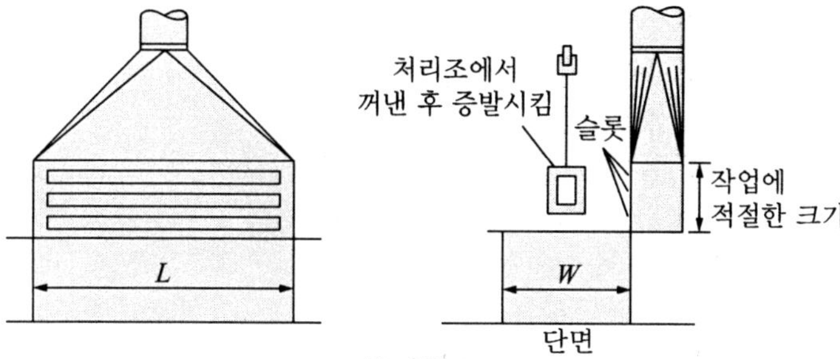

(d) 담금조

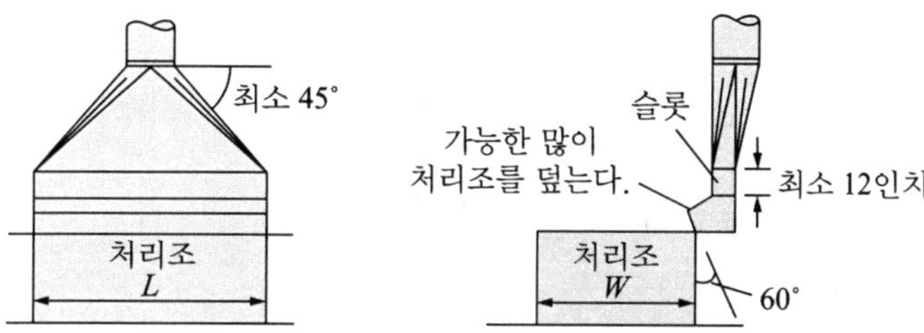

(e) 측방형

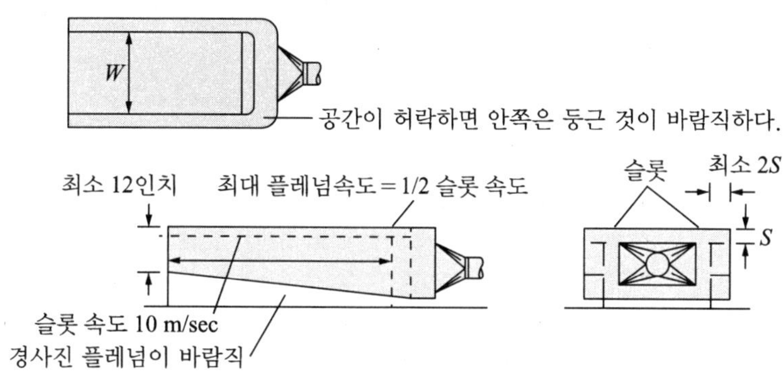

(f) Take-off형

그림 3-45 개방처리조 후드

예제 3-11

장식용 크롬도금을 하는 처리조가 있다. 크기는 1.8×0.75 m이다. 처리조는 작업장의 자유공간에 놓여 있고 횡단방해기류는 존재하지 않는다. 그림 3-44의 a의 후드를 설계하시오.

풀이

① 필요환기량 Q의 계산

- 발생 오염물질 : 크롬산
- 잠재적인 위험정도의 평가 :
  노출기준(2012년) = 0.05 mg/m^3, flash point = 무시해도 좋음
- 유해성 등급의 평가 : 표 3-10에서 A-1
- 최소 제어풍속 : 0.75 m/sec
- 처리조 면적당 최소환기율 :
  차단판이 있고 $W/L = 0.75/1.8 = 0.42$이면 1.10 m^3/sec/m^2
- 필요환기량 : 1.10×1.35 = 1.485 m^3/sec = 89 m^3/min

② 후드 설계

- 슬롯 속도 V_s : 10 m/sec
- 슬롯 면적 A_s : $\dfrac{Q}{V} = \dfrac{89}{10 \times 60} = 0.148\ \mathrm{m}^2$
- 슬롯의 폭 W_s : $\dfrac{A}{L} = \dfrac{0.148}{1.8} = 0.082\ \mathrm{m} = 8.2\ \mathrm{cm}$
- 플레넘의 깊이 : 2 × 슬롯의 폭 = 2 × 8.2 = 16.4 cm
- 덕트 면적 A_d의 계산 : 먼저 덕트 속도 V_d를 구하기 위해서는 다음 장에 나오는 "덕트 최소설계속도(표 3-13)"를 참고해서 선정해야 한다. 오염물질이 크롬산 미스트가 발생하므로 흄과 비슷한 것으로 간주하면 10～13 m/sec이므로 12 m/sec를 이용한다.

$$A_d = \frac{Q_d}{V_d} = \frac{89}{12 \times 60} = 0.1236\ \mathrm{m}^2$$

- 덕트 직경 D의 결정 : 덕트 면적 0.1236 m^{2}는 이론상의 값이고 실제 상업용으로 시판하는 덕트는 정확하게 0.1236 m^{2}짜리는 존재하지 않는다. 따라서 시판용 덕트 직경을 구해야 하는데 덕트 내 최소속도를 유지하기 위해서는 이론값보다 작은 직경을 선택해야 한다. 이론값과 가장 유사한 $A = 0.1104$ m^{2}인 $D(\Phi) = 375$ mm를 사용한다(덕트 직경과 면적 표 3-24 참조).

  실제 덕트의 속도 $V_d = \dfrac{Q}{A} = \dfrac{89}{0.1104 \times 60} = 13.4\ \mathrm{m/sec}$

  후드정압 = −(유입손실 + 가속손실)
  = $-(1.78\mathrm{VP}_s + 0.25\mathrm{VP}_d + 1.0\mathrm{VP}_d)$
  = $-(1.78 \times 6.1 + 0.25 \times 11.0 + 1.0 \times 11.0)$
  = −24.6 mmH$_2$O

2) 푸시 - 풀 후드(push-pull hood)

푸시 - 풀 후드 말 그대로 한쪽에서는 급기를 하고 한쪽에서는 배기하는 형태이다. 도금조와 같이 개방표면처리조(open surface vessels)에서 주로 많이 사용하는 것이지만 어떤 공정이든지 효과적이다. 이 후드의 장점은 푸시 제트(push jet)가 6～10 m 이상 먼 거리까지 도달할 수 있는 반면 후드로부터 거리가 멀어질수록 흡인(pull)속도는 급격히 저하한다. 그래서 푸시 제트가 오염물질을 잡아서 상대적으로 먼 거리까지 운반하여 푸시 제트가 없었으면 하지 못했을 오염물질의 제어를 할 수 있게 하는 것이다.

① 푸시 제트(push jet)

주위 공기가 푸시 제트를 타고 가기 때문에 배기 후드 앞에서는 푸시 노즐에서 내는 유량보다 수 배의 유량이 도달한다. 제트 속도는 노즐로부터 거리에 따라 감소한다. 길고 가는 슬롯(혹은 파이프) 타입 노즐의 유인비(誘引比)(entrainment ratio: 분출구에서 나오는 1차 유량과 1차 유량에 의해 유인되어 만들어지는 2차 유량과의 비)와 속도비는 다음과 같다.

$$\frac{Q_x}{Q_o} = 1.2\sqrt{\left(\frac{ax}{b_o}\right) + 0.41} \tag{3-29}$$

$$\frac{V_x}{V_o} = \frac{1.2}{\sqrt{\left(\frac{ax}{b_o}\right) + 0.41}} \tag{3-30}$$

여기서, Q_o : 노즐의 공기공급량(push-jet 유량), m^3/sec

Q_x : 노즐로부터 X만큼 떨어진 공기공급량, m^3/sec

V_o : 노즐의 토출속도, m/sec

V_x : 노즐로부터 X만큼 떨어진 제트기류 최대 속도, m/sec

a : 노즐의 특정 계수(슬롯과 파이프 0.13)

X : 노즐로부터 거리, m

b_o : 슬롯의 폭*, m

* 노즐이 자유공간에 떠 있으면 전체 슬롯 폭의 1/2이고 표면 가까이에 위치해 있으면 (wall jet) 전체 슬롯의 폭이다. 만약 노즐이 파이프의 구멍이면 동일 면적의 슬롯 폭이다.

제트기류가 흐르는 길목에 장애물을 최소화해야 한다. 작은 부품걸이도 심각한 문제를 야기하며 큰 평판은 절대 있어서는 안 된다. 오히려 노즐에서 먼 거리에 장애물이 존재하면 이는 받아들일 수 있다.

노즐은 길고 가는 슬롯이나 구멍이 있는 파이프를 사용한다. 총 노즐 개구부의 면적은 균일한 공기흐름을 유지하기 위해 노즐 플레넘 단면적의 40%를 초과해서는 안 된다. 슬롯의 폭은 짧은 푸시 길이(1～3 m)를 갖는 도금조 같은 처리조에서는 3～6 mm이어야 한다. 노즐 길이당 토출 유량에 토출 속도를 곱한 것($Q_o \times V_o$)에 비례하는 노즐의 운동량 인자(momentum factor)는 제트기류를 만드는데 충분해야 하지만 과하면 후드에서 일류현상을 일으켜 효과적이지 않다. 앞의 후드에서 $Q_o \times V_o$의 값은 노즐 길이(m)당 대략 0.4～0.6 m^4/sec^2이어야 한다.

② 풀 후드(pull hood)

후드유입손실계수 등 일반 슬롯 후드와 동일하다. 풀(배기) 유량은 후드에 도착하는 푸시 유량의 1.5～2.0배로 한다. 푸시 유량은 식 (3-29)을 이용하면 된다. 가능하다면 후드 개구면의 높이는 확장된 제트기류의 폭과 동일해야 한다. 그러나 배기 유량이 도착 제트기류 유량의 1.5～2.0배를 만족시키면 더 작은 개구면도 가능하다. 가능하면 모형을 만들어 운전해 보고 최종 설치하는 것을 권한다.

③ 푸시 – 풀 후드 설계

푸시 - 풀 장치에서는 노즐로부터 분사된 공기가 처리조 표면을 가로질러 이동하게 된다. 이렇게 분사된 푸시 제트는 노즐의 공기 유량 Q_j와 노즐의 토출 속도 V_j와 관련된 운동에너지의 함수이다. 도금조나 기타 개방 처리조에 사용되는 푸시 제트의 유량(공급공기량)은 다음과 같다.

$$Q_j = 0.675\sqrt{A_j} \tag{3-31}$$

여기서, Q_j : 노즐 플레넘 단위 길이당 유량, $m^3/sec/m$

A_j : 노즐 플레넘 단위 길이당 총 개구면적, m^3/m

이러한 접근방법을 이용하여 먼저 푸시 노즐을 설계하고 노즐 배출면적 A_j를 결정한다. 노즐 플레넘은 단면적의 모양이 원형, 직사각형, 정사각형이 될 수 있다. 노즐은 폭 3～6 mm의 수평 슬롯이나 구멍 직경의 3～8배 간격으로 직경 4～6 mm인 구멍을 뚫어서 사용한다. 노즐을 통한 공기의 흐름이 플레넘 전체에 걸쳐 일정하게 분포되는 것이 매우 중요하다. 이를 성취하기 위해서는 노즐의 총 토출면적이 플레넘 단면적의 40%를 초과하지 말아야 한다. 푸시 노즐은 처리조 액체와의 거리가 최소화하여 가능한 한 가까이에 위치하도록 설치한다. 노즐은 푸시 제트의 분사각도를 조정할 수 있도록 설치해야 한다. 노즐의 축이 이루는 각도는 푸시 제트가 방해받지 않도록 하기 위하여 하방으로 향하게 하며 최대 각은 20°까지 유지시킬 수 있다. 처리조와 노즐 사이에 개방된 부분은 반드시 밀봉시켜야 한다. 처리조의 액체온도가 65℃ 이하인 경우에 처리조 표면적당 배기공기량은 0.38 $m^3/sec/m^2$이 되어야 한다. 만약 처리조의 액체온도가 66℃ 이상이면 표면적당 배기공기유량은 $(0.0036t + 0.14)\ m^3/sec/m^2$이 되어야 한다. 이 같은 유량의 계산은 앞에서 설명한 측방형 후드의 "유해성 등급"과는 무관하다. 제어풍속은 처리조 위에 흐르는 제트공기에 의해 만들어지며 측방형 후드에서 만들어지는 것보다 훨씬 빠르다. 푸시 - 풀 장치에서 후드의 목적은 제트공기를 잡아들여서 제거하기 위함이지 제어풍속을 만들려는 목적이 아님을 알아야 한다. 플랜지 후드가 실제로 많이 사용된다. 후드는 처리조와 후드 간에 사이를 두지 말고 곧바로 가장자리에 설치해야 한다.

개방 처리조의 설계나 위치는 여러 가지 변수에 의해 영향을 받을 수 있다. 어떤 경우에는 처리조의 모양, 작업장의 위치, 횡단기류 등이 푸시와(혹은) 풀에 필요한 유량의 결정에 영향을 준다. 횡단기류가 0.38 m/sec를 넘거나 처리조의 폭이 2.4 m 이상인 대형 처리조인 경우에는 푸시 - 풀 유량을 늘려야 한다. 이러한 여러 가지 변수를 고려하여 ± 20%에 해당하는 공기유량을 조절할 수 있도록 설계해야 한다. 실제 예비시스템(pilot system)을 설치하고 평가한 후 최종적으로 설치하는 것이 좋다. 일단 설계하여 설치가 완료되면 가시적인 추적법 즉, 발연관(smoke tester)을 이용하여 일차적으로 평가하고 공기유량을 조절해야 한다. 후드의 개구면에서 공기흐름이 일정한 분포를 유지하게 설계해야 한다. 슬롯 속도가 10 m/sec가 되도록 슬롯의 크기를 조정하면 가능해진다.

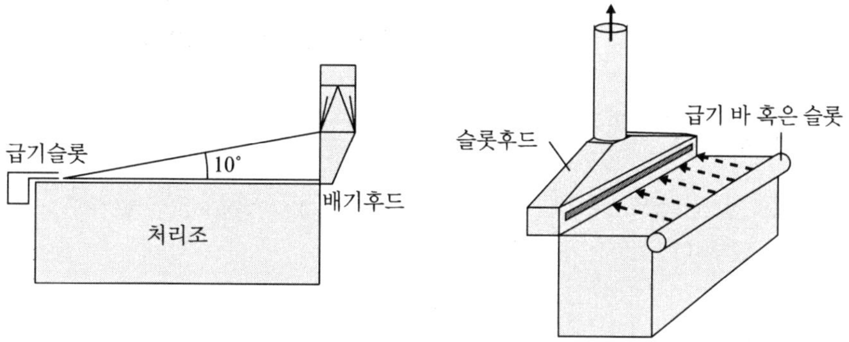

그림 3-46 푸시 - 풀 후드의 전형적인 모양

구체적인 사양은 다음과 같다.

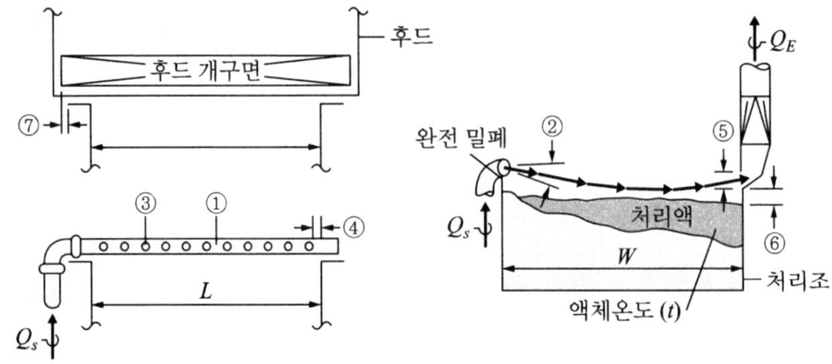

- **푸시 노즐의 모양** ① : 단면적이 원형, 직사각형, 정사각형 어느 것이나 무방하나 단면적이 총 노즐 면적의 적어도 3배가 되어야 한다.
- **푸시 노즐의 각도** ② : 0°에서 20° 하방
- **노즐개구부** ③ : 폭 3～6 mm 슬롯이나 직경 4～6 mm의 구멍을 직경의 3～8배 간격으로 만든다. 슬롯의 끝이나 가장 밖에 있는 구멍 ④는 처리조 안쪽으로 12～24 mm에 위치시킨다.
- **후드(슬롯) 개구면** ⑤ : 슬롯 속도 10 m/sec을 유지시킨다. 개구면 밖의 가장자리 ⑦은 플랜지가 달린 처리조 가장자리보다 크게 만든다.
- **액체표면** ⑥ : 액체표면은 배기 후드 밑에서부터 20 cm를 벗어나지 않게 한다.
- **노즐 단위 길이당 푸시 공기의 양** : $Q_j = 0.675\sqrt{A_j}$

  Q_j : 노즐 플레넘 단위 길이당 푸시 제트유량(공급공기량), $m^3/sec/m$

  A_j : 노즐 플레넘 단위 길이당 총 개구면적, m^3/m
- **총 푸시 제트량(공급공기량)** : $Q_s = Q_j \times L$, m^3/sec
- **필요환기량** : Q_E
  - 처리조 표면의 온도가 65℃ 이하이면 처리조 표면적당 0.38 $m^3/sec/m^2$
  - 처리조 표면의 온도가 66℃ 이상이면 $(0.0036t + 0.14)$ $m^3/sec/m^2$
- **처리조 표면적** : 처리조의 길이(L)×처리조의 폭(W)

그림 3-47 푸시-풀(push-pull)의 설계

예제 3-12

Q&A

처리조 액체표면의 온도가 40℃이고 처리조의 길이(L)가 2 m이고 폭(W)이 1 m인 크롬 도금조가 있다. 이때 푸시-풀 후드를 설계해 보시오.

풀이

① 노즐 개구부의 설계 : 처리조의 길이 L이 2 m이므로 양끝에서 20 mm씩을 줄여 노즐

파이프의 길이는 1,960 mm로 한다. 구멍은 직경 6 mm로 하고 간격은 직경의 5배인 30 mm로 한다. 따라서 노즐의 개수는 6 mm × n + 30 mm × (n − 1) ≤ 1,960이므로 55 개이다.

② 총 개구면의 면적 : $0.25 \times 3.14 \times 6^2 \times 55 = 1,554\ mm^2 = 0.001554\ m^2$

③ 푸시 노즐 플레넘(노즐파이프)의 규격 : 공기의 흐름 분포를 일정하게 유지하기 위하여 플레넘의 단면적이 노즐의 총 개구면의 면적에 대해 적어도 3배를 초과해야 한다. $0.001554 \times 3 = 0.004662\ m^2$이므로 이보다 큰 직경 8 cm(단면적 $0.005027\ m^2$)인 원통 파이프를 사용한다.

④ 노즐의 각도 : 하방 0～20°

⑤ 노즐파이프 단위 길이당 푸시 제트(공급공기)량 : $Q_j = 0.675\sqrt{A_j}$

여기서 A_j는 노즐파이프 길이당 개구 면적으로 $0.001554/1.96 = 0.0007929\ m^2$

$$Q_j = 0.675\sqrt{A_j} = 0.675\sqrt{0.0007929} = 0.019\ \mathrm{m^3/sec/m}$$

⑥ 총 공급공기량(제트기류량) : $Q_s = Q_j \times L = 0.019 \times 2 = 0.038\ \mathrm{m^3/sec}$

⑦ 필요환기량 Q_E : 액체표면의 온도가 65℃ 이하이므로 처리조 표면적당 배기량은 $0.38\ m^3/sec/m^2$로 계산한다. 따라서 $Q_E = 0.38 \times 2 \times 1 = 0.76\ m^3/sec$

⑧ 후드(슬롯형)의 설계

- 슬롯의 길이 L_s : 처리조의 길이가 2 m이므로 이보다 약간 크게 양쪽에 10 cm씩 2.2 m로 한다.
- 슬롯의 폭 W_s : 슬롯에서 균일한 속도분포를 유지하기 위해서 슬롯 속도를 10 m/sec를 유지해야 한다.

$$A = \frac{Q}{V} = \frac{0.76}{10} = 0.076\ \mathrm{m}^2$$

$$W_s = \frac{A}{L_s} = \frac{0.076}{2.2} = 0.0345\ \mathrm{m} = 3.5\ \mathrm{cm}$$

- 슬롯의 규격 : 220 cm(길이) × 3.5 cm(폭) × 7.0 cm(깊이)
- 실제 슬롯의 속도 V_s : $V_s = \dfrac{0.76}{2.2 \times 0.035} = 9.9\ \mathrm{m/sec}$
- 덕트의 직경 D와 속도 V_d의 결정 : 덕트 내 최소설계속도를 12 m/sec으로 잡으면 $\dfrac{0.76}{12} = 0.063\ m^2$, 상업용 덕트는 직경 D = 28 cm인 경우 $0.06158\ m^2$이므로 실제 덕트 내 속도 $V_d = \dfrac{0.76}{0.06158} = 12.3\ m/sec$
- 후드정압 계산 : 유입손실 + 가속도손실

$= 1.78 \times VP_s + 0.25 \times VP_d + 1.0 \times VP_d$

$= 1.78 \times 6.00 + 9.26 \times 1.25$

$= 22.1\ mmH_2O$

예제 3-13

예제 3-12에서 후드 개구면에 도착하는 공기공급량(제트기류량)을 계산하고 필요환기량 Q_E와 비교해 보시오.

풀이

노즐에서 거리 X만큼 떨어진 공기공급량은 유인비 공식 $\frac{Q_x}{Q_o} = 1.2\sqrt{\left(\frac{ax}{b_o}\right) + 0.41}$ 을 이용한다. 여기서 $a = 0.13$, $X = 1$ m이다. b를 계산하면 노즐파이프의 길이 2 m이고 노즐개구의 총 면적이 0.001554 m^2, 이것을 슬롯 폭으로 계산하면 0.0008 m(0.8 mm), $Q_o =$ 0.038 m^3/sec

따라서 $Q_x = Q_o \times 1.2\sqrt{\left(\frac{ax}{b_o}\right) + 0.41} = 0.038 \times 1.2\sqrt{\left(\frac{0.13 \times 1}{0.0008}\right) + 0.41} = 0.58$ m^3/sec

필요환기량이 $Q_E = 0.76$ m^3/sec이므로 도착 공기공급량보다 1.3배 많다.

2 덕트(ducts)

덕트는 흡인된 공기를 후드에서 공기정화장치까지 그리고 공기정화장치에서 최종 배기구(stack)까지의 도관을 말하며 주관(main duct)과 지관(branch duct)으로 구성된다.

(1) 덕트의 최소설계속도(a minimum design duct velocity)

지금까지 배워왔던 후드유입손실을 계산하는데 사용되는 덕트의 속도압 VP_d는 후드와 덕트가 연결된 부분으로 유입되는 순간부터 결정되어진다. 이 속도는 덕트에서 운반되어지는 오염물질의 종류에 따라 달라진다. 이들 물질들은 그 종류가 다양하며 중요한 것은 이들이 덕트 내에서 퇴적되지 않고 공기정화기까지 운반되어져야 한다. 덕트 내에서 어떤 물질을 운반하는 속도를 반송속도(transportation velocity)라고 한다. 덕트의 최소설계속도란 이러한 물질들이 덕트 내에서 퇴적(집적)하지 않고 공기정화기까지 운반되어질 수 있는 속도를 말하는 것으로 반송속도는 항상 최소설계속도보다 빨라야 한다. 따라서 설계할 때는 덕트의 반송속도를 반드시 최소설계속도 이상이 되도록 설계해야 한다. 물질의 종류에 따른 최소설계속도는 표 3-13과 같다.

표 3-13 덕트의 최소설계속도

오염물질의 특성	실제 예	설계속도, m/sec
증기, 가스, 연기	모든 증기, 가스 및 연기	5~10
흄	용접흄	10~13
아주 작고 가벼운 분진	면화가루, 목분진, 암석가루	13~15
건조한 분진이나 분말	고무분진, 베이크라이트분진, 황마분진, 면화분진, 이발분진, 비누가루, 면도분진	15~20
보통의 산업분진	톱밥가루, 마쇄가루, 가죽분진, 모직물루, 커피가루, 구두먼지, 화강암가루, 리카분진, 파쇄블록가루, 흙가루, 주물분진, 석회가루, 석면분진	18~20
무거운 분진	금속가루, 주물가루, 모래분진, 나무가루, 가축똥가루, 황동가루, 주철분진, 납분진	20~23
무겁고 습한 분진	납가루, 습한 시멘트가루, 석면가루, 끈적이는 가죽가루, 생석회 가루	23 이상

덕트에서 속도가 너무 빠르면 과도한 에너지(전력)손실을 초래하고 덕트의 급속한 마모를 초래하지만 최소설계속도 이상을 유지하지 못하면 앞서 언급했듯이 막힘 현상이나 퇴적 현상이 일어나 궁극적으로 환기가 이루어지지 않게 된다. 최소설계속도는 다음과 같은 이유에서 이론치보다 실험치가 높아야 한다.

1) 분지관의 일부를 닫아버리게 되면 장치 내의 총 유량이 감소하게 되고 동시에 덕트 시스템의 일부분에서는 유속이 저하될 수 있다.
2) 덕트가 쭈그러지면 이 부분에서 저항을 증가시켜서 유량이나 유속을 저하시키게 된다.
3) 덕트의 누설 혹은 누출현상은 누설부분 이후 및 여타 분지관에서 유량을 저하시키게 된다.
4) 송풍기의 날개가 부식 및 침식되거나 송풍기의 벨트가 헛돌게 되면 유량과 유속이 저하되게 된다.
5) 운전이 부적절한 경우 집적될 수 있는 분진을 이동시키기 위해서는 적정한 유속이 유지되어야 한다.
6) 끈적끈적한 물질이 존재하거나 분진 속에 응축될 수 있는 조건이 존재하면 따른 유속이 필요하다.

(2) 덕트의 압력손실(duct loss)

공기가 덕트를 통과할 때에는 마찰과 난류로 인한 에너지 손실이 발생한다. 마찰에 의한 손실은 덕트의 내면과 공기가 접촉하여 생기는 에너지 손실로서 기류의 속도와 덕트 내면의 여러 가지 특성, 즉, 조도(粗度), 재질 등에 의해 좌우된다. 난류손실은 공기속도가 빨라서 난류를 형성하거나 덕트의 굴곡, 수축 혹은 확대 등으로 공기방향이 바뀌거나 단면적 변화에 따라 난류가 형성되면 이로 인해 흐름이 방해받기 때문에 생기는 손실을 말한다.

압력손실을 계산하는 방식에는 두 가지가 있는데 하나는 난류손실을 일으키는 여러 가지 손실치를 이와 동일한 손실치를 가지는 직관의 길이로 환산하여 표시하는 방법인 등거리 방법(equivalent length method)이고 다른 하나는 모든 손실치의 계산을 일정한 손실분율치 즉, 압력손실계수(loss factors 혹은 loss coefficient : F)를 속도압에 곱해 줌으로서 계산하는 속도압 방법(velocity pressure method)이 있다. 두 방법 모두 동일한 값을 생산하지만 현재는 속도압 방법이 더 정확하기 때문에 이 방법만 사용하고 있다.

$$\Delta P = F \times \text{VP} \tag{3-32}$$

여기서, ΔP : 압력손실, mmH_2O

F : 압력손실계수, 무차원

VP : 덕트의 속도압, mmH_2O

1) 곡관(elbow)

곡관을 통해서 공기가 흐를 때에는 공기흐름의 방향이 바뀌면서 생기는 난류에 의해 압력손실이 생길 수 있다. 원형 덕트인 경우 곡관 이음새(piece)의 개수, 덕트 직경과 곡률반경과의 비 R/D와 압력손실계수 F에 의하여 압력손실치가 계산되는데 표 3-14와 같다. 사각형 덕트인 경우에는 표 3-15와 같이 이음새와는 관계없지만 R/D, F 이외에도 덕트 단면적의 폭 W와 높이 D가 압력손실에 영향을 미친다.

이상의 손실계수들은 모두 곡관의 구부려진 각도가 직각인 경우에 성립되는 각도이다. 만약 구부러진 각도가 θ인 경우에는 직각인 경우의 손실계수에 $\theta/90$을 곱하여 주어야 한다. 여기서 θ의 의미는 그림 3-48과 같다.

표 3-14 원형 곡관에서 곡률 반경비와 압력손실계수 (F)

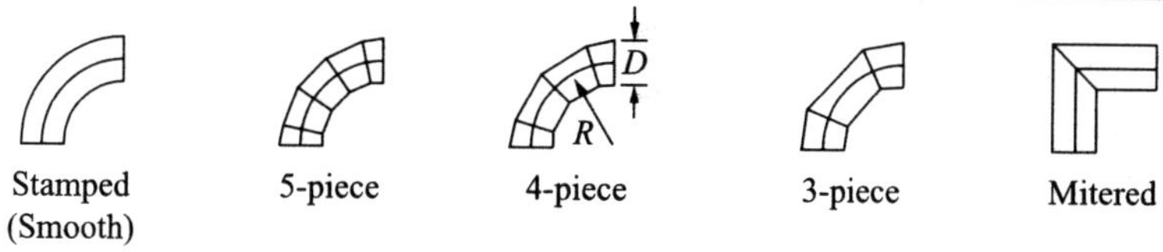

	R/D						
	0.5	0.75	1.00	1.50	2.00	2.50	Mitered
Stamped	0.71	0.33	0.22	0.15	0.13	0.12	1.2
5-piece	-	0.46	0.33	0.24	0.19	0.17	
4-piece	-	0.50	0.37	0.27	0.24	0.23	
3-piece	0.90	0.54	0.42	0.34	0.33	0.33	

표 3-15 사각형 곡관에서 곡률 반경비와 압력손실계수 (F)

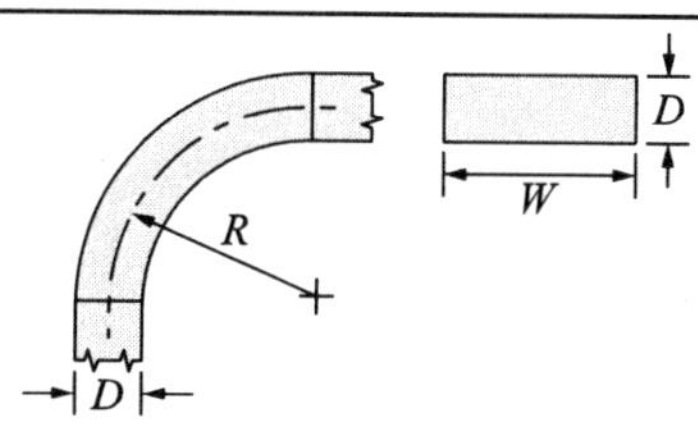

R/D	측변의 비 (W/D)					
	0.25	0.5	1.0	2.0	3.0	4.0
0.0(Mitre)	1.50	1.32	1.15	1.04	0.92	0.86
0.5	1.36	1.21	1.05	0.95	0.84	0.79
1.0	0.45	0.28	0.21	0.21	0.20	0.19
1.5	0.28	0.18	0.13	0.13	0.12	0.12
2.0	0.24	0.15	0.11	0.11	0.10	0.10
3.0	0.24	0.15	0.11	0.11	0.10	0.10

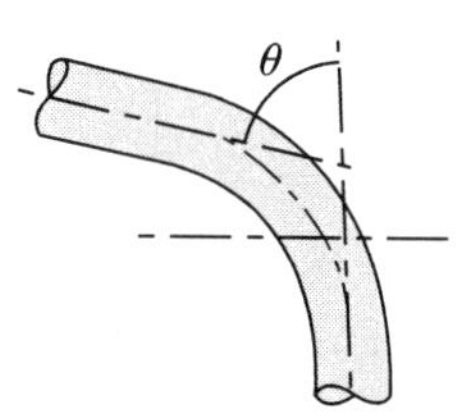

그림 3-48 직각이 아닌 곡관의 θ각의 의미

표에서 알 수 있듯이 가능한 한 구부러지는 각도가 완만하게 되도록 곡관을 연결하는 것이 바람직하다. 공간이 허용되지 않는 경우를 제외하고는 곡률 반경비 R/D는 2.0 이상이 권장되고 있으나 우리나라의 좁은 작업장을 감안하면 1.5인 경우가 허다하다.

예제 3-14 Q&A

원형의 5-piece, 덕트가 $\theta=45°$의 각도로 구부러져 있다. 곡관의 직경 D는 30 cm이고 곡률반경 R은 60 cm이다. 이때 속도압이 20 mmH_2O라면 압력손실치 ΔP는 얼마인가?

풀이

먼저 $R/D=60/30=2$, 표 3-14에서 곡률 반경비 2.0이고 5-piece일 때 $F=0.19$, 그런데 직각으로 굽은 것이 아니고 θ는 45도이므로 $F=0.19\times\frac{45}{90}=0.095$

따라서, $\Delta P=F\times P=0.095\times20=1.9$ mmH_2O

예제 3-15 Q&A

단면적의 폭 W가 30 cm, 높이 D가 15 cm인 직사각형의 덕트가 곡률반경이 30 cm로 구부러져 있다. 구부러진 각도가 60°이고 곡관에 흐르는 속도압이 30 mmH_2O라면 곡관으로 인한 압력손실치는 얼마이겠는가?

풀이

$W/D=30/15=2.0$, $R/D=30/15=2.0$일 때 압력손실계수 $F=0.11$, 이 값은 직각인 경우이고 $\theta=60°$인 경우에는 $F=0.11\times60/90=0.073$

따라서, $\Delta P=F\times P=0.073\times30=2.2$ mmH_2O

2) 합류관

합류관에 의한 압력손실은 합류관이 연결되는 부분에서 주관의 크기, 연결부분의 길이, 분지관의 유입각도, 연결부분의 모양 등이 많은 영향을 주게 된다. ACGIH에서는 그림 3-49와 같이 분지관이 연결되는 연결부분에서 주관의 확대각이 15°를 벗어나지 않도록 권고하고 있다. 이와 마찬가지로 일본에서도 확대각을 크게 하지 않기 위하여 그림 3-50과 같이 연결부분의 길이 l이 주관에서 확대한 직경 d_3와 확대하기 전의 직경 d_1과의 차이보다 최소한 5배 이상 즉, $l \geq 5(d_3 - d_1)$가 되도록 권고하고 있다.

또 분지관이 주관에 유입되는 부분의 각도 θ는 가능한 한 작을수록 좋다. 일반적으로 30° 이하가 적절하며 부득이한 경우에도 45°를 벗어나서는 안 된다. 그림 3-51은 합류관의 연결모양을 도식화한 것이다. 두 분지관을 바지모양과 같이 연결할 때는 60°까지 가능하지만 가능하면 곡선을 유지하면 압력손실을 줄일 수 있다.

덕트의 모양이 원형인 경우 합류관에 의한 압력손실계수는 표 3-16과 같다. 합류로 인한 총 압력손실치는 주관측에서의 압력손실치와 분지관측에서의 압력손실치를 합한 값이다.

$$\Delta P = \Delta P_1 + \Delta P_2 = F_1 \mathrm{VP}_1 + F_2 \mathrm{VP}_2 \tag{3-33}$$

그러나 주관측에서의 압력손실은 분지관과 연결되는 부분에서 확대되기 때문에 정압획득 현상이 일어나서 실제는 매우 작은 압력손실만 일어난다. 따라서 실제 설계에 있어서 주관측의 압력손실은 무시되고 분지관측의 압력손실만 사용하게 된다.

그림 3-52에서 사각형 덕트의 연결부분에서 주관의 압력손실은 0가 된다. 분지관의 압력손실계산은 사각형 덕트의 곡관에서 압력손실치를 구하는 방식으로 구해야 한다.

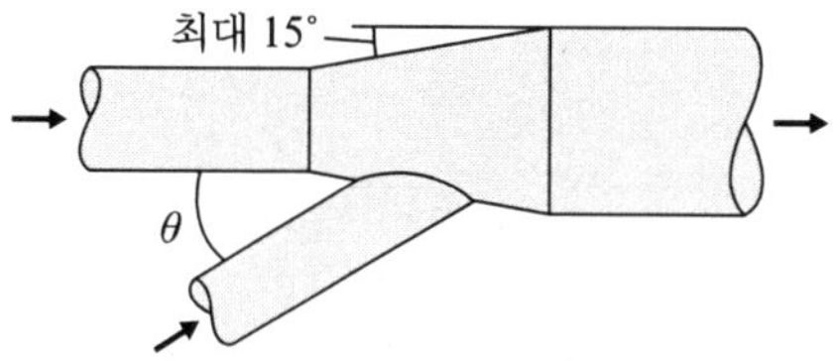

그림 3-49 주관의 확대각 크기 (ACGIH 권고)

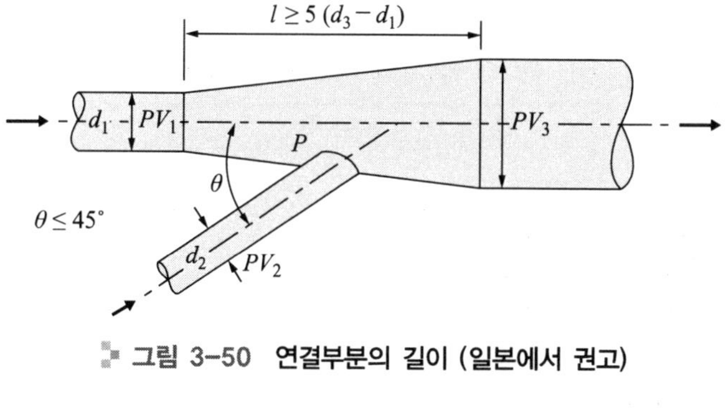

그림 3-50 연결부분의 길이 (일본에서 권고)

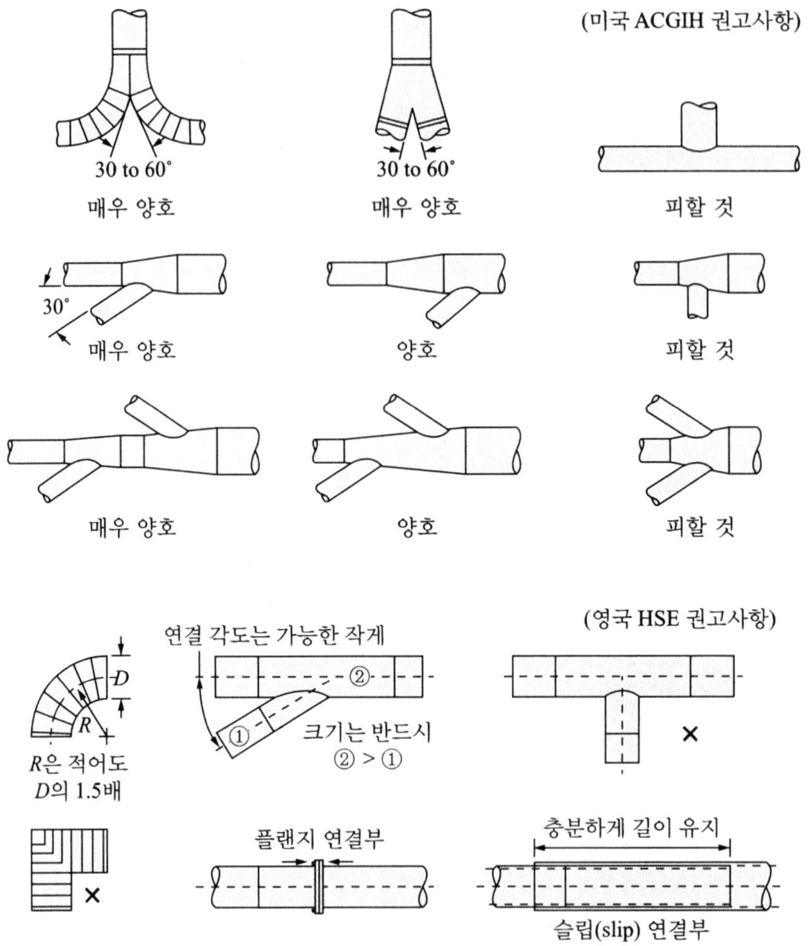

그림 3-51 분지관의 연결형태

표 3-16 원형 덕트의 합류관에 의한 압력손실계수

θ	분지관 측 F_1	주관 측 F_2	θ	분지관 측 F_1	주관 측 F_2
10	0.06	0.2	40	0.25	0.2
15	0.09	0.2	45	0.28	0.2
20	0.12	0.2	50	0.32	0.2
25	0.15	0.2	60	0.44	0.2
30	0.18	0.2	90	1.00	0.7
35	0.21	0.2			

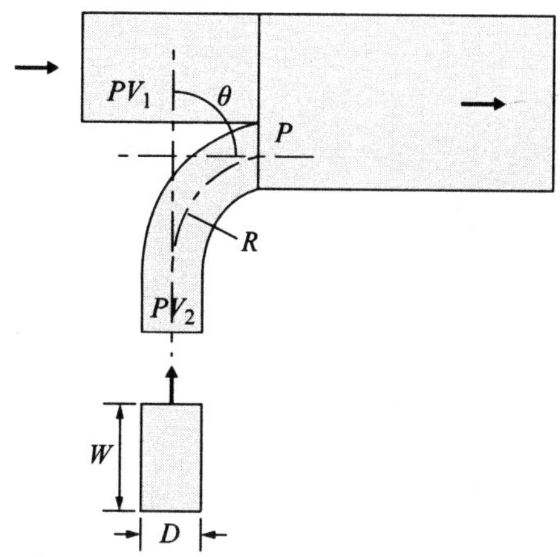

그림 3-52 사각형 덕트의 합류관 연결

예제 3-16

분지관이 주관에 합류되고 있다. 유입각도 θ가 30°이고 분지관의 속도압이 20 mmH_2O이다. 압력손실치를 구하시오.

풀이

$\Delta P = F \times P = 0.18 \times 20 = 3.6$ mmH_2O

예제 3-17

그림 3-52와 같이 사각형 덕트의 합류관이 연결되어 있다. 단면적의 폭 W는 30 cm이고 높이 D는 15 cm이다. $VP_1 = VP_2 = 20$ mmH_2O, 유입되는 각도 θ는 90°이고 곡률반경 R은 30 cm일 때 합류로 인한 압력손실치를 구하시오.

풀이

① 분지관측에서 압력손실 : 사각형 덕트의 합류로 인한 압력손실은 곡관에 의한 압력손실 계산방식을 이용해야 한다. 따라서 $W/D = 30/15 = 2.0$, $R/D = 30/15 = 2.0$일 때 표 3-15에서 $F = 0.11$, 따라서 $\Delta P = F \times P = 0.11 \times 20 = 2.2$ mmH_2O

② 주관측에서 압력손실 : 그림 3-51에서 주관측의 압력손실은 0이다.

3) 축소관

덕트의 단면이 축소되면 기류의 속도는 증가하므로 속도압은 증가한다. 따라서 정압은 감소하게 된다. 원형 축소관의 압력손실계수를 F로 표시하면 축소로 인한 압력손실치 ΔP는 다음과 같다.

$$\Delta P = F(\mathrm{VP}_2 - \mathrm{VP}_1) \tag{3-34}$$

원형 덕트의 축소관에 대한 압력손실계수 F는 표 3-17과 같다. 사각형 덕트인 경우에는 등가직경을 계산하여 원형 축소관과 같이 계산하면 된다.

축소관의 압력손실치는 매우 작기 때문에 축소각이 45° 이하일 때에는 그 손실을 무시하는 경우가 많다. 또 실제 환기시설에서 축소관이 있는 경우는 그다지 많지 않다. 왜냐하면 분지관이 점차 많아짐에 따라 유량 Q는 증가할 것이고 동일한 종류의 오염물질이라고 하면 최소설계속도는 동일함으로 당연히 덕트의 단면적 A는 증가하게 된다. 따라서 송풍기 쪽으로 갈수록 덕트의 직경은 커져서 확대관이 되는 것이 일반적인 모양이다.

그러나 예를 들어, 공기청정기로 들어가는 입구가 규격품으로 좁게 되어 있다거나 접근속도가 낮은 분진포집기, 트랩(trap) 및 부스와 같은 챔버에서의 출구 등을 축소관이 될 수 있다.

표 3-17 축소관에 의한 압력손실

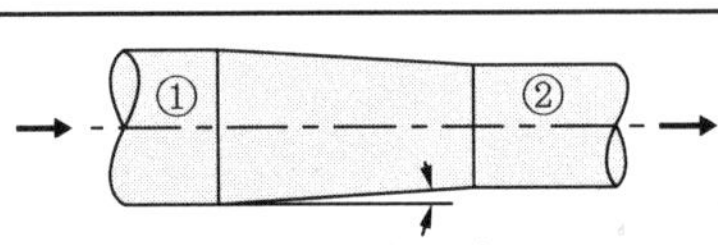

경사 축소관

$\mathrm{SP}_2 = \mathrm{SP}_1 - (\mathrm{VP}_2 - \mathrm{VP}_1) - F(\mathrm{VP}_2 - \mathrm{VP}_1)$

경사각	압력손실계수 (F)
5	0.05
10	0.06
15	0.08
20	0.10
25	0.11
30	0.13
45	0.20
60	0.30
60 이상	급축소관으로 인정

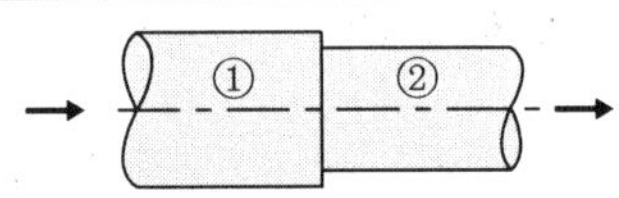

급 축소관

$\mathrm{SP}_2 = \mathrm{SP}_1 - (\mathrm{VP}_2 - \mathrm{VP}_1) - F(\mathrm{VP}_2)$

단면적의 비 (A_2/A_1)*	F
0.1	0.48
0.2	0.46
0.3	0.42
0.4	0.37
0.4	0.32
0.6	0.26
0.7	0.20

* A = 덕트의 단면적

예제 3-18 Q&A

표준상태에서 표 3-17의 그림과 같은 원형의 경사 축소관이 있다. $VP_1=15$ mmH$_2$O, $VP_2=20$ mmH$_2$O, $SP_1=-30$ mmH$_2$O, $\theta=20°$일 때 압력손실 ΔP와 SP_2를 구하시오.

풀이

표 3-17에서 $\theta=20°$일 때 손실계수 $F=0.10$

압력손실치 $\Delta P = F(VP_2-VP_1) = 0.10\times(20-15) = 0.5$ mmH$_2$O

축소관에서 정압 $SP_2 = SP_1-(VP_2-VP_1)-F(VP_2-VP_1)$

$$= -30-(20-15)-0.10\times(20-15)$$

$$= -35.5 \text{ mmH}_2\text{O}$$

4) 확대관

표 3-18의 그림과 같이 원형의 확대관에서는 덕트의 단면이 확대되면 속도는 느려질 것이므로 속도압은 감소할 것이며 속도압이 감소한 만큼 정압은 증가할 것이다. 확대가 서서히 일어나면 줄어든 만큼의 속도압은 완전히 정압으로 변환되겠으나 실제는 완전 변환이 일어나기 어려우며 감소된 속도압 중 정압으로 변환되지 않은 나머지는 압력손실로 나타난다. 그러므로 압력손실계수를 F라고 하고 정압회복계수를 R이라고 하면 정압회복계수는 다음과 같다.

$$R = 1-F \tag{3-36}$$

따라서 압력손실은 다음과 같다.

$$\Delta P = F(VP_1-VP_2) \tag{3-37}$$

덕트 직경의 확대로 인한 정압의 회복량은 다음과 같이 계산된다.

$$SP_2-SP_1 = (VP_1-VP_2)-\Delta P = (VP_1-VP_2)-F(VP_1-VP_2)$$
$$= (1-F)(VP_1-VP_2)$$

$$\therefore SP_2 = SP_1+R(VP_1-VP_2) \tag{3-38}$$

표 3-18 확대관의 정압획득

① 덕트 내 확대관의 경우

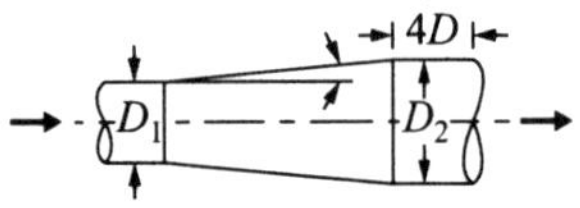

경사각	VP 차이에 의한 정압회복계수 (R) 직경의 비 (D_2/D_1)				
	1.25 : 1	1.5 : 1	1.75 : 1	2 : 1	2.5 : 1
3.5	0.92	0.88	0.84	0.81	0.75
5	0.88	0.84	0.80	0.76	0.68
10	0.85	0.76	0.70	0.63	0.53
15	0.83	0.70	0.62	0.55	0.43
20	0.81	0.67	0.57	0.48	0.43
25	0.80	0.65	0.53	0.44	0.28
30	0.79	0.63	0.51	0.41	0.25
급작스런 90°	0.77	0.62	0.50	0.40	0.25
$SP_2 = SP_1 + R(VP_1 - VP_2)$					

② 덕트 끝 즉, 배출구에서의 확대관의 경우

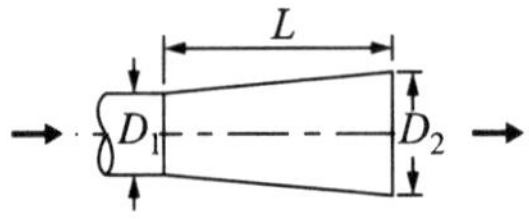

테이퍼 길이와 덕트 유입직경의 비 (L/D)	VP 차이에 의한 정압회복계수 (R) 직경의 비 (D_2/D_1)					
	1.2 : 1	1.3 : 1	1.4 : 1	1.5 : 1	1.6 : 1	1.7 : 1
1.0 : 1	0.37	0.39	0.38	0.35	0.31	0.27
1.5 : 1	0.39	0.46	0.47	0.46	0.44	0.41
2.0 : 1	0.42	0.49	0.52	0.52	0.51	0.49
3.0 : 1	0.44	0.52	0.57	0.59	0.60	0.59
4.0 : 1	0.45	0.55	0.60	0.63	0.63	0.64
5.0 : 1	0.47	0.56	0.62	0.65	0.66	0.68
7.5 : 1	0.48	0.58	0.64	0.68	0.70	0.72
$SP_1 = SP_2 - R(VP_1)^*$						

* 대기에서의 SP_2는 0이므로 SP_1은 (−)이다.

표 3-18은 원형 덕트에 적용하는 값들이다. 만약 그림 3-53과 같이 직사각형의 덕트에서는 어떻게 계산해야 할 것인가? θ_1과 θ_2가 다를 때 단순히 큰 각도 혹은 작은 각도를 선택하거나 두 각도의 평균값을 경사각으로 잡아서 원형 덕트의 자료를 잘못 사용하는 우를 범해서는 안 된다. 압력손실이란 속도압의 변화에 수반되는 에너지의 손실이므로 반송속도의 개념으로 설명되어져야 한다. 따라서 사각형 덕트에서의 압력손실은 유체역학적으로 등가인 등가직경으로 계산한 다음 확장거리 l을 감안하여 각도를 계산하고 그 다음에 원형 덕트의 자료를 사용하면 된다.

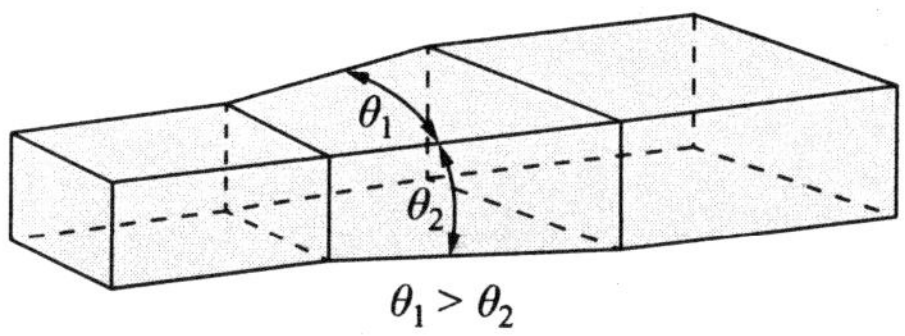

그림 3-53 직사각형 덕트의 확대관

예제 3-19

표 3-18의 ①과 같은 확대관이 있다. 경사각도가 10°이고 ①부분에서 $SP_1 = -50.8\ mmH_2O$, $VP_1 = 25.4\ mmH_2O$, $D_1 = 20$ cm(원의 단면적 0.03142 m^2)이고 ②부분의 $D_2 = 30$ cm(원의 단면적 0.07069 m^2)일 때 ②부분에서의 SP_2는 얼마인가?

풀이

먼저 가장 중요한 개념은 덕트에 흐르는 공기의 유량 Q는 항상 일정하다는 점을 명심해야 한다.

$D_1 = 20$ cm, $A_1 = 0.03142\ m^2$일 때 $VP_1 = 25.4\ mmH_2O$, 따라서 $V_1 = 20.4$ m/sec

$Q_1 = 20.4 \times 0.03142 \times 60 = 38.5\ m^3/min$, $D_2 = 30$ cm, $A_2 = 0.07069\ m^2$

$Q_2 = Q_1 = 38.5\ m^3/min$, 따라서 $V_2 = \dfrac{38.5}{0.07069 \times 60} = 9.1$ m/sec, $VP_2 = 5.1\ mmH_2O$

표 3-18에서 $D_2/D_1 = 1.5 : 1$이고 경사각이 10°일 때 $R = 0.76$이므로

$SP_2 = SP_1 + R(VP_1 - VP_2) = -50.8 + 0.76 \times (25.4 - 5.1) = -35.4\ mmH_2O$

예제 3-20

그림 3-53과 같은 직사각형의 확대관이 있다. 덕트 ①의 단면적 가로 세로는 20×10 cm이고 덕트 ②의 단면적 가로 세로는 30×15 cm이다. 덕트 ①과 ②사이의 단면적 중앙선상 거리가 35 cm 떨어져 있다. $SP_1 = -50.8\ mmH_2O$, $VP_1 = 25.4\ mmH_2O$, $VP_2 = 19.0\ mmH_2O$일 때 SP_2는 얼마인가?

풀이

경사각을 알기 전에 사각형 덕트를 등가직경으로 고쳐야 한다.

덕트 ① : $\dfrac{2 \times 20 \times 10}{20 + 10} = 13.33$ cm

덕트 ② : $\dfrac{2 \times 30 \times 15}{30 + 15} = 20$ cm

경사각을 알기 위해서는 두 원 사이를 삼각형으로 생각하여 구할 수 있다. 밑변은 35 cm

이고 높이는 $\frac{20-13.33}{2}=3.335$

경사각의 각도 : $\tan^{-1}\left(\frac{3.335}{35}\right)=5.44°$

따라서 표 3-18에서 $D_2/D_1=1.5:1$이고 경사각이 대략 5°일 때 $R=0.84$로 계산하면

$SP_2 = SP_1+R(VP_1-VP_2) = -50.8+0.84\times(25.4-19.0) = -45.4\ mmH_2O$

5) 배기구(stack)

배기구는 유해물질을 가능한 한 높은 상공에 배출시킴으로서 대기 중에 확산효율을 높이고 유해물질이 작업장으로 다시 유입되지 않도록 설계하는 것이 가장 중요하다. 또한 배출기류에 의해 발생하는 난류로 인하여 생기는 압력손실을 최소화시키는 것이 바람직하다.

배출되기 직전의 기류는 그 유속에 상당하는 속도압과 정압을 가지고 있으나 일단 대기 중으로 배출되면 그 순간부터 속도압과 정압은 모두 0이 되어 가지고 있던 모든 에너지는 상실된다. 배기구에서 입력손실 역시 압력손실계수 F를 배출직전의 속도압에 곱하여 구할 수 있다.

기상용 캡(weather cap)이란 배기구 굴뚝에 빗물이 새지 않도록 덮개를 씌운 것을 말하는데 이때 압력손실을 기상용 캡의 직경과 높이를 알면 덕트 내 VP의 분율, 즉 압력손실계수 F를 곱하여 구할 수 있다(표 3-19의 그림 참조). 기상용 캡은 빗물유입 방지효과가 크기 때문에 이전에는 많이 사용하였으나 기류의 방향이 하방으로 치우쳐 대기 중으로의 확산이 좋지 못하고 많은 압력손실을 유발하기 때문에 현재 ACGIH에서는 권고하지 않으나 호우가 많은 일본에서는 많이 사용한다.

예제 3-21 Q&A

표 3-19와 같이 기상용 캡 배기구가 있다. 직경 $D=30$ cm, $H=30$ cm, $V=10$ m/sec일 때 배기구에서의 압력손실을 구하시오.

풀이

먼저 $H/D=30/30=1$이므로 압력손실계수 $F=1.10$, $V=10$ m/sec일 때 $VP=6.1$ mmH_2O이므로 $\Delta P=1.1\times6.1=6.7\ mmH_2O$

표 3-19 빗물방지 기상용 캡(배기구)와 압력손실계수

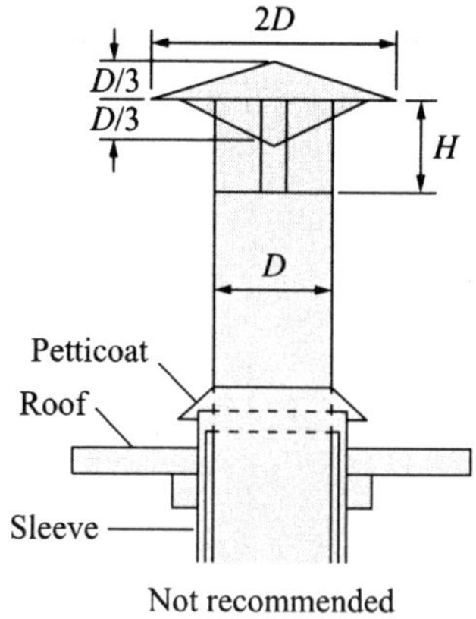

H의 높이	압력손실계수 (F)
1.0D	1.10
0.75D	1.18
0.70D	1.22
0.65D	1.30
0.60D	1.41
0.55D	1.56
0.50D	1.73
0.45D	2.0

우리나라와 일본에서는 루버형 배기구를 많이 사용하는데 루버형에 대한 압력손실의 계산은 약간 복잡하다. 표 3-20과 같이 루버형인 경우에는 135° 각도로 곡관이 있고 배기구면에 루버가 설치되어 있다. 루버인 경우에는 곡관에 의한 압력손실과 루버로 인한 압력손실을 구해서 두 압력손실을 합해야 한다. 루버에 대한 압력손실을 구하기 위해서는 우선 루버의 개구비가 구해져야 한다. 개구비가 구해지면 개구비에 대한 압력손실계수를 찾아서 속도압에 곱해줌으로서 압력손실치를 구할 수 있다. 이때 루버에서 기류의 속도는 $V_2 = V_1 \times \frac{A}{a}$ 이다.

표 3-20 루버형 배기구와 압력손실계수

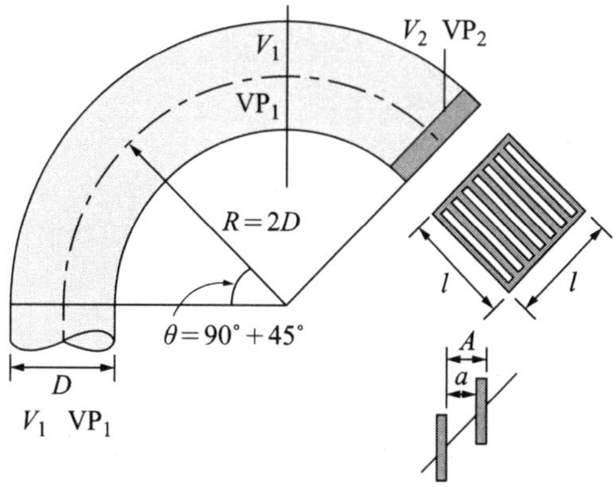

개구비 (a/A), %	F
70	1.50
80	1.35
90	1.25

A : 배기구의 면적
a : 극간 면적
주) 원형인 경우에도 동일함.

$$V_2 = V_1 \times \frac{A}{a}, \quad 개구비(\%) = \frac{a}{A} \times 100$$

예제 3-22

표 3-20의 그림과 같은 배기구가 있다. 덕트 단면적의 폭 W=30 cm, 높이 D=15 cm, R/D=2.0일 때 곡관에서의 기류속도는 10 m/sec, 루버의 개구비가 70%일 때 압력손실치를 구하시오.

풀이

① 개구비가 70%일 때 루버를 통과하는 기류의 속도 V_2는

$$V_2 = V_1 \times \frac{A}{a} = 10 \times \frac{1}{0.7} = 14.3 \text{ m/sec}, \quad VP_2 = \left(\frac{14.3}{4.043}\right)^2 = 12.5 \text{ mmH}_2\text{O}$$

따라서, 루버에서 압력손실치 $\Delta P = 1.5 \times 12.5 = 18.8$ mmH$_2$O

② 곡관에서의 압력손실

$V_1 = 10$ m/sec, $VP_1 = 6.1$ mmH$_2$O

$R/D = 2.0$, $W/D = 2.0$일 때 $F = 0.11$,

굽은 각도가 135°이므로 실제 압력손실계수는 $F = 0.11 \times \frac{135}{90} = 0.165$

따라서, 곡관에서 압력손실치 $\Delta P = 0.165 \times 6.1 = 1$ mmH$_2$O

③ 따라서 배기구에 의한 총 압력손실은 두 개의 압력손실치를 합한 것이므로

$\Delta P = 18.8 + 1 = 19.8$ mmH$_2$O

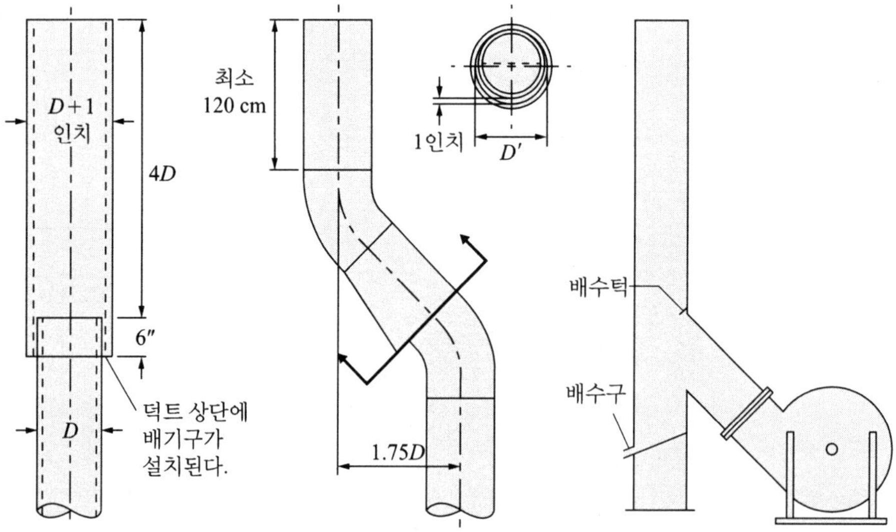

1. 이들 캡들의 빗물 방지 특성은 배기구 꼭대기에서부터 0.75D에 해당하는 지점에 빗물 방지용 캡(defecting cap)을 씌운 것 보다 더 우수하다.
2. 배기구 위부분의 길이는 빗물을 방지하는 것과 관련이 있다. 과도하게 길면 위부분과 아래 부분 사이의 연결지점에서 "blowout(오염물질이 솟아오르는 현상)"이 발생할 수 있다.

그림 3-54 ACGIH에서 추천하는 배기구의 형태

한편, ACGIH에서는 이상의 배기구가 유해물질의 역류 가능성과 확산이 쉽게 이루어지지 않기 때문에 권장하지 않고 있다. 이들보다는 배출 유해물질의 확산을 방해하지 않고 유해물질의 재유입을 막으면서 빗물도 동시에 막을 수 있도록 그림 3-54의 배기구 형태를 권장하고 있다.

그러나 우리나라와 일본 같이 여름철 집중호우가 발생하는 지역에서는 빗물방지를 위한 배기구의 연구가 더 필요하다. 따라서 집중호우에 의한 빗물의 유입을 막기 위해서는 일본에서 권고하고 있는 표 3-20의 그림처럼 루버형 배기구를 권장한다.

3 공기정화장치(air cleaning devices)

독성 물질이나 공해 유발 가능성이 많은 물질을 취급하는 국소배기장치는 오염물질을 외부 대기 중에 배출하기 전에 반드시 공기정화장치(air cleaners)에서 처리를 해야 한다. 공기정화장치의 적용성과 선정기준에 큰 영향을 미치는 것들로는 오염물질의 특성, 공기흐름, 공기흐름의 조건, 정화장치의 효율 등이다. 또 언제나 화재와 폭발에 대한 안정성을 고려해야 한다.

입자상 물질에 대한 공기정화장치는 크게 두 가지 부류로 나누는데 공기필터(air filters)와 집진기(dust collectors)이다. 적절한 집진장치를 선정하는데 있어서는 설계원리, 효율성, 구입가격, 유지관리비, 설치작업과 설치 공간 등을 고려해야 한다. 현재 직면하고 있는 오염문제를 해결할 수 있을 정도의 실제 경험을 충분히 갖추고 있지 못하다면 제조업자와 협의하는 것이 바람직하다.

(1) 공기정화장치 선정 시 고려사항

1) 오염물질의 농도와 입자크기

국소배기장치 내 오염물질의 농도 및 입자 크기 범위가 매우 광범위하다. 오염물질의 농도는 공기의 m^3당 230 mg 이하에서 230 kg 이상까지 다양하다. 저압의 이송장치에서는 분진의 통상적인 크기가 0.5～100 μm이거나 그 이상이다. 분진의 평균크기로부터 편차도 물질에 따라 다르다.

2) 필요효율

작업장이 도시부근이든 공업단지 내에 자리하든지 관리자는 대기오염물질의 과다한 방출에 책임을 져야 한다. 따라서 대기오염물의 배출량도 공기정화장치의 선정에 영향을 미치게 된다. 어떤 동일한 배출농도라 할지라도 배출량이 많으면 많을수록 보다 성능이 좋은 집진장치를 선정해야 한다.

공기정화장치를 안전하게 선정하려면 공기오염물질의 배출량이 가장 적은 장치이어야 하고 설치비용과 유지관리비용이 적절하여야 하며 대기오염의 규제기준에 적합한 장치이어야 한다. 그러나 해당 지역의 대기오염에 대한 규제기준을 따르고 공중의 건강과 재산에 대한 손상을 예방하기 위해서는 오히려 적절한 설치비용과 유지관리비용을 희생시켜야만 하는 경우가 종종 발생한다.

3) 공기 및 오염물질의 물리화학적 특성

공기와 오염물질의 이화학적 특성은 장치의 선정에 현저한 영향을 미친다. 이들 특성은 대략 다음과 같이 요약할 수 있다.

① 오염물질의 종류와 물리적인 상태
② 각 오염물질의 평균 배출량, 단시간의 최고 배출량
③ 입자상 물질인 경우 입자분포, 모양, 밀도 그리고 집진장치에 영향을 줄 수 있는 기타 특성(예를 들어, 끈적거림 정도)
④ 배출가스의 평균, 최고, 최저 배출량
⑤ 배출가스의 온도, 습도

높은 온도는 배출가스의 부피를 증가시킬 것이며 높은 습도는 배기구에 가시적인 수증기 기둥을 만들어 민원의 소지가 될 수 있기 때문에 배출하기 전에 재가열시키거나 다른 조치가 필요하다.

82℃ 이상 고온인 기체에 대하여 저온의 매개체를 대상으로 하는 여포집진기는 적절하지 못할 수도 있다. 건식집진기의 공기통로나 분진통로는 수증기가 응축하게 되는 경우에는 막힐 수 있다. 부식성의 화학물질은 건식집진기의 직물이나 금속을 손상시킬 수 있고 습식세정기에서 이들 물질이 물과 혼합되었을 때는 심각한 손상을 초래할 수 있다.

오염물질의 화학적 조성이 집진기의 구성요소를 침해할 수 있으며 습식세정기에 있어서는 부식작용을 일으킬 수 있다. 완충작용의 화합물을 함유한 금속성 분진 등과 같은 끈적끈적한 물질들은 집진기의 구성부품에 달라붙어서 집진기의 기체통로를 막아버리기도 한다. 면섬유 분진은 집진기의 표면이나 구성 재질에 달라붙는 경우가 많다. 연마분진의 농도도 높아지면 금속의 건식표면을 급속히 마모시키는 원인으로 작용한다.

4) 유지관리 시의 에너지 요구량

유지관리에 필요한 총 에너지 요구량은 동일한 성능을 갖고 있다고 할지라도 공기정화장치의 선정기준이 된다. 투입 가능한 에너지양과 에너지 비용은 공기정화장치의 경제성에 중대한 영향을 미친다. 예를 들어, 전기집진기는 운전 시 압력강하가 적고 유지관리에 에너지 요구량이 적기 때문에 초기 구입비용과 설치비용이 상당히 비쌀지라도 많이 선호되고 있다.

5) 제거오염물질의 처분방법

제거된 오염물질의 처분방법은 오염물질의 구성성분, 플랜트의 오염물질 발생 공정, 오염물질의 발생량 및 장치의 디자인에 따라 달라진다. 건식집진기에서 생성되는 분진은 연속적이거나 회분식으로 빼내지며, 방출구나 방출밸브 및 회전식 제륜장치를 통하여 컨베이어나 컨테이너로 이송된다. 건조상태의 제거분진을 유의하여 취급하지 않는다고 하면 2차적인 분진발산의 문제점을 발생시키게 된다. 그러므로 분진이 발산되지 않는 처분법을 채용하여야 하며, 처분이 적절한 곳에 수집실을 위치시켜야 한다.

습식세정기에 있어서도 회분식으로 빼낼 수 있으며 컨베이어를 이용하여 연속적으로 빼낼 수 있다. 습식의 슬러지 처분법을 채용한다고 하더라도 제거 오염물질의 2차적인 오염문제는 발생될 수 있다. 폐수에 고체상의 제거분진이 밀려들게 되면 예상치 못한 폐수관로의 막힘이나 폐수처리 시스템의 문제점을 일으키게 된다. 또한 제거 오염물질의 물리화학적 특성은 처분방법에도 영향을 미친다. 예를 들면, 건식집진장치에서 분진호퍼에 분진이 꽉 채워져 단단히 막혀버리는 경우도 있고, 습식세정장치에서는 분진이 부유하거나 슬러지를 형성하여 문제점을 발생시키기도 한다.

(2) 집진장치의 종류

집진장치의 경우 일반적인 기준으로 평가하면, 고압의 전기집진기는 효율도 높고 가격도 높으며, 여포집진기와 습식집진기는 효율이 높으나 가격은 보통이며, 건식의 원심력집진기는 가격이 낮은 1차적인 기본장치이다. 전기집진기나 여포집진기 또는 습식집진기를 이용하고자 하는 경우에는 반드시 1차적 기본장치와 연결시켜 사용하는 문제를 고려해야 한다.

입자상 오염물질을 제거하는 4가지의 주된 집진장치로는 전기집진기(electrostatic precipitators), 여포집진기(fabric collectors), 습식세정기(wet collectors), 그리고 건식 원심력집진기(dry centrifugal collectors)이다.

1) 전기집진기(electrostatic precipitators: ESP)

전기집진기는 1906년 미국의 화학자 Cottrell에 의해 창안된 것으로 코트렐집진기(Cottrell precipitator)라고도 한다. 전하를 지닌 입자를 반대 극성의 집진극(集塵極) 사이의 전기적인 인력에 의해 제거된다. 전기집진기에서는 방전극(discharge electrodes)과 집전극(collecting electrodes) 사이에 높은 전기장이 형성된다. 방전극은 전선이나 평판봉과 같이 적은 단면적을 가지고 있고 집전극은 평판과 같이 넓은 표면적(집진판)을 가지고 있다.

전기집진기의 원리의 첫 단계는 가스의 이온화이다(그림 3-55). 함진(含塵)가스가 극고압의 직류전원이 공급되는 두 전극사이를 통과하게 되면 전계장이 형성되고 임계전압에서 이 전계에 코로나(corona : 강한 전장에서 고 에너지의 전자에 의해서 가스분자가 이온화되는 현상) 방전이 일어나 함진가스의 분자들이 양이온과 음이온으로 분리된다. 이것을 "이온화(ionization)"이라고 하는데 이러한 이온화는 방전극의 표면이나 가까이에서 이루어진다. 제2단계는 가스 내의 분진입자들을 하전(荷電)시키는 것으로, 방전극과 동일한 극을 가진 이온은 집진기를 통과할 때 가스 속에 들어있는 중성의 입자들에게 달라붙어 이들 입자들에게 (−)전하를 띠게 만든다.

즉, (−)로 하전된 가스 이온들이 분진입자와 충돌하면 입자들은 쉽게 전하를 띠게 된다. 배출가스에 이온들이 충분하고 이들의 크기가 분진입자의 크기에 비해서 극히 작기 때문에 분진입자들은 쉽게 하전이 이루어진다. 그 다음 이들 전하를 띤 입자들은 반대극의 집전극에 달라붙는다. 집진판 표면에 달라붙은 입자들은 전하를 잃게 되면 물로 씻어낸다든지 진동 혹은 중력에 의해 쉽게 제거된다. 이와 같은 정전기적인 과정을 요약하면 다음과 같다.

① 가스의 이온화
② 분진 입자의 전하화
③ 집전극으로 전하를 띤 입자들의 이동
④ 분진 입자들의 중성화 혹은 탈극화
⑤ 집전극으로부터 분진의 제거

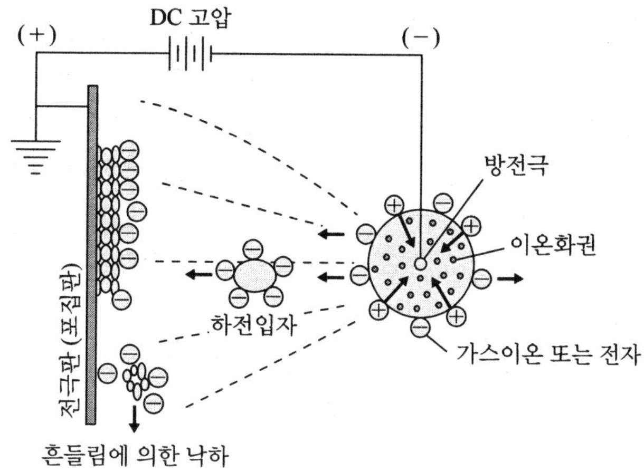

그림 3-55 전기집진장치의 원리

전기집진기의 일반적인 형태는 그림 3-56이다.

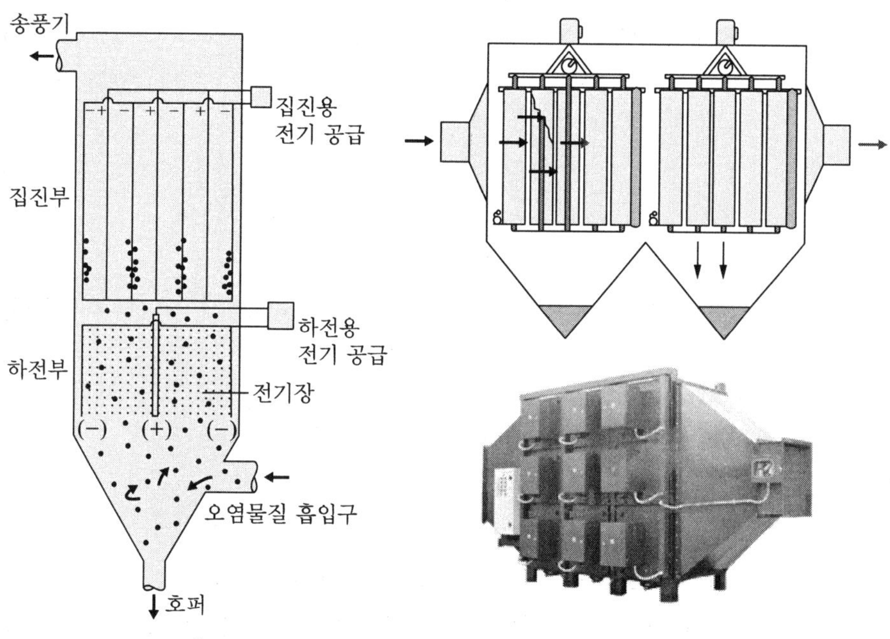

그림 3-56 전기집진기의 내부구조와 실제 모습

전기집진기의 기본적인 두 형태는 ① 코트렐식(Cottrell) 혹은 1단식(single-stage)과 ② 페니식(Penny) 혹은 2단식(two-stage)이 있다.

1단식의 코트렐 전기집진기는 이온화 작용과 집진작용이 단일의 단에서 일어나도록 결합시킨 방식이다. 전압은 직류(DC)로서 4만~7만 5천 볼트이므로, 고전압 전기집진기라고 부르고 있으며 주로 대형 공공시설용 보일러와 산업체의 대형 보일러 및 시멘트용의 가마 등과 같이 고효율을 요구되는 곳에 널리 적용되어 사용되고 있다. 2단식의 페니 전기집진기는 이온화를 위해서 DC 11,000~15,000볼트를 사용하고 있기 때문에 저전압 전기집진기라고 부르고 있다. 저전압 전기집진기는 통상적으로 60 mg/m^3 농도 이하의 낮은 농도에서만 사용하도록 제한되어 있다.

전기집진기는 0.1~0.9 μm의 입자에 대해 집진율이 높으며 높은 온도의 입자도 처리할 수 있는 장점을 지니고 있고, 보다 넓은 범위로는 0.05~200 μm의 입자에 대해 효과적이다. 집진율이 80~90%에 이르며 필요에 따라 99.5~99.9% 정도의 고효율로 높일 수도 있다.

전기집진기의 장점은 다음과 같다.

① 미세한 입자에 대해서도 집진효율이 매우 높다. 0.01 μm 정도의 미세한 입자의 포집도 용이하고 99.9% 정도의 포집효율도 가능하다.
② 낮은 압력손실로 대량의 가스를 처리할 수 있다. 건식 10 mmH_2O, 습식 20 mmH_2O 정도로 압력손실이 낮아 동력비가 적게 들고 1,400~56,000 m^3/min 정도인 대용량의 가스를 처리할 수 있다.
③ 광범위한 온도범위에서 설계가 가능하다. 500℃ 전후의 고온가스를 처리할 수 있다.
④ 건식 및 습식으로 집진할 수 있다.
⑤ 매우 높은 효율이 요구되는 경우를 제외하고 운영비용이 적게 든다.

전기집진기의 단점은 다음과 같다.

① 초기의 설치비용이 많이 든다.
② 가스상 오염물질을 제거할 수 없다.
③ 일단 설치되면 운전조건의 변화에 따라 유연성이 작다.
④ 설치에 필요한 넓은 시설면적과 공간이 요구된다.
⑤ 저항(resistivity)이 너무 크거나 너무 작은 분진은 제거하기 어렵다. 분진의 저항이 너무 크면(즉, 좋은 절연체인 경우), 분진이 쉽게 하전되기 어려워 집전극으로 이동이 용이하지 않다. 이러한 상황에서는 가스 중 분진입자의 이온화와 이동현상을 감소시킨다. 또 분진의 저항이 너무 낮으면(즉, 좋은 전도체인 경우), 정전기 전하를 너무 빨리 잃게 되어 즉, 분진과 집전극 사이의 결합력이 쉽게 소실되어 분진은 가스 중으로 재 비산된다.

화력발전소, 제철소, 금속가공, 시멘트·가스·황산제조공업 등에서 대기오염의 방지와 유가물(有價物)의 회수를 위해 널리 사용된다.

2) 여포집진기(fabric collector)

여포집진기는 충돌, 차단, 확산 및 정전기의 메커니즘에 의하여 이송기체의 흐름으로부터 미립자를 제거하는 것이며 이때 사용하는 여포란 바로 필터(filter)를 말한다. 여포집진기는 분진이 함유된 배기가스를 나란히 설치된 여러 개의 여과포에 흘러 보내면 분진이 여포에 포집되는 장치이다(그림 3-57). 섬유자체는 약간의 분진을 포집하지만, 더 중요한 역할은 직물 위에 빠르게 쌓이는 먼지 층이 지지체로서 작용하여 시간이 지나면서 미세 분진은 먼지 층에 의해 더욱 효율적으로 포집된다.

여과포 즉, 필터는 두 종류로 나눈다. 하나는 피륙이나 견직과 같이 실을 짜서 만든(woven) 직물이다. 다른 하나는 부직포 혹은 모전여포(felted fabric)라고 하며 여러 가지 섬유소를 물에서 배합하고 압축하여 건조시킨 것이다. 건조시킬 때 미세 바늘을 이용하여 정전기를 가하여 포집효율을 높이기도 하는데 가격이 싼 편이지만 압력손실이 큰 것이 단점이다.

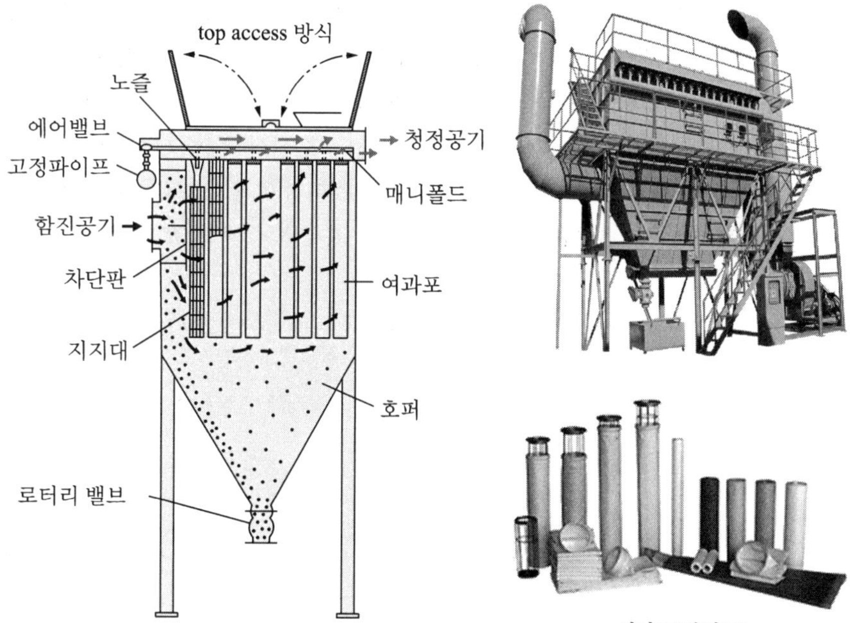

여과포(부직포)

그림 3-57 여포집진기의 내부구조, 실제모습 및 여과포(부직포) (사진출처: 크린에어테크)

필터의 재질로는 천연섬유와 인공섬유가 있는데 필터를 선정할 때는 최고 사용온도, 내산성, 내알칼리성 및 마모성을 등을 고려하여 오염물질에 적합한 재질을 선정해야 한다. 또 고효율의 여포를 사용하게 되면 공기저항이 매우 커지게 된다. 그러므로 여포의 선택에 있어서는 효율과 투과율을 동시에 고려하여 선정해야 한다.

여포의 효율은 여포를 설치하여 처음 사용되는 순간에만 효율의 의미가 있을 뿐이다. 사용 후 어느 정도의 시간이 흐르면 여포에 포집된 분진들은 필터의 역할을 하게 되어 오히려 포집효율을 향상시켜 준다.

그러나 시간이 지남에 따라 눈막힘 현상이 일어나 포집저항이 높아진다. 여포에 집진된 분진을 제거하는 탈진작업을 재조정(reconditioning)한다고 하며 여포를 청소한 직후 재사용된 여포라 할지라도 잔류 그리고/혹은 재퇴적된 분진케이크가 추가적인 여과 표면적을 제공하기 때문에 새 여포보다도 더 좋은 포집효율을 갖게 된다. 깨끗한 새 여포의 포집효율은 실험실에서 쉽게 결정되어 발표되는 반면, 이것이 실제 작동상황에서의 효율을 나타내는 대푯값이 아니기 때문에 적합한 집진기를 선정함에 있어서 이들 값은 그다지 중요하지는 않다.

여포집진기의 효율은 100%는 될 수 없지만, 설계를 잘하고 정확한 크기에 적절하게 운전만 한다면 분진의 무게를 근거로 99% 이상의 효율을 갖게 할 수 있으며 경우에 따라서는 99.9% 이상의 높은 효율을 발휘할 수 있다. 효율이 가장 떨어지는 즉, 분진의 투과율이 가장 높은 때는 여포를 재조정하는 때이든지 재조정 직후이다. 시간이 지나 분진케이크가 여포표면에 축적됨에 따라 포집효율은 증가한다. 이와 동시에 공기의 흐름에 대한 저항도 증가하게 된다. 공기의 이송장치가 이러한 저항 증가에 대한 보완작용을 하지 않는다면 기체의 통과 유량은 저하하게 된다. 그림 3-58은 재조정 후 분진이 축적됨에 따라 집진효율, 압력강하, 공기흐름의 변화를 보여준다.

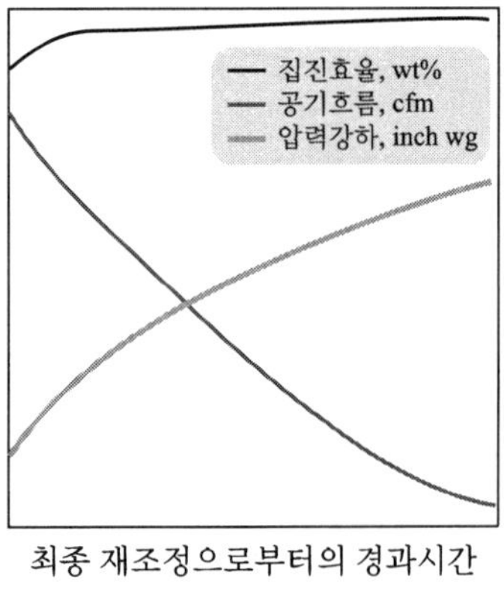

그림 3-58 여포집진기 재조정 간격사이에 집진효율과 압력강하

여포집진기는 상대적으로 고농도의 분진 작업장, 예를 들어, 주물작업 등에 적합하다. 여포에 포집할 수 있는 분진의 양은 시간당 2.27 kg을 초과할 수 있다. 실제 수 시간 동안에 축적된 분진은 심각한 저항을 유발시켜 도저히 공기가 흐르지 못할 정도가 되기도 한다.

적절하게 설계된 여포집진장치에서는 유량의 감소가 임계치에 도달하기 전에 여포를 청소하거나 재조정해야 한다. 청소는 기계적인 진동이나 공기운동에 의해 이루어진다. 이들 방법은 여포표면에 축적된 과도한 양의 분진은 떨어내고 잔류 혹은 기초 분진케이크는 남겨 놓게 된다.

대체로 오염물질은 여과포 밑에서 여과포 안쪽으로 들어감으로 여포의 안쪽에 분진입자가 집진된다. 집진된 여과포를 청소하는 방법으로는 기계적인 진동형(mechanical agitation), 요동식(shaker), 충격분출 혹은 펄스제트(pulse jet) 그리고 역기류(reverse air) 등이 채택하고 있다(그림 3-59).

상업적으로 이용 가능한 여포집진기는 백(bag filters) 혹은 튜브, 봉투모양의 백(envelopes), 주름진 카트리지모양의 여포를 장착하고 있다. 대부분의 여포집진기는 직물이든 모전여포든 백 혹은 봉투모양의 백을 장착하고 있다. 주름진 카트리지는 실린더 혹은 평면 패널모양의 종이모양 여포를 장착하고 있다. 이들은 마쇄, 분말 코팅작업 등과 같이 낮은 농도로 비산되는 건조하고 둥근 모양의 분진에 대해 극히 고효율을 효과를 보인다. 폴리에스테르나 폴리프로필렌과 같은 전통적인 여포가 때때로 주름진 카트리지 집진기로 사용되는데 이는 종이모양의 여포가 온도, 습도 혹은 가스, 증기의 변화 조건을 쉽게 다룰 수가 없기 때문이다.

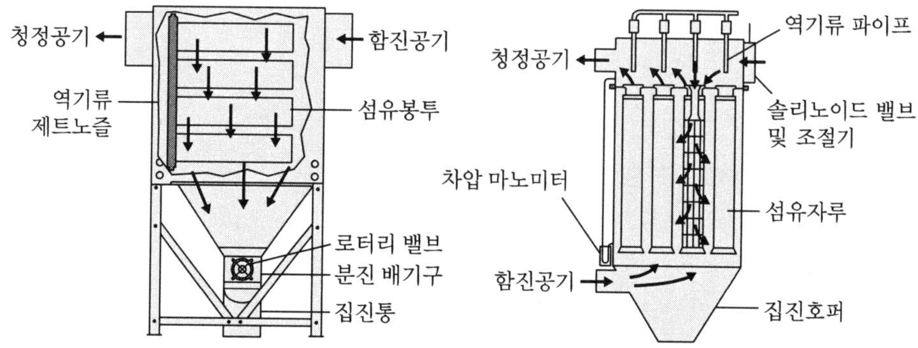

그림 3-59 여포집진기와 역기류 펄스 제트

여포집진기의 크기산정이나 등급평가는 필터면적에 대한 공기의 유량으로 나타낸다. 이 비율은 공기량/여포면적의 비이며, 여포의 단위 면적당 공기량 즉 $m^3/min/m^2$의 단위로써 나타낸다. 이 비율은 필터를 통한 가스흐름의 평균유속인 셈이다. 여포집진기의 평가에서 여과속도는 공기량 대 여포면적의 비와 동의어로 사용되고 있다. 예를 들어, 공기유량/여포면적의 비가 3 : 1($m^3/min/m^2$)이라고 하면 여과속도가 3 m/min이라는 것이다. 여과속도는 집진효율에 큰 영향을 주게 되는데 이것을 식으로 나타내면 다음과 같다.

$$V_f = \frac{Q}{A} \tag{3-39}$$

여기서, V_f : 여과속도, m/min

Q : 처리가스량, m^3/min

A : 여포면적, m^2

여과속도는 2 m/min을 초과하는 일은 거의 없으며 보통 0.5 ~ 1.0 m/min의 범위이다.

예제 3-23 Q&A

유량이 400 m^3/min인 배기가스 중의 분진을 2 m/min의 여과속도로 bag filter에서 처리하고자 할 때 필요한 여포집진기의 면적을 구하시오.

풀이

$$A = \frac{Q}{V_f} = \frac{400}{2} = 200\ m^2$$

여포집진기의 장점은 다음과 같다.

① 미세입자에 대한 집진효율이 높다.
② 여러 가지 형태의 분진을 포집할 수 있다.
③ 다양한 용량을 처리할 수 있다.
④ 비교적 작은 용량의 압력강하를 요구한다.

여포집진기의 단점은 다음과 같다.

① 넓은 설치공간이 필요하다.
② 여과재는 높은 온도와 부식성의 화학물질에 상할 수 있다.

③ 습도가 높은 환경에서는 사용할 수가 없다. 여포가 막힐 수 있다.

④ 화염과 폭발의 위험성이 있다.

3) 습식세정집진기(wet collectors)

흄, 미스트, 부유 분진을 액체(일반적으로 물)와 직접적인 접촉에 의하여 제거하는 장치를 습식세정집진기 혹은 세정기(scrubber)라고 한다. 습식세정집진기의 압력강하가 38 mmH_2O에서 2,500 mmH_2O에 이르기까지 여러 가지 형태가 있으며 집진효율 또한 다양하다. 기기의 효율은 물과 접하는 공기에 부과되는 에너지의 양에 따라 달라지는데 다시 말하면, 효율은 에너지가 공기나 물이 가해지든 관계없이 유량당 투입되는 에너지의 양에 따라 달라진다. 이는 제조업체가 다를지라도 동일한 동력을 사용하면 유사한 효율을 갖는다는 의미이다.

습식세정집진기는 고온다습한 가스를 처리할 수 있다. 분진을 습식으로 제거하기 때문에 포집분진의 처분이라는 2차적인 문제점을 발생시키지 않는다. 따라서 습식세정집진기는 공기오염문제를 해결하기 위하여 자주 사용된다. 그러나 집진된 물질을 정화장치 혹은 처리시설 없이 물로 처리하는 방식은 수질오염을 야기할 수 있다. 물을 사용하면 집진기 내부를 부식조건으로 만들기도 하며, 집진기가 한랭한 기후에서는 동파방지 조치가 필요하기도 하다.

습식세정집진기는 다른 집진기에는 없는 습식화라는 고유의 특징을 갖고 있다. 습식화(humidification)란 증발과정을 통하여 수증기를 공기흐름 속으로 첨가하는 공정으로 상황에 따라서는 이점이 될 수도 있고 단점이 될 수도 있다. 초기의 공기흐름이 고온이면서 불포화상태라면, 증발작용이 온도를 저하시켜 집진기에서 방출되는 공기체적을 감소시키게 된다. 당연히 송풍기를 집진기의 뒤쪽에 설치하여 운전하는 것이 송풍기의 크기도 작아지고 전력도 적게 들게 된다. 그러나 단점으로는 공조시설에 습한 공기를 배기시켜 과도한 부하를 유발할 수도 있으며 높은 습도는 물체를 쉽게 부식시킨다. 습식세정집진기는 많은 설치면적을 필요로 하지 않으며, 압력손실이나 제거효율도 디자인에 따라 크게 달라진다.

습식세정집진기는 다른 집진기들보다도 그 종류가 다양하다. 종류는 챔버 혹은 분사탑(chamber or spray tower), 충전탑(packed tower), 원심력 습식집진기(wet centrifugal collector), 침적형 습식집진기(wet dynamic precipitator), 오리피스형 습식집진기(orifice type wet collector) 그리고 벤투리형 습식집진기(venturi) 등이 있다.

① **챔버 혹은 분사탑(chamber or spray tower)**

이 집진기는 물이 스프레이 노즐에 의하여 투입되는 원형 혹은 직각의 챔버를 갖고 있다. 여러 가지 디자인이 있겠으나 중요한 메커니즘은 노즐에 의해 만들어진 액체입적(liquid droplets)에 분진이 충돌하는 것이다(그림 3-60). 이들 액적은 물 제거장치에서 원심력 혹은 충돌작용(impingement)에 의해서 공기와 분리되어 진다.

압력강하는 상대적으로 낮아서 13～38 mmH_2O이지만 물의 압력 폭은 70～2,800 cmH_2O 정도이다. 고압장치는 예외이다. 일반적으로 이 장치는 물 공급이 저압인 경우 사용되고 효율은 낮은 편이다. 물이 고압으로 공급되는 포그탑(fog tower)에서는 높은 집진효율을 가질 수 있다. 재래적인 방식에서 물의 필요량은 표준공기 1 m^3당 최대 3.75 L 정도이다.

분사탑은 입경이 8 μm 이상 되는 분진에 대해서 90%의 효율을 가진다. 분사탑은 종이 타올 제조과정에서 발생하는 종이먼지, 유리섬유 공정에서 발생하는 고무유액 분진 등 다양한 생산 분야에서 효율적으로 사용되고 있다.

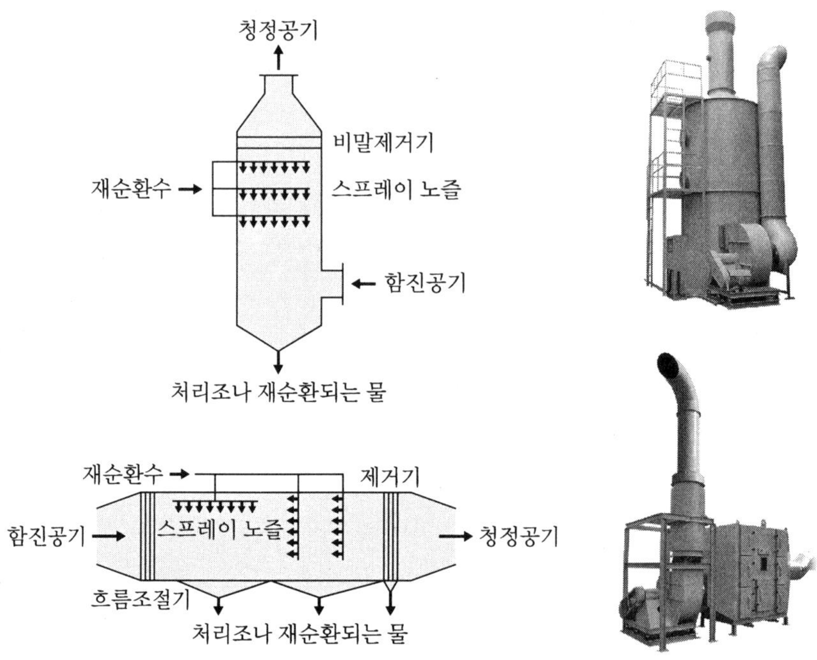

그림 3-60 분사탑 (사진출처: 크린에어테크)

② 충전탑(packed tower)

충전탑은 그림 3-61과 같이 가스와 액체가 동일한 방향, 반대방향 혹은 서로 가로지르는 방향으로 접촉할 수 있는 접촉상(contact beds)이 있어야 한다. 이들은 가스, 증기, 미스트를 제거하는 데 사용된다. 이 집진기들은 고체상의 입자제거에도 사용될 수 있으나 분진이 막히면 많은 관리유지비가 요구되기 때문에 이 목적으로는 잘 사용되지는 않는다.

물은 공기 1 m^3당 분당 0.7～1.3 L가 소요된다. 물은 V형의 사기 혹은 플라스틱 위어(weirs)장치로부터 뿌려진다. 고온으로 인한 장치의 손상은 내부를 브럭으로 만들어서 방지할 수 있으며 이럴 경우 용광로에서 직접 들어오는 870℃의 고온 가스까지 처리할 수 있다.

압력손실은 충전상(床)의 길이가 1.3 m이고 재질이 사기 자갈인 경우 38～89 mmH_2O 정도이다. 가스가 충전상으로 유입되는 개구면 속도는 보통 1.0～1.5 m/sec이다.

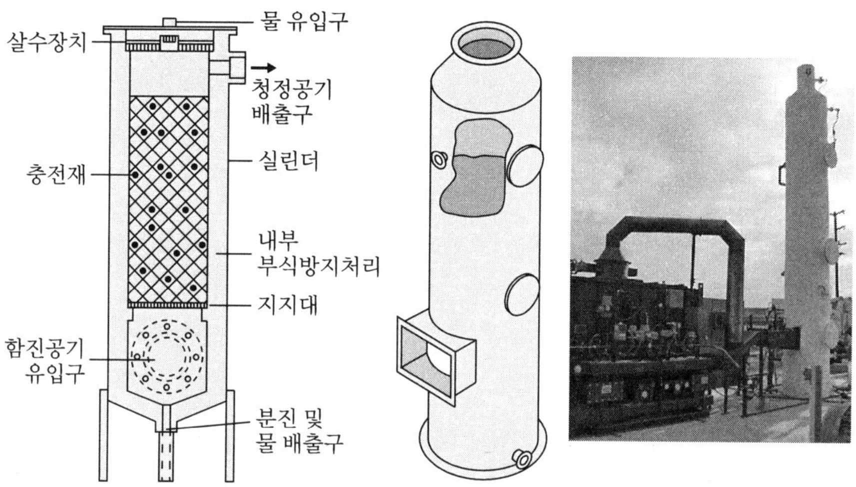

그림 3-61 충전탑 (사진출처: 크린에어테크)

③ 원심력 습식집진기(wet centrifugal collector)

이 장치는 습식세정집진장치 중 상업적으로 상당히 많은 부분을 차지하는 장치이다(그림 3-62). 이 장치는 일반 분사탑을 변형시켜서 집진효율을 높인 것으로 원심력을 이용하여 분진입자를 가속시키고 가속된 분진입자는 중심부에서 사방으로 분출된 압력수에 의해 포집되어 습식의 집진표면에 집진되는 원리이다. 물은 표준공기 1 m^3당 0.3～0.7 L가 소요되며 압력강하는 50～150 mmH_2O이다. 일반적으로 챔버형보다 이들 장치가 더 효과적이다. 일부 장치들은 몇 개의 충돌부(impingement sections)를 가질 수 있다. 충돌부의 수가 적으면 효율이 낮고 비용이 적게 들며 낮은 압력강하와 더 작은 공간을 필요로 한다. 어떤 것들은 여러 개의 집진튜브를 가지고 있다. 일정한 공기유량에서 튜브의 크기가 작아지면 원심력이 커져서 보다 높은 효율을 가지게 된다. 원심력 습식집진기는 46～76 m/sec의 유입속도와 3 m/sec의 표면가스속도에서 5 μm 이상 분진에 대해 95%의 집진효율을 가진다.

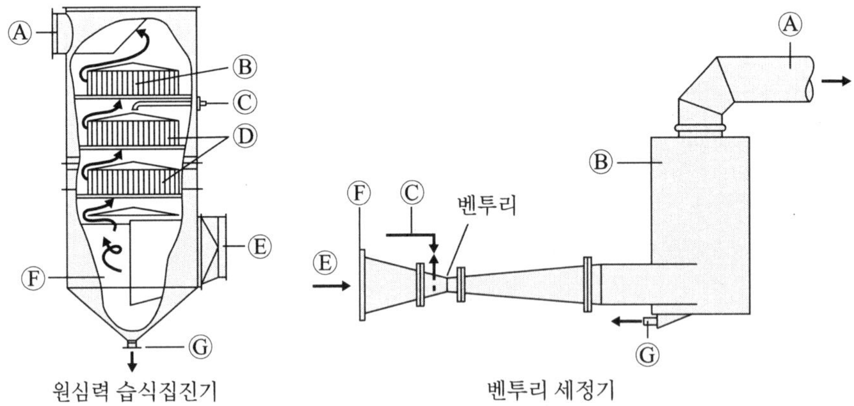

A : 청정공기 배출구 B : 비말 분리기 C : 물 유입구
D : 물과 함진공기 충전판 E : 무거운 물질제거용 사이클론 G : 물과 슬러지 출입구

그림 3-62 원심력 습식집진기와 벤투리

④ 침적형 습식집진기(wet dynamic precipitator)

이 장치는 그림 3-63과 같이 송풍기와 집진장치가 복합된 장치이다. 공기 중의 분진이 스프레이 노즐로부터 습식화된 회전판 날개 속으로 빨려들어 간다. 분진이 물의 액적으로 침투하면 정화되는 공기가 180도 회전하여 특수한 모양의 날개 앞에서 탈출하여 빠져나가면서 분진은 금속 콘에 의해 물에 잡혀 들어가 제거된다. 콘의 더러워진 물은 물과 슬러지 배기구로 이동하고 정화된 공기는 물 제거장치가 부착된 배기구로 이동하게 된다.

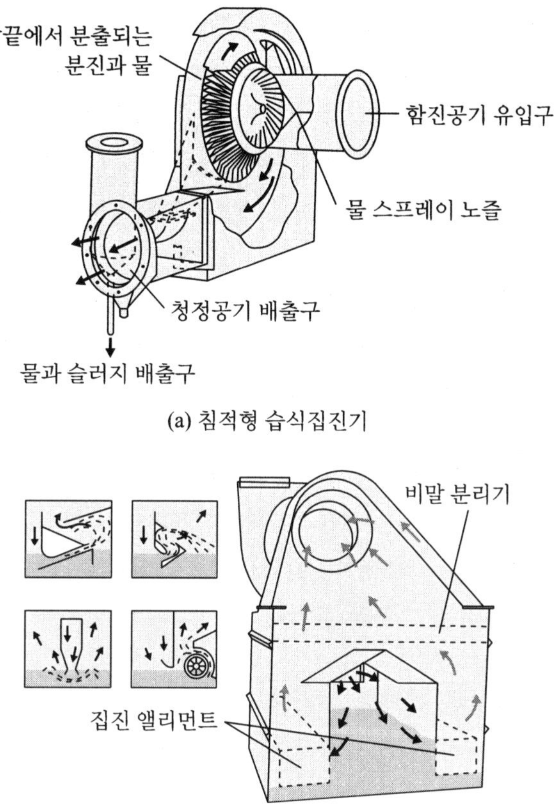

(a) 침적형 습식집진기

(b) 오리피스형 습식집진기

그림 3-63 침적형 습식집진기와 오리피스

⑤ 오리피스형 습식집진기(orifice type wet collector)

그림 3-63과 같이 집진기를 통과한 공기는 제한된 통로를 거쳐 물 표면에 접촉이 이루어진다. 물의 흐름은 공기의 속도에 의해서 유도되거나 펌프와 위어(weirs)에 의해 유지되어진다. 압력강하는 물 세척 페인트부스에서의 25 mmH_2O 이하에서부터 산업용 대부분에서 75～150 mmH_2O까지 다양하다. 매우 작은 입자들을 집진하기 위하여 일부러 압력강하가 500 mmH_2O에 이르도록 설계한 장치들도 있다. 입경이 2 μm 이상인 분진에 대해서 제진효율은 90% 정도이고 입경이 5 μm 이상인 분진에 대해서 집진효율은 97% 정도이다.

⑥ 벤투리(venturi)

그림 3-62에서 보는 바와 같이 벤투리는 오리피스에서의 속도보다 훨씬 높은 속도를 만들기 위하여 목 부분(venturi throat)을 아주 좁게 만든다. 벤투리 목을 통

과할 때 가스의 속도는 60～120 m/sec에 이른다. 물은 벤투리의 목 혹은 앞부분에서 가스 1 m^3당 0.7～2.0 L씩 뿜어져 공급된다.

벤투리 자체가 가스 속의 입자들과 세정하는 물의 제트류 속에서 밀접한 접촉이 일어나도록 하는 조절장치이다. 가스, 흄과 분진 덩어리 그리고 물의 혼합체는 실려 들어 온 이들 액적들을 제거하기 위하여 만든 비말분리기에서 분리되어진다.

보통 벤투리는 입경이 0.2 μm 이상인 분진에 대해서 약 95% 이상의 집진효율을 갖는다. 벤투리는 설계가 간단하고 설치와 유지가 쉬운 장점을 가지고 있으나 압력손실이 크다는 단점을 가지고 있다.

습식세정집진기의 장점은 다음과 같다.

① 가연성, 폭발성 분진을 처리할 수 있다.
② 단일장치에서 분진과 가스의 포집이 동시에 가능하다.
③ 미스트를 처리할 수 있다.
④ 고온 가스를 냉각시킬 수 있다.
⑤ 포집효율을 변화시킬 수 있다.
⑥ 부식성 가스와 먼지를 중화시킬 수 있다.

습식세정집진기의 단점은 다음과 같다.

① 부식의 잠재성이 크다.
② 유출수가 수질오염을 야기시킬 수 있다.
③ 배출수는 가시적인 연기를 피하기 위하여 재가열이 필요한 경우도 있다.
④ 포집된 분진은 수질오염이 될 수도 있고 회수할 수 없다.

4) 원심력 집진기(dry centrifugal collector)

원심력 집진기는 원심력, 관성, 중력의 혼합된 힘을 이용하여 함진가스에서 입자와 공기를 분리하게 된다. 원심력 집진기는 약 100여 년 동안 미국에서 사용되어 왔고 여전히 모든 산업분진의 처리장에서 가장 널리 사용되는 장치 중의 하나이다. 이 집진기가 광범위하게 사용되는 이유는 가격 면에서 경제적이고 구조가 간단하며 운전조건이 나쁘더라도 구조적으로 튼튼하기 때문이다. 원심력 집진기 자체만으로는 엄격한 대기오염 규정을 만족시킬 수 없지만 자본 비용이 적게 들고 유지보수가 따로 필요 없기 때문에 전기집진장치나 여포집진장치와 같이 비용이 비싼 최종처리의 전처리 단계로 이상적이다.

원심력 집진기의 집진효율은 다음에 의해서 영향을 받게 된다.

- **입자의 크기, 무게 및 모양** : 성능은 입자의 크기와 무게가 클수록 그리고 모양이 구체(球体)에 가까울수록 개선된다.
- **집진기의 크기와 설계** : 기계장치에서 나오는 미세한 분진의 집진은 기계적인 물리력을 최대한 이용할 수 있고 특수요구에 적합하도록 설계되어져야 한다.
- **속도** : 사이클론 집진기를 통과하면서 생기는 압력강하는 대략 내부속도의 제곱에 비례하여 증가한다. 그러나 최적의 속도는 분진의 특성, 가스의 온도 및 밀도, 설계형태에 의해 결정된다.
- **분진 농도** : 일반적으로 집진기의 기계적 성능은 분진의 농도가 높을수록 증가한다.

① 중력분리기(gravity separator)

중력분리장치는 가스의 속도가 급격히 떨어져서 분진이 중력에 의해 분리되도록 챔버나 하우징으로 구성되어 있다. 말하자면 분진입자의 이송속도를 분진입자가 더 이상 이송되지 않는 속도까지 저하시키면 침강이 이루어진다. 그러나 실제적인 분진의 제거장치설계에 있어서는 이러한 시스템이 실용적으로 적용되지 않는다. 왜냐하면 분진의 이동속도를 무력화시키려고 하면 침강공간이 지나치게 과대하게 되며 이로 인하여 과류(eddy current)가 생성되기 때문이다. 그러므로 침강식 집진기는 입자의 결이 아주 큰 분진을 제거하는 경우에만 이용되고 극히 거친 입자를 제외하고는 제거 효과가 극히 미미하다.

제1장에서 배웠던 것과 같이 유체의 흐름에서 관성의 영향을 받지 않고 점성에 영향을 받으며 어떤 입자가 침강하고 있을 때 이 입자의 침강속도는 Stokes의 법칙을 따르며 다음과 같은 방정식이 성립된다.

$$V_g = V_{ts} = \frac{g \cdot d^2 \cdot (\rho_p - \rho_a)}{18\mu} \qquad (1\text{-}22)$$

처리가스의 배기속도가 V_o일 때 입자가 높이 h에서 침강하기 시작하여 수평거리 l지점에 낙하할 때의 경사도는 그림 3-64와 같으며 다음의 관계식이 성립할 것이다.

$$\tan\theta = \frac{V_g}{V_o} = \frac{h}{l} \qquad (3\text{-}40)$$

위 식에서 V_o와 h는 되도록 작게 하고 l을 길게 하면 V_g의 미세한 입자를 분리할 수 있다. 주어진 침강실에서 100%의 효율로 완전히 제거될 수 있는 입자크기의 최소입경을 임계입경이라고 하며 이때 임계입경 d_c는 식 (1-22)과 식 (3-40)에서 다음과 같이 유도되어 진다.

$$d_c = \sqrt{\frac{18\mu h V_o}{g l(\rho_p - \rho_a)}} \tag{3-41}$$

여기서, g : 중력가속도, 9.8 m/sec^2
d_c : 입자상 물질의 직경, m
ρ_p : 입자상 물질의 밀도, kg/m^3
ρ_a : 배기가스의 밀도, kg/m^3
μ : 배기가스의 점성계수, kg/m · sec
h : 중력침강분리기의 높이, m
l : 중력침강분리기의 수평길이, m
V_o : 배기가스의 속도, m/sec

식 (3-41)에서 알 수 있듯이 입경이 작은 입자를 포집하기 위해서는 처리가스의 배기속도와 침강높이를 작게 하고 수평길이를 길게 할수록 임계입경이 작아져서 작은 입자에 대한 포집효율을 높일 수 있다.

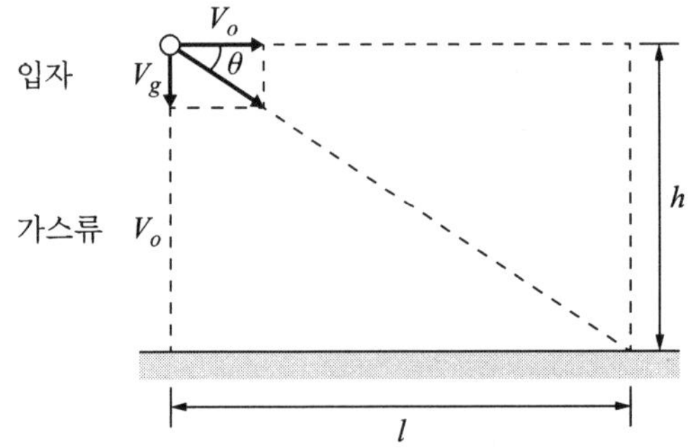

그림 3-64 수평에서 입자의 중력침강

예제 3-24

Q&A

40 μm인 분진입자를 중력분리기에서 처리하려고 한다. 입자의 밀도가 2 g/cm^{3}이고 공기의 밀도가 1.2 kg/m^3, 공기의 점성계수가 2×10^{-4} g/cm · sec이다. 이 때 침강속도를 구하시오.

풀이

식 (1-22)으로 풀기에 앞서 먼저 단위를 통일시켜야 한다.
$d = 40\ \mu m = 4 \times 10^{-3}$ cm, 공기의 밀도 $= 0.0012\ g/cm^3$, 따라서 침강속도 V_g는 다음과 같다.

$$V_g = \frac{g \cdot d^2 \cdot (\rho_p - \rho_a)}{18\mu} = \frac{980 \times (4 \times 10^{-3})^2 \times (2 - 0.0012)}{18 \times 2 \times 10^{-4}}$$
$$= 8.7\ cm/sec$$

예제 3-25

Q&A

길이가 5 m, 높이가 1 m인 중력침강실을 이용하여 분진입자의 밀도가 2 g/cm³, 공기의 밀도가 1.2 kg/m³, 공기의 점성계수가 2×10⁻⁴ g/cm·sec인 함진공기를 처리하려고 한다. 침강실의 배기가스가 2 m/sec일 때 처리가능한 입자의 임계입경은 얼마인가?

풀이

$h = 1$ m, $l = 5$ m, $V_o = 2$ m/sec, $\rho_p = 2 \times 10^3\ kg/m^3$, $\rho_a = 1.2\ kg/m^3$, $g = 9.8\ m/sec^2$, $\mu = 2 \times 10^{-5}$ kg/m · sec이므로

$$d_c = \sqrt{\frac{18\mu h V_o}{gl(\rho_p - \rho_a)}} = \sqrt{\frac{18 \times (2 \times 10^{-5}) \times 1 \times 2}{9.8 \times 5 \times (2 \times 10^3 - 1.2)}}$$
$$= 0.0000857\ m = 86\ \mu m$$

② **관성분리기(inertial separator)**

관성분리기는 분진의 관성이 운반공기의 관성보다 커서 분진이 갑작스런 위치변화를 하지 못함으로서 제거하는 장치이다. 여러 가지 형태의 날이나 루버(louvers)가 120° 이상의 갑작스런 위치변화를 시켜줌으로서 분진을 공기와 분리시켜 준다. 제대로 설계만 된다면 10～20 μm인 입자에 대해 90%의 집진효율을 가진다.

③ **침적형 집진기(dynamic precipitator)**

그림 3-64와 같이 수많은 날을 가진 콘케이브 디스크의 집진기와 공기이동 통로가 연결되어 있다. 임펠러의 회전이 함진공기를 끌어들여서 청정공기가 스크롤을 통하여 배기구로 빠져나가기 전에 함진공기를 거의 180°의 각도로 방향을 바꿔 놓는다. 분진은 원심력에 의해 날개 끝으로 튕겨 나가고 이들은 잡혀서 두 번째 회전과정을 거쳐서 호퍼의 밑으로 운반되어진다.

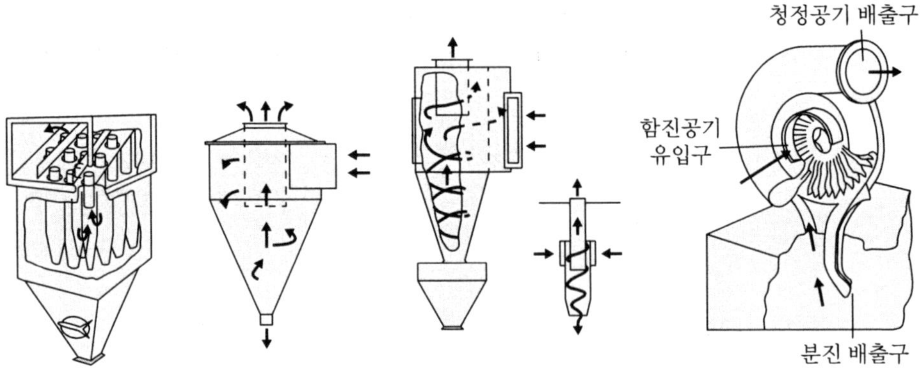

저압 사이클론　　고효율 원심력 집진기　　건식 침적형 집진기

그림 3-65 원심력 집진기의 종류

④ **사이클론(cyclone collector)**

이 장치는 결이 거친 분진입자를 공기흐름으로부터 제거하는 것으로 보통 효율을 높이기 위하여 건식 혹은 습식의 고효율 집진기의 예비집진기로 사용하거나 이송시스템에서 분리기로 적용하고 있다. 주된 이점은 비용이 싸고 유지관리비가 적게 들며 압력강하가 19～38 mmH_2O 정도로 적다는 점이지만 미세 분진의 제거용으로는 적절하지 못하다는 단점이 있다.

과거에는 사이클론의 효율은 항상 낮은 것으로 간주되어 왔다. 과거 십 수 년 동안의 진보된 설계작업으로 사이클론의 성능은 크게 개선되었다. 어떤 사이클론은 5 μm 이상의 입자를 98% 이상까지 제거한다고 선전하기도 하며 어떤 사이클론은 15～20 μm 이상의 거대입자에 대해 90% 이상의 효율을 보인다고 선전하기도 한다. 일반적으로 효율이 증가하면 증가할수록 높은 압력손실을 유발하기 때문에 운전비용도 증가하게 된다.

⑤ **고효율 원심력 집진기(high efficiency centrifugal collector)**

고효율의 원심력 집진기는 가스 흐름 속의 분진입자에 보다 높은 원심력이 미칠 수 있도록 개발한 집진기이다. 원심력은 각속도와 각가속도의 함수이기 때문에 분리기의 효율은 다음에 의해 향상될 수 있다.

- 내부의 유입 속도를 증가시킨다.
- 사이클론의 몸체와 콘을 크게 한다.
- 많은 수의 직경이 작고 평행인 사이클론을 사용한다.
- 유닛(unit)을 연속적으로 설치한다.

일반적으로 이러한 집진기는 조그만 입자에 대하여 전기집진기나 여포집진기 및 습식세정기 정도로 높은 효율을 나타내지는 못하지만 기계적인 힘을 이용한 다른 사이클론보다는 집진효율이 훨씬 높다. 고효율 원심력집진기의 압력손실은 75～20 mmH_2O 정도의 범위이다.

⑥ **블로우다운(blow down) 효과**

사이클론의 분진상자(dust box) 또는 multi-clone의 호퍼부분에 블로우다운용 사이클론을 설치하면 집진효율을 높일 수 있다. 이것을 이용하여 처리 배기량의 5～10%를 흡입시키면 사이클론 내 집진된 분진의 난류현상을 억제하여 비산을 방지함으로써 결과적으로 집진효율을 높이는 결과를 가져오는데 이러한 현상을 블로우다운 효과라고 한다. 블로우다운 효과는 선회기류의 난류현상을 막아 줄 뿐만 아니라 장치 내벽에 분진의 부착을 막아주어 분진의 축적도 방지시킬 수 있다.

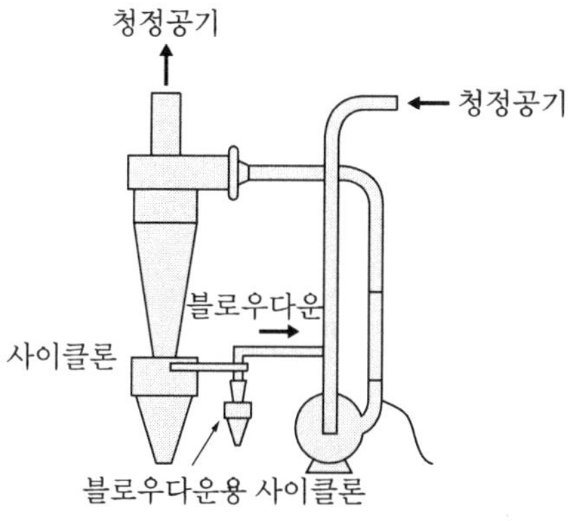

그림 3-66 사이클론의 blow down

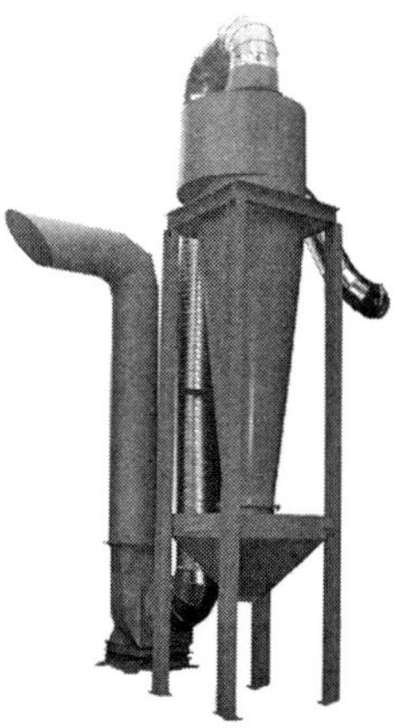

그림 3-67 전형적인 사이클론 (사진: 크린에어테크(주))

원심력 집진기의 장점은 다음과 같다.

① 설치비용이 저렴하다.

② 고온에서도 운전이 가능하다.

③ 간단한 구조 때문에 유지보수가 간단하고 비용이 저렴하다.

원심력 집진기의 단점은 다음과 같다.

① 미세 입자에 대한 포집효율이 낮다.

② 고효율로 설계한 장치는 압력손실이 크기 때문에 운전비용이 비쌀 수 있다.

5) 각 집진장치의 특성비교

각 집진기들의 장·단점, 개략적인 효율 및 특성비교를 요약한 표는 표 3-21, 표 3-22와 같다.

표 3-21 각 집진기의 장·단점

집진장치 종류	장 점	단 점
① 중력, 원심력	압력손실이 적고 설계, 보수가 간단하며 용이. 설치면적이 적음. 분진 연속배출 가능. 압력손실 낮음. 큰 입경 분진에 적합. 분진 부하가 높은 가스에 적합. 온도의 영향이 적음.	설치면적이 크고 효율이 낮다. 입구가스실이 다소 필요. 작은 입경 분진의 제진효율 낮음. 분진의 부하 유량변동에 민감.
② 습식세정	가스제거와 집진이 동시 가능. 고온다습 가스의 냉각 가능. 세정가능. 부식성 가스와 미스트의 제거가능. 중화가능. 분진 폭발의 위험 감소. 효율 가변.	부식, 마모의 발생. 배수처리 재생비용 증가. 용액의 비말(飛沫)배기처리 및 외기온에 의한 동결의 위험. 배기의 부력, 상승확산력감소. 대기상태에 의한 수분의 백연(白煙) 가능.
③ 전기	99% 이상의 효율가능. 미립자의 집진가능. 습식, 건식으로 집진가능. 다른 고효율 집진기에 비해 압력손실, 소요동력이 적음. 부식성 또는 부착성 가스의 영향이 적음. 고온가스(250～500℃)에서도 처리가능.	시설비가 많이 든다. 먼지부하 가스 유동에 민감. 고전압에 대한 안전설비 요망. 집진효율이 서서히 저하. 넓은 설치공간.
④ 여포	건식집진기능. 조작불량의 조기 발견. 작은 입경의 분진의 집진 가능. 집진효율이 높음.	여과속도의 영향이 크다. 고온은 93～280℃까지 냉각시켜야 함. 습분(濕分)의 영향이 크다.
⑤ 소각	악취 mist의 제거가능. 가연 가스먼지의 동시제거. 열회수 가능. 설치면적 적고 구조 간단.	운영비 많이 든다. 화재의 위험. 가연, 분진가스일 때 시설비가 많이 든다. 촉매가 유독원이 되기 쉽다. 촉매의 재생이 필요하다.

표 3-22 각 집진장치의 대체적인 효율비교

집진장치명	집진효율
기계(원심력, 중력)	50～95%
세정집진	75～99%
여포집진	95～99%
전기집진	80～99.5%
연소집진	50～99%

(3) 미스트, 가스 및 증기의 관리

지금까지 앞에서 설명한 집진장치들은 고체 상태로 존재하는 입자상 물질이나 흄과 분진을 제거하기 위해 사용하는 것들이다. 이중에서 단지 충전탑(packed tower)만이 분진 이외에도 미스트, 가스 혹은 증기를 제거하는데 사용되는 장치이다. 미스트의 특성은 공기역학적으로 분진이나 흄의 특성과 유사하기 때문에 고체 입자상 물질은 제거하는데 사용하는 원리를 적용하여 미스트를 제거할 수 있다.

보통 습식세정집진기를 이용하면 다양한 미스트를 제거할 수 있다. 특별히 설계한 전기집진기는 황산 및 오일 미스트를 제거하는데 사용하기도 한다. 앞에 언급하지는 않았으나 여포 및 원심력 집진기조차 고속기계에 의해 만들어진 오일 미스트를 제거하는데 사용하기도 한다.

1) 흡수장치(scrubber)

기체상태의 오염물질을 액체상태의 세정액(洗淨液)에 흡수시킨 후 오염된 세정액으로부터 정화된 가스를 분리시켜 오염물질을 제거하는 방법이다(그림 3-68).

흡수과정은 기체와 액체간의 경제표면적(interface surface area), 난류 그리고 물질확산계수 등이 클수록 가속된다. 이 흡수법은 SO_2, H_2S 그리고 저분자량의 탄화수소류 등의 오염물질 제거에 주로 이용된다. 액체와 기체간의 접촉은 액체를 기체 내에 분산

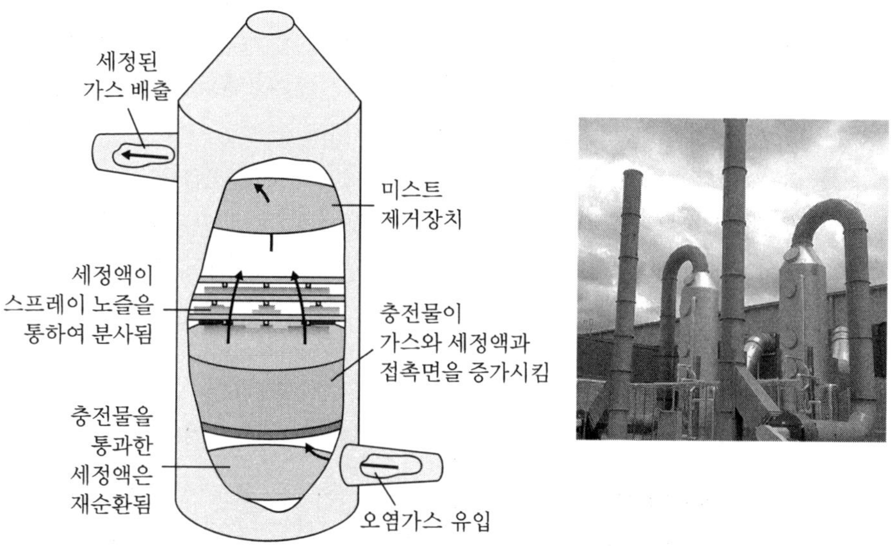

그림 3-68 전형적인 가스흡수장치(wet scrubber)의 원리와 실제 모습

시키거나 기체를 액체 내에 분산시킴으로써 이루어진다. 액체를 흡수시키는 흡수장치로는 충전탑, 분무탑, 벤투리 세정기 등이 있으며 그 기본원리는 비슷하다. 충전탑의 구조는 앞에서 설명한 그림 3-61과 같다. 배출공기가 밑으로부터 유입되어 정화된 다음 상단으로 흘러나가 배기구를 통해 대기로 방출하는 반면 오염된 세정액은 바닥에서 제거된 다음 재순환되거나 향후에 재처리된다. 화학적으로는 불활성인 충전제는 기체의 압력손실을 적게 하는 대신 기체와 세정액간의 접촉면적을 증가시킬 수 있도록 설계 및 제작되어져야 한다.

2) 흡착장치

흡착법은 배출공기 중의 기체 또는 증기상의 오염물질을 고체상 물질의 표면에 포집하기 위해 흡착시키는 것이다. 흡착은 기체상 오염물질이 비연소성이거나 태우기 어려운 것, 또는 오염물질의 회수 가치가 충분하고 배출가스 내의 오염물 농도가 대단히 낮은 경우에 유용하게 이용될 수 있으며 악취도 제거할 수 있다.

흡착은 고체표면에 원자, 이온 그리고 분자들을 붙잡아 두는 물리적인 힘 즉, Van der Waal's의 힘을 이용하는 것이다. 흡착이 화학적/물리적인 현상이지만 화학적인 작용은 일어나지 않는다. 그러나 열이 방출되며(흡착열) 이 열은 흡착된 가스나 증기가 응축될 때 방출되는 열과 동일하다.

흡착제로는 활성탄(activated carbon), 제올라이트(zeolites), 다공성 미네랄(porous clay mineral), 실리카겔, 그리고 활성 알루미나가 있다. 이들 물질들의 공통점은 부피에 비해 매우 넓은 표면적을 가지고 있다. 이들은 전형적으로 엄청나게 많은 아현미경 크기의 다공성 미로(迷路)와 채널을 가지고 있다. 대부분의 흡착은 10～20 Å 크기의 공극에서 이루어지며 공극의 크기는 1,000～10,000 Å에 이르기도 한다.

금속산화물, 규소화합물 등은 분자가 비대칭 구조를 가지고 있어서 극성을 띠게 된다. 극성의 물질들은 물과 같이 극성의 물질에 대해 강력한 친화력은 가지기 때문에 쉽게 수분을 함유한다. 따라서 습기가 있는 환경에서는 유기용제와 같이 비극성의 물질을 제거하는 데 비효율적이다. 반대로 활성탄은 비극성이기 때문에 대부분의 비극성 유기용제를 제거하는 데 효과적이다.

① 흡착제(adsorbents)

흡착제는 단위 질량당 표면적 즉 흡착제 내부의 기공면적이 큰 것이 좋다.

- **활성탄(activated carbon)** : 가장 많이 사용되는 흡착제로써 비극성 물질을 흡착하며 특히, 유기용제의 증기 제거에 이용된다. 활성탄이 가스나 증기를 제거하는 기전은 공기와 가스/증기의 혼합물이 미세한 활성탄 입자의 상(床)을 통

과할 때 공기 중의 물질들이 확산이 이루어져 탄소입자의 공극 사이로 들어가서 응축이 일어나기 때문이다(그림 3-69).

일반적으로 흡착력은 분자의 크기와 무게가 증가할수록 증가하며 수소원자가 3개 이하의 가벼운 증기들은 흡착이 용이하지 않다. 흡착력(adsorbability)은 피흡착물질의 임계온도와 비점에 영향을 받는다. 예를 들어, 임계온도가 －50℃ 이하이고 비점이 －150℃ 이하인 가벼운 가스들은 정상적인 온도에서 흡착이 이루어지지 않는다. 이들 가스들은 산소, 질소, 수소, 일산화탄소 그리고 메탄이다.

임계온도가 0～150℃ 사이이고 비점이 －100～0℃ 사이의 가스들은 중간 정도의 흡착력을 가지게 되는데 낮은 비점의 이들 가스들로는 에틸렌, 포름알데히드, 암모니아, 염화수소, 황화수소이다. 특별한 강화제 없이 이들을 제거하기란 그다지 용이하지 않다.

비점이 0℃ 이상의 무거운 가스들은 활성탄을 쉽게 탈출할 수 없기 때문에 흡착이 용이하다. 이들로는 알데히드류, 케톤류, 알코올류, 유기산류, 에테르류, 에스테르류, 질소 및 황화합물, 알킬벤젠류, 할로겐 탄화수소류 등이다.

흡착력은 기온, 압력 그리고 습도에 영향을 받는다. 비록 기온의 상승과 낮은 압력 하에서는 흡착력이 상당히 감소할지라도 큰 빌딩이나 작업장에서 공기를 정화한다는 차원에서 볼 때 그다지 큰 영향은 없다. 그러나 상대습도가 높으면(50% 이상) 흡착력에 상당한 영향을 줄 수 있기 때문에 상대습도에 대한 고려는 반드시 필요하다.

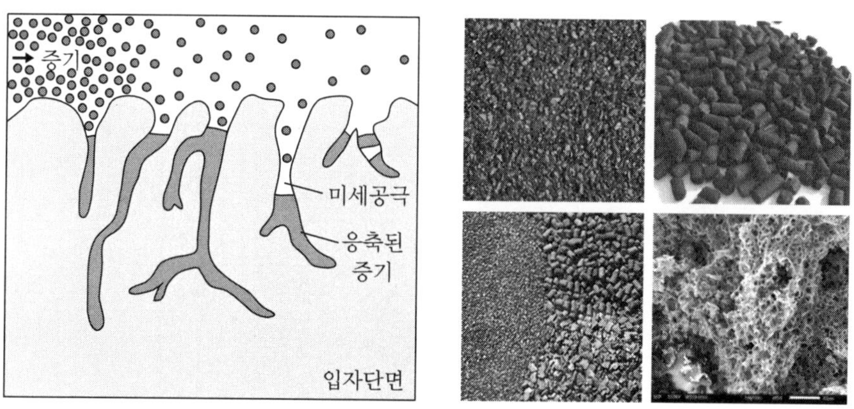

그림 3-69 활성탄에 의한 증기의 흡착 기전과 실제 활성탄

- **실리카겔** : 250℃ 이하에서 물과 유기물질을 잘 흡착한다. 극성물질의 제거에 주로 쓰인다.
- **활성알루미나** : 물과 유기물질을 잘 흡착하며 175～325℃로 가열하여 재사용할 수 있다.
- **합성제올라이트** : 합성제올라이트는 극성이 다른 물질이나 포화도가 다른 탄화수소물질의 분리가 가능하다.

② **파과현상(breakthrough)**

파과현상이란 오염물질의 흡착이 이루어지지 않고 그대로 통과되는 현상을 말하며 흡착제의 75～80%가 포화될 때까지는 파과현상은 일어나지 않는다. 흡착초기에는 흡착이 빠르고 효과적으로 일어나지만 다음은 천천히 일어나 맨 나중에는 즉, 파과점(break point) 이후에는 오염도가 급격히 증가하게 된다. 따라서 파과점이 어느 시점에서 일어나는지 확인하고 흡착제를 교체하든지 세정 후 재충전시켜야 한다. 그림 3-70은 활성탄이 가스/증기를 흡착하는 과정을 그래프와 그림으로 나타낸 것이다.

처음 증기가 활성탄에 접하면 쉽게 흡착이 이루어져 짧은 거리에서 증기의 농도는 0점에 이른다. 시간이 지남에 따라 표면 근처의 활성탄은 부분적으로 가스/증기에 포화가 되고 보다 깊이 투과가 이루어진다(곡선 b). 시간이 더 지나면

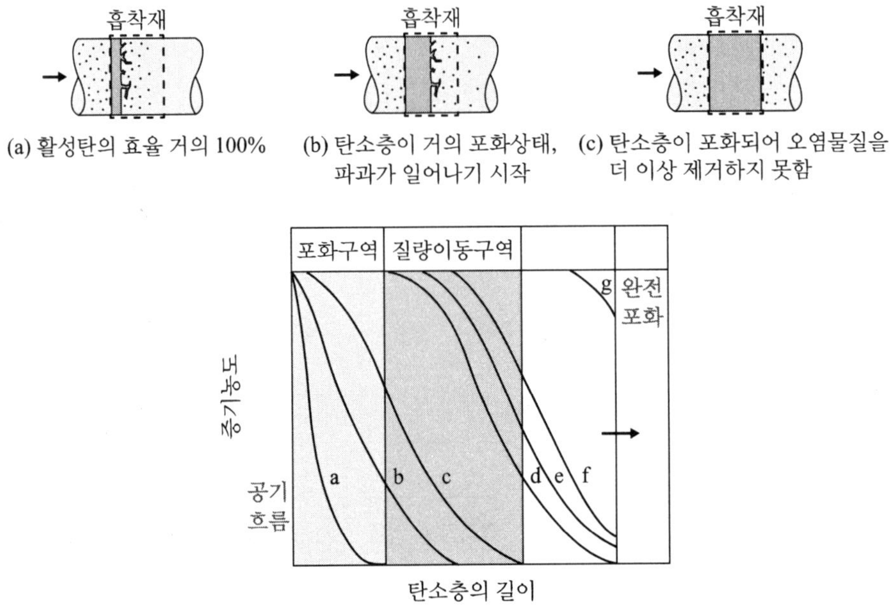

그림 3-70 활성탄의 흡착 모양과 흡착커브

탄소층은 완전히 포화가 이루어진다(곡선 c). 포화영역(saturation zone)에서 포화된 탄소 알갱이와 가스/증기는 역학적으로 평형상태를 이루고 있다. 이 평형상태를 벗어나면 탄소알갱이는 유입되는 가스/증기를 활발하게 흡착하게 되며 이 부분을 질량이동영역(mass transfer zone)이라고 한다. 이 부분에서는 가스/증기의 포화와 가스/증기의 농도가 0인 상태로 공존하는 영역이다. 시간이 지나면 이 부분이 점차적으로 한쪽 끝에서 다른 쪽 끝으로 이동하게 된다. 그림에서 보면 질량이동영역이 농도의 맨 위에서 바닥까지 이어져 있다. 흡착이 곡선 e에 이르면 드디어 파과현상이 발생하게 되고 탄소층의 수명은 다하게 되어 이 시점에서 탄소층을 교환하든지 재활성화시켜야 한다.

③ 흡착탑

탑 내에 흡착제를 넣고 오염된 가스를 통과시키는 장치로서 고정층, 이동층 및 유동층으로 분류된다. 흡착제는 주로 활성탄을 이용하며 오염물이 많은 배출공기를 정화시키기 위하여 사용한다.

그림 3-71 **전형적인 흡착탑의 모습** (사진출처: 크린에어테크)

3) 연소법

연료 중의 수소와 탄소는 산소와 반응하여 열, 탄산가스 그리고 수증기를 발생시키지만 연료 내의 불순물, 부적합한 연료와 공기 비 또는 낮은 연소연료 등에 의해 CO, SO•, NO•, 재 그리고 연소되지 않은 탄화수소류 등 대기오염물질이 생성된다. 따라서 재연소는 가연성 대기오염물질을 제거하기 위하여 사용되는 연소공정으로서 배출되는 가스유량이 많은 반면 오염가스의 농도가 낮을 경우에 주로 사용된다.

유기 에어로졸은 재연소에 의해 효과적으로 분해되며, 유기성 가스와 증기들이 대기중에 배출될 경우 스모그현상을 일으킬 수 있으므로 이러한 물질들은 재연소법으로 제거시켜야 한다. 처리방법은 배기구 밑에서 재연소시키거나 특별히 설계된 노(爐)에서 재연소시킨다.

직접연소에 의해서는 H_2, NH_3, HCN 및 유독성가스의 제거에 이용된다. 이때, 주의사항은 화염온도가 1,400℃ 이상이면 NO_x가 생성될 수 있으며 폭발위험에 주의해야 한다. 그을음은 연료 중 H와 C의 중량비가 약 1 : 3 미만이면 발생하는데 가령, CH_4는 1 : 3(4 : 12)이므로 그을음이 없으나 C_2H_2는 중량비 1 : 12(2 : 24)이므로 그을음을 내면서 연소한다. 가열연소는 배출가스의 농도가 낮을 때 실시하며 촉매연소는 페인트, 선판 인쇄소, 질산공장 등의 가스를 불꽃 없이 산화시켜 연소시키는 방법으로 연소온도 300～500℃으로 낮아 NO_x의 생성 염려가 없다. 촉매로는 백금, 팔라듐, 알루미나 등이 있다. 각 방법들 간의 장단점은 표 3-23과 같다.

표 3-23 가스 및 증기 제거 방법 간 비교

방식		장점	단점
흡수법		1. 장치 소형이며 처리비 저렴하다. 2. HCl, Cl_2, HF 등의 처리에 적합하다. 3. 가스상 및 고체상 물질이 공존하는 경우 동일 장치로 처리 가능하다.	1. 건식처리장치보다 부식이 심하며 재질 보수 선정 시 문제가 된다. 2. 고온연소 후 배기가스 온도가 하강할 경우 노점이 낮아져 연돌의 가스 확산이 악화된다.
흡착법		1. 관리가 비교적 용이하다. 2. 저농도 가스도 제거가 잘 된다. 3. 건식 처리이므로 배연 확산이 없다.	1. 흡착제가 고가이다. 2. 처리경비가 많이 든다. 3. 고농도시 탈착효과, 탈착가스 처리가 문제이다.
연소법	촉매산화법	1. 제거효율이 대단히 높다. 2. 처리경비가 저렴하다. 3. 저농도 유해물질에도 적합하다.	1. 무기물 등 처리대상 가스가 제한되어 있다. 2. 배기가스 온도를 높일 필요가 없다. 3. 반응속도가 낮을 경우 장치가 대형화로 부식 등 관리상 문제가 있다.

4 송풍기(fans)

만약 후드가 환기시스템에서 가장 중요한 부분이라면 입구와 출구를 덕트와 연결하는 송풍기는 두 번째로 중요한 부분이라고 할 수 있다. 송풍기는 흡인력을 이용하여 후드로부터 들어 온 오염물질을 밖으로 배출시키는 역할을 담당한다. 만약 송풍기가 너무 작으면 유량은 적게 될 것이다. 다행히 송풍기는 항상 완벽하게 정확성을 요구하지는 않는다. 다시 말해서 송풍기의 배출능력이 부족하면 동력이 소모되기는 하지만 송풍기의 회전을 높여서 용량을 증가시킬 수 있기 때문에 송풍기는 융통성이 있다. 송풍기의 회전속도를 높이는 것은 부정확한 유량을 조절하는 표준의 개선책이다.

송풍기 전후의 덕트는 거의 송풍기 자체로 간주할 수 있다. 이들 덕트들은 송풍기로의 공기 출입을 부드럽게 유지시켜주도록 설치되어야 하며 그래야만 송풍기가 최대의 효율을 가지고 공기를 이동시켜 줄 수 있다. 이들 덕트들을 잘못 설계하면 송풍기의 입구와 출구에 난류와 불균형한 기류를 만들게 될 것이고 이는 송풍기의 크기와 회전속도에 비해 용량을 저하시키는 원인이 된다.

(1) 이젝터와 송풍기의 종류

일반적으로 송풍기는 압력에 따라서 저압용 팬(fan)과 고압용 블로어(blower)로 구분한다. 팬은 압력한계가 1,000 mmH_2O 미만인 것을 말하며 블로어는 압력한계가 1,000～10,000 mmH_2O인 것을 말한다. 압력한계가 10,000 mmH_2O 이상인 공기이송장치는 압축기(compressor)라고 한다. 산업환기장치에서 말하는 송풍기란 팬을 의미한다.

산업환기장치에 사용되는 공기 이송장치에는 크게 두 가지로 나누는데 이젝터(ejector)와 송풍기(fan)이다.

1) 이젝터(ejector)

이젝터는 낮은 작동효율을 갖고 있으며 특별한 물질을 다룰 때 사용되고 산업장의 환기용으로는 송풍기가 일반적으로 사용된다. 이젝터는 때때로 오염물질을 송풍기로 직접 배출하는 것이 바람직하지 못한 경우, 즉, 부식성, 화염성, 폭발성의 물질, 고온이거나 끈적끈적한 물질을 운송해야 하는 위험한 운전상황이나 송풍기가 쉽게 손상될 운전상황에서 사용한다(그림 3-72).

이상의 물질들이 송풍기를 직접 통과할 경우에는 마모 및 부식에 의한 손상과 화재, 폭발, 퇴적 등으로 위험한 운전상황이 발생할 뿐만 아니라 송풍기의 급속한 성능저하가 발생할 수 있다. 이젝터는 에너지 전달이 비효율적이기 때문에 통상적인 시설보다 요구되는 동력이 5～10배 정도 증가하며 효율도 5～12%로 매우 낮다. 또 정압이 25～38 mmH_2O 정도로 일반적인 저압 환기장치용에 사용된다. 이젝터는 또한 일반 공기이송장치에도 사용할 수 있다.

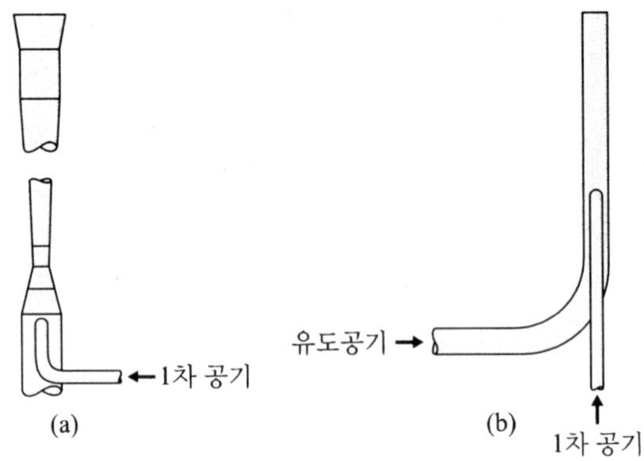

그림 3-72 이젝터

2) 송풍기(fan)

송풍기는 공기의 흐름방향에 따라 3개 그룹으로 나누는데 축류형, 원심형, 특수형으로 구분한다. 축류형이란 축방향으로 들어온 공기가 축방향으로 나가도록 만들어진 송풍기로 덕트 내부에 삽입하여 사용하도록 되어 있다. 보통 화장실용이나 전체환기용으로 많이 사용한다. 원심형은 축방향으로 흘러 들어온 공기가 축과 수직의 방향으로 흘러나가도록 설계된 것으로 겉모양은 마치 달팽이 모양과 같이 되어 있으며 국소배기장치, 공조시설에 사용된다. 일반적으로 축류형은 저압에서 고유량을 제거할 때 사용되며 원심형은 고압에서 저유량을 제거할 때 사용된다.

① 축류형 송풍기

축류형 송풍기에는 세 가지 종류가 있는데 회전차를 둘러 싼 송풍관의 유무에 따라 프로펠러형(propeller fan), 축관형(tubeaxial fan), 날개축형(vaneaxial fan)으로 구분된다. 축류형 송풍기는 회전차에 의해 축방향으로 유입된 기체가 익렬을 지나는 동안 생기는 양력에 의해 에너지를 공급받게 되고 배기구를 향하여 축방향으로 유출된다.

전동기와 직결할 수 있고 공기의 흐름방향이 축방향이기 때문에 덕트 내부에 설치할 수 있어서 비교적 경량이고 재료비 및 설치비가 저렴하다. 그러나 압력이 약하고 원심형 송풍기보다 속도가 커서 소음이 크고 규정유량 외에는 효율이 갑자기 떨어지기 때문에 가열공기 혹은 오염공기의 취급에는 부적당하다.

축류형 송풍기는 저정압 고송풍량을 요구하는 전체환기용이나 통풍용으로 적합한 송풍기이다. 근래에는 고정압용으로도 효율이 좋은 것이 제작되기도 하여 그 적용범위가 점점 확대되고 있다. 축류형 송풍기의 크기는 회전차(impeller)의 외경이 100 mm인 것을 No.1(#1)로 표시하고 이것을 기준으로 삼는다.

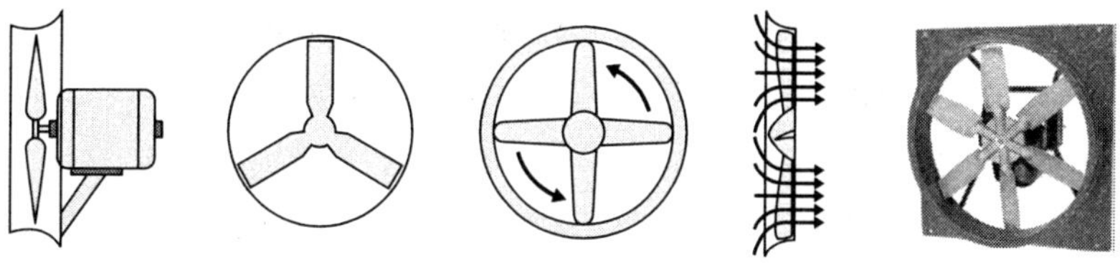

(a) 프로펠러형

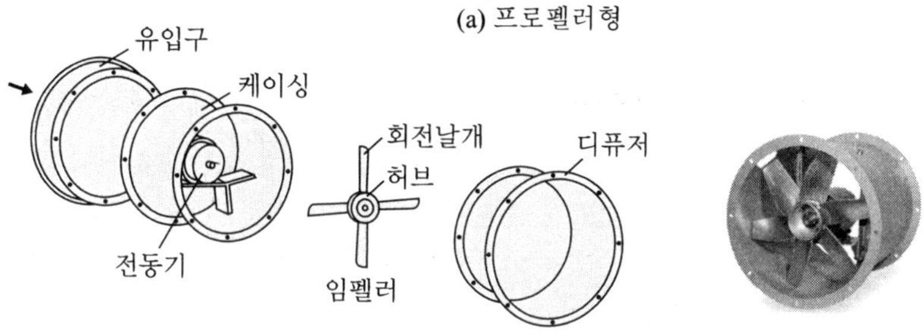

(b) 축관형

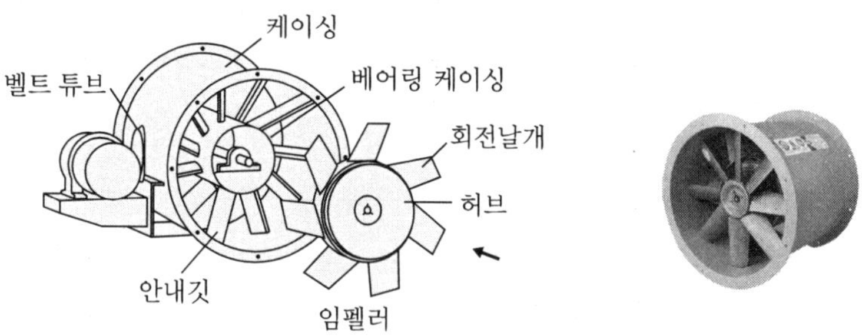

(c) 날개축형

그림 3-73 축류형 송풍기

- **프로펠러형(propeller type)** : 회전축이 매우 작은 허브(hub)에 2~16매의 날개를 가지고 있으며 송풍관이 없는 가장 간단한 구조의 송풍기이다(그림 3-73a). 성능은 부가되는 저항에 대해 매우 민감하게 반응하며 저항이 조금만 증가해도 유량이 현저히 감소한다. 따라서 저항이 적게 발생하는 창이나 측벽에 설치되어 공기를 직접 방출하는 보통 저항이 낮고 송풍량이 많은 전체환기에 쓰인다. 보통 화장실, 음식점, 사무실 등에서 벽에 부착하여 사용한다. 프로펠러형은 저항이 25 mmH_2O 이하에 쓰인다.
- **축관형(tubeaxial type)** : 덕트형 송풍기로 둥그런 덕트의 내부 즉, 송풍관 내에 조립되는 것을 제외하면 프로펠러형의 송풍기와 같다고 할 수 있다(그림

3-73b). 날개깃은 4~6매이며 프로펠러형보다 다소 구조가 잘 갖추어져 있어서 효율이 약간 개선되었으며 프로펠러형보다 조금 높은 저항에서 공기를 이송시킬 수 있으며 보통 50 mmH_2O 이하의 압력에 사용된다. 일반적으로 덕트를 이용하는 환기장치, 공기조화용과 열관리용으로 사용되며 전동기는 덕트의 외부에 설치할 수도 있다. 유해물질의 퇴적 및 날개의 마모 시에 청소와 교환이 용이하기 때문에 건조로나 페인트 공정 등에서 발생하는 송풍기의 날에 축적될 수 있는 응축성 흄 등을 함유한 공기의 이송에 가장 적절한 형태의 송풍기이다.

- **날개축형(vaneaxial type)** : 날개축형은 송풍관 내에 안내날개(guide vane : 움직이지 않는 날개로 정익이라고도 하는데 속도압을 감소시켜 정압을 회복시켜 주기위해 설치함)가 회전차의 앞이나 뒤에 고정되어 있다(그림 3-73c). 회전방향의 선회류는 안내날개에 의해 억제되면서 속도압이 정압으로 회수되므로 정압과 효율은 그만큼 높아지며 하류측의 기류분포도 양호해진다. 동력 증가에 따라 소음은 증가하지만 설치비용이 저렴하고 동력소비가 적으며 공간이 절약되므로 낮은 저항에서 많은 송풍량의 환기장치용, 공기조화용 및 열관리용으로 사용되며 특히, 깨끗한 공기에만 사용된다. 효율이 좋고 높은 압력인 200 mmH_2O까지도 사용이 가능하다.

② 원심형 송풍기

원심형 송풍기(centrifugal fans)는 원심력에 의해 공기를 이동시킨다. 원심형 송풍기는 송풍기 중앙의 축상으로 들어오는 공기를 입사각과 직각이 되도록 높은 속도와 압력으로 배출시킨다(그림 3-74). 원심형 송풍기는 축류형 송풍기보다 국소배기시설에서 훨씬 많이 사용한다. 원심형 송풍기는 축류형 송풍기보다 불확실한 기류나 기류의 변동조건에 매우 적절하게 대처해 나가지만 효율이 낮은 것이 흠이다.

원심형 송풍기는 회전차(impeller)의 모양에 따라 4가지로 구분한다. 회전차의 날개가 회전방향과 같은 방향으로 구부러져 있으며 특히, 많은 수의 날개를 가지고 있어서 다익형이라고 부르는 전향곡형, 날개가 구부러지지 않은 방사형, 날개가 회전방향의 반대방향으로 구부러져 있는 후향곡형 혹은 터보형 그리고 날개의 폭이 다르게 부착되어 있는 익형(airfoil)으로 구분한다. 원심형 송풍기는 회전차의 외경이 150 mm인 것을 No.1(#1)로 표시하고 이것을 기준으로 한다.

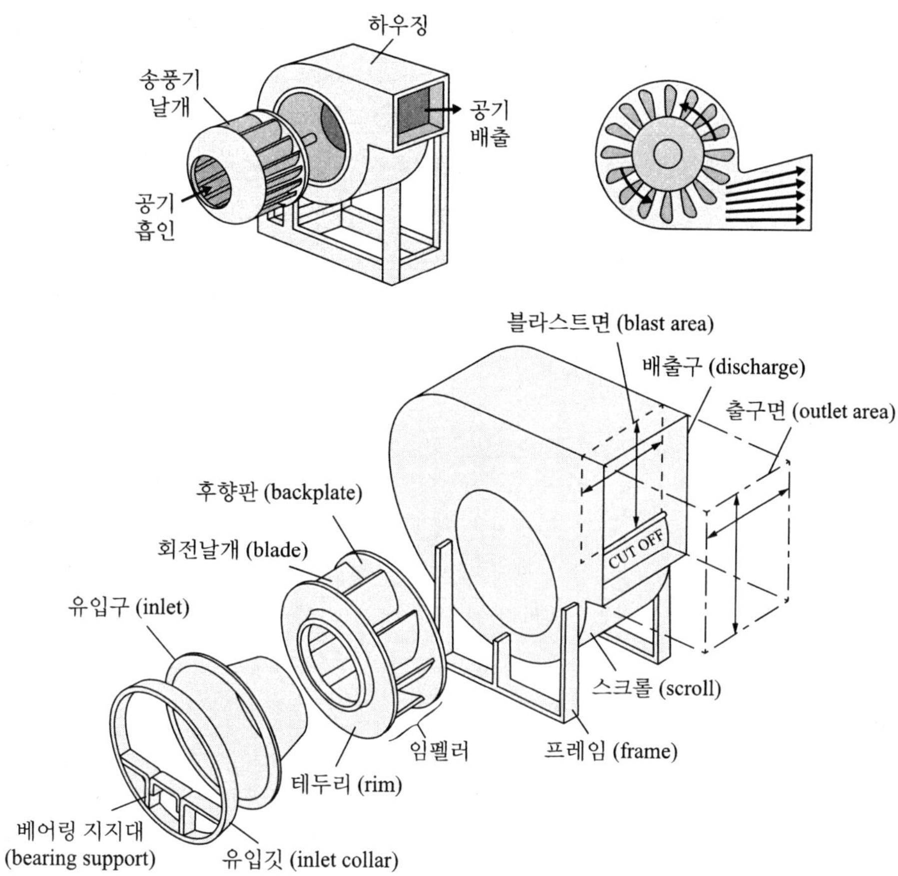

그림 3-74 원심형 송풍기의 구조

- **전향곡형 혹은 다익형(forward-curved or multiblade)** : 익현의 길이가 짧고 깃 폭이 넓은 여러 개의 날(36～64매)이 다람쥐 틀 모양을 하고 있으며 송풍기 날의 앞쪽 끝 날이 회전방향으로 구부러진 팬으로 처음으로 제작하여 판매한 회사의 상품명인 시로코팬(Sirocco fan)으로 널리 알려져 있다(그림 3-75a). 이러한 송풍기는 구조 및 강도상 고속회전이 불가능하며, 가동범위정압은 100 mmH_2O 정도로 저압이고 대신 대용량의 송풍량을 처리할 수 있으며 효율도 60%로 낮다.

동력의 상승률이 크고 과부하가 되기 쉽기 때문에 큰 동력의 용도에는 적합하지 않다. 회전차의 깃이 짧아 입자상 물질의 퇴적 시 청소가 곤란하고 배기시설에 불균형을 초래할 수도 있다.

그러나 동일한 속도로 발생하는 송풍량에 대해서 다른 송풍기에 비해 가장 큰 장점을 지니고 있다. 다시 말해 비교적 낮은 회전속도에서도 송풍기의 날개 회전에 따른 높은 배출속도 즉, 빠른 공기배출속도를 얻을 수 있다. 따라서 동일 송풍량, 동일 정압에 대해 가장 소형이므로 제한된 장소에서 사용이 가능하고 회전속도가 작아 소음발생이 적은 특징을 갖고 있다. 통상적으로 이러한 송풍기는 저압, 대량의 송풍량 및 작은 동력의 가온 및 공기조화 장치와 같이 중간 정도 이하의 정압에 대하여 사용되며 가격도 저렴한 편이다. 분진이나 흄 등은 곡률이 작은 날에 부착되어 송풍기 운전상의 불균형 문제를 발생시키고 부착물질의 제거도 어려우므로 분진이나 흄이 존재하는 환경에서는 이러한 송풍기를 사용하지 못한다.

- **방사형(radial)** : 익현의 길이가 길고 깃 폭은 좁으며 날개수가 원심형 중 가장 적어서 6～12개 정도이며 깃의 모양은 직선이고 평판모양으로 되어 있다(그림 3-75b). 압력은 전향곡형보다 약간 높으며 효율도 65%로 약간 높으나 후향곡형보다는 낮고 소음이 많이 발생한다. 구조가 간단하고 강도가 강하므로 고속회전이 가능하며 회전차의 교환 및 수리가 용이하다. 따라서 미분탄, 시멘트, 톱밥, 곡물 및 모래 등을 비롯한 고농도의 입자상 물질 제거, 부착성 및 마모성이 강한 분진의 이송, 고온의 가스처리, 응축성 미스트나 증기 제거 등 대부분의 배기장치에서 채용되고 있어 일명 짐말(workhorse)의 역할을 담당한다. 연마작업이나 목재가공작업의 배기용에 이용되는 송풍기로 다량의 무거운 분진이 송풍기를 통하여 배출되는 경우에도 적용되고 있다.

  이러한 송풍기는 통상적으로 중간정도의 최고속도와 중간정도의 소음을 발생시킨다. 가동범위는 500 mmH_2O까지 가능하며 송풍량은 2,800 m^3/min까지 처리할 수 있다. 이 송풍기는 마모성이 강한 분진 등 다양하게 사용할 수 있다는 장점을 가지고 있으나 그 대신 회전차는 내마모성이 강한 재료나 견고한 재질을 사용해야 함으로 생산비가 비싼 결점을 지니고 있다.

- **후향곡형 혹은 터보형(backward-curved or turbo)** : 이 송풍기는 팬의 날이 팬의 회전방향에 반대되는 쪽으로 기울어진 형태이다(그림 3-75c).

  익현의 길이와 깃의 폭은 방사형과 같으며 12～24매의 후향곡형 날개를 가지고 있다. 통상적으로 이러한 형태의 송풍기는 최고속도가 높으므로 효율이 85% 정도로 비교적 좋고 성능이 안정되어 있으므로 압력변동이 있는 경우에 적합하며 송풍기의 병렬 사용할 때에도 지장을 초래하지 않는다. 동력의 상승이 완만해서 어느 정도 올라가면 소요정압이 떨어져도 동력은 크게 상승하지 않으므로 시설저항 및 운전상태가 변하여도 과부하가 걸리지 않는다. 소음도 비교적 낮으나 구조가 가장 크다. 일반적으로 사용되는 환기장치용, 공기조화용 및 열관리용으로 소형에서 대형에 이르기까지 다양하며 장소의 제약을 받지 않고 광범위한 용도로 사용되고 있다. 그러나 날의 형태로 인하여 분진이 침적되기 쉬우므로 이러한 형태의 송풍기는 응축성의 흄이나 증기를 함유하지 않는 깨끗한 공기에 대하여서만 사용되어야 한다.

- **익형(airfoil)** : 깃의 모양이 익형으로 된 9～16매의 후향곡형 날개를 가진 송풍기이다(그림 3-75d). 터보형을 개선한 것으로 규정 송풍량 이상으로 증가시켜도 동력은 증가하지 않으며 값은 비싸지만 원심형 송풍기 중에서 효율이 가장 좋고 소음도 가장 적으며 저정압 대용량 송풍량에 적합하다. 입자상 물질의 퇴적이나 습기에 의한 깃의 부식이 발생하기 쉬운 결점을 지니고 있으나 회전차의 구조상 고회전에 적합하다. 정압은 500 mmH_2O이고 깨끗한 공기의 환기장치나 공기조화용으로 많이 사용된다.

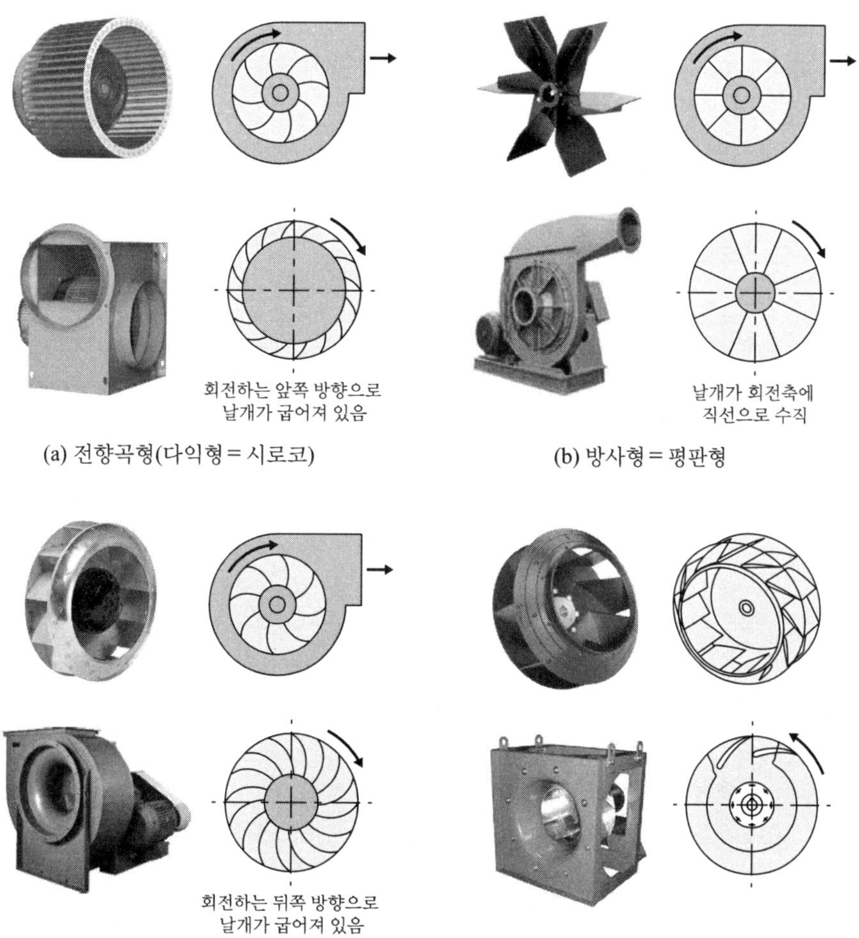

(a) 전향곡형(다익형 = 시로코)　(b) 방사형 = 평판형

(c) 후향곡형(터보형)　(d) 익형 = 에어포일(airfoil)

그림 3-75 원심형 송풍기

③ 특수형

- **관내류 원심형(in-line flow centrifugal)** : 관내류 원심형 송풍기는 후향곡형의 날을 가진 팬이며 직선적으로 덕트 내에 설치되기 때문에 공간을 적게 차지한다. 이 송풍기의 압력 - 체적 - 동력의 성능곡선은 동일한 날 형태의 두루마리형(scroll type)의 원심형 송풍기에 대한 성능곡선과 같다. 정압도 작고 송풍량도 작기 때문에 주로 공기 순환용 또는 환기 통풍용으로 사용한다. 송풍기의 필요 공간은 날개축형 송풍기의 그것과 같다(그림 3-76a).
- **지붕환기장치(power roof ventilator)** : 지붕환기장치란 송풍기와 굴뚝 및 기상형 덮개로 구성되는 일괄장치이다(그림 3-76b). 이 장치는 축류형 혹은 원심형 송풍기의 형태를 취하고 있다. 원심형에서는 두루마리형의 틀을 사용하지 않지만 환기장치의 주변으로 하여 직접 바깥으로 배출시킨다. 또한 이 장치는 하향편향식 혹은 상향분사식의 배출방법을 채용하기도 한다.

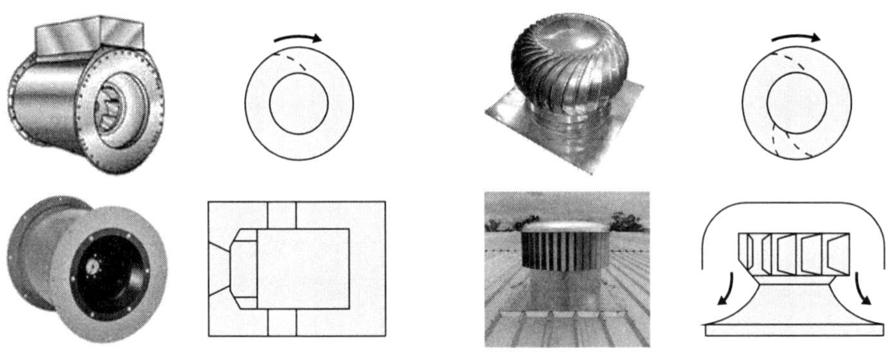

(a) 관내류 원심형　　　(b) 지붕환기장치(roof ventilator)

그림 3-76　특수형 송풍기

(2) 시스템(계) 요구곡선

국소배기장치를 이동하는 송풍량과 압력손실과의 관계를 나타낸 곡선을 시스템(계) 요구곡선(system requirement curves) 혹은 시스템곡선이라고 한다. 즉, 국소배기장치 자체가 갖는 곡선을 의미한다. 그림 3-77은 여러 가지 시스템 요구곡선의 형태를 보여주고 있다. 국소배기장치의 유동조건은 난류형태를 띠고 있기 때문에 압력손실은 송풍량의 제곱에 비례한다. 따라서 이때 시스템 요구곡선은 원점을 통과하는 포물선($\Delta P = CQ^2$)으로 나타나게 된다.

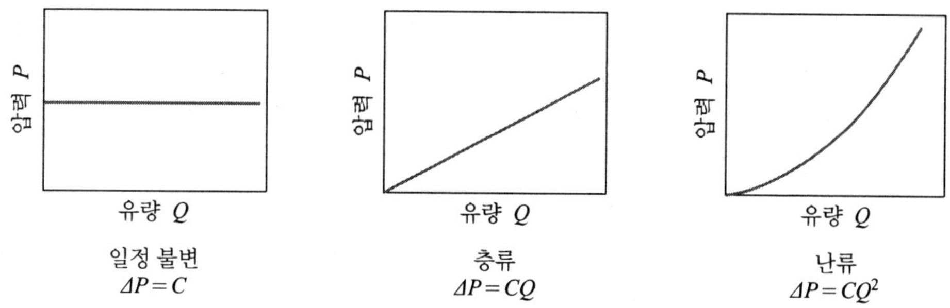

그림 3-77 여러 가지 형태의 시스템(계) 요구곡선

만약 유동조건이 층류를 이루고 있을 때에는 두 번째 그림처럼 시스템 요구곡선은 직선($\Delta P = CQ$)으로 나타나는 데 저속의 여과장치를 통과할 때 생긴다. 또 만약 습식 세정집진장치 내에서와 같이 압력이 일정하다면 송풍량의 변화에 관계없이 저항은 일정하게 나타난다($\Delta P = C$). 시스템 요구곡선은 국소배기장치 내의 송풍량을 알면 송풍기가 발진시켜야 할 송풍기 정압을 구하는데 사용된다. 시스템 요구곡선을 구하려면 컴퓨터 프로그램을 이용하면 간편하다. 컴퓨터 프로그램은 유량을 변동하면서 총 압력 손실치를 구하도록 되어 있다(프로그램: SP Pressure Drop 10.0, SP Pressure Drop 7.2).

(3) 송풍기의 성능곡선

송풍기의 종류, 크기, 효율, 회전수 그리고 동력에 따라서 송풍량은 달라지는 데 이와 같이 송풍기의 특성을 나타내는 곡선을 송풍기의 성능곡선(performance curve)이라고 한다. 송풍기의 성능곡선은 송풍기 제작회사가 송풍기를 만들고 시험을 거쳐 카탈로그에 기록한다. 성능곡선은 정압, 동력 및 기계효율 곡선으로 나눌 수 있다.

1) 송풍기 정압곡선

송풍기가 주어진 회전속도에서 운반할 수 있는 송풍량은 송풍기가 작동할 때 저항에 달려 있다. 일반적으로 저항이 높으면 높을수록 송풍기는 적은 양의 공기를 운반할 것이다. 주어진 회전속도에서 송풍량과 일치하는 정압과의 관계를 송풍기 정압곡선으로 표시할 수 있다(그림 3-78a).

정압곡선은 다음과 같이 생각하면 쉽게 이해할 수 있다. 지금 한쪽 끝에는 송풍기가 달려 있는 덕트가 있다. 다른 한쪽 끝을 손바닥으로 완전밀폐하고 송풍기에 전원을 넣어 일정한 회전수로 회전시키기 시작하면서 서서히 손바닥을 떼기 시작하자. 처음에는 비록 전원이 ON이라고 해도 막혀져 있기 때문에 공기흐름은 제로(0)이다. 전원으로 송풍기가 회전하려는 힘이 작용하기 때문에 많은 압력저항(정압)이 걸려 있다(손바닥 앞의 적은 양의 공기가 빠져 나가 이 부분은 진공상태에 가까워 많은 정압이 걸려 있다). 서서히 손바닥을 떼면 조금씩 공기흐름이 생기면서 처음 공기를 이동시킬 때 가속력 때문에 오히려 어느 시점의 유량에 도달할 때까지는 정압이 상승 혹은 평형상태가 되겠으나 손바닥을 많이 뗌에 따라 정압은 급속히 감소하기 시작하여 완전히 떼었을 때는 정압은 0이 될 것이다. 이 같은 실험은 송풍기 제작회사에서 송풍기의 성능을 결정하는 실험장치를 이용하여 실시하는데 이때 송풍기 정압, 송풍기 전압, 송풍량, 동력 소모량 등이 얼마인지 종합적으로 측정된다.

정압곡선은 동일한 크기와 형태의 송풍기에서는 일정한 모양을 유지한다는 점이다. 예를 들어, 동일한 크기와 형태의 송풍기에서 회전수를 증가시키면 정압곡선은 거의 동일한 모양으로 위로 상승할 것이고 회전수를 감소시키면 정압곡선은 거의 동일한 모양으로 아래로 내려오게 되나 모양 자체는 달라지지 않는다(상사의 법칙).

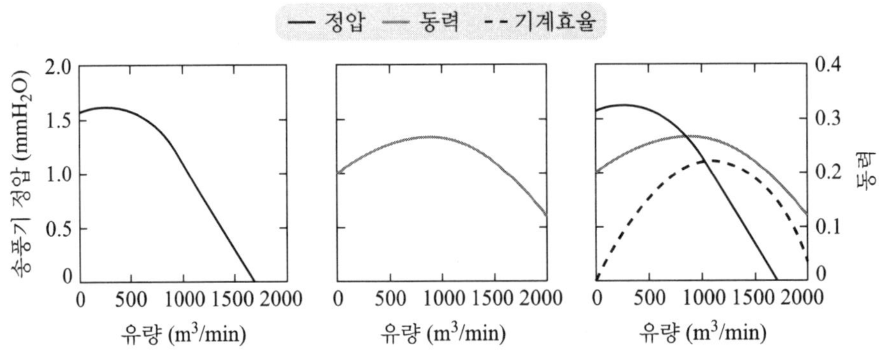

그림 3-78 송풍기의 성능곡선

❑ 송풍기 정압(FSP: fan static pressure)

송풍기 정압은 흡인력과 송풍기가 송풍기 뒤쪽의(down stream) 국소배기장치에 가하는 압력의 합이다. 이것은 난류와 마찰력의 합(공기를 이동시킬 때 필요한 전 에너지)에서 송풍기 입구로 유입되는 공기의 속도압(이미 장치 내 존재하는 운동에너지)을 뺀 것과 동일하다. 따라서 송풍기 정압은 다음과 같다.

$$FSP = |SP_{inlet}| + |SP_{outlet}| - VP_{inlet} \qquad (3\text{-}42)$$

여기서, FSP : 송풍기 정압, mmH_2O

SP_{inlet} : 송풍기 입구 쪽의 정압, mmH_2O

SP_{outlet} : 송풍기 출구 쪽의 정압, mmH_2O

VP_{inlet} : 송풍기 입구 쪽의 속도압, mmH_2O

여기서 절댓값을 쓴 이유는 송풍기 입구 쪽에서의 정압은 (−)의 정압으로 표시되고 출구 쪽에서의 정압은 (+)로 표시되며 (−)정압은 없다는 뜻이 아니고 실측치로 나타나지만 운동방향이 단지 다를 뿐으로 이들 두 정압 모두 공기이동에서 발생하는 저항을 극복하기 위해 필요한 에너지이다.

예제 3-26 Q&A

송풍기 입구의 흡인정압이 58 mmH_2O이고 출구의 배출정압이 20 mmH_2O이다. 입구 쪽의 평균 유속이 15 m/sec일 때 송풍기 정압은 얼마인가?

풀 이

속도가 15 m/sec일 때 속도압 VP = 13.8 mmH_2O

따라서, $FSP = |SP_{inlet}| + |SP_{outlet}| - VP_{inlet} = |-58| + |20| - 13.8$

$= 64.2\ mmH_2O$

일반적으로 송풍기 제작업체들이 송풍기를 제작하고 판매할 때 송풍기 정압을 평가하여 분류하기 때문에 송풍기 정압은 송풍기를 선정하는데 사용된다. 그러나 어떤 제작업체에서는 송풍기 정압보다 송풍기 전압(FTP: fan total pressure)을 이용하기도 한다. 송풍기 전압은 일반적으로 소요동력을 계산하는데 사용된다. 송풍기 전압과 정압은 다음과 같은 관계가 있다.

$$FTP = (SP_{outlet} + VP_{outlet}) - (SP_{inlet} + VP_{inlet}) \quad (3\text{-}43)$$

$$FTP = FSP + VP_{outlet} \quad (3\text{-}44)$$

여기서, VP_{outlet} : 송풍기 출구쪽의 속도압, mmH_2O

2) 송풍기 동력곡선

송풍기를 회전시키는데 필요한 전력량은 송풍기의 출력과 장치 내의 저항에 달려 있다. 이것은 그림 3-78b와 같이 송풍기의 동력곡선으로 그려질 수 있다.

앞에 설명한 정압곡선과 같이 아주 짧은 덕트에 송풍기를 달고 덕트 입구를 손바닥으로 완전 밀폐한 다음 송풍기에 전원을 넣고 서서히 손바닥을 떼기 시작하자. 처음에는 전원이 ON이라고 해도 막혀져 있기 때문에 공기흐름은 제로이지만 동력은 계속하여 들어가 있다. 서서히 손바닥을 떼면 공기가 흐르고 좁은 통로에 공기가 이송하기 때문에 저항이 생겨 동력은 많이 소용된다. 손바닥을 많이 뗄수록 유량 Q는 커지지만 저항이 작아져 소요동력은 오히려 줄어든다. 그러나 동력이 전혀 없으면 공기의 흐름은 있을 수 없기 때문에 유량이 존재하는 한 동력이 없어지지는 않는다.

공기 이동에 필요한 동력의 데이터는 표준화된 과정을 거쳐서 송풍기를 제작한 제작자에 의해 만들어진다. 실제 동력소요량은 송풍기와 모터 간에 에너지손실이 일어나기 때문에 조금 큰 값이 적용된다. 동력곡선의 모양은 정압곡선에 따라 서로 다른 지점에서 송풍기의 작동 효과를 보여준다.

3) 송풍기의 기계효율곡선

송풍기 기계효율은 성능곡선의 여러 다른 지점에서 이송되는 공기량 대비 소요되는 에너지가 얼마인지를 보여주는 척도이다. 동력이 소요됨에도 불구하고 유량이 없는 처음 지점의 기계효율은 제로이다. 그 후 증가하여 어느 지점에서 최고점에 이르지만 덕트의 단위 면적당 유량이 너무 많으면 심한 난류와 마찰이 만들어져 에너지가 공기이송에만 소요되는 것이 아니라 마찰과 난류 형성(저항)에 소모됨으로 기계효율은 오히려 떨어지게 된다. 이는 자동차가 너무 과속으로 달리면 공기 저항으로 연비가 떨어지고 대략 중간정도의 속도에서 효율이 가장 좋은(이를 경제속도라고 함) 원리와 같은 이치이다.

송풍기 효율곡선의 목적은 주어진 유량과 정압에서 최고의 효율을 가지는 송풍기를 선정하기 위함이다. 따라서 중요한 것은 국소배기장치의 설계유량과 정압이 일치하는 최고의 효율을 가진 정확한 크기의 송풍기를 선정해야 한다. 기계효율은 상대적인 값으로 나타내기 때문에 기계효율에 대한 단위는 존재하지 않는다. 곡선의 모양이 효율의 크고 작음을 나타낸다.

그림 3-78c는 세 개의 곡선을 한 곳에 그린 것으로 성능곡선은 송풍기 제작회사가 만들고 카탈로그에 표시한다.

(4) 작동점과 성능곡선

그림 3-79와 같이 앞서 설명한 송풍기 성능곡선(정압곡선)과 시스템 요구곡선을 한

꺼번에 좌표 상에 나타낼 수 있다. 송풍기 성능곡선은 제작회사에서 구할 수 있고 국소배기장치의 시스템 요구곡선은 컴퓨터 프로그램을 이용하여 각각의 압력손실치를 삽입하고 유량을 변동시킴으로 총 압력손실치를 구하면 작성할 수 있다. 만약 유량을 바꾸지 않는 한 원래 이 장치의 시스템 요구곡선 *R*은 이 장치에 대해서 일정하다(그림 3-79a 참조). 그림에서 두 곡선이 만나는 점이 송풍기가 국소배기장치에 공급해야 할 송풍량을 나타낸다. 이 점을 작동점(point of operation)라고 한다. 작동점은 밸브의 개폐정도가 큰 쪽에서 작은 쪽으로 이동함에 따라 밸브저항이 커지게 됨으로 A → B → C → D로 이동하게 된다. 완전밀폐가 되는 D점을 체절(shut off) 작동점이라고 한다.

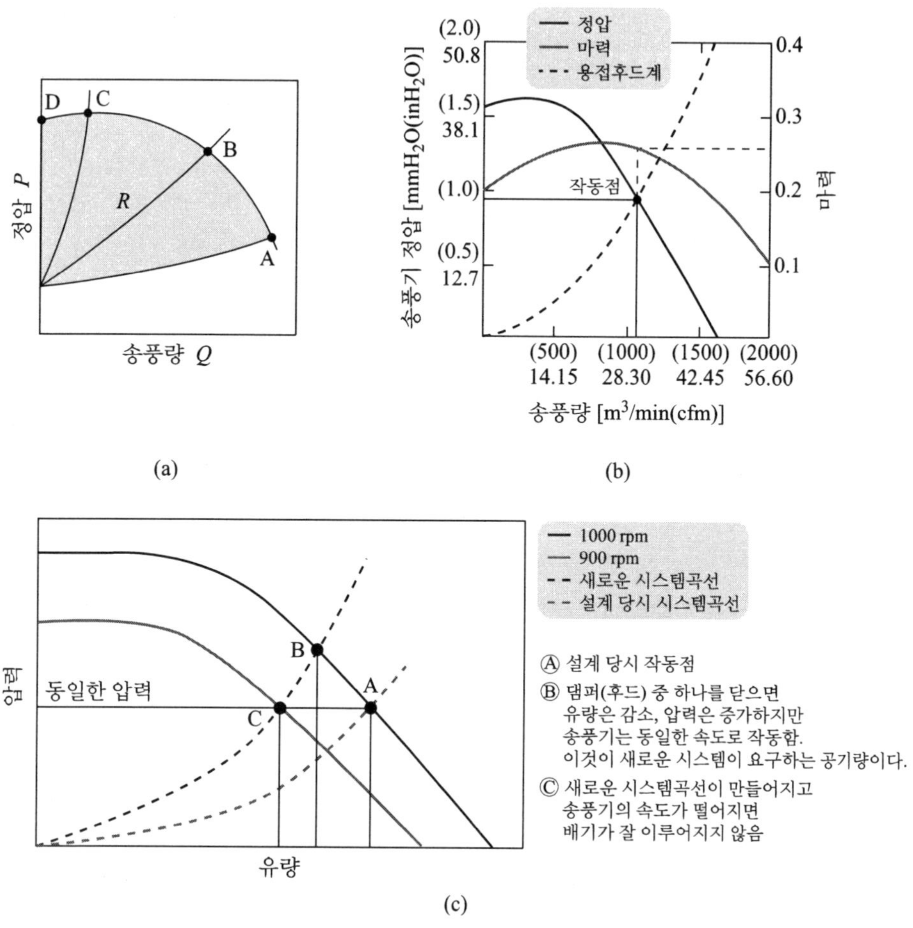

그림 3-79 작동점(point of operation)과 유량 변동

동일규격의 송풍기가 동일한 회전수로 작동한다고 한다면 항상 동일한 송풍량을 이동시킬 수 있을 것인가? 예를 들어, 송풍량 200 m^3/min, 송풍기 정압 100 mmH_2O인 송풍기가 2,000 rpm으로 회전하고 있다고 하면 항상 200 m^3/min로 공기를 이동시킬 것인가? 답은 정압이 100 mmH_2O인 경우에만 200 m^3/min로 공기를 이동시킬 수 있다. 만약 시스템의 정압이 점차 높아져 그림 3-79a에서처럼 시스템 요구곡선이 A → B → C → D로 이동하면 송풍량은 현저하게 감소한다는 것을 알 수 있다. 실제 국소배기장치에서는 분진의 퇴적, 필터의 압력손실 증가, 흡착탑에 오염물질의 침적 등으로 인해 압력손실이 높아지게 되면 처음 운전할 때보다 송풍량이 현저하게 감소함을 알 수 있다. 따라서 송풍기의 크기와 회전수를 고정시킨다고 하여도 장치 내 압력과 동력의 변화에 따라서 송풍량이 쉽게 변한다. 그림 3-79c는 이러한 현상을 그림으로 보여 주는 것으로 A점에서 B점으로 가도 회전수 즉, 송풍기 속도는 동일하지만 유량은 감소한다. 그러나 새로 만들어진 시스템 요구곡선에서 회전수를 낮추면 즉, 속도를 낮추면 유량이 더욱 적어져서 배기가 잘 이루어지지 않는다.

그림 3-79b에서 송풍기의 크기와 회전수를 고정시킨다고 하여도 장치 내 압력과 동력의 변화에 따라서 송풍량이 쉽게 변한다는 사실을 알아야 한다. 이 국소배기시설의 송풍량은 약 30 m^3/min이다. 이 때 송풍기 동력은 작동점에서 송풍기 동력곡선에 수직선을 그어 만나는 점이며 이 점에서 수평으로 직선을 그어 만나는 값이 필요한 송풍기 동력이다.

한편, 설계단계에서 예측했던 국소배기장치 시스템 요구곡선이 실제 시스템 요구곡선과 잘 맞고 송풍기를 잘 선정하면 그림 3-80의 A와 같이 원했던 송풍량이 나올 수 있다. B는 송풍기를 잘못 선정한 경우로 시스템의 압력손실 예측은 적중하였으나 성능이 약한 송풍기를 선정함으로서 원했던 송풍량보다 적게 배출되는 경우이다. C는 송풍기의 선정은 올바르게 했으나 시스템의 압력손실 예측을 잘못한 경우로 압력손실이 과대평가되어 실제는 압력손실이 작게 걸려 송풍량이 과도하게 많은 경우이다. D는 두 조건이 모두 잘못된 경우로 시스템의 압력손실도 과대평가하였고 송풍기도 용량이 너무 큰 것을 선정한 경우이다.

작동점이 설계단계와 다르게 형성되는 이유는 앞에서 설명한 대로 시스템 압력손실의 예측 잘못, 송풍기 선정 잘못 외에도 조립이나 설치 잘못에서 올 수 있다. 이 같은 일이 발생하면 시스템 요구곡선을 변화시키고/거나 송풍기 성능곡선을 변화시킬 수 있는 조치를 취해야 한다. 송풍기 성능곡선은 송풍기 규격과 회전수에 특이적이기 때문에 회전수의 변화가 간단한 조치가 된다.

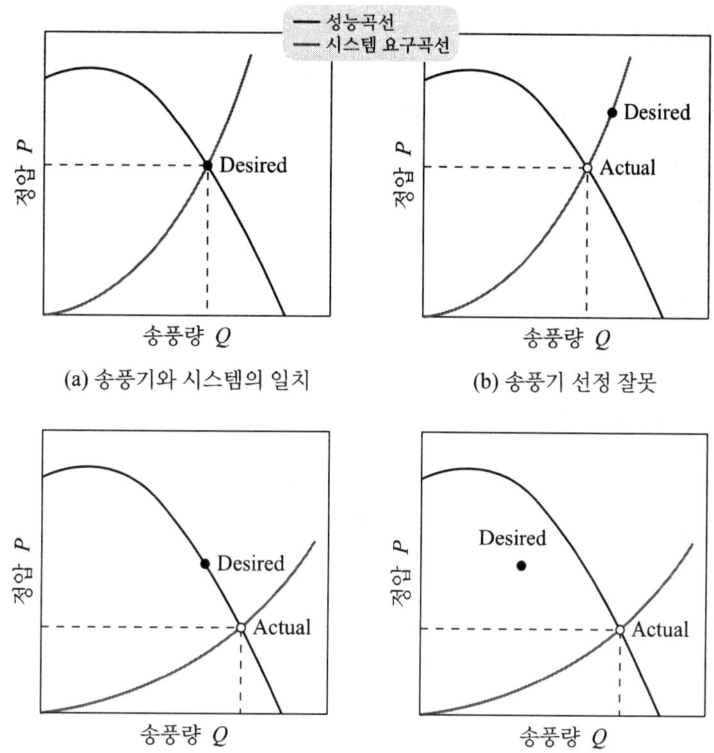

(a) 송풍기와 시스템의 일치 (b) 송풍기 선정 잘못 (c) 시스템의 압력손실 예측 잘못 (d) 두 조건 모두 잘못

그림 3-80 송풍기 선정 및 시스템 압력손실 예측과 실제 작동점과의 관계

(5) 성능곡선의 예

송풍기 제작자들은 송풍기를 제작하고 성능검사를 거쳐 성능곡선을 제작하게 된다. 산업위생담당자들은 성능곡선을 가지고 이들의 성능특성을 이해할 줄 알아야 한다. 그림 3-81은 원심형 송풍기 중 전향곡형 송풍기(a), 방사형 송풍기(b), 후향곡형(터보형) 송풍기(c) 그리고 축류 송풍기(d)의 성능곡선을 나타낸 것이다.

1) 전향곡형 원심형 송풍기

정압은 전폐 작동점 즉, 체절 운전 시 최대이며 서서히 개방하면서 감소하여 골을 이루었다가 다시 증가한 후 다시 감소하여 자유송출점(wide open volume: 유량 최고점)에 이르러 최소가 된다. 따라서 한 송풍기 정압에서 3개의 송풍량이 존재하여 서징(surging) 현상이 발생한다. 서징 현상이 발생하면 장치에 진동이 생겨 소음이 심하게 되는데 최대 송풍기 정압의 80% 정도 구간에서 발생한다. 이럴 경우 송풍기 바로 앞에 바이패스(by-pass) 덕트를 설치하여 정압을 감소시키고 동시에 송풍량을 증가시키면 어느 정도 해소시킬 수 있다. 기계효율은 비교적 낮으며 오른쪽 정압곡선의 최대 점에서 최대 효율에 이르고 자유송출점에서는 40～50%에 이른다. 따라서 송풍기를 오른쪽 정압곡선에 맞추어 평가해야 한다. 동력은 체절 운전 시 최소이며 송풍량이 증가함에 따라 계속적으로 증가하여 어느 정도 규정 송풍량을 벗어나면 급격히 증가하게 되어 모터에 과부하가 걸리게 된다. 따라서 배기장치의 압력이 운전 중 일정하지 않으면 송풍량의 변화가 심하여 과부하가 발생한다.

2) 방사형 송풍기

정압은 체절 운전 시에 비교적 높으며 유량이 증가하면서 약간씩 증가하여 최대 효율점 근처에서 최대 풍압을 나타내며 그 후 자유송출점까지 곡선적으로 급격히 감소한다. 최대 송풍량 50% 이상에서는 정압이 변하여도 송풍량 변화는 비교적 적기 때문에 배기장치 내 압력변화에 송풍량의 흡인효율 변동 폭은 비교적 적은 편이다. 효율은

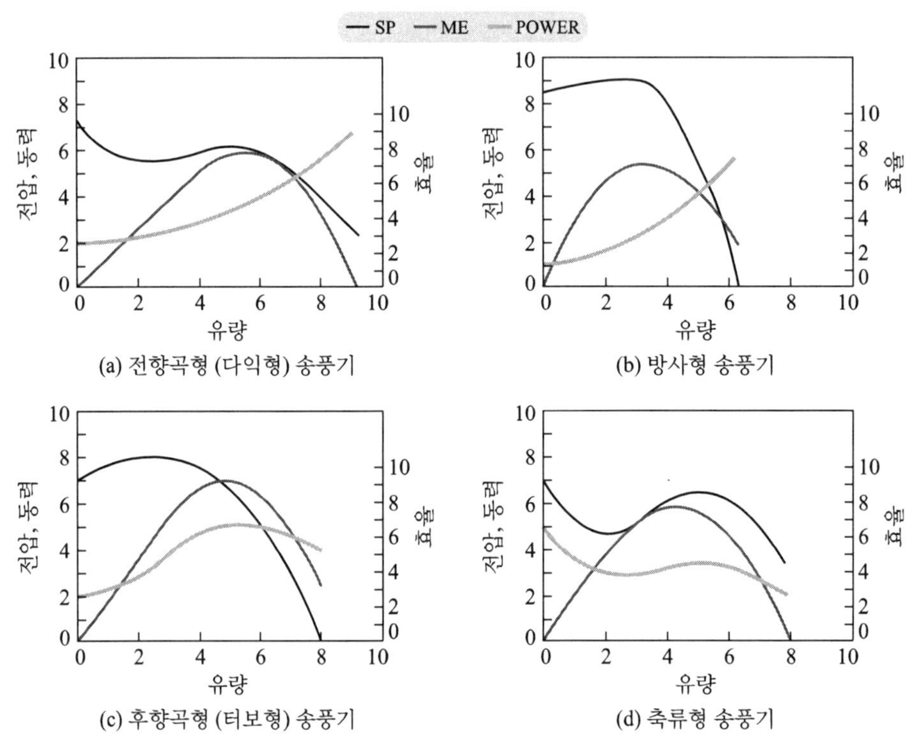

(a) 전향곡형 (다익형) 송풍기
(b) 방사형 송풍기
(c) 후향곡형 (터보형) 송풍기
(d) 축류형 송풍기

그림 3-81 각 송풍기의 전형적인 성능곡선

전향날개 송풍기보다 약간 높은 편이며 송풍량 증가에 따라 최고 효율에 이르렀다가 이후 감소한다. 동력은 자유송출점까지 거의 직선적으로 증가한다. 이는 송풍기를 덕트나 집진기를 연결하지 않은 채 점검하기 위하여 스위치를 켜 놓으면 송풍량이 과다에 의한 소용동력이 너무 커져서 과부하가 걸리게 된다. 압력변화에 따른 송풍량의 변화가 크지 않기 때문에 고압의 산업환기장치에 적용된다.

3) 터보형(후향곡형) 송풍기

정압은 체절운전 시 비교적 높으나 송풍량이 증가하면서 약간 증가하였다가 하강곡선을 그린다. 효율은 비교적 높은 편이며 동력은 최고 효율점보다 큰 곳에서 상승이 완만해져 한계에 이르고 자체제어(self-limiting)가 가능하다. 다시 말해 송풍량이 증가하여 자유송출점이 되어도 동력은 증가하지 않는 장점을 가지고 있다. 따라서 유량이 계속 증가하여도 과부하가 걸리지 않아 모터가 타 버리지 않는다.

4) 축류형 송풍기

정압곡선은 전향날개 송풍기와 매우 유사한 모양을 하고 있으나 서징 범위가 전향날개 송풍기보다 광범위하여 압력손실이 많이 걸리는 곳에서는 소음과 진동이 심하게 발생한다. 예를 들어, 소형 페인트 부스에 걸려 있는 축류 송풍기는 필터를 제때에 교환하지 않아 필터가 에어로졸로 막혀 버리면 심하게 소음이 발생하게 된다. 그러나 이 송풍기는 광범위한 서징에도 불구하고 덕트 내에 바로 삽입할 수 있다는 장점 때문에 작업장에 자주 적용된다. 축류 송풍기가 원심력 송풍기와 다른 또 다른 특징은 동력곡선이 체절 작동점에서 최대가 된다는 점이다. 따라서 송풍량이 거의 없을 때에는 과부하가 걸려 모터가 타 버릴 수 있어 조심해야 한다.

(6) 송풍기 선정

1) 송풍기 선정 시 고려사항

① 송풍량 Q : 필요한 송풍량은 송풍기 유입구 측에서 실제 송풍량(actual Q)으로 계산되어야 한다.

② 압력 : 표준공기(공기 밀도 1.2 kg/m^3) 하에서 수두(mmH$_2$O)로 송풍기 정압이나 송풍기 전압로 계산되어 있어야 한다(보통 송풍기 정압로 계산). 특히, 모든 송풍기의 사양은 표준공기로 만들어져 있기 때문에 송풍기 선정에 있어서 모든 압력 손실치나 정압을 표준상태로 환산해야 함을 명심해야 한다.

③ 취급물질 : 적은 양의 smoke나 dust는 원심형 후향곡형 송풍기나 축류형 송풍기, 약간의 dust를 갖고 있는 fume이나 습기 함유물질은 원심형 후향곡형 혹은 방사형 송풍기, 만약 많은 양의 입자상 물질은 원심형의 방사형 송풍기가 필요하다.
④ 화염 및 폭발위험물질 : 만약 화염 및 폭발위험이 있는 기류 속에 모터가 들어가야 한다면 폭발방지 모터를 사용해야 한다.
⑤ 부식성 물질 : 스테인리스나 유리섬유 송풍기가 필요하다.
⑥ 배출물질 : 온도변화에 유의하여 선정해야 한다.
⑦ 회전 동력장치에 유의할 것
⑧ 소음발생에 유의할 것
⑨ 안전성 및 부속품에 유의할 것

2) 송풍기 선정표와 성능 그래프

송풍기의 크기, 작동 시 회전수(RPM) 및 축동력(BHP: brake horse power)은 송풍량 Q와 송풍기 정압 FSP를 근거로 송풍기 제조사가 제시한 선정표(rating table)를 이용한다. 선정표는 송풍기 전압(FTP)이나 송풍기 정압(FSP)를 근거로 만들어진 것이며 일반적으로 송풍기 선정에는 송풍기 정압이 동력계산에는 송풍기 전압이 사용된다. 따라서 특별한 언급이 없는 한 선정표에 나타난 압력은 송풍기 정압이다. 선정표는 항상 표준공기에서 만든 것이다. 따라서 현 상태가 표준상태가 아니라면 다음과 같은 조치가 필요하다.

- 현재(실제) 정압을 표준상태의 송풍기 정압으로 바꾼 다음 선정표에 적용해야 한다.
- 선정표에서 얻은 동력을 적용할 때에는 다시 실제 동력으로 바꾼다.

그림 3-82는 현재 국내에서 생산되고 있는 송풍기 종류별로 적용 가능한 송풍량과 송풍기 정압을 도식화한 것이다. 이 그림을 이용하면 대략적으로 필요한 송풍기의 종류를 선정할 수 있다.

송풍기 제작회사에서는 송풍기를 제작한 후 일정한 시험을 거쳐 선정표를 작성한다. 따라서 송풍기를 선정할 때에는 이 선정표를 이용하면 쉽게 송풍기를 선정할 수 있으며 선정하는 방법도 제작회사마다 다르다. 예를 들어, 표 3-24는 S사의 터보 A형 송풍기에 대한 선정표이다. 송풍량이 210 m^3/min이고 송풍기 정압이 200 mmH_2O이면 STF-4호를 선정하고 회전수는 2,000 rpm, 동력은 14 kW로 운전하면 된다. 그러나 송풍량이 210 m^3/min이라도 송풍기 정압이 100 mmH_2O으로 떨어지면 STF-5호를 선정하여 회전수 1100 rpm에 동력은 6.8 kW로 운전해야 한다. 따라서 동일한 송풍량이라도 송풍기 정압에 따라 소요 동력이 많은 차이가 있음을 알 수 있다.

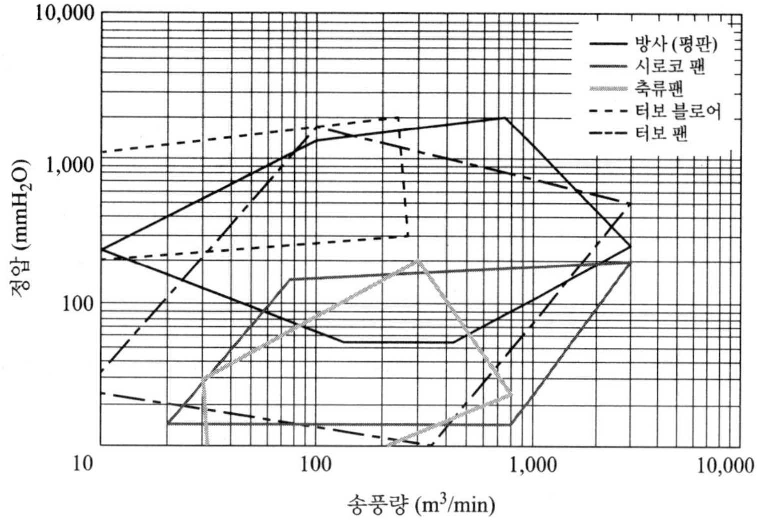

그림 3-82 송풍기 송풍량과 송풍기 정압 범위

표 3-24 S사의 터보 A형 송풍기 선정표

호수	정압(mmAq) / 성능	50	75	100	125	150	175	200	250	300	350	400
STF-2	송풍량(m^3/min)	24	27	30	33	36	39	42				
	회전수(rpm)	1750	1950	2000	2100	2300	2500	2700				
	축동력(kW)	0.4	0.7	1.0	1.3	1.7	2.2	2.7				
STF-2½	송풍량(m^3/min)	45	50	55	60	65	70	75				
	회전수(rpm)	1750	1950	2000	2000	2100	2300	2800				
	축동력(kW)	0.7	1.2	1.79	2.4	3.1	4.0	4.9				
STF-3	송풍량(m^3/min)	55	65	75	85	95	105	115	125			
	회전수(rpm)	1300	1400	1750	1950	2000	2300	2500	2800			
	축동력(kW)	0.9	1.6	2.4	3.5	4.6	6.0	7.5	10			
STF-3½	송풍량(m^3/min)	70	80	90	100	110	120	130	140			
	회전수(rpm)	1100	1300	1400	1600	1750	2000	2500	2700			
	축동력(kW)	0.9	1.9	2.9	4.0	5.4	6.8	8.5	11			
STF-4	송풍량(m^3/min)	90	110	130	150	170	190	210	230	250		
	회전수(rpm)	950	1150	1250	1350	1550	1750	2000	2500	2800		
	축동력(kW)	1.4	2.7	4.2	6.1	8.3	11	14	19	24		
STF-4½	송풍량(m^3/min)	115	140	165	190	215	240	265	290	315		
	회전수(rpm)	900	1050	1250	1400	1500	1650	1750	2300	2500		
	축동력(kW)	1.9	3.4	5.4	7.8	10	14	17	23	30		
STF-5	송풍량(m^3/min)	150	180	210	240	270	300	330	360	390		
	회전수(rpm)	850	980	1100	1250	1400	1550	1600	1650	1750		
	축동력(kW)	2.4	4.4	6.8	9.8	13	20	21	29	38		

호수	정압(mmAq) / 성능	50	75	100	125	150	175	200	250	300	350	400
	송풍량(m^3/min)	170	210	250	290	330	370	410	450	490	530	
STF-5½	회전수(rpm)	730	870	1000	1150	1250	1350	1400	1600	1750	1900	
	축동력(kW)	2.8	5.1	8.1	12	16	21	27	37	48	60	
	송풍량(m^3/min)	200	240	280	320	360	400	440	480	520	560	
STF-6	회전수(rpm)	650	800	900	980	1050	1150	1250	1400	1650	1950	
	축동력(kW)	3.2	5.9	9.1	13	18	23	29	39	50	64	
	송풍량(m^3/min)	230	280	330	380	430	470	520	570	620	670	
STF-6½	회전수(rpm)	600	730	890	950	1050	1130	1350	1550	1650	1950	
	축동력(kW)	3.7	6.8	11	15	21	26	34	46	60	76	
	송풍량(m^3/min)	270	320	370	420	470	520	570	620	670	720	800
STF-7	회전수(rpm)	570	690	820	900	980	1070	1250	1400	1500	1650	1750
	축동력(kW)	4.4	7.8	12	17	23	29	37	50	65	82	104
	송풍량(m^3/min)	360	450	500	590	640	690	740	800	870	950	1050
STF-8	회전수(rpm)	500	650	750	850	970	1000	1070	1150	1250	1400	1530
	축동력(kW)	5.9	11	16	24	31	39	48	65	65	108	137
	송풍량(m^3/min)	400	550	640	740	840	940	1050	1150	1250	1350	1450
STF-9	회전수(rpm)	450	530	650	760	830	920	1050	1135	1260	1300	1459
	축동력(kW)	7.5	13	21	30	41	54	68	94	122	154	190
	송풍량(m^3/min)	550	700	820	930	1050	1100	1200	1350	1500	1650	1750
STF-10	회전수(rpm)	400	510	530	650	700	770	830	970	1050	1120	1250
	축동력(kW)	8.9	17	26	37	51	62	78	110	147	188	228
	송풍량(m^3/min)	750	870	950	1100	1250	1350	1450	1600	1750	1900	2100
STF-11	회전수(rpm)	400	470	550	600	720	760	820	920	980	1050	1100
	축동력(kW)	12	21	31	44	61	77	94	130	171	217	274

송풍기 선정은 송풍기 성능그래프를 이용할 수도 있다. 그림 3-83은 S사의 다익형(Sirocco fan) 송풍기에 대한 송풍기 성능그래프이다.

지금 송풍량이 1,000 m^3/min, 송풍기 정압 50 mmH_2O일 때 편흡입의 다익형 송풍기를 선정하고자 한다. 그림에서 송풍량 1,000 m^3/min과과 송풍기 정압 50 mmH_2O을 연결하여 만나는 교점이 속한 부분의 소요 동력은 19 kW임을 알 수 있다. 회전수는 우측의 회전계수를 활용하는데 회전계수는 송풍기 정압 50 mmH_2O일 때 26.2×10^2이다. 교점에서 우측 상단 사선을 따라 평행하게 그으면 #9가 나오는 데 이 숫자로 2620을 나누면 된다. 따라서 회전수는 $2620\div9=291$ rpm이다.

선정표나 성능 그래프는 송풍기 제작회사마다 송풍기 종류별로 다르게 작성하고 또 성능 그래프를 이용하는 방법도 각 회사마다 제시한 방법들이 다르기 때문에 카탈로그에 나와 있는 대로 회사의 사용지침을 따라야 한다.

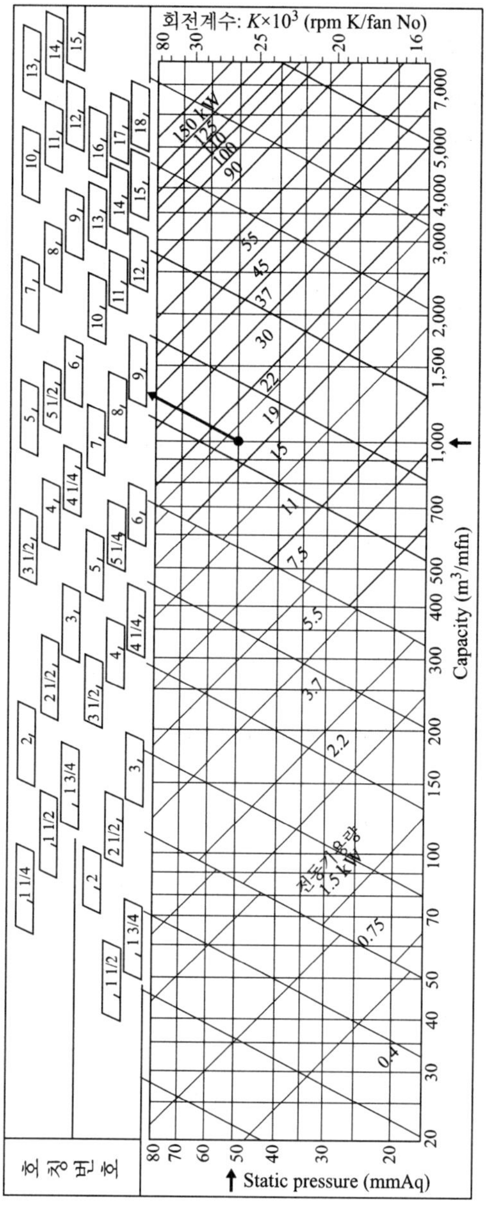

그림 3-83 S사의 다익형(Sirocco fan) 송풍기에 대한 송풍기 성능그래프

3) 동력의 계산

선정표를 이용하면 쉽게 동력을 구할 수 있다. 그러나 선정표를 이용하지 않고 설계자가 직접 동력을 계산할 수도 있다. 동력은 송풍량과 송풍기 전압을 갖고 구할 수 있다.

① **공기동력(air horse power)**

송풍기에 걸리는 공기동력이란 송풍기가 공기에 대해 일을 한 양으로 단위 시간당 공기에 전달된 에너지를 말하며 이론동력이라고도 한다. 계산식은 다음과 같다.

$$\mathrm{PWR} = \frac{Q \times \mathrm{FTP}}{6120}\ [\mathrm{kW}], \qquad \mathrm{PWR} = \frac{Q \times \mathrm{FTP}}{4500}\ [\mathrm{HP}] \tag{3-45}$$

여기서, PWR : 공기동력, kW 혹은 마력[HP]
Q : 송풍량, m^3/min
FTP : 송풍기 전압, mmH_2O

> * 1마력[HP]이란 '중량 76 kg을 1초에 1 m 끌어 올리는데 드는 에너지'
> 즉, 1 HP = 76 $kg_f \cdot m/sec$, 1 HP = 0.746 kW

송풍기 전압 FTP와 송풍기 정압 FSP 사이에는 실제 커다란 차이가 없기 때문에 송풍기 전압 FTP 대신에 송풍기 정압 FSP를 사용하기도 한다.

② **축동력(brake horsepower: BHP)**

축동력은 보통 동력이라고 하고 송풍기와 모터 사이에서 일어나는 손실을 무시하고 송풍기를 작동시키는데 필요한 에너지의 양을 의미한다. 즉, 송풍기의 회전차(impeller)를 돌리기 위해서는 회전차의 축에 걸리는 동력으로 계산해야 되는데 이것을 축동력(L)이라고 한다. 축동력은 회전차에 걸리는 시간당 운동에너지이며 실제 송풍기가 성능을 발휘하기 위해서 필요한 동력이다. 쉽게 말하면 송풍기를 돌리기 위한 모터의 동력을 말한다. 따라서 송풍기의 동력 선정은 일반적으로 축동력으로 계산된다. 이때에는 송풍기의 기계효율이 필요하다. 축동력은 공기동력을 기계효율 η(eta)로 나눠주기만 하면 된다.

$$L = \frac{\mathrm{PWR}}{\eta} \tag{3-46}$$

여기서, η : 송풍기 기계효율, 보통 0.50~0.70

예제 3-27 Q&A

어느 송풍기에 걸리는 전압이 200 mmH_2O, 송풍량이 2,500 m^3/min, 송풍기의 기계효율이 70%이다. 이때 송풍기에 필요한 축동력은 얼마인가?

풀이

$$L=\frac{Q\times \mathrm{FTP}}{6120\times 0.7}=\frac{2500\times 200}{6120\times 0.7}=116.7\ \mathrm{kW}$$

예제 3-28

Q&A

직경(ϕ) 300 mm, 길이 20 m인 덕트를 통하여 150℃, 770 mmHg 상태의 공기를 1.5 m^3/sec로 이송할 때 송풍에 필요한 모터의 용량은 몇 kW인가? (단, 유체의 흐름은 난류상태로 보며, 마찰손실계수는 $f=0.03$이고, 표준상태의 공기비중량은 1.2 kg_f/m^3, 송풍기의 효율은 85%로 본다.)

풀이

공기의 비중량이 표준상태가 아니므로 현재 공기비중량을 구한다.

$$d_f=\frac{(294)(\mathrm{BP})}{(℃+273)(760)}=\frac{(294)(770)}{(150+273)(760)}=0.70,\ \text{공기비중량}\ 1.2\times0.7=0.84\ \mathrm{kg_f/m^3}$$

공기의 속도는 $V=\dfrac{Q}{A}=\dfrac{1.5}{0.07065}=21.2\ \mathrm{m/sec}\ \ (A=0.25\times3.14\times0.3^2=0.07065\ \mathrm{m^2})$

$$\Delta P=f\frac{L}{D}\times\frac{\gamma V^2}{2g}=0.03\frac{20}{0.3}\times\frac{0.84\times 21.2^2}{2\times 9.8}=38.5\ \mathrm{mmH_2O}$$

$$\mathrm{PWR}=\frac{Q\times \mathrm{FTP}}{6120\times\eta}=\frac{90\times 38.5}{6120\times 0.85}=0.67\ \mathrm{kW}$$

4) 송풍기 법칙

송풍기의 동작원리를 설명하는 법은 대단히 많다. 송풍기 제조회사에서는 송풍기 각부의 선형 치수비가 각기 같은 일련의 상사구조(any homologous series of fans: 상사 송풍기 시리즈)를 가진 송풍기를 제작하여 판매하는 경우가 많다. 그 이유는 일련의 상사구조를 가진 송풍기는 상사법칙(law of similarity)이 적용되어 송풍기를 약간 교정시켜 줌으로서 장치가 정상 가동하게 하는데 큰 도움을 주기 때문이다. 송풍기에 적용되는 이러한 상사법칙을 송풍기 법칙(fan laws)이라고 하며 송풍기의 설계 및 성능 추정에 매우 중요하다.

송풍기 법칙에는 세 가지 중요한 법칙이 있는데 이 법칙은 송풍기의 용량, 송풍기 정압, 송풍기 동력 및 송풍기 회전속도와의 관계를 지배하고 있다. 성능에 관련되는 변수들로는 송풍기의 크기(SIZE), 회전수(RPM), 가스밀도(ρ), 송풍량(Q), 압력(P), 동력

(PWR), 효율(η)이다. 여기서 압력이란 전압(TP), 정압(SP), 속도압(VP), 송풍기 정압(FSP), 송풍기 전압(FTP)을 의미한다.

상사 송풍기 시리즈의 경우 두 개의 성능곡선에서 작동점은 동일한 위치에 있기 때문에 효율은 동일하다. 따라서 수학적으로 표시할 때 효율에 관한 내용은 빠지게 된다. 송풍기 법칙에 의하면 같은 수식들이 성립된다.

$$Q_2 = Q_1\left(\frac{\mathrm{SIZE}_2}{\mathrm{SIZE}_1}\right)^3\left(\frac{\mathrm{RPM}_2}{\mathrm{RPM}_1}\right) \tag{3-47}$$

$$P_2 = P_1\left(\frac{\mathrm{SIZE}_2}{\mathrm{SIZE}_1}\right)^2\left(\frac{\mathrm{RPM}_2}{\mathrm{RPM}_1}\right)^2\left(\frac{\rho_2}{\rho_1}\right) \tag{3-48}$$

$$\mathrm{PWR}_2 = \mathrm{PWR}_1\left(\frac{\mathrm{SIZE}_2}{\mathrm{SIZE}_1}\right)^5\left(\frac{\mathrm{RPM}_2}{\mathrm{RPM}_1}\right)^3\left(\frac{\rho_2}{\rho_1}\right) \tag{3-49}$$

여기서 송풍기의 크기, SIZE란 상사 송풍기 시리즈에서 모든 값들은 비례적이기 때문에 송풍기의 선형값 즉, 회전차의 직경 D 혹은 회전차 출구폭 b로 나타낼 수 있다. 그러나 실제상황에서는 이미 송풍기의 크기를 결정한 다음 송풍량이나 동력 등을 변경해야 하기 때문에 SIZE는 별 의미가 없다. 실제 상황에서는 오직 하나의 변수만을 변동시킴으로서 여러 가지 값들을 변화시키게 된다. 여기서 하나의 변수는 회전수와 가스의 밀도이다.

① 회전수를 변동시켰을 경우

공기의 밀도가 일정하다면 송풍량, 정압 및 동력은 회전수에 의해 다음과 같은 관계가 있다.

- 송풍량은 회전수에 정비례한다. 송풍기의 회전수를 2배로 하면 송풍량은 2배가 된다.
- 송풍기 정압의 변화는 회전수의 제곱에 비례한다. 회전수를 2배로 하면 정압은 4배가 된다. 따라서 송풍기 정압은 송풍량의 제곱에 비례한다.
- 동력의 변화는 회전수의 세제곱에 비례한다. 회전수를 2배로 증가시키면 송풍기의 동력은 8배가 증가한다.

이상을 수식화하면 다음과 같다.

$$\mathrm{Q}_2 = \mathrm{Q}_1\left(\frac{\mathrm{RPM}_2}{\mathrm{RPM}_1}\right) \tag{3-50}$$

$$P_2 = P_1 \left(\frac{RPM_2}{RPM_1} \right)^2 \quad (3\text{-}51)$$

$$PWR_2 = PWR_1 \left(\frac{RPM_2}{RPM_1} \right)^3 \quad (3\text{-}52)$$

② 가스밀도를 변화시켰을 경우

회전수와 송풍기의 크기 즉, 회전차의 직경이 같을 때에는 가스의 밀도에 의해 정압과 동력이 변하게 된다.

송풍량은 밀도에 영향을 받지 않으나 압력과 동력은 밀도에 직접적인 영향을 받는다. 특히, 비표준상태에서는 밀도가 동력에 많은 영향을 준다.

$$Q_2 = Q_1 \quad (3\text{-}53)$$

$$P_2 = P_1 \left(\frac{\rho_2}{\rho_1} \right) \quad (3\text{-}54)$$

$$PWR_2 = PWR_1 \left(\frac{\rho_2}{\rho_1} \right) \quad (3\text{-}55)$$

예제 3-29

제작자의 카탈로그에 의하면 송풍기 정압 50 mmH_2O에서 200 m^3/min의 송풍량을 이동시킬 때 회전수를 500 rpm으로 해야 한다. 이때 동력은 4.2 kW이다. 만약 회전수를 600 rpm으로 하면 송풍량, 정압, 동력은 어떻게 변하겠는가?

풀이

송풍량 : $Q_2 = Q_1 \left(\frac{RPM_2}{RPM_1} \right) = 200 \times \frac{600}{500} = 240\ m^3/m$

정압 : $P_2 = P_1 \left(\frac{RPM_2}{RPM_1} \right)^2 = 50 \times \left(\frac{600}{500} \right)^2 = 72\ mmH_2O$

동력 : $PWR_2 = PWR_1 \left(\frac{RPM_2}{RPM_1} \right)^3 = 4.2 \times \left(\frac{600}{500} \right)^3 = 7.3\ kW$

예제 3-29에서 보는 바와 같이 회전수를 조금만 높여도 동력의 소모가 급속하게 증가하는 것을 알 수 있다.

예제 3-30

표준공기 상태에서 송풍기의 송풍량이 10 m^3/min, 송풍기의 정압이 70 mmH_2O, 축동력이 1.2 kW이다. 만약 동일한 송풍기가 동일한 회전수를 유지하며 80℃의 공기를 배출한다고 하면 이 때의 송풍량, 정압, 동력은 어떻게 변하겠는가?

풀이

송풍량 : $Q_2 = Q_1 = 10\ \mathrm{m^3/min}$ 즉, 송풍량은 변동이 없다.

정압 : $P_2 = P_1\left(\dfrac{\rho_2}{\rho_1}\right)$, 밀도는 절대온도에 따라 반비례하므로

$$P_2 = 70 \times \left(\frac{273+21}{273+80}\right) = 58\ \mathrm{mmH_2O}$$

동력 : $\mathrm{PWR_2} = \mathrm{PWR_1}\left(\dfrac{\rho_2}{\rho_1}\right)$, 밀도는 절대온도에 따라 반비례하므로

$$\mathrm{PWR_2} = 1.2 \times \left(\frac{273+21}{273+80}\right) = 0.999 \fallingdotseq 1\ \mathrm{kW}$$

5) 비표준상태에서 송풍기 선정

앞의 송풍기 법칙에서 공기밀도에 따라 송풍량은 변하지 않으나 정압과 동력은 변한 것을 알았다. 모든 선정표는 표준상태의 공기조건으로 만들어지기 때문에 송풍기를 선정할 때는 모든 조건을 표준상태로 맞추어 송풍기를 선정한 다음 송풍기 선정을 마치고 운전을 할 경우에는 다시 실제 공기상태로 바꿔야 한다.

송풍기를 선정하기에 앞서 먼저 해야 할 일은 밀도에 따른 송풍량의 변동은 없으므로 고칠 필요가 없으나 정압은 표준상태의 정압으로 환산해야 한다.

$$P_s = P_a\left(\frac{1.203}{\rho_a}\right) \tag{3-56}$$

여기서, P_s : 표준상태의 정압, mmH_2O

P_a : 실제 정압, mmH_2O

ρ_a : 실제 밀도, kg/m^3

표준상태의 정압과 송풍량을 가지고 선정표에서 송풍기의 회전수와 동력을 구한다. 이런 방식으로 구한 송풍기는 선정표에서 제시한 회전수와 송풍량에 맞추어져 운전하

게 된다. 그러나 실제 운전에 소요되는 압력은 산정표에 있는 것이 아니고 실제 값이다. 마찬가지로 실제 소요 동력은 산정표에 있는 값이 아니고 밀도에 따라 변하게 된다. 실제 동력은 다음과 같이 구해진다.

$$\mathrm{PWR}_a = \mathrm{PWR}_t\left(\frac{\rho_a}{1.203}\right) \tag{3-57}$$

여기서, PWR_a : 실제 동력, kW

PWR_t : 산정표의 동력, kW

ρ_a : 실제 밀도, kg/m^3

식 (3-56), (3-57)은 송풍기 법칙에서 설명된 식 (3-53), (3-54) 그리고 (3-55)와 동일한 의미이다. 온도 변화와 기압 변화에 의한 밀도보정계수 d_f에 대한 내용은 식 (1-20), 식 (1-21)에 자세히 언급되어 있으므로 참고하기 바란다.

예제 3-31

다음 그림과 같이 히터의 앞부분과 뒷부분에 송풍기가 놓여 있다. 송풍기 앞부분에서의 송풍량은 30 m^3/min이고 공기의 온도는 21℃, 정압은 100 mmH$_2$O이다. 송풍기 뒷부분에서의 송풍량은 60 m^3/min이고 공기의 온도는 315℃, 정압은 100 mmH$_2$O일 때 송풍기 앞과 뒤에서 각각 송풍기를 선정하고 실제 필요한 동력을 구하시오. 단, 이 송풍기의 산정표는 다음과 같다.

송풍량, m^3/min	100 mmH$_2$O		200 mmH$_2$O		300 mmH$_2$O		400 mmH$_2$O	
	회전수	동력, kW	회전수	동력, kW	회전수	동력, kW	회전수	동력, kW
30	1191	1.13	1660	2.42	2025	3.92	2333	5.60
40	1201	1.27	1668	2.63	2030	4.19	2337	5.94
50	1213	1.44	1676	2.86	2035	4.49	2340	6.29
60	1227	1.57	1685	3.09	2040	4.86	2344	6.67
70	1242	1.74	1694	3.36	2045	5.13	2356	7.07

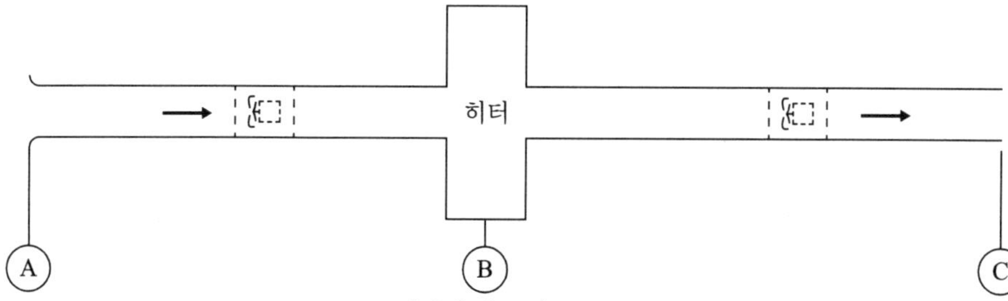

히터가 있는 덕트

풀이

- **송풍기 앞부분** : 송풍기 앞부분에서는 쉽게 송풍기의 회전수와 동력을 선정할 수 있다. 즉, 송풍량은 30 m^3/min이고, 송풍기 정압은 100 mmH_2O이면 송풍기의 RPM = 1191, 동력 = 1.13 kW
- **송풍기 뒷부분**

① 히터 뒷부분의 공기상태가 표준상태가 아니기 때문에 정압 역시 표준상태가 아니다. 따라서 송풍기를 선정하기 위해서는 정압을 표준상태로 환산해야 한다. 식 (1-19)에서 밀도보정계수 $d_f = \dfrac{(294)(\text{BP})}{(℃+273)(760)}$ 이므로 $d_f = \dfrac{294\times760}{(273+315)\times760}$ $= 0.5,\ \rho_a = \rho_s \times d_f = 1.203\times0.5 = 0.6015\ \text{kg/m}^3$

따라서, $P_s = P_a\left(\dfrac{1.203}{\rho_a}\right) = 100\times\dfrac{1.203}{0.6015} = 200\ \text{mmH}_2\text{O}$

② 송풍량 60 m^3/min과 송풍기 정압은 100이 아닌 200 mmH_2O를 가지고 송풍기를 구하면 회전수 = 1685, 동력 = 3.09 kW

③ ②에서 구한 동력은 산정표에서의 동력이고 실제상황에서 운전할 때 필요한 동력은 다음과 같다.

$$\text{PWR}_a = \text{PWR}_t\left(\frac{\rho_a}{1.203}\right) = 3.09\times\frac{0.6015}{1.203} = 1.55\ \text{kW}$$

문제를 보다 쉽게 풀기 위해서는 밀도보정계수를 구하고 실제 밀도를 구할 필요 없이 곧바로 비례식으로 구하면 쉽다. 즉, 밀도는 절대온도에 반비례하므로

$$P_s = 100\times\left(\frac{273+315}{273+21}\right) = 200\ \text{mmH}_2\text{O},\ \text{또}\ \text{PWR}_a = 3.09\times\left(\frac{273+21}{273+315}\right) = 1.55\ \text{kW}$$

우리는 체적유량(volumetric flow rate)과 중량유량(mass flow rate)의 개념을 구분할 필요가 있다. 예제 3-31에서 보는 바와 같이 위의 두 송풍기는 위치에 관계없이 동일한 질량유량을 이동시키고 있다(앞 송풍기 : 30 m^3/min × 1.203 kg/min = 36.1 kg/min, 뒤 송풍기 : 60 m^3/min × 0.6015 kg/min = 36.1 kg/min). 또 송풍기 정압은 앞 뒤 송풍기 모두 동일한 100 mmH_2O이다. 그럼에도 불구하고 동력은 1.13과 1.55 kW로 차이가 발생할 수 있다. 사실, 송풍기는 동일한 중량유량에서 밀도가 낮은 공기 즉, 부피가 더 많은 공기를 이동시키는데 더 많은 일을 해야만 한다. 이 같은 추가적인 일은 송풍기 입구에서 출구로 공기를 배출시킬 때 더 높은 온도상승을 발생시키고 또 동일한 중량유량이라고 하더라도 부피가 두 배로 증가하여 이로 인해 난류가 더 생겨 마찰손실이 더 많이 생기기 때문이다.

어쨌든 비표준상태의 공기를 대상으로 하는 대부분의 현장에서는 온도가 높고/거나

고도가 높으므로 공기의 밀도보정계수가 1보다 작으므로 운전 시 실제 필요 동력은 선정표에서 산정한 값보다도 대부분이 적다. 이러한 경우의 모터 크기는 유의하여 산정하여야 한다.

6) 송풍기 설치에 의한 압력손실

송풍량, 정압 및 동력에 따른 송풍기의 선정은 송풍기의 입구와 출구에서 공기흐름도 일정하고 직선적이라고 가정한 이상조건(ideal condition) 하에서 행해진 것이다. 그러나 공기흐름을 불균일하게 만드는 덕트 연결부는 저항을 증가시키고 송풍기의 효율을 저하시키므로 송풍기의 성능에 영향을 미치게 된다. 실제 설치작업에서는 공기의 흐름이 불균일하여 송풍기의 공기이송을 저하시키고 결국 이것은 장치 내 저항을 높여서 운전효율을 감소시키는 경우가 많다. 이러한 경우는 송풍기에 덕트의 출구와 입구가 너무 가깝게 설치된 단일 및 복합 엘보, 잘못된 입구상자, 불량하게 연결된 입구 측 덕트, 기타 장애물 등 다양하다. 따라서 송풍기의 위치와 설치는 이와 같은 손실을 최소화하도록 연결부위에 대해 특별히 신경을 써야 한다.

❑ 시스템 영향(system effect)

시스템 영향이란 불균형 공기유동으로 인한 송풍기 성능의 손실을 말한다. 그림 3-84는 송풍기의 성능저하를 나타낸 그림이다. 환기장치의 압력손실치를 정확하게 계산하고 적합한 송풍기를 선정하면 ①점에서 운전이 이루어질 것이다. 그러나 시스템 영향이 있으면 이 점에서의 운전을 허용하지 않는다. 송풍기 성능곡선과 실제 시스템 요구곡선 간에는 ③점이 된다. 결과적으로 송풍량은 ①점에서 ③점으로 이동하게 된다. 이 같은 시스템 영향을 보상하기 위해서는 압력손실을 계산할 때 "시스템영향계수(SEF: system effect factor)"를 추가로 계산해 주어야 한다. 이것은 ①점과 ②점 사이의 압력 차이를 메워 주기 위해 압력손실을 계산할 때 추가시켜 주는 값이다. ②점에 해당하는 더 높은 압력을 감당하는 송풍기를 선정하면 시스템 영향으로 인한 손실을 극복하여 결국 ①점에 해당하는 작동을 하게 된다. 결론적으로 말해 이상적인 조건 하에서 요구되는 압력보다 성능손실로 기인된 압력감소량만큼 더 높은 압력을 선택함으로서 실제는 원래 설계상 요구되는 조건으로 운전하도록 하는 것이다.

송풍기 입구나 출구에 너무 가까이 구조물을 설치하거나 엘보가 있을 때 시스템 성능저하를 유발할 수 있으므로 이때는 추가적인 정압손실치를 계산해 주어야 한다. 추가적인 시스템 정압손실치의 부가량은 다음과 같다.

$$\mathrm{ASP} = \mathrm{SEF} \times \Delta P \tag{3-58}$$

여기서, ASP : 압력의 부가량, mmH_2O

SEF : 시스템영향계수, 무차원

ΔP : 속도압, mmH_2O

시스템영향계수의 크기는 상황에 따라 모두 다르기 때문에 좀 더 자세한 내용은 ACGIH 자료를 참고하기 바란다.

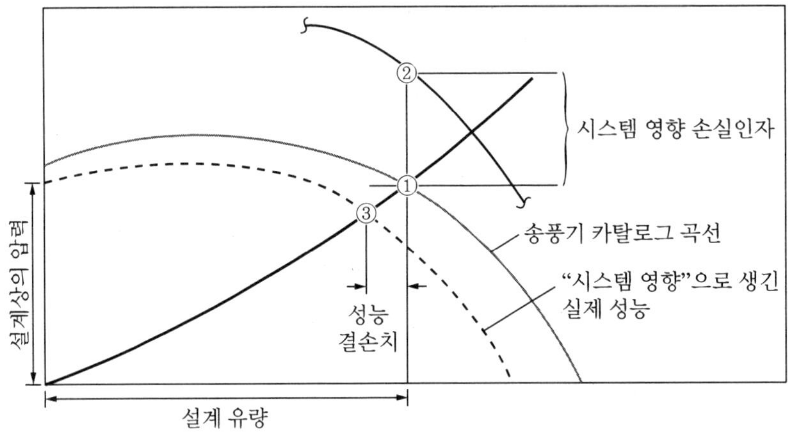

그림 3-84 **시스템영향계수(system effect factor)**

시스템영향계수에 대한 한 예로서 그림 3-85는 전형적인 송풍기 배기구의 모양이며 여기에 대한 시스템영향계수는 표에 있는 바와 같다.

예제 3-32

그림 3-85와 같은 원심형 송풍기의 배기구가 있다. 분사면적(blast area)과 출구면적(outlet area)의 비가 0.7이고 배기구의 길이는 22.5 cm, 관의 직경은 30 cm, 덕트에서의 유속은 15.24 m/sec이다. 이때 필요한 송풍기 정압이 100 mmH_2O라면 실제는 송풍기 정압은 얼마짜리를 사용해야 하는가?

풀이

먼저, 배기구가 유효덕트길이의 얼마에 해당하는지를 계산한다.

$\frac{15.24}{5.08}=3$, 배기구는 $3D(3\times30\text{ cm})=90\text{ cm}$가 되어야 100% 유효덕트가 된다.

$\frac{22.5}{90}=0.25$, 배기구는 유효길이의 25%에 해당하므로 시스템영향계수는 0.14

$$VP = \left(\frac{15.24}{4.043}\right)^2 = 14.2\ mmH_2O, \text{ 따라서 } ASP = SEF \times \Delta P = 0.14 \times 14.2 \fallingdotseq 2\ mmH_2O$$

송풍기 선택 시 적용할 정압 : $100 + 2 = 102\ mmH_2O$

그림 3-86, 3-87은 송풍기 입구 연결부에서 전형적으로 불균일한 공기흐름 때문에 생긴 시스템 영향을 나타낸 것이다.

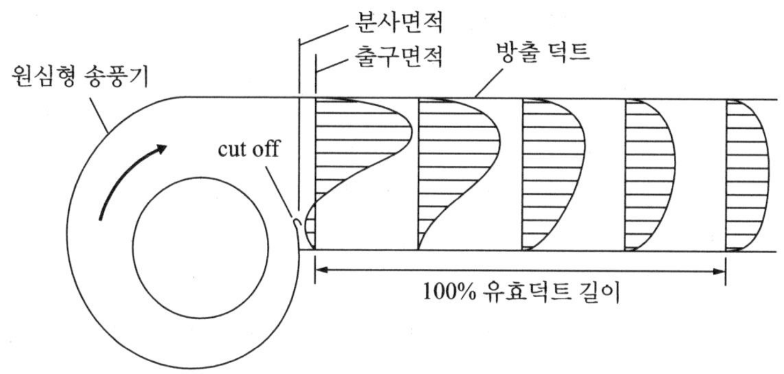

* 100% 유효덕트를 계산하기 위해서는 유속이 12.5 m/sec 이하에서 배기구는 최소한 덕트 직경의 2.5*D*가 되어야 한다. 유속이 각 5.0 m/sec 증가함에 따라 1*D*씩 추가해야 한다. 예를 들어, 유속이 25.0 m/sec이면 배기구의 길이는 5*D*이다(왜냐하면 $25.0 - 12.5 = 12.5$, $12.5/5.0 = 5$, $2.5D + 2.5D = 5D$). 만약 덕트가 사각형이면 등가직경으로는 $(4ab/\pi)^{0.5}$로 계산한다.

배기구에 대한 시스템영향계수

	덕트 없음	12% 유효덕트	25% 유효덕트	50% 유효덕트	100% 유효덕트
압력회복	0%	50%	80%	90%	100%
분사면적/출구면적	시스템영향인자(SEF)				
0.4	1.98	1.20~0.80	0.40	0.18	-
0.5	1.98	1.20~0.80	0.40	0.18	-
0.6	1.20~0.80	0.80~0.53	0.40~0.26	0.18~0.10	-
0.7	0.80	0.40	0.18~0.10	-	-
0.8	0.53~0.40	0.26~0.18	0.10	-	-
0.9	0.26~0.18	0.18~0.10	-	-	-
1.0	-	-	-	-	-

그림 3-85 시스템영향계수의 예

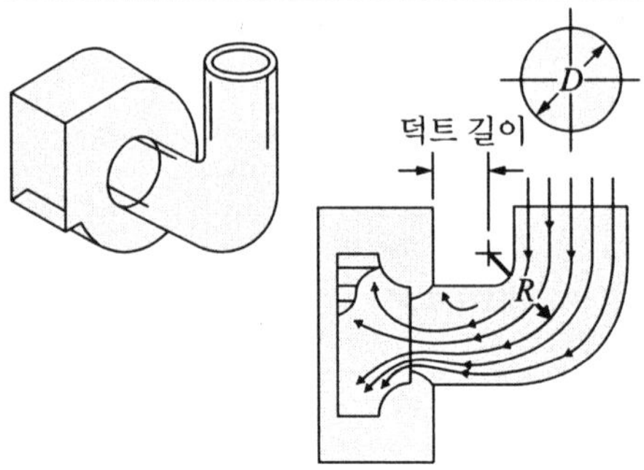

R/D	엘보에서 입구까지 길이		
	없음	2D	5D
0.75	1.6～1.2	0.8	0.40
1.0	1.2	0.8～0.53	0.40～0.26
2.0	1.2～0.8	0.53	0.40～0.26
3.0	0.8～0.53	0.40	0.26～0.10

(a) 90도 원형 엘보 입구로 인한 불균일한 공기의 흐름 - 안내깃 없음

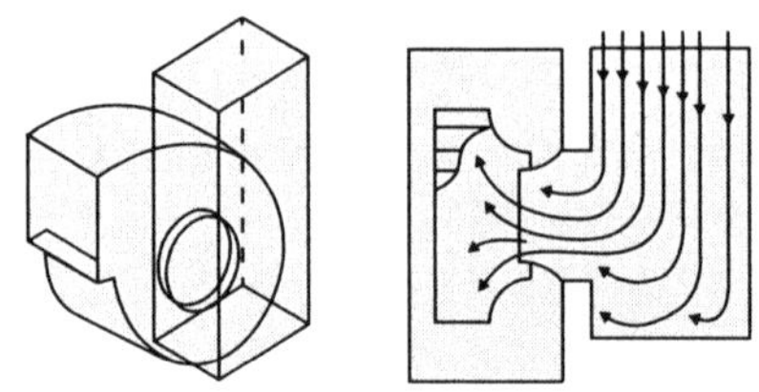

입구조건이 이 같은 경우에는 유량과 압력의 감소를 표로 작성하기 불가능하다. 덕트의 깊이와 폭에 따라 너무 많은 변수가 성능을 감소시키므로 이 같은 입구구조는 피해야 한다. 유량의 감소는 45%까지 관찰되었다. 기존의 시설은 안내깃 혹은 안내깃을 가진 사각 혹은 직각(mitered) 엘보로 바꿔야 한다.

(b) 사각형 덕트 입구로 인한 불균일한 공기의 흐름 - 안내깃 없음

그림 3-86 안내깃이 없는 불균일 공기흐름으로 인한 시스템영향인자

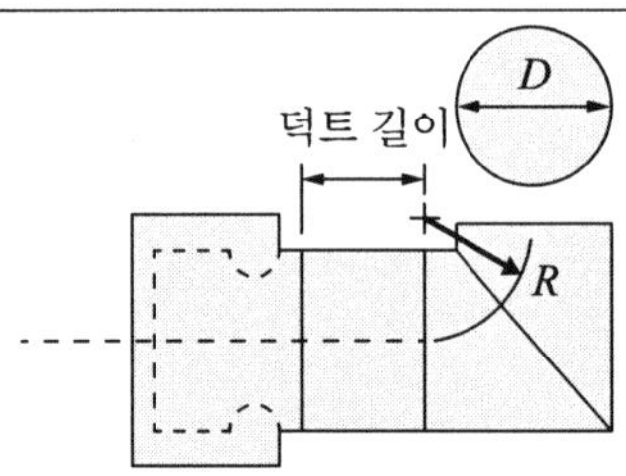

R/D	덕트 없음	2D 덕트	5D 덕트
-	3.2	2.0	1.0

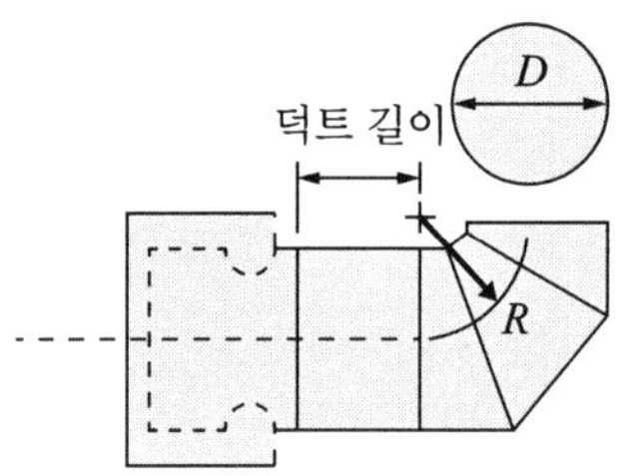

R/D	덕트 없음	2D 덕트	5D 덕트
0.5	2.5	1.6	0.8
0.75	1.6	1.0	0.47
1.0	1.2	0.66	0.33
2.0	1.0	0.53	0.33
3.0	0.8	0.47	0.26

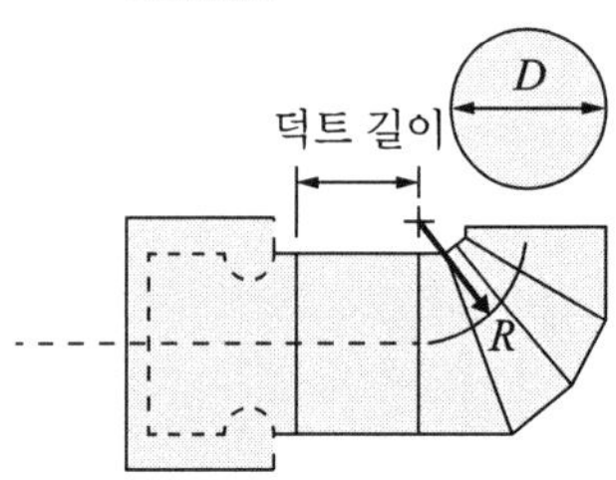

R/D	덕트 없음	2D 덕트	5D 덕트
0.5	1.8	1.0	0.53
0.75	1.4	0.8	0.40
1.0	1.2	0.66	0.33
2.0	1.0	0.53	0.33
3.0	0.66	0.40	0.22

그림 3-87 안내깃이 없는 새우등 곡관 및 직각관에 의한 시스템영향계수

7) 동력전달방식과 회전수의 변환

송풍기에 동력은 전달하는 방식은 대부분이 전동기를 채용하고 있으며 동력전달방식은 직결과 벨트구동방식으로 나눈다. 직결구동이란 송풍기에 벨트를 사용하지 않고 직접 전동기와 연결하는 방식으로 송풍기 전체가 소형의 조립체가 되고 일정한 회전수를 유지할 수 있는 장점을 가지고 있다. 주파수의 변환장치가 없으면 송풍기의 회전수가 전동기의 회전속도에 제한을 받게 됨으로 송풍기의 회전수 변환이 어렵다. 벨트구동이란 전동기와 송풍기가 분리되어 벨트로 동력을 전달하는 방식인데 벨트가 미끄러져 회전수를 일정하게 유지할 수 없고 직결구동보다 조립체가 큰 단점을 가지고 있다. 그러나 구동 비를 바꾸어 주면 쉽게 회전수를 변환시킬 수 있어 회전수의 변환에 융통성을 가지고 있음으로 공정의 변경이나 후드 및 공기정화장치의 변경으로 인한 송풍량과 정압을 변화시킬 필요가 있을 때 유용하다. 전동기의 회전수는 다음과 같다.

$$N = \frac{120F}{P}(1 - S) \tag{3-59}$$

여기서, N : 분당 회전수(RPM)
P : 전동기의 극 수(예, 3극 혹은 4극)
F : 주파수, Hz
S : 슬립(slip) (예, 0.03), 무차원

송풍기 회전수의 변환은 송풍기의 작동점을 옮겨 주게 된다. 배기장치의 송풍량 변화가 필요한 경우 송풍기 입구에 댐퍼(damper)를 삽입하여 사용하는 것보다 효율이 우수하고 운영비 면에서 경비절감을 할 수 있기 때문에 댐퍼사용방법은 권장되지 않고 송풍기의 회전수 조절법을 많이 권장하고 있다.

송풍기의 회전수 변환에는 직결구동인 경우에는 유도전동기의 ① 2차측 저항의 조정, ② 정류자 전동기에 의한 조정 및 ③ 극수변환전동기에 의한 조정 등으로 변환 할 수 있다. 정류자 전동기에 의한 회전수의 변환은 임의의 회전수를 얻을 수 있고 효율이 좋아 가장 이상적인 방법이지만 기기의 비용이 비싼 것이 흠이다. 교류 전동기는 인버터(inverter)를 사용하고 직류 전동기는 컨트롤러(controller)를 이용하여 회전수를 조정한다. 벨트구동인 경우에는 전동기와 송풍기에 몇 개의 직경이 다른 풀리(pulley)를 설치하여 속도를 변화시킬 때마다 이에 맞는 풀리에 송풍기 벨트를 옮길 수 있도록 한 것으로서 즉, 풀리 비를 조정함으로서 회전수를 변환하는 방법이 많이 사용되고 있다. 풀리 비의 조정은 운전을 정지시킨 상태에서 조절해야 하기 때문에 임의의 회전수를 마음대로 얻을 수 없는 단점을 가지고 있으나 비용이 싼 장점을 가지고 있다.

8) 소음대책과 설치 시 주의사항

소음에 대한 가장 적절한 대책은 가능한 한 소음이 적은 송풍기를 택하고 설치 시 소음을 차단할 수 있는 소음차단방식을 선택하는 것이다. 만약 발생하는 소음이 공기의 난류에 의한 것이라면 문제는 더 복잡해지며 이들에 대한 원인과 해결방법을 찾아야 한다.

① 난류소음대책

난류성 소음이란 공기가 송풍기의 회전날개에 의해 움직일 때 송풍기 케이스에 충돌할 때나 송풍기의 출구에서 방향을 바꿀 때 생기는 소음을 말한다. 이렇게 발생한 소음은 덕트를 타고 작업장 안으로 전달되기도 한다. 따라서 난류성 소음을 줄이기 위해서는 먼저 가장 소음을 적게 발생시키는 송풍기를 선택하는 것이 중요하다. 전향곡형 송풍기는 후향곡형 송풍기보다 일반적으로 소음이 크다. 단, 소형 송풍기(회전차의 직경이 18인치(46 cm) 미만)의 경우 낮은 정압에서는 전향곡형 송풍기가 비슷한 크기의 후향곡형 송풍기보다 소음이 작다. 소음을 발생시켜서는 안 되는 대형 시설에 대해서는 익형(airfoil) 송풍기만 채택될 수 있다. 일반적으로 소음이 가장 적은 송풍기는 익형의 후향곡형 송풍기이며 그 다음은 후향곡형 송풍기이다. 가장 소음이 심한 것으로는 방사형 송풍기와 축류형 송풍기이다.

송풍기가 소음 없이 가동되기 위해서 가능한 한 송풍기의 최대 효율에서 가동되어야 한다. 따라서 주어진 장치에 대해 최대 효율범위 내에서 가동될 수 있는 송풍기를 선택 사용하는 방법이 최선의 방법이다. 이때에는 주어진 카탈로그의 송풍기 선정표를 이용하여 지정된 송풍기 제품을 사용해야 한다. 모델이 다르거나 같은 모델이라도 동일회사제품이 아니면 적용할 수 없다. 또 송풍기의 선정표에 따라 소음발생 예측치를 계산할 수 있는 것이 있고 어떤 것은 소음발생이 가장 적은 부분 즉, 최대 효율부분을 빗금 친 것도 있기 때문에 송풍기를 선정할 때 참고하여 선정해야 한다.

② 기계적 소음 대책

기계적 소음이란 전동기의 베어링 및 가동 시 송풍기 케이스로부터 방사되는 소음이다. 또 송풍기부분이 균형을 잡지 못하여 진동으로 인해 발생하기도 한다. 기계적 소음을 줄이기 위해서는 덕트와 송풍기 사이에 유연관(flexible duct: 캔버스를 연결하여 덕트를 타고 퍼져나가는 소음을 감소시키는 제진 덕트)을 송풍기 설치 시 부착시키는 것이다(그림 3-88). 방진재로 가장 많이 사용하는 것은 고무, 코르크, 목재, 스프링 그리고 펠트 등이 사용된다. 경량의 축류형 송풍기에는 나무못이 박힌 판을 이용하면 충분하다.

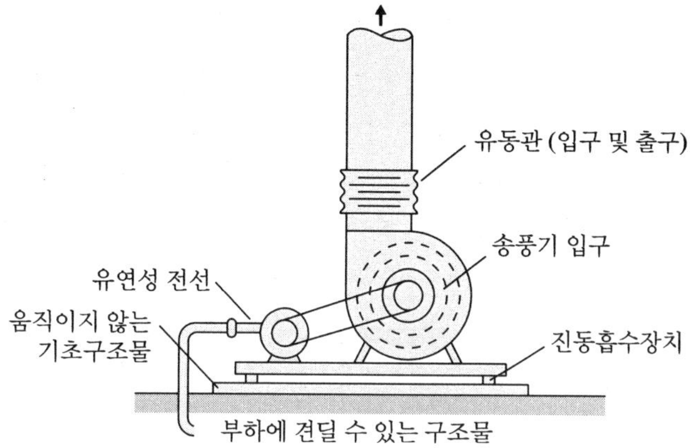

그림 3-88 송풍기의 소음 차단 법

③ 설치 시 주의사항

때때로 송풍기의 회전이 진동 없이 견디기에는 건물구조가 너무 약한 경우가 있다. 대형 송풍기를 설치할 경우에는 적어도 송풍기 무게의 3배를 견디어 낼 수 있는 콘크리트 패드가 필요하다. 이것이 불가능한 경우에는 철제구조물이 필요하기도 하다. 이와 같은 문제는 송풍기 설치 전에 사전 검토되어야 한다.

송풍기를 설치할 때 회전차(impeller)의 회전이 반대방향으로 되지 않도록 주의해야 한다. 원심형 송풍기의 경우 반대방향으로 회전하여도 공기의 흐름방향이 반대로 되는 것이 아니라 송풍량은 여전히 30～50%가 나오기 때문에 주의해야 한다. 송풍기의 회전방향은 케이스에 표시되기도 하지만 케이스를 달팽이 모양으로 보았을 때 달팽이의 머리가 나오는 방향이 회전방향이라고 생각하면 틀림이 없다. 축류형 송풍기의 경우 회전방향이 바뀌면 공기흐름이 반대가 되기 때문에 쉽게 구별할 수 있다.

이외에도 벨트의 장력을 적절하게 유지하는 것이 중요하다. 벨트를 너무 조이며 베어링과 벨트 자체가 쉽게 파손되고 너무 느슨하면 송풍량이 감소한다. 송풍기의 성능곡선은 송풍기를 관리하는데 기초자료가 되기 때문에 반드시 비치해야 한다.

5 국소배기장치의 설계

지금까지 배워 온 여러 가지의 계산식과 이론들은 국소배기시설을 설계하는데 필요한 후드의 결정과 송풍량의 계산, 압력손실에 관한 것들이다. 이들을 이용하여 지금부터는 국소배기장치를 실제 설계해 보기로 한다. 국소배기장치란 앞에서도 언급하였듯이 후드, 덕트, 공기정화장치, 송풍기, 배기구의 순으로 되어 있다. 분지관이 없는 형태를 단순 국소배기장치(simple system)라고 하고 단순장치들이 여러 개 모아 연결해 놓은 장치를 복합 국소배기장치(complex system)라고 한다. 만약 여러 가지 물질들이 서로 혼합되면서 화학반응, 부식, 인화 및 폭발의 위험이 있는 경우에는 복합 국소배기장치보다 단순 국소배기장치를 여러 개 설치하여 개별적으로 오염물질들을 배출시키는 것이 바람직하다.

국소배기장치는 가장 먼저 필요한 환기량 즉, 송풍량을 결정하고 이것을 이용하여 덕트 내 유속, 덕트의 크기를 결정한 다음 공기정화장치 선정, 송풍기 선정, 송풍기의 동력 계산의 순으로 설계해 나가야 한다.

(1) 준비단계

국소배기장치를 설계하기 앞서 설계자는 다음 사항을 알아두어야 한다.

1) 운전공정, 작업장 및 건물배치도(layout)를 그린다.
2) 송풍기의 위치, 집진장치등의 크기, 위치 등 덕트 시설의 축약도(line sketch)를 그린다. 이때 각 분지관과 주관을 구분이 편리하도록 번호, 문자 등으로 표시하여 구별한다.
3) 각 공정에 알맞은 후드, 덕트 연결부, 배기구의 방향 및 높이 등을 대충 설계 혹은 스케치한다.
4) 상세한 공정과정, 독성물질의 성분·물리화학적 특성, 가동특성 등을 알아둔다.

(2) 설계절차

모든 국소배기장치는 단순장치이든 복합장치이든 후드, 덕트, 송풍기, 배기구, 연결부분 등으로 구성되어 있다. 사실 복합장치란 것은 단순장치를 여러 개 모아 공통의 한 덕트로 연결해 놓은 형태이다. 국소배기장치를 설계할 때는 송풍기로부터 가장 멀리 떨어진 후드부터 설계해야 한다. 설계절차와 방법은 다음과 같다.

1) 운전에 적합한 후드를 선정 혹은 설계하고 유량을 결정한다. 유량의 결정은 오염물질의 발생량, 포착지점에서의 적정한 제어풍속(표 3-4, 3-5)을 이용하여 직접 계산하든지 ACGIH에서 권장하는 사양(설계도면) 등을 이용하여 구할 수 있다.
2) 오염물질을 덕트 내에 침적 혹은 막힘 현상 없이 운반할 수 있는 덕트의 최소설계속도를 결정한다(표 3-13). 공정별로 세분한 덕트의 최소속도는 표 3-25와 같다.

표 3-25 공정별로 세분한 덕트의 최소속도

공 정	덕트 내 최소속도, m/sec
용기충전(barrel filling or dumping)	18~20
벨트자동운송(belt conveyors)	18
먼지퇴적 및 호퍼(bins and hoppers)	18
금속처리부스(metalizing booth)	18
용융로(melting pot and furnace oven hood)	10
오븐(oven hood)	10
깎기 및 빛내기(buffing and polishing)	
건조분진(dry dust)	15~20
끈적거리는 분진(sticky dust)	18~20
연마분진(grinding dust)	25
분사연마분진(sand blast dust)	20
습윤톱밥(saw dust, wet)	20
건조톱밥(saw dust, dry)	15
모래분진(sander dust)	10
습윤깎기(shavings, wet)	20
건조깎기(shavings, dry)	15
금속다듬기(metal turnings)	25
납분진(lead dust)	25
용접흄(soldering fumes)	10
페인트분사(paint spray)	10
곡물분진(grain dust)	15
면분진(cotton dust)	15
면사(cotton lint)	10

3) 필요환기량(송풍량) Q를 덕트 최소설계속도 V로 나누어 줌으로써 덕트의 면적 A를 구한다. 시중에서 판매되고 있는 덕트는 일정한 규격을 갖고 있기 때문에 여기서 구한 덕트의 면적 A를 가지고 실제 시판되고 있는 덕트의 단면적을 구한다. 2)항에서 구한 덕트 최소설계속도보다는 덕트 내 실제속도(actual duct velocity)가 커야 되므로 시판용 덕트의 직경은 계산된 덕트의 직경보다 더 작은 것을 선정해야 한다. 이렇게 선정된 시판용 덕트의 단면적을 갖고 덕트의 직경을 구하고 다시 실제 덕트

속도를 구해야 한다.

4) 축약도를 이용하여 덕트길이, 연결부분과 곡관의 수, 형태 등을 결정하고 덕트의 배치와 설치장소를 선정한다. 여기서 덕트의 연결부분(duct segment)이란 후드, 합류부분, 송풍기 유입부분과 같이 서로 분리될 수 있는 부분을 말하며 연결부분은 서로 동일한 직경의 원통관을 가져야 한다. 길이란 덕트의 중앙선을 이용한 길이를 의미한다.
5) 공기정화 장치를 선정한다.
6) 총 압력손실을 계산한다(후드, 덕트, 공기정화장치 등).
7) 송풍기 선정 : 총 압력손실을 이용한 송풍기 정압을 계산하고 총 송풍량을 이용하여 송풍기의 소요동력과 회전수(RPM)를 결정한다.

(3) 설계방법

속도압 방법이란 후드, 덕트, 배기구 및 송풍기 설치로 인한 모든 압력손실을 속도압의 분율(fraction)로 계산하는 방법이다. 즉, 압력손실을 일으키는 손실계수(factor: F)를 해당 속도압에 곱해 줌으로써 압력손실치를 구하는 방법이다. 여기서 손실계수는 후드 유입 손실, 직관 덕트의 마찰 손실, 곡관 덕트의 엘보 손실, 합류관에서 분지관에 의한 손실, 시스템영향에 의한 손실 그리고 기타 여러 가지 장치로 인한 압력손실 들이다. 압력손실의 계산은 다음의 과정을 거쳐 후드에서부터 계산된다.

1) 유량 Q를 시판되는 덕트의 면적 A으로 나누어 줌으로써 실제 덕트 속도(actual velocity)를 구한다. 실제 덕트 속도를 가지고 속도압을 계산한다. 시판되는 덕트의 면적과 직경은 표 3-26이다.
2) 후드의 압력손실을 계산한다.
3) 직관 덕트의 단위 길이당 압력손실치를 구한다(식 (1-45) 이용).
4) 덕트부분에서의 피팅류(fitting) 즉, 조립과 설치로 인해 생길 수 있는 압력손실의 형태와 숫자를 결정한다. 각각의 피팅류에 대하여 압력손실계수를 결정하고 피팅의 개수만큼 숫자를 곱한다.
5) 위의 4)항에 덕트의 VP를 곱하면 압력손실치를 구할 수 있다. 여기에 3)항에서 구한 직관 덕트의 압력손실치를 합하면 이것이 덕트부분에 대한 전체 압력손실치이다.
6) 위의 5)항의 결과에 후드에 의한 압력손실치 즉, 후드의 흡인 압력손실(hood suction loss)을 더한다. 공기정화장치와 같은 추가적인 손실이 발생된다면 이러한 손실도 추가한다. 그러면 후드, 덕트, 공기정화장치부분에 대한 총 압력손실이 계산된다.

표 3-26 시판 덕트의 직경(ϕ)과 면적 및 원주

직경, mm	면적, m^2	원주, mm	직경, mm	면적, m^2	원주, mm
20	0.0003	63	900	0.6362	2827
40	0.0013	126	950	0.7088	2985
60	0.0028	188	1000	0.7854	3142
80	0.0050	251	1050	0.8659	3299
100	0.0079	314	1100	0.9503	3456
120	0.0113	377	1150	1.0387	3613
140	0.0154	440	1200	1.1310	3770
160	0.0201	503	1250	1.2272	3927
180	0.0254	565	1300	1.3273	4084
200	0.0314	628	1350	1.4314	4241
220	0.0380	691	1400	1.5394	4398
240	0.0452	754	1450	1.6513	4555
260	0.0531	817	1500	1.7671	4712
280	0.0616	880	1550	1.8869	4869
300	0.0707	942	1600	2.0106	5027
325	0.0830	1021	1650	2.1382	5184
350	0.0962	1100	1700	2.2698	5341
375	0.1104	1178	1750	2.4053	5498
400	0.1257	1257	1800	2.5447	5655
425	0.1419	1335	1850	2.6880	5812
450	0.1590	1414	1900	2.8353	5969
500	0.1963	1571	1950	2.9865	6126
550	0.2376	1728	2000	3.1416	6283
600	0.2827	1885	2050	3.3006	6440
650	0.3318	2042	2100	3.4636	6597
700	0.3848	2199	2150	3.6305	6754
750	0.4418	2356	2200	3.8013	6911
800	0.5027	2513	2250	3.9761	7069
850	0.5674	2670	2300	4.1548	7226

(4) 단순 국소배기장치의 설계 예

그림 3-89와 같이 단순한 그라인더 후드의 국소배기장치를 설계하고자 한다. 이것은 ACGIH의 Industrial Ventilation 27th Edition(2010년)에 있는 것을 우리나라 실정에 맞도록 단위를 수정하여 번역하여 놓은 것이다. 여기서 VS-PRINT 80-11이란 숫자는 ACGIH의 권장설계도의 번호이다.

이 설계도면에서 우리가 유심히 관찰해야 하는 부분은 압력의 변화를 이해하는 것이다. 이미 앞에서 언급했듯이 속도압(VP)은 늘 양압이며 정압(SP)과 전압(TP)은 양압이나 음압일 수 있다. 속도압이란 속도에서 만들어지기 때문에 후드로 흡인하기 전에는 속도가 없음으로 0에서 시작한다. 후드로 유입되면서 급속하게 증가하지만 덕트 ab 사이에 특별한 장애나 직경의 변동이 없는 한 일정한 값을 유지하다가 여포집진기에서는 속도가 매우 낮기 때문에 거의 0에 가깝다. 집진기를 지나고 송풍기를 지나면서 속도압은 다시 일정한 값을 유지한다. 정압은 후드 앞에서 역시 0에서부터 시작하며 후드를 통과할 때 속도압이 정압으로 바뀌기 때문에 급격하게 낮아지며 덕트의 길이에 따라 점차 더 낮아지게 된다. 특히, 여포집진기에서는 많은 저항으로 정압도 급격히 낮아지고 송풍기를 지나면서 정압은 양압으로 바뀌어 버린다. 그리고 점차 낮아져서 배기구 끝에서 결국 0로 환원한다. 전압은 속도압과 정압의 합임을 알 수 있다.

264쪽은 설계 예제의 계산지(calculation sheet)이다. 이 계산지는 속도압법 계산지이며 이러한 계산지의 이용은 압력손실계산에 매우 유용하게 이용된다.

1) a-b의 설계

① 설계 덕트의 구분 : 설계하고자 하는 덕트 및 연결부를 나눈다. 즉, 위 예에서 보는 바와 같이 각 부위별 압력손실치를 계산하기 편리하도록 설계코자하는 각 부위를 구분하여야 한다.

② 송풍량(필요환기량) 계산 : 송풍량계산은 앞에서 언급했듯이 적정거리에 있는 제어속도와 후드의 면적으로 구할 수 있다. 만약, 권장설계도면이 있으면 그것을 그대로 이용하는 것이 가장 바람직하다. 본 예제에서도 ACGIH의 VS 80-11 도면을 참고하면 그라인더 직경이 406 mm, 폭 50 mm일 때 유량은 0.250 m/sec이므로 $0.250 \times 60 = 15\ m^3/min$이다.

③ 덕트에서의 최소반송속도는 표 3-13의 덕트 최소설계속도를 참고해야 한다. 그라인더는 금속 물질을 가는 기계이므로 무거운 분진이나 무겁고 습한 분진에 속하므로 넉넉하게 20 m/sec로 한다.

④, ⑤, ⑥ 덕트 직경과 단면적의 결정 : ②와 ③을 이용하여 덕트의 면적 A을 구하면 $\frac{0.250}{20} = 0.0125\ m^2$, 덕트의 직경 $D = \sqrt{\frac{0.0125 \times 4}{3.14}} = 0.126\ m = 126\ mm$

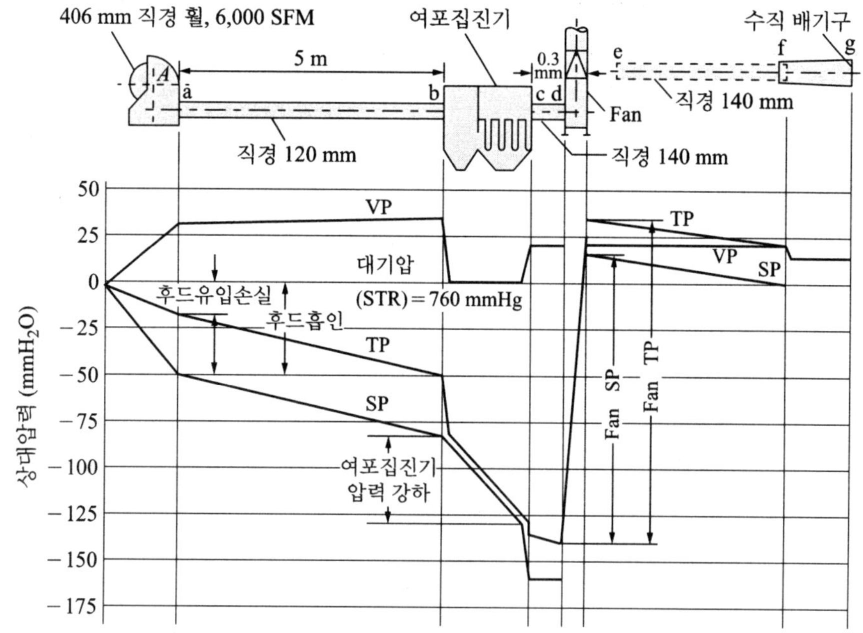

Details of operation

No.		Hood No.	VS-Print	필요환기량, m^3/sec
1	직경 406 mm, 폭 50 mm	A	80-11	0.250

Dimensions

덕트 번호	직관, m	필요환기량	Elbows	Entries
ab	5	0.250	--	--
bc	집진기	0.250	--	--
cd	0.3	0.250	--	--
ef	3.1	0.250	--	--
fg	배기구	0.250	--	--

American Conference of Governmental Industrial Hygienists	Problem 1		
	Date 1-88	Figure	5-2

그림 3-89 단순 국소배기장치 설계 그림 (ACGIH의 예)

속도압계산서식(Velocity Pressure Method Calculation Sheet)

공장명 #1 ______ 등급 ______ 설계자 ______ 설계날짜 ______
온 도 ______ 고도 ______ 비 고 ______

No.			항목	단위	a–b	b–c	c–d	e–f
1			덕트의 구분		a–b	b–c	c–d	e–f
2			송풍량	m^3/min	15	15	15	15
3			최소 반송속도	m/sec	20.0		15.0	15.0
4			최대 덕트 직경	mm	126		146	146
5			선정된 덕트 직경	mm	120		140	140
6			덕트 면적	m^2	0.0113		0.0154	0.0154
7			실제 덕트 속도	m/sec	22.1		16.2	16.2
8			덕트의 속도압	mmH_2O	29.9		16.0	16.0
9	후드유입	슬롯	최대 슬롯면적	m^2				
10			선정된 슬롯면적	m^2				
11			슬롯 속도	m/sec				
12			슬롯 속도압	mmH_2O				
13			슬롯 손실계수					
14			가속계수	(0 혹은 1)				
15			속도압당 슬롯 손실	(13+14)				
16			슬롯 정압손실	(12×15)				
17			덕트 유입손실계수	그림 3-24	0.65		0.49	
18			가속계수	(1 혹은 0)	1		1	
19			속도압당 유입손실	(17+18)	1.65		1.49	
20			덕트 유입손실	(8×19), mmH_2O	49.3		23.8	
21			기타손실	mmH_2O		50.0		
22			후드정압	(16+20+21), mmH_2O	49.3		23.8	
23			직관 덕트의 길이	m	5.0		0.3	3.1
24			마찰손실계수(H_f)		0.1885		0.160	0.160
25			속도압당 마찰손실	(23×24)	0.94		0.05	0.50
26			90°엘보(곡관)의 수					
27			엘보(곡관) 손실계수					
28			속도압당 엘보손실	(26×27)				
29			합류관의 수					
30			합류관 손실계수					
31			속도압당 합류관손실	(29×30)				
32			기타 피팅류 손실계수					
33			속도압당 덕트압력손실	(25+28+31+32)	0.94		0.05	0.50
34			덕트압력손실	(33×8), mmH_2O	28.1		0.8	8.0
35			부분별 덕트정압손실	(22+34), mmH_2O	77.4	50.0	24.6	8.0
36			기타손실($VP-VP_r$, etc.)	mmH_2O				
37			누적정압	mmH_2O	−77.4	−127.4	−152.0	8.0
38			지배정압	mmH_2O				
39			보정한 송풍량	m^3/min				
40			보정한 속도	m/sec				
41			보정한 속도압	mmH_2O				
42			가중평균속도압	mmH_2O				

그러나 시판용 덕트는 126 mm가 없으므로 최소반송속도를 유지하기 위해서는 이보다 작은 사이즈의 덕트를 선정한다. 표 3-26에서 직경 120 mm짜리 덕트(면적 0.0113 m^2)를 선정한다.

⑦ 실제 덕트 속도의 결정 : $\dfrac{15}{0.0113 \times 60} = 22.1$ m/sec

⑧ 속도압 : $\left(\dfrac{22.1}{4.043}\right)^2 = 29.9$ mmH_2O

⑰ 표 3-7에서 후드유입손실계수 : 0.65

⑱ 가속에 의한 손실 : VP_d를 한번 더하여 주는 것이므로 가속손실은 1이다.

⑲ VP의 분율로 나타내기 위하여 손실계수를 모두 합치면 0.65 + 1 = 1.65

⑳ 덕트유입손실 : 1.65×29.9 = 49.3 mmH_2O

㉒ 후드정압 : − 49.3 mmH_2O

㉔ 마찰손실계수(식 (1-46)) :

$$H_f = 0.0155 \times \frac{V^{0.533}}{Q^{0.612}} = 0.0155 \times \frac{22.1^{0.533}}{0.250^{0.612}} = 0.1885$$

㉝ 속도압당 덕트의 압력손실 : ㉕항의 속도압당 마찰손실 밖에 없으므로 0.94이다.

㉞ 덕트의 압력손실 : 0.94×29.9 = 28.1 mmH_2O

㉟ 덕트의 정압 : 49.3 + 28.1 = 77.4 mmH_2O

㊲ 지금까지 누적정압 : − 77.4 mmH_2O

2) b-c의 설계

㉑ 기타 압력손실은 여포집진기에 의한 압력손실로 이 값은 제조업체가 제작 후 검사를 거쳐 표시한다. 여기서는 50 mmH_2O

㉟ 덕트의 정압 : 여포집진기에 의한 50 mmH_2O가 전부이다.

㊲ 지금까지 누적정압 : − 77.4 + (− 50) = − 127.4 mmH_2O

3) c-d의 설계

c-d는 여포집진기를 통과하여 공기가 깨끗해진 상태이기 때문에 후드 통과 후 덕트 ab처럼 유속을 20 m/sec로 유지할 필요가 없다. 여기서는 15 m/sec로 속도를 줄여도 전혀 문제가 되지 않는다. 덕트 ab와 같은 방법으로 계산하고 덕트의 사이즈(직경 ϕ)를 결정한다. ㊲의 누적정압은 송풍기 후면이기 때문에 양압이며 송풍기 전면의 음압과는 전혀 다르다. 압력변화에 대한 앞의 설명과 그림을 참고하기 바란다.

❑ **송풍기 정압(FSP)의 계산**

송풍기 정압 FSP = SP_{outlet} − SP_{inlet} − VP_{inlet}이므로

$$FSP = +8.0 - (-152.0) - 16.0 = 144\ mmH_2O$$

(5) 복합 국소배기장치에서 공기흐름의 분배

복합 국소배기장치란 단순 국소배기장치를 여러 개 연결시킨 형태이다.

주관과 분지관의 공기흐름은 마치 고속도로에 이면도로를 통하여 차량이 진입하는 것에 비유할 수 있다. 고속도로 면적이 충분하지 않으면 이면도로 뿐만 아니라 고속도로에 있는 차량도 쉽게 빠져나가지 못할 것이다. 그렇다면 국소배기장치 합류점에서 주관과 분지관에 있는 공기흐름을 원활하게 하는 방법은 무엇인가? 그것은 합류점에서 주관과 분지관의 정압을 가능한 한 동일하게 맞춰주는 것이다. 공기흐름을 원활하게 하는 방법은 두 가지가 있으며 설계에 의한 정압균형조절법(balance by design method)과 댐퍼조절법(blast gate method)이다.

1) 설계에 의한 정압균형조절법(static pressure balance method)

합류점에서 두 정압이 가능한 한 같아지도록 설계할 때부터 정압을 조절하는 방법을 정압균형조절법이라고 한다. 정압 계산은 송풍기로부터 가장 멀리 떨어져 있는 부분부터 진행하여 분지관에서 주관으로, 주관에서 주관으로, 그리고 송풍기로 정압을 계산한다.

한 합류점에서 어떤 한 흐름이 바람직하게 유지되기 위해서는 즉, 송풍량의 변화 없이 원래 원하는 만큼의 송풍량이 흐르도록 유지하기 위해서는 합류점에서 두 흐름의

정압이 동일해야 한다. 그러나 합류점에서 정압이 동일한 경우는 우연에 의한 일치이며 거의 이와 같은 일은 일어나지 않는다.

합류점에서 정압이 큰 쪽이 작은 쪽을 지배하므로 지배정압(governing SP)이라고 한다. 합류점에서는 지배정압이 나머지 정압을 지배하기 때문에 합류점의 정압은 두 정압의 합으로 계산하지 아니하고 오로지 지배정압 하나로 계산한다. 합류점에서 지배정압 즉, 둘 중 정압의 절댓값이 큰 정압을 SP_g라고 하고 더 작은 값을 SP_o라고 하였을 때 이 둘의 비(ratio) 즉, SP_g/SP_o를 구한다.

① 비가 1.2 혹은 이보다 큰 경우

더 작은 압력손실을 가진 즉, 정압의 절댓값이 작은 분지관을 재설계(redesign)한다. 재설계에는 덕트의 사이즈, 서로 다른 fitting류의 선정 및(혹은) 후드 디자인의 변경이 포함될 수 있다. 가장 간편한 방법은 덕트의 직경을 더 작은 것으로 줄이는 것이다. 덕트의 직경이 작아지면 속도가 빨라질 것이고 이는 곧 압력손실로 이어진다.

② 비가 1.2보다 작은 경우

더 작은 저항을 가진 쪽 즉, 정압의 절댓값이 작은 분지관의 유량을 증가시킴으로서 균형을 맞출 수 있다. 이는 ①항의 방법과는 다르게 덕트 직경은 그대로 두고 유량을 증가시킴으로 속도가 빨라져 결과적으로 속도압이 커지고 이는 곧 정압의 절댓값이 커지게 된다. 이때 정압의 절댓값이 작은 쪽의 보정유량은 다음과 같이 구한다.

$$Q_c = Q_o\sqrt{\frac{SP_g}{SP_o}} \tag{3-59}$$

여기서, Q_c : 보정유량, m^3/min

Q_o : 처음 유량(정압이 낮은 분지관의 유량), m^3/min

SP_g : 높은 쪽의 정압(지배정압), mmH_2O

SP_o : 낮은 쪽의 정압, mmH_2O

합류점을 지나 다음 단계로 설계할 때에는 두 덕트에서 흘러나온 송풍량을 합해야 한다. 예를 들어, 주관의 송풍량을 Q_1, 분지관의 송풍량을 Q_2라고 한다면 합류점을 지난 송풍량 Q_3는 당연히 $Q_1 + Q_2$가 된다. 그런데 지금과 같이 정압의 비가 1.2보다 작은 경우 합류점을 지난 덕트의 송풍량 Q_3는 더 이상 Q_1 +

Q_2가 아니며 위에서 보정한 Q_c를 사용해서 $Q_3 = Q_{1 \text{ or } 2} + Q_c$가 된다. 따라서 이 경우에는 설계 시 Q_1, Q_2가 흐르는 덕트에 대해서 더 이상 덕트의 크기를 줄이거나 여러 가지 연결부에 대한 교정이 필요 없으며 단지 Q_3에 유량의 변동만을 계산에 포함시키면 된다.

③ **비가 1.05보다 작은 경우**

두 분지관의 정압 차이가 그다지 크지 않기 때문에 각 분지관의 유량은 크게 영향을 받지 않고 바람직하게 흐른다. 따라서 이럴 경우 일반적으로 특별한 조치를 취하지 않고 다음 단계의 설계로 넘어가지만 그래도 더 정확하게 설계하기를 원한다면 ②항의 조치를 취하면 된다.

예제 3-33

다음과 같은 합류점에서 공기흐름의 균형유지를 위해 필요한 조치는 무엇인가?

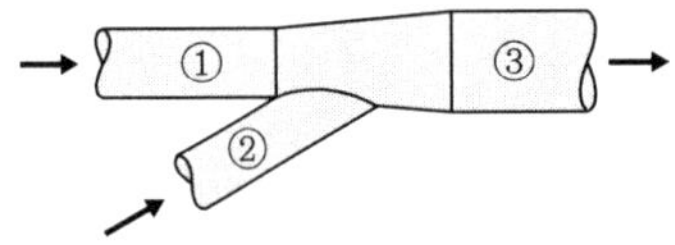

$SP_1 = -29\ mmH_2O$ $SP_2 = -26\ mmH_2O$

$Q_1 = 400\ m^3/min$ $Q_2 = 500\ m^3/min$

풀이

SP의 비 $= \dfrac{SP_1}{SP_2} = \dfrac{-29}{-26} = 1.12$, 정압의 절댓값이 작은 쪽의 유량을 보정해 주어야 한다.

따라서, $Q_c = Q_o \sqrt{\dfrac{SP_g}{SP_o}} = 500 \times \sqrt{\dfrac{-29}{-26}} = 528\ m^3/min$

- 조치 : 덕트 ③부분을 설계할 때 유량은 900 m^3/min으로 하지 말고 928 m^3/min로 계산해야 한다.

예제 3-34

예제 3-33에서 ③부분의 압력손실치가 20 mmH_2O가 나왔다. 그렇다면 ③부분 끝에서 정압은 얼마이겠는가?

풀이

합류점에서의 지배정압은 $-29\ mmH_2O$이다. 따라서 ③부분 끝에서 정압은 $-26+(-29)+(-20) = -75\ mmH_2O$가 아니라 $-29+(-20) = -49\ mmH_2O$이다.

2) 댐퍼조절법

각각의 후드에 있어서 바라는 대로의 공기유량을 확보하고자 댐퍼(blast gate)를 설치하여 조절하는 것이 댐퍼조절법(blast gate method) 또는 저항조절법이라고 한다.

이 방법은 정압균형조절법과 같이 설계 시 덕트의 직경, 유량을 보정하지 않고 단순히 각 합류점에 있는 댐퍼를 조절함으로서 합류점에서의 송풍량을 조절하는 방법이다. 댐퍼의 여는 각도(개도)를 일단 조절하고 나면 댐퍼를 함부로 만져서는 안 되며 정기적으로 바라는 만큼의 유량이 배출되고 있는지 점검해야 한다. 왜냐하면 한 댐퍼의 개도 설정치의 변동은 모든 분지관의 유량을 변화시킬 수 있으며 개도의 부적절한 조정은 송풍기 압력의 증가와 동력 상승을 초래할 수 있기 때문이다. 또 최대 저항을 나타내는 분지관의 선택이 잘못되었을 경우에는 그 보다 압력손실이 큰 분지관은 댐퍼를 완전히 개방하여도 필요 송풍량을 얻을 수 없어 결국 정상가동이 불가능한 경우도 생길 수 있다. 균형조정과정 중에 댐퍼를 재조정하게 되면, 팬의 총괄적인 정압과 팬의 동력은 기대치보다도 훨씬 커지게 되기도 한다.

이 방법을 입자상 물질을 이송하는 경사 국소배기장치에 사용할 경우 입자상 물질이 침적이 일어날 수 있다. 만약 열린 댐퍼나 닫힌 댐퍼 라인의 덕트에 최소반송속도가 만들어지지 않는다면 이 방법은 바람직한 방법이 아니다. 이 방법은 주관의 덕트가 매우 짧고 분지관들이 송풍기에 매우 가까이 수렴되는 형태의 국소배기장치나 정압 크기에 영향을 덜 받는 플레넘이 있는 국소배기장치에 적합하다.

3) 방법의 선택

댐퍼로 조절하였을 때 작업자에게 과도한 노출 가능성 있는 고독성 물질 취급장에서는 설계에 의한 정압균형조절법이 선택되어야 한다. 댐퍼조절로 인한 오염물질의 축적 가능성이 거의 없다할지라도 폭발 및 방사성물질 취급장에서는 반드시 정압균형조절법이 채택되어야 한다.

두 방법 간의 장단점은 표 3-27과 같다.

표 3-27 두 방법의 장·단점

정압조절평형법	댐퍼조절평형법
① 작업장에서 운전자에 의해 송풍량의 조절이 용이하지 않다. ② 장차 장치의 변화나 추가 장치에 유연성이 없다. ③ 새 공정에 따라 유량이 맞지 않아 개조해야 한다. ④ 부식이나 축적현상이 없다. ⑤ 속도만 적절하면 막힘 현상 없다. ⑥ 전체 공기유량이 설계 시 필요량보다 클 수 있다. ⑦ 시설설계의 모든 방해인자를 분명하고 명확하게 설계해야 하며 설치도 설계에 따라 정확해야 한다.	① 쉽게 조절이 용이하다. ② 송풍기나 모터선정에 따라 장차 장치의 변경, 추가가 다소 용이하다. ③ 부적절하지만 어느 정도는 조절이 가능하다. ④ 부분적으로 부식이 일어나고 저항이 생기거나 분진의 축적 가능성이 있다. ⑤ 댐퍼가 깊으면 막힘 현상 발생한다. ⑥ 균형이 조절될 수 있으나 필요한 순에너지가 정압균형조절법보다 크다. ⑦ 덕트 설계의 변동이 어느 정도 가능하며 변경 시 정압균형조절법처럼 정확하지 않아도 된다.

(6) 연결부에서 속도 증가에 의한 보정(가중평균속도압)

시판되고 있는 덕트의 크기가 제한적이고 정압균형 유지를 위한 크기로 덕트의 사이즈를 설계하기 때문에 덕트 내 유속의 변화가 여러 곳에서 발생할 수 있다. 앞에서도 지적하였듯이 설계가 정확하게 잘 되었다면 작은 가속이나 감속은 장치 내에서 자동적으로 보정이 이루어진다. 그러나 특별한 경우에는 이들 가속과 감속이 최종적인 성능에 이득 혹은 손해를 줄 수 있기 때문에 에너지 득실에 대한 지식을 알고 있어야 한다.

좁은 공간이나 장치에 덕트를 연결시킨다거나 배기구에서 높은 속도로 오염물질을 배출시킬 필요가 있을 경우에는 덕트의 크기를 줄여야 한다. 특별히 연결부분이 큰 장치에 덕트를 연결한다거나 속도 및 마찰을 줄여서 에너지 손실을 감소시킬 필요가 있을 경우에는 덕트의 크기를 확대할 필요가 있다. 덕트의 확대는 덕트의 속도가 줄어 최소설계속도 이하로 떨어지면 오염물질이 침전할 수도 있기 때문에 바람직하지 않다.

두 분지관이 합쳐질 때 합류점에서 주관의 속도가 두 분지관의 속도보다 높은 경우가 종종 발생한다. 만약 이들 간의 차이가 큰 경우에는 증가된 속도에 대한 추가적인 정압이 필요하다. 합류점에서의 실제 속도압과 두 분지관의 가중평균속도압(resultant VP)의 차이가 2.5 mmH_2O 이상이 될 경우에는 보정이 필요하다.

합류점에서 에너지는 보존되어야 한다. 두 공기흐름에서 유입되는 에너지는 Q(TP) = Q(SP + VP)가 될 것이다. 열역학 1법칙에서 이들 에너지의 합은 나가는 에너지와 동일하다. 즉,

$$Q_1(\mathrm{VP}_1 + \mathrm{SP}_1) + Q_2(\mathrm{VP}_2 + \mathrm{SP}_2) = Q_3(\mathrm{VP}_3 + \mathrm{SP}_3) + \text{에너지 손실}$$

이다. 합류점에서 에너지의 균형이 잘 맞춰져 에너지가 보존된다고 가정하면 $\mathrm{SP}_1 = \mathrm{SP}_2$이고 $Q_3 = Q_1 + Q_2$가 된다. 합류점에서 정압은 지배정압 하나만 계산되므로 다음과 같이 쓸 수 있다.

$$\mathrm{SP}_3 + \mathrm{VP}_3 = \mathrm{SP}_1 + \left(\frac{Q_1}{Q_3}\right)\mathrm{VP}_1 + \left(\frac{Q_2}{Q_3}\right)\mathrm{VP}_2$$

오른쪽의 두 개항을 가중평균속도압 VP_r(weighted average velocity pressure, 이전에는 합성 속도압(resultant velocity)이라고 하였음)이라고 한다.

$$\mathrm{VP}_r = \left(\frac{Q_1}{Q_3}\right)\mathrm{VP}_1 + \left(\frac{Q_2}{Q_3}\right)\mathrm{VP}_2 \tag{3-60}$$

여기서, VP_r : 합류 분지관들의 가중평균속도압, mmH_2O

Q_1 : 분지관 1의 유량, m^3/min

Q_2 : 분지관 2의 유량, m^3/min

Q_3 : 합류점을 떠날 때의 합산 유량, m^3/min

VP_1 : 분지관 1의 속도압, mmH_2O

VP_2 : 분지관 2의 속도압, mmH_2O

VP_r은 실제 측정할 수 있는 값이 아니며 계산에 의해서만 만들어진다. 식 (3-60)은 합류점에서의 정압이 균형을 이루어 $\mathrm{SP}_1 = \mathrm{SP}_2$라는 가정 하에 이루어진 것이다. 만약 합류관에서의 실제 속도압 VP_3가 가중평균속도압 VP_r보다 작은 경우에는 감속이 일어나기 때문에 보정이 필요 없다. 그러나 합류관에서의 실제 속도압 VP_3가 VP_r보다 커서 가속이 일어나면 VP_3와 VP_r의 차이는 VP_3와 VP_r간에 일어나는 운동에너지의 증가로 SP에 부가되는 필요한 손실치이다. 따라서 다음과 같은 보정이 필요하다.

$$\mathrm{SP}_3 = \mathrm{SP}_1 - (\mathrm{VP}_3 - \mathrm{VP}_r) \tag{3-61}$$

여기서, SP_3 : 주관 3에서의 정압, mmH_2O

SP_1 : 분지관 1에서의 SP_1(=분지관 2에서의 SP_2), mmH_2O

VP_3 : 주관 3에서의 속도압, mmH_2O

예제 3-35

예제 3-33과 같은 합류관에서 합류점의 정압은 −50 mmH_2O로 서로 균형을 이루고 있다. 분지관 ①의 유량은 20 m^3/min, 속도압은 19 mmH_2O이고 분지관 ②의 유량은 16 m^3/min, 속도압은 30 mmH_2O이다. 합류관 ③의 직경이 170 mm(원면적 0.0227 m^2)일 때 합류관의 정압은 얼마인가?

풀이

먼저, 가중평균속도압 VP_r을 구해야 한다. $Q_3 = 20 + 16 = 36\ m^3/min$,

$$VP_r = \left(\frac{Q_1}{Q_3}\right)VP_1 + \left(\frac{Q_2}{Q_3}\right)VP_2 = \left(\frac{20}{36}\right)\times 19 + \left(\frac{16}{36}\right)\times 30 = 23.9\ mmH_2O$$

합류관에서 속도 $V_3 = \frac{Q_3}{60A_3} = \frac{20+16}{60\times 0.02270} = 26.4\ m/sec$

합류관의 실제 속도압 $VP_3 = \left(\frac{26.4}{4.043}\right)^3 = 42.6\ mmH_2O$

$VP_3 - VP_r = 42.6 - 23.9 = 18.7\ mmH_2O > 2.5\ mmH_2O$이므로 보정이 필요하다.

따라서 $SP_3 = SP_1 - (VP_3 - VP_r) = -50 - (42.6 - 23.9) = -68.7\ mmH_2O$

(7) 복합 국소배기장치의 설계

다음은 미국 ACGIH에서 제시한 전형적인 복합 국소배기장치의 예를 한국에서 사용하는 SI 단위에 알맞게 일부 수정하여 설계한 것이다. 특히, 시판되는 덕트의 직경을 한국 실정에 맞게 mm로 하여 계산하였고 압력손실은 wg나 Pa 대신에 mmH_2O로 바꾸어 계산하였다.

문제의 공정은 모래를 취급하는 쉐이크아웃(shake-out)시스템이다. 덕트 내 최소속도는 20 m/sec에서부터 시작하여 각 공정에 맞게 조절하였다. 후드의 모양은 Industrial Ventilation에 있는 VS-print를 참고하기 바란다. 필요환기량은 표 3-28, 표 3-29와 같다. 단위 공정에 대한 설명은 표 3-28과 같으며 설계에 필요한 여러 가지 규격들은 표 3-29와 같다. 그림 3-90은 이 공정을 도식화한 것이다.

표 3-28 공정의 설명

No	공정규격	후드 No.	VS-Print	최소환기량, m^3/min
1	진동 쉐이크아웃 1.3 m × 1.8 m grate	1	20-02	280.8
2	쉐이크아웃 호퍼	2	20-03	28.2
3	진동 팬 피더(pan feeder) 폭 0.62 m	3	20-03	18.6
4	경사 샌드벨트 폭 0.62 m × 길이 0.71 m	5		
5	자기풀리(magnetic pulley)			
6	트램프 철상자(tramp iron box)			
7	바킷 승강기(bucket elevator)	7a(아래)	50-01	14.4
	케이싱 0.62 m × 0.76 m	7b(위)		
8	진동스크린(vibration screen) 2.2 m^2	8	99-01	34.2
9	모래통(sand bin) 개구부 0.46×0.5 m^2	9	50-10	14.4
10	폐기물 모래상자(waste sand box)	10	99-03	34.8
	1.1 m × 1.4 m, clearance 0.15 m			
11	모래호퍼(sand weigh hopper)	11	60-02	27.0
12	모래분쇄기(sand muller) 직경 1.8 m	12	60-02	
13	습식세정집진기			

표 3-29 설계에 필요한 규격

주관, 분지관(No.)	최소환기량, m^3/min	직선거리, m	엘보	합류관
1-A	280.8	4.0	1-90°	
2-B	28.2	1.0	1-60°	1-30°
3-B	18.6	1.2	1-90° + 1-60°	1-30°
B-A	46.8	5.5	2-90°	1-30°
A-C	327.6	10.4		
5-D	18.6	2.1	1-30° + 1-60°	1-30°
7a-D	7.2	1.5		
D-C	25.8	4.3	1-90° + 1-60°	1-30°
C-E	353.4	2.0		
8-F	34.2	3.4	2-90°	
9-F	14.4	3.0	1-90° + 1-60°	1-30°
F-G	48.6	5.5		
7b-G	7.2	4.6	1-60°	1-30°
G-E	55.8	1.8	1-60°	1-30°
E-H	409.2	1.1		
10-J	34.8	1.8	1-45°	
12-J	27.0	0.8	1-30°	1-30°
J-H	61.8	2.4	1-90° + 1-60°	1-30°
H-K	471.0	2.7	2-45°	
13	471.0			
14-L	471.0	6.1		

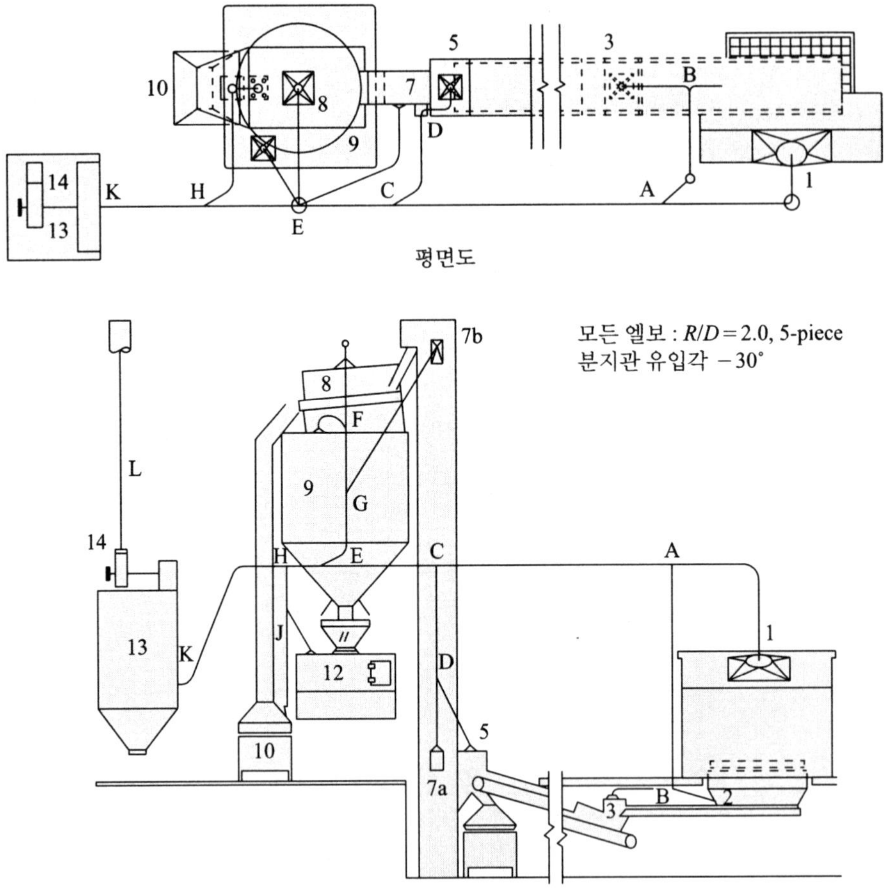

그림 3-90 복합 국소배기장치의 설계도면

1) 주요 설계부분에 대한 해설

모든 압력손실의 계산은 이미 공부하였던 단순 국소배기장치의 압력손실 계산방식을 참고하기 바라며 여기에서는 앞서 언급하지 않았던 내용을 설명하기로 한다.

2−B

⑤ 최대 덕트 직경이 173 mm가 나와 직경 170 mm 덕트를 선정해야 하지만 일반적으로 직경 100 mm 이상에서는 짝수 직경이 시판됨으로 직경 160 mm를 선정한다.

㉖ 엘보가 60°짜리 1개가 있으므로 90°짜리로 계산하면 $1 \times \dfrac{60}{90} = 0.67$개이다.

㉗ 표 3-14에서 압력손실계수 $F = 0.19$이다.

㉘ $0.67 \times 0.19 = 0.13$

㉚ 표 3-16에서 압력손실계수 $F = 0.18$이다

㉛ $1 \times 0.18 = 0.18$

㉝ 속도압당 덕트의 압력손실은 지금까지 압력손실계수×개수를 모두 합한 것이다. 따라서 $0.13 + 0.13 + 0.18 = 0.44$

3-B

앞부분은 단순 국소배기장치 설계와 2-B의 방식으로 계산한다.

㊳ 합류점에서 지배정압은 2-B의 -56.4 mmH$_2$O와 3-B의 -48.1 mmH$_2$O 중 절댓값이 큰 -56.4 mmH$_2$O이 된다.

㊴ 두 분지관의 정압비를 구하면 $\frac{-56.4}{-48.1} = 1.17$, 정압비가 1.2 미만이므로 유량의 보정이 필요하다. $18.6 \times \sqrt{\frac{56.4}{48.1}} = 20.1\ m^3/min$

㊵ $\frac{20.1}{0.0154 \times 60} = 22.1$ m/sec

B-A

② $28.2 + 18.6 = 46.8$이 아니고 $28.2 + 20.1 = 48.3\ m^3/min$

㊱ 기타 압력손실이란 $VP_3 - VP_r$이므로 먼저 가중평균속도압을 구해야 한다.

㊷ 가중평균속도압 $VP_r = \frac{28.2}{48.3} \times 33.4 + \frac{18.6}{48.3} \times 24.8 = 29.1$ mmH$_2$O, $VP_{3(B\text{-}A)} =$ 27.5 mmH$_2$O 따라서 VP_3가 VP_r보다 작기 때문에 감속이 일어나며 이때는 추가적으로 압력손실치를 더해 줄 필요가 없다.

㊲ 2-B와 3-B의 지배정압이 -56.4 mmH$_2$O이기 때문에 $-56.4 + (-29.2) = 85.6$ mmH$_2$O

1-A 첫 번째

⑨, ⑩ 슬롯 후드를 설계하여 주어진 값이다.

⑪ 일반적으로 슬롯 속도는 10 m/sec로 한다.

⑭ 복합후드에서 덕트의 속도와 슬롯의 속도를 비교해서 속도가 큰 쪽을 가속계수 1로 가해준다(식 (3-21), (3-22) 참조). 따라서 여기서는 0이다.

⑯ $1.78 \times 6.1 = 10.8$ mmH$_2$O

㉒ $10.8 + 29.6 = 40.4$ mmH$_2$O

속도압계산서식(Velocity Pressure Method Calculation Sheet)

공장명 #2 ______ 등급 ______ 설계자 ______ 설계날짜 ______
온 도 ______ 고도 ______ 비 고 ______

			항목	단위					
1			덕트의 구분		2–B	3–B	B–A	1–A	1–A
2			송풍량	m^3/min	28.2	18.6	48.3	280.8	280.8
3			최소 반송속도	m/sec	20.0	20.0	20.0	20.0	20.0
4			최대 덕트 직경	mm	173	140	227	546	546
5			선정된 덕트 직경	mm	160	140	220	550	450
6			덕트 면적	m^2	0.0201	0.0154	0.0380	0.2376	0.1590
7			실제 덕트 속도	m/sec	23.4	20.1	21.2	19.7	29.4
8			덕트의 속도압	mmH_2O	33.4	24.8	27.5	23.9	53.0
9	후드 유입	슬롯	최대 슬롯면적	m^2				0.47	0.47
10			선정된 슬롯면적	m^2				0.47	0.47
11			슬롯 속도	m/sec				10.0	10.0
12			슬롯 속도압	mmH_2O				6.1	6.1
13			슬롯 손실계수					1.78	1.78
14			가속계수	(0 혹은 1)				0	0
15			속도압당 슬롯 손실	(13+14)				1.78	1.78
16			슬롯 정압손실	(12×15)				10.8	10.8
17	후드 유입		덕트 유입손실계수	표 3-7, 그림 3-39	0.25	0.25		0.25	0.25
18			가속계수	(1 혹은 0)	1	1		1	1
19			속도압당 유입손실	(17+18)	1.25	1.25		1.25	1.25
20			덕트 유입손실	(8×19), mmH_2O	41.7	31.0		29.6	66.2
21			기타손실	mmH_2O					
22			후드정압	(16+20+21), mmH_2O	41.7	31.0		40.4	77.0
23			직관 덕트의 길이	m	1.0	1.2	5.5	4.0	4.0
24			마찰손실계수(F_d)		0.132	0.157	0.090	0.030	0.037
25			속도압당 마찰손실	(23×24)	0.13	0.19	0.50	0.12	0.15
26			90°엘보(곡관)의 수		0.67	1.67	2.0	1.0	1.0
27			엘보(곡관) 손실계수		0.19	0.19	0.19	0.19	0.19
28			속도압당 엘보 손실	(26×27)	0.13	0.32	0.38	0.19	0.19
29			합류관의 수		1	1	1		
30			합류관 손실계수		0.18	0.18	0.18		
31			속도압당 합류관손실	(29×30)	0.18	0.18	0.18		
32			기타 피팅류 손실계수						
33			속도압당 덕트 압력손실	(25+28+31+32)	0.44	0.69	1.06	0.31	0.34
34			덕트압력손실	(33×8), mmH_2O	14.7	17.1	29.2	7.3	18.0
35			부분별 덕트정압손실	(22+34), mmH_2O	56.4	48.1	29.2	47.7	95.0
36			기타손실($VP - VP_r$, etc.)	mmH_2O					
37			누적정압	mmH_2O	−56.4	−48.1	−85.6	−47.7	−95.0
38			지배정압	mmH_2O		−56.4	−95.0		
39			보정한 송풍량	m^3/min		20.1	50.9		
40			보정한 속도	m/sec		22.1	22.3		
41			보정한 속도압	mmH_2O		28.8	30.5		
42			가중평균속도압	mmH_2O	29.1	29.1	48.8		48.8

1	A–C	7a–D	5–D	5–D	D–C
2	331.7	7.2	18.6	18.6	27.1
3	20.0	17.5	17.5	17.5	17.5
4	593	93	150	150	181
5	550	80	140	120	180
6	0.2376	0.0050	0.0154	0.0113	0.0254
7	23.3	23.9	20.1	27.4	17.7
8	33.1	34.9	24.7	45.9	19.1
9					
10					
11					
12					
13					
14					
15					
16					
17		1.0	0.25	0.25	
18		1	1	1	
19		2.0	1.25	1.25	
20		69.6	30.8	57.3	
21					
22		69.6	30.8	57.3	
23	10.4	1.5	2.1	2.1	4.3
24	0.029	0.38	0.157	0.185	0.117
25	0.30	0.47	0.33	0.39	0.50
26					
27					
28					
29					
30					
31					
32					
33	0.30	0.47	0.33	0.39	0.50
34	9.9	16.4	8.1	17.9	9.5
35	9.9	86.0	39.0	75.2	9.5
36					
37	−104.9	−86.0	−39.0	−75.2	−95.5
38				−86.0	−104.9
39				19.9	28.4
40				29.3	18.6
41				52.5	21.1
42	31.9	40.8		40.8	31.9

설계와 관련한 주요 정보

$$Q_c = Q_o \sqrt{\frac{SP_g}{SP_o}}$$

Q_c : 보정유량

Q_o : 정압(절댓값)이 작은 쪽의 유량

SP_g : 정압(절댓값)이 큰 쪽

SP_o : 정압(절댓값)이 작은 쪽

$$VP_r = \frac{Q_1}{Q_3} VP_1 + \frac{Q_2}{Q_3} VP_2$$

$$F_d = a \frac{V^b}{Q^c}$$

재 질	a	b	c
알루미늄, 흑철, 스테인리스 스틸	0.0162	0.465	0.602
기타 금속관(아연도금강관 포함), 플라스틱 덕트	0.0155	0.533	0.612
철심 유연관	0.0186	0.604	0.639

$$FAN\ SP = SP_{out} - SP_{in} - VP_{in}$$

합류관 유입손실계수

각도	손실계수
15°	0.09
30°	0.18
45°	0.28

90°엘보(곡관) 압력손실계수
(5개 새우등)

R/D	손실계수
1.5	0.24
2.0	0.19
2.5	0.17

60°엘보 = 2/3 손실
45°엘보 = 1/2 손실
30°엘보 = 1/3 손실

<table>
<tr><td>1</td><td colspan="3">덕트의 구분</td><td></td><td>C–E</td><td>8–F</td><td>9–F</td><td>F–G</td><td>7b–G</td></tr>
<tr><td>2</td><td colspan="3">송풍량</td><td>m^3/min</td><td>360.1</td><td>34.2</td><td>14.4</td><td>49.2</td><td>7.2</td></tr>
<tr><td>3</td><td colspan="3">최소 반송속도</td><td>m/sec</td><td>20.0</td><td>17.5</td><td>17.5</td><td>17.5</td><td>17.5</td></tr>
<tr><td>4</td><td colspan="3">최대 덕트 직경</td><td>mm</td><td>618</td><td>204</td><td>132</td><td>244</td><td>93</td></tr>
<tr><td>5</td><td colspan="3">선정된 덕트 직경</td><td>mm</td><td>650</td><td>180</td><td>120</td><td>240</td><td>90</td></tr>
<tr><td>6</td><td colspan="3">덕트 면적</td><td>m^2</td><td>0.3318</td><td>0.0254</td><td>0.0113</td><td>0.0452</td><td>0.0063</td></tr>
<tr><td>7</td><td colspan="3">실제 덕트 속도</td><td>m/sec</td><td>18.1</td><td>22.4</td><td>21.2</td><td>18.1</td><td>18.9</td></tr>
<tr><td>8</td><td colspan="3">덕트의 속도압</td><td>mmH_2O</td><td>20.0</td><td>30.6</td><td>27.4</td><td>20.0</td><td>21.8</td></tr>
<tr><td>9</td><td rowspan="14">후드 유입</td><td rowspan="8">슬롯</td><td>최대 슬롯면적</td><td>m^2</td><td></td><td></td><td></td><td></td><td></td></tr>
<tr><td>10</td><td>선정된 슬롯면적</td><td>m^2</td><td></td><td></td><td></td><td></td><td></td></tr>
<tr><td>11</td><td>슬롯 속도</td><td>m/sec</td><td></td><td></td><td></td><td></td><td></td></tr>
<tr><td>12</td><td>슬롯 속도압</td><td>mmH_2O</td><td></td><td></td><td></td><td></td><td></td></tr>
<tr><td>13</td><td>슬롯 손실계수</td><td></td><td></td><td></td><td></td><td></td><td></td></tr>
<tr><td>14</td><td>가속계수</td><td>(0 혹은 1)</td><td></td><td></td><td></td><td></td><td></td></tr>
<tr><td>15</td><td>속도압당 슬롯 손실</td><td>(13+14)</td><td></td><td></td><td></td><td></td><td></td></tr>
<tr><td>16</td><td>슬롯 정압손실</td><td>(12×15)</td><td></td><td></td><td></td><td></td><td></td></tr>
<tr><td>17</td><td colspan="2">덕트 유입손실계수</td><td>표 3-7, 그림 3-39</td><td></td><td>0.50</td><td>0.25</td><td></td><td>1.0</td></tr>
<tr><td>18</td><td colspan="2">가속계수</td><td>(1 혹은 0)</td><td></td><td>1</td><td>1</td><td></td><td>1</td></tr>
<tr><td>19</td><td colspan="2">속도압당 유입손실</td><td>(17+18)</td><td></td><td>1.50</td><td>1.25</td><td></td><td>2.0</td></tr>
<tr><td>20</td><td colspan="2">덕트 유입손실</td><td>(8×19), mmH_2O</td><td></td><td>45.9</td><td>34.2</td><td></td><td>43.6</td></tr>
<tr><td>21</td><td colspan="2">기타손실</td><td>mmH_2O</td><td></td><td></td><td></td><td></td><td></td></tr>
<tr><td>22</td><td colspan="2">후드정압</td><td>(16+20+21), mmH_2O</td><td></td><td>45.9</td><td>34.2</td><td></td><td>43.6</td></tr>
<tr><td>23</td><td colspan="3">직관 덕트의 길이</td><td>m</td><td>2.0</td><td>3.4</td><td>3.0</td><td>5.5</td><td>4.6</td></tr>
<tr><td>24</td><td colspan="3">마찰손실계수(F_d)</td><td></td><td>0.024</td><td>0.115</td><td>0.189</td><td>0.082</td><td>0.272</td></tr>
<tr><td>25</td><td colspan="3">속도압당 마찰손실</td><td>(23×24)</td><td>0.05</td><td>0.39</td><td>0.57</td><td>0.45</td><td>1.25</td></tr>
<tr><td>26</td><td colspan="3">90°엘보(곡관)의 수</td><td></td><td></td><td>2.0</td><td>1.67</td><td>2.0</td><td>0.67</td></tr>
<tr><td>27</td><td colspan="3">엘보(곡관) 손실계수</td><td></td><td></td><td>0.19</td><td>0.19</td><td>0.19</td><td>0.19</td></tr>
<tr><td>28</td><td colspan="3">속도압당 엘보 손실</td><td>(26×27)</td><td></td><td>0.38</td><td>0.32</td><td>0.38</td><td>0.13</td></tr>
<tr><td>29</td><td colspan="3">합류관의 수</td><td></td><td></td><td></td><td>1</td><td>1</td><td>1</td></tr>
<tr><td>30</td><td colspan="3">합류관 손실계수</td><td></td><td></td><td></td><td>0.18</td><td>0.18</td><td>0.18</td></tr>
<tr><td>31</td><td colspan="3">속도압당 합류관손실</td><td>(29×30)</td><td></td><td></td><td>0.18</td><td>0.18</td><td>0.18</td></tr>
<tr><td>32</td><td colspan="3">기타 피팅류 손실계수</td><td></td><td></td><td></td><td></td><td></td><td></td></tr>
<tr><td>33</td><td colspan="3">속도압당 덕트 압력손실</td><td>(25+28+31+32)</td><td>0.05</td><td>0.77</td><td>1.06</td><td>1.01</td><td>1.56</td></tr>
<tr><td>34</td><td colspan="3">덕트압력손실</td><td>(33×8), mmH_2O</td><td>1.0</td><td>23.5</td><td>29.0</td><td>20.2</td><td>34.0</td></tr>
<tr><td>35</td><td colspan="3">부분별 덕트정압손실</td><td>(22+34), mmH_2O</td><td>1.0</td><td>69.4</td><td>63.2</td><td>20.2</td><td>77.6</td></tr>
<tr><td>36</td><td colspan="3">기타손실($VP-VP_r$, etc.)</td><td>mmH_2O</td><td></td><td></td><td></td><td></td><td></td></tr>
<tr><td>37</td><td colspan="3">누적정압</td><td>mmH_2O</td><td>−105.9</td><td>−69.4</td><td>−63.2</td><td>−89.6</td><td>−77.6</td></tr>
<tr><td>38</td><td colspan="3">지배정압</td><td>mmH_2O</td><td></td><td></td><td>−69.4</td><td></td><td>−89.6</td></tr>
<tr><td>39</td><td colspan="3">보정한 송풍량</td><td>m^3/min</td><td></td><td></td><td>15.0</td><td></td><td>7.7</td></tr>
<tr><td>40</td><td colspan="3">보정한 속도</td><td>m/sec</td><td></td><td></td><td>22.2</td><td></td><td>20.3</td></tr>
<tr><td>41</td><td colspan="3">보정한 속도압</td><td>mmH_2O</td><td></td><td></td><td>30.1</td><td></td><td>25.2</td></tr>
<tr><td>42</td><td colspan="3">가중평균속도압</td><td>mmH_2O</td><td>19.9</td><td>29.3</td><td>29.3</td><td>20.1</td><td>20.1</td></tr>
</table>

1	G–E	E–H	12–J	10–J	10–J
2	56.9	417.0	27.0	34.8	34.8
3	17.5	17.5	22.5	17.5	17.5
4	263	713	160	205	205
5	260	700	160	200	180
6	0.0531	0.3848	0.020	0.031	0.0254
7	17.9	18.1	22.4	18.5	22.8
8	19.6	19.9	30.6	20.9	31.8
9					
10					
11					
12					
13					
14					
15					
16					
17			0.25	0.25	0.25
18			1	1	1
19			1.25	1.25	1,25
20			38.2	26.1	39.7
21					
22			38.2	26.1	39.7
23	1.8	1.1	0.8	1.8	1.8
24	0.074	0.022	0.133	0.102	0.115
25	0.13	0.02	0.11	0.18	0.21
26	0.67		0.33	0.50	0.50
27	0.19		0.19	0.19	0.19
28	0.13		0.06	0.10	0.10
29	1		1		
30	0.18		0.18		
31	0.18		0.18		
32					
33	0.44	0.02	0.35	0.28	0.30
34	8.6	0.4	10.7	5.8	9.5
35	8.6	0.4	48.9	31.9	49.2
36					
37	−98.2	−106.3	−48.9	−31.9	−49.2
38	−105.9		−49.2		
39	59.0		27		
40	18.5		22.5		
41	20.9		30.9		
42	19.9	22.9	31.2		31.2

설계와 관련한 주요 정보

$$VP_r = \frac{Q_1}{Q_3}VP_1 + \frac{Q_2}{Q_3}VP_2$$

$$VP_r = \frac{Q_1}{Q_3}VP_1 + \frac{Q_2}{Q_3}VP_2$$

$$F_d = a\frac{V^b}{Q^c}$$

재 질	a	b	c
알루미늄, 흑철, 스테인리스 스틸	0.0162	0.465	0.602
기타 금속관(아연도금강관 포함), 플라스틱 덕트	0.0155	0.533	0.612
철심 유연관	0.0186	0.604	0.639

$$\text{FAN SP} = SP_{out} - SP_{in} - VP_{in}$$

합류관 유입손실계수

각도	손실계수
15°	0.09
30°	0.18
45°	0.28

90°엘보(곡관) 압력손실계수 (5개 새우등)

R/D	손실계수
1.5	0.24
2.0	0.19
2.5	0.17

60°엘보 = 2/3 손실
45°엘보 = 1/2 손실
30°엘보 = 1/3 손실

				J-H	J-H	H-K	K-FAN	FAN-L
1		덕트의 구분		J-H	J-H	H-K	K-FAN	FAN-L
2		송풍량	m^3/min	61.8	61.8	482.5	482.5	482.5
3		최소 반송속도	m/sec	22.5	22.5	22.5	12.5	12.5
4		최대 덕트 직경	mm	242	242	676	907	907
5		선정된 덕트 직경	mm	240	220	650	900	900
6		덕트 면적	m^2	0.045	0.0380	0.3318	0.6362	0.6362
7		실제 덕트 속도	m/sec	22.8	27.1	24.3	12.7	12.7
8		덕트의 속도압	mmH_2O	31.8	44.9	36.1	9.8	9.8
9	후드 유입 / 슬롯	최대 슬롯면적	m^2					
10	후드 유입 / 슬롯	선정된 슬롯면적	m^2					
11	후드 유입 / 슬롯	슬롯 속도	m/sec					
12	후드 유입 / 슬롯	슬롯 속도압	mmH_2O					
13	후드 유입 / 슬롯	슬롯 손실계수						
14	후드 유입 / 슬롯	가속계수	(0 혹은 1)					
15	후드 유입 / 슬롯	속도압당 슬롯 손실	(13+14)					
16	후드 유입 / 슬롯	슬롯 정압손실	(12×15)					
17	후드 유입	덕트 유입손실계수	표 3-7, 그림 3-39					
18	후드 유입	가속계수	(1 혹은 0)					
19	후드 유입	속도압당 유입손실	(17+18)					
20	후드 유입	덕트 유입손실	(8×19), mmH_2O					
21	후드 유입	기타손실	mmH_2O				112.5	
22	후드 유입	후드정압	(16+20+21), mmH_2O				112.5	
23		직관 덕트의 길이	m	2.4	2.4	2.7	0.7	6.1
24		마찰손실계수(F_d)		0.081	0.088	0.024	0.017	0.017
25		속도압당 마찰손실	(23×24)	0.19	0.21	0.06	0.01	0.1
26		90°엘보(곡관)의 수		1.67	1.67	1.0		
27		엘보(곡관) 손실계수		0.19	0.19	0.19		
28		속도압당 엘보 손실	(26×27)	0.32	0.32	0.19		
29		합류관의 수		1	1			
30		합류관 손실계수		0.18	0.18			
31		속도압당 합류관손실	(29×30)	0.18	0.18			
32		기타 피팅류 손실계수						
33		속도압당 덕트 압력손실	(25+28+31+32)	0.69	0.71	0.25	0.01	0.1
34		덕트압력손실	(33×8), mmH_2O	21.9	31.8	9.0	0.1	1.0
35		부분별 덕트정압손실	(22+34), mmH_2O	21.9	31.8	9.0	112.6	1.0
36		기타손실($VP-VP_r$, etc.)	mmH_2O	0.6	13.7	13.2		
37		누적정압	mmH_2O	−71.7	−94.7	−128.5	−241.1	1.0
38		지배정압	mmH_2O	−106.3	−106.3		IN	OUT
39		보정한 송풍량	m^3/min		65.4			
40		보정한 속도	m/sec		28.7			
41		보정한 속도압	mmH_2O		50.3			
42		가중평균속도압	mmH_2O		22.9			

B-A와 1-A의 정압비

$\frac{-85.6}{-47.7}=1.79$이므로 정압의 절대치가 작은 1-A를 재설계해야 한다. 정압의 비가 최소한 1.2 미만이 되도록 시행착오를 거쳐서 계속 재설계한다.

1-A 두 번째

⑤ 덕트의 직경을 450 mm로 줄인다.

㊲ 누적정압이 -95.0 mmH_2O

B-A와 1-A간 정압비 : $\frac{-95.0}{-85.6}=1.11$, 따라서 B-A의 유량보정이 필요하다.

B-A의 유량보정

㊴ $48.3\times\sqrt{\frac{-95.0}{-85.6}}=50.9\ m^3/min$

A-C

② B-A의 보정유량 50.9 m^3/min + 1-A의 280.8 m^3/min = 331.7 m^3/min

㊱ 기타 압력손실이란 VP_3-VP_r이므로 먼저 가중평균속도압을 구해야 한다.

㊷ 가중평균속도압 $VP_r=\frac{48.3}{331.7}\times27.5+\frac{280.8}{331.7}\times53=48.8$ mmH_2O, $VP_{3(A\text{-}C)}=$ 33.1 mmH_2O, 따라서 VP_3가 VP_r보다 작기 때문에 감속이 일어나며 이때는 추가적으로 압력손실치를 더해 줄 필요가 없다.

J-H

㊱ 가중평균속도압 $VP_r=\frac{27.0}{61.8}\times30.6+\frac{34.8}{61.8}\times31.8=31.2$ mmH_2O, $VP_{3(J\text{-}H)}=$ 44.9 mmH_2O이므로 이때는 추가적으로 압력손실치를 부과해야 한다. $VP_{3(J\text{-}H)}-VP_r=44.9-31.2=13.7$ mmH_2O

K-FAN

㉑ 집진기의 압력손실치는 제작회사으로부터 주어진 값이다.

송풍기 정압

$FSP = SP_{out}-SP_{in}-VP_{in} = 1.0-(-241.1)-9.8 = 232.3$ mmH_2O

(8) 플레넘(plenum)형 국소배기장치

플레넘이 달린 국소배기장치는 앞의 설계들과는 다르다. 플레넘이 있는 국소배기장치에서 덕트의 최소반송속도는 입자상 물질의 침적을 막기 위해 분지관에서만 필요하다.

주관의 크기는 매우 크게 만들어 속도가 보통 값보다 훨씬 느리게 만든다. 주관의 역할은 여러 분지관들로부터 공기정화기나 팬까지 매우 낮은 압력손실을 유지하게 한다. 이것은 모든 분지관들에게 균일한 공기의 흐름을 유지시키고 때로는 최소운전동력을 제공하기도 한다.

플레넘형 국소배기장치의 장점은 다음과 같다.

1) 주관의 어느 위치에서도 분지관을 추가하거나 제거할 수 있으며 재 위치시킬 수 있다.
2) 일부의 분지관을 닫아 버릴 수 있으며, 나머지의 분지관에서 최소반송속도가 유지된다면 전체시스템의 공기유량을 저하시킬 수도 있다.
3) 주관은 커다란 물질에 대한 일차분리기 즉, 침강실로서 작용할 수 있으며, 공기정화기나 송풍기에 달라붙는 바람직하지 않은 물질을 제거하는 기능을 하기도 한다.

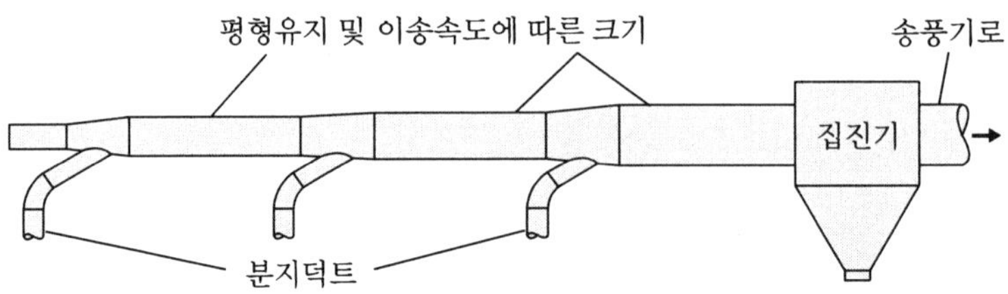

(a) 이송속도를 유지하는 점감식의 덕트 시스템

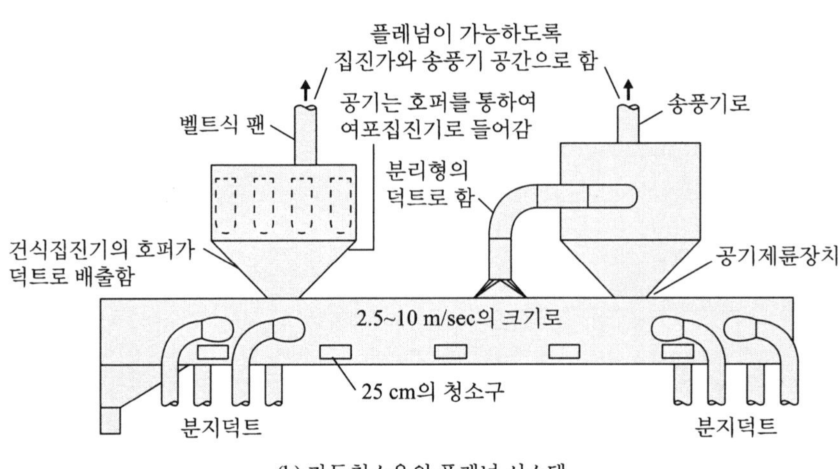

(b) 자동청소용의 플레넘 시스템

그림 3-91 플레넘형 국소배기장치의 종류(1)

그러나 플레넘형 배기시스템의 한계성은 다음과 같다.

1) 끈적끈적하고 보풀보풀한 분진은 취급하기가 어려우며 주관을 막히게 할 우려가 있다.
2) 자연발화성 물질은 주의 깊게 다루어야 한다. 이러한 시스템으로서도 목분진은 잘 다룰 수 있다. 그러나 끈적끈적하고 보풀보풀한 분진에는 적용하지 않는 편이 좋다. 마그네슘이나 티타늄과 같은 폭발성 분진 및 곡물분진은 이러한 시설로 취급하여서는 안 된다.

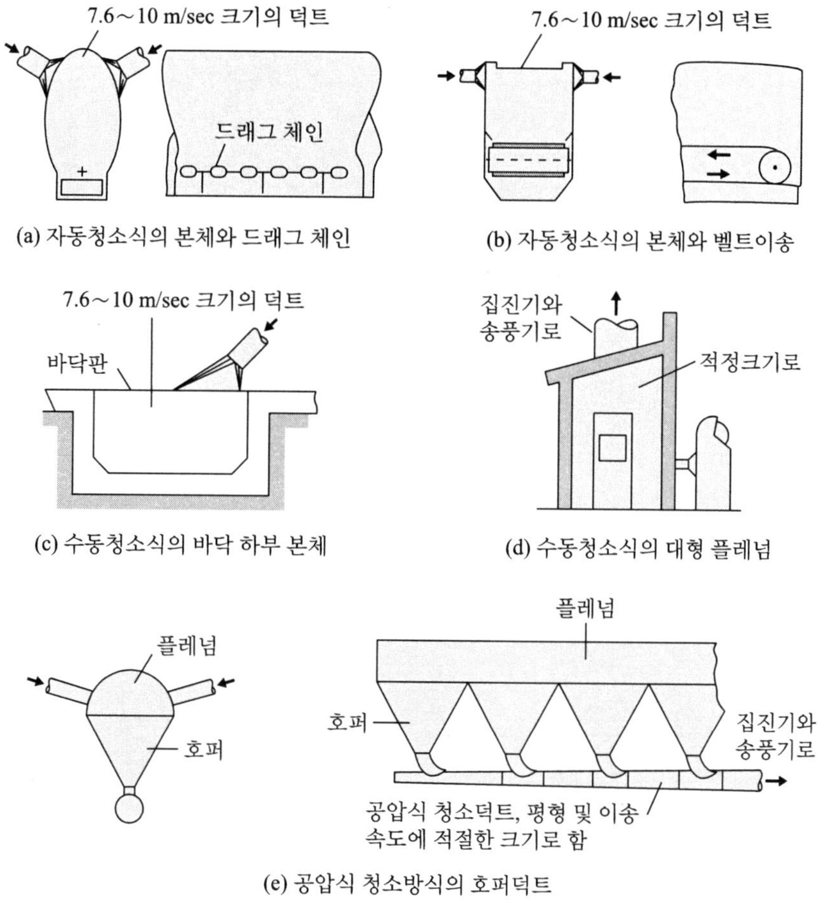

그림 3-92 플레넘형 국소배기장치의 종류(2)

Chapter 4

공기공급장치

1 보충용 공기의 필요성

잘 설계된 국소배기장치란 유해 독성물질을 배출시켜는 동시에 건물 밖의 공기를 건물 안으로 끌어 들여야 한다. 보충용 공기(make-up or replacement air)란 환기장치에 의해 배출된 공기만큼 밖으로부터 공급해야 하는 공기를 말한다. 만약 보충용 공기가 충분하지 못하여 실내 공기의 압력이 실외 공기보다 낮아져 음압이 되면 창문 새시, 문이나 벽 틈을 통하여 제어할 수 없는 방법으로 외부 공기가 들어오게 된다. 이렇게 되면 횡단 방해기류가 심해지고 문을 닫기 어려워지는 등 바람직하지 못한 결과를 초래하게 된다. 이 같은 결과를 최소화하기 위해서는 외부의 충분한 공기를 공급할 수 있는 기계적 공급장치를 설계해야 한다. 잘 설계된 공기공급장치는 보충용 공기를 공급하고 효과적으로 작업환경을 제어할 수 있다. 만약 안전보건조치만 잘 이루어지면 배출공기의 재순환은 냉·난방비를 줄일 수 있는 효과적인 방편이 될 수 있다.

(1) 보충용 공기부족으로 인한 일반적인 현상과 문제점

보충용 공기가 부족하여 생길 수 있는 가장 일반적인 문제점은 국소배기장치의 성능이 떨어진다는 것이다. 작업장이 음압이 되어 송풍기에 과도한 부하가 걸리면 국소배기장치는 설계대로 운전되지 않는다. 특히, 건물주위가 틈이 없이 잘 밀폐되어 외부로부터 침기(infiltration)가 거의 이루어지지 않는다면 국소배기장치의 환기량은 심각하게 떨어질 수 있다. 잘 설계된 국소배기장치에서는 보충용 공기의 부족으로 "공기 고갈상태(air starved)"가 발생하여 운전상 심각한 장애는 잘 일어나지 않으나 전체환기나 대형 부스에 사용하는 축류형 프로펠러 송풍기는 정압이 조금만 증가하여도 송풍량이 쉽게 감소하기 때문에 적절하게 운전되지 않는 경우가 종종 발생한다.

반대로 건물이 상대적으로 낡아 빈틈이 많다면 침기가 잘 이루어져 국소배기장치의 성능은 그다지 많은 영향을 받지 않을 수도 있으나 또 다른 문제가 파생될 수 있다. 겨울철 같은 경우 외부의 차가운 공기가 쉽게 유입되어 작업자들이 쉽게 냉기류에 노출될 수 있으며 공간에서 온도 분포가 불균형을 이루고 이럴 경우 난방에 대한 비용이 추가적으로 들게 된다.

보충용 공기가 부족하면 전형적으로 다음과 일들이 발생한다. 표 4-1은 보충용 공기부족으로 인해 발생할 수 있는 바람직하지 못한 일반적인 현상을 열거한 것이다.

1) 국소배기장치의 작동이 제대로 이루어지지 않는다. 이것은 정압의 상승으로 송풍기가 제대로 작동하지 않기 때문이다.
2) 작업장에 음압이 발생하면 횡단방해기류의 이동이 심각할 수 있다. 작업장에 음압이 어느 정도 발생하는지를 측정하기 위해서 압력측정장비(차압계)가 필요하겠으나 작업장의 틈새(crack opening)기류속도 즉, 문을 아주 조금 연 상태에서 문틈 사이의 기류속도를 측정해 보면 작업장의 음압 상태를 대략적으로 예측할 수 있다(표 4-2). 횡단기류는 국소배기장치의 정상적인 작동을 방해할 뿐만 아니라 건물의 한 부분에서 다른 부분으로 오염물질을 이동시키기도 하고 용매를 담은 용기의 열린 부분과 같이 어떤 부분에 영향을 주어 궁극적으로 공정을 방해하기도 한다.

표 4-1 건물 내 음압으로 인한 바람직하지 못한 현상들

음압, mmH_2O	바람직하지 못한 현상
0.25 ~ 0.5	▪ 작업자가 횡단기류에 대해 불평을 호소 - 출입문이나 창문을 통해 고속의 횡단기류가 유입
0.25 ~ 1.25	▪ 자연 배기구의 작동이 비효율적 - 지붕에 설치한 환기장치나 자연환기를 위해 설치한 배기구를 통한 환기량의 배출이 급격히 떨어짐
0.5 ~ 1.25	▪ 일산화탄소 중독 위험 - 유도기류가 없는 개별 난방기, 증기 난방장치, 가열장치, 기타 연소기기에 역류 현상이 생김
0.75 ~ 2.5	▪ 일반적으로 기계환기장치의 성능이 감소 - 프로펠러 송풍기, 저압 배기장치의 송풍량 저하
1.25 ~ 2.5	▪ 출입문을 열기 어려움 - 출입문 제어기가 없으면 심각한 상처를 입을 수 있으며 문이 꽝하고 닫힘
2.5 ~ 6.2	▪ 국소배기장치의 작동이 방해 - 원심력 송풍기에 의한 송풍량에 저하

표 4-2 음압과 일치하는 틈새기류속도(상온, 표준대기압, C_e=0.6에서 측정)

작업장 음압 mmH_2O	틈새기류속도 m/sec	작업장 음압 mmH_2O	틈새기류속도 m/sec	작업장 음압 mmH_2O	틈새기류속도 m/sec
0.1	0.77	0.8	2.19	3.5	4.58
0.2	1.09	0.9	2.32	4.0	4.90
0.3	1.34	1.0	2.45	4.5	5.10
0.4	1.55	1.5	3.00	5.0	5.47
0.5	1.77	2.0	3.46	7.5	6.70
0.6	1.90	2.5	3.87	10.0	7.74
0.7	2.05	3.0	4.24	12.5	8.65

3) 화염으로 인한 연기, 일산화탄소, 기타 연소로 인한 물질들이 가득 찰 수 있다. 기계적인 힘을 빌지 않고도 0.3 mmH_2O의 압력에서는 배기구나 굴뚝의 작동이 잘 이루어지는데 보충용 공기가 부족하면 이들이 제대로 작동하지 않는다. 이럴 경우 작업장은 중간정도의 음압에서도 연소로 인한 부산물 특히, 일산화탄소 같은 물질들은 역류현상을 일으킨다. 표 4-1에서 보는 바와 같이 0.5 mmH_2O 정도의 낮은 음압에서도 역류현상이 일어난다. 또 이로 인하여 연소장치의 불꽃이 잘 꺼진다거나 점화가 잘 안 되는 현상이 일어난다.

(2) 공기공급장치의 목적

1) 작업장 환기

작업장으로 들어온 외부공기는 배출된 공기를 보충시키고 작업장의 오염물질을 희석시키는데 사용된다. 또 차가운 외부공기는 작업으로 인해 불필요하게 상승한 온도를 낮추는 역할을 한다.

또 외부공기는 호흡하기에 충분한 산소를 공급하기도 한다. 이에 대해서는 에너지 절약형 밀폐건물에 해당되며 대부분의 작업장 건물은 많은 틈새가 있어서 침기가 잘 이루어져 충분한 양의 신선한 공기가 공급된다. 공기의 유입은 창문, 출입문, 지붕 및 기타 틈을 통하여 이루어지며 이럴 경우 횡단기류를 발생시키기 때문에 이런 공기공급 방식은 피해야 한다.

2) 배출공기의 보충

배출되는 공기 유량만큼 공기는 건물 안으로 들어갈 것이다. 그러나 만약 건물 안이 음압을 유지하고 있다면 국소배기장치는 설계 당시 유량만큼 공기를 배출시키지 못한다. 건물이 밀폐가 잘되어 침기가 잘 이루어지지 않는다면 이 같은 현상은 더욱 심각해질 것이다. 보충용 공기가 부족하여 작업장 내 음압이 발생하면 송풍기가 반드시 극복해야 하는 정압이 상승하는 결과를 초래한다. 이것은 모든 송풍기의 송풍량을 저하시키는 결과를 초래하게 되는데 특히, 벽에 부착하거나 지붕에 설치한 저압 송풍기는 더욱 심각하다(그림 4-1 참조).

반대로 건물이 낡아서 침기가 잘 이루어진다면 국소배기장치의 성능은 약간만 떨어질 것이다. 이 같은 문제는 표 4-1에서도 언급하였다. 그러나 건물이 상대적으로 많이 열려져 있다면 겨울철 차가운 외부 공기의 유입으로 작업장의 환경은 바람직하지 못할 것이다. 그림 4-2와 같이 작업장의 온도가 일정하지 않고 차가운 공기에 노출되는 작업자가 있다면 과도한 난방이 필요하게 될 것이다.

대부분의 보충용 공기 유량은 환기장치, 공정 및 연소과정에서 건물 밖으로 배출되는 총 공기 유량과 대략 비슷해야 한다. 배출되는 공기 유량을 계산할 때에는 현재의 양뿐만 아니라 앞으로 환기장치의 추가량만큼을 더 계산해 주어야 한다. 공정이나 작업장의 확대가 예상되면 공기공급장치의 용량을 더 크게 잡아 설치해야 한다.

3) 작업장의 압력조절

음압이 나쁜 경우가 있는 반면 음압이 필요한 경우도 있다. 발암물질과 같이 극히 위험한 오염물질이 밖으로 빠져나가서는 안 되는 곳에서는 음압을 유지해 주어야 한다. 작업장의 음압과 양압은 급기와 배기량을 조절해 줌으로 만들 수 있다. 음압은 급기 공기량보다 배기 공기량을 증가시키면 만들 수 있다. 표준 성능의 음압 작업장은 1.0 ± 0.5 mmH_2O이다.

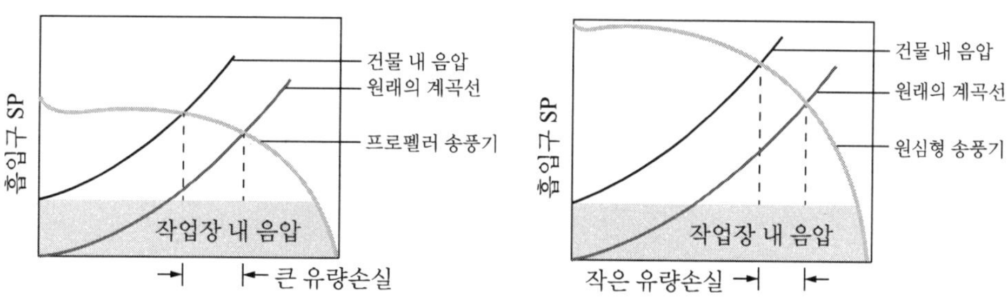

그림 4-1 음압으로 인한 송풍기의 성능저하

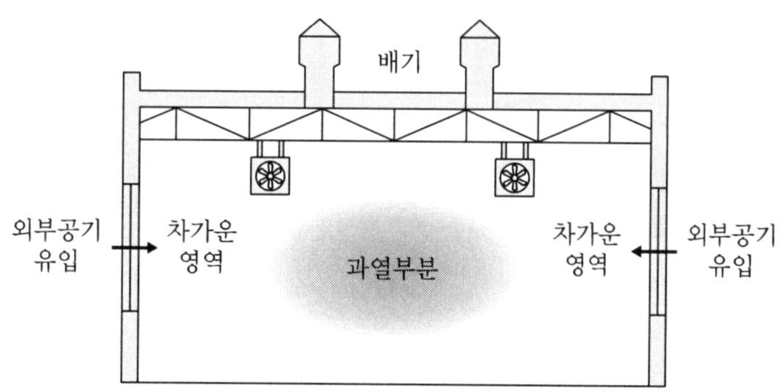

음압 상태에서 외부의 차가운 공기가 새어들어 오면 차가운 영역의 작업자는 계속 난방을 요구하여 결국 중앙부는 과열현상이 발생한다.

그림 4-2 공기공급장치가 없는 작업장의 음압으로 인한 문제

양압은 급기량이 배기량보다 많으면 되며 일반적으로 작업장에 적절한 양압을 유지시켜 주기 위해서는 급기량은 배기량보다 5～10% 증가시켜주면 된다. 압력은 배기량을 조절하는 것보다 급기량을 조절하는 것이 쉽다. 바람직한 압력을 유지시켜 주기 위해서는 압력 센서를 이용하기도 한다.

4) 건물이나 공정의 온도, 냉·난방 조절

자동화 시설, 컨베이어 벨트 및 운반시설은 상당한 양의 열을 발생시킨다. 정밀작업이나 조립 공정에서는 높은 광도의 빛이 필요하게 되는데 이때 열도 많이 발생한다. 반대로 1년 내내 난방열이 필요한 공정도 있다. 이와 같이 건물이나 공정의 온도, 냉·난방 조절 시 보충용 공기를 사용해야 한다.

5) 청정공간의 확보 및 제품 보호

만약 어떤 공간이 인접 공간보다 청정하게 유지할 필요가 있을 때 과량의 깨끗한 공기를 그 공간에 불어 넣어주면 된다. 고도의 청정성을 유지하기 위해서는 특수한 필터인 HEPA(고효율 필터)를 사용해야 한다.

이상의 공기공급장치를 설치해야 하는 목적들을 정리하면 대략 다음과 같다.

① 국소배기장치의 원활한 작동을 하기 위함이다.
② 창문이나 출입문으로부터 들어오는 고속의 횡단방해기류를 제거하기 위함이다.
③ 배기구로 연소가스의 자동적인 배출을 보장시켜 주기 위함이다.
④ 작업자에게 냉기류의 접근을 막아주기 위함이다.
⑤ 출입문에 압력 차이를 없애 주기 위함이다.
⑥ 냉·난방 연료를 절약하기 위함이다.

2 공기공급방법

(1) 보충용 공기의 공급방식

1) 기계적인 공급방식

보충용 공기의 공급방법은 무계획적인 침기에 의존하기보다는 그림 4-3과 같이 계획적인 방법에 의해 이루어져야 한다.

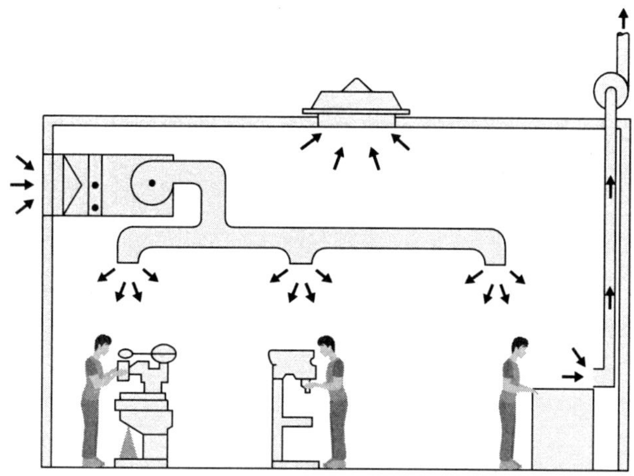

그림 4-3 보충용 공기의 공급방식

작업장 안으로 차가운 공기의 유입은 유입 전 가열하여 찬 공기가 그대로 작업장 안으로 유입되는 것을 막아야 한다. 이 경우 추가적인 비용이 들 것으로 보이지만 찬 공기가 일단 작업장 안에서 확산되어 버리면 난방장치를 가동하여 찬 공기를 가열해야 하기 때문에 동일한 비용이 들게 된다.

보충용 공기의 공급에 대한 가이드라인을 열거하면 다음과 같다.

① 보충용 공기의 공급량은 배기량의 약 10% 정도가 넘게 이루어져야 한다. 빌딩 내에서 약간의 양압은 공기 및 분진의 유출에 도움을 준다. 물론 작업장의 유해 오염물질이 인근 사무실이나 다른 지역으로 날아가서는 안 되는 경우에는 작업장을 양압으로 유지해서는 안 된다. 이런 경우에는 작업장을 약간의 음압으로 유지하는 것이 바람직하다.

② 보충용 공기의 공급은 작업장 내 깨끗한 지역의 공기가 오염물질이 존재하는 지역으로 흐르도록 유지해야 한다. 또 공기는 정상온도 지역에서 높은 열 발생 지역으로 흘러야 하며 여름철 고열 공정에는 냉방 공기가 흐르도록 설계해야 한다.

③ 보충용 공기는 바닥에서부터 2.4～3.0 m 높이인 소위 작업자가 머무는 영역(occupied zone)으로 유입되도록 조절해야 한다. 이것은 작업자에게 신선한 공기를 공급하게 되어 쾌적감을 극대화시킬 수 있다.

④ 작업자에게 겨울철 공급용 공기의 온도는 18℃로 유지하는 것이 바람직하다. 그러나 격심한 작업인 경우에는 16℃(경우에 따라서는 13℃)까지 낮게 공급할 수 있다. 여름철에는 외부공기를 보통 그대로 공급하지만 열부하가 심한 작업장에서는 냉각시켜서 공급해야 한다.

⑤ 빌딩 밖의 보충용 공기 유입구는 배출된 오염물질의 재유입을 막을 수 있도록 위치시켜야 한다.

❑ 크린룸 샤워 시스템

전자, 전자산업에서는 공기 중 에어로졸의 수가 많으면 불량품인 제품이 만들어진다. 또 제약, 식품산업에서는 위생관리를 철저하게 하기 위하여(GMP시설) 클린룸을 운영하면서 출입할 때에는 반드시 클린룸 에어 샤워를 해야 한다. 그림 4-4는 클린룸 에어샤워 장치에서 사용하는 보충용 공기에 대한 공급방법이다.

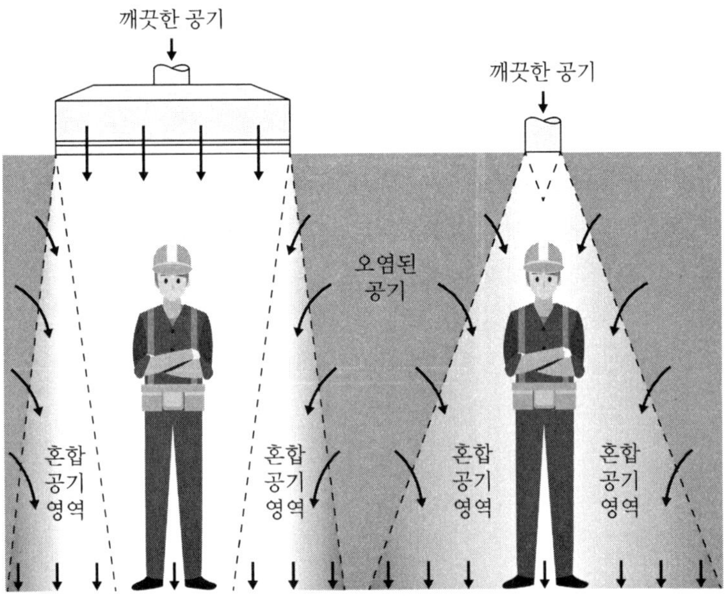

(a) 옳음
느린 속도의 넓은 공기 제트
(오염된 공기가 작업자의 호흡영역을 벗어남)

(b) 옳지 않음
빠른 속도의 좁은 공기 제트
(깨끗한 공기는 적은 양만 흐르고 오염된 공기가 작업자의 호흡영역을 통과함)

그림 4-4 크린룸 샤워 시스템: 국소 보충용 공기 (그림출처: 영국 HSE 자료)

(a)와 같이 공기량을 광범위하게 천천히 공급해야 깨끗한 공기와 오염공기가 섞인 혼합공기의 오염도가 낮아지며 작업자의 호흡영역을 보호할 수 있다. 그러나 (b)의 경우 공급하는 공기량의 범위가 좁고 빠르면 혼합공기의 오염도가 심해질 뿐만 아니라 작업자의 호흡영역도 보호하기 어렵다.

2) 자연환기 공급방식

자연환기 공급방식에는 바람을 이용하는 방법과 실내·외 공기의 온도 차이에서 생기는 압력을 이용하여 공기를 공급하는 방식이 있다. 바람을 이용하는 방법은 작업장 안으로 바람이 들어오는 평균속도를 알면 공기의 공급량을 대략적으로 계산할 수 있다.

$$Q = 60 \times KAV \tag{4-1}$$

여기서, Q : 작업장으로 유입되는 공기량, m^3/min

K : 바람이 유입되는 각도에 따른 계수(개구면(열린 창)에 경사로 유입되면 0.3, 수직이면 0.5이다. 대부분이 경사져서 유입됨으로 보통 $K = 0.3$)

A : 개구면의 면적, m^2

V : 바람의 평균속도, m/sec

실내·외 공기의 온도 차이에 의하여 생기는 공기공급방식은 작업장의 데워진 공기가 상승하면 이를 대체하기 위하여 차가운 실외 공기가 유입되는 것을 이용하는 것이다. 앞에서 배운 것처럼 작업장 내에서 상승한 기류는 지붕에 설치한 환기장치를 통하여 배출된다.

(2) 배출공기의 재순환

재순환이란 작업장에서 사용했던 공기를 작업장 밖으로 배출시켜 버리지 않고 정화하여 다시 작업장으로 재유입시켜 사용하는 것을 말하며 이럴 경우 작업장 밖의 새로운 공기를 가열 및 냉각시켜 사용할 필요가 없다.

대부분의 공조시설(HVAC 시스템)에서는 냉·난방된 공기를 재순환하여 사용하지만 국소배기장치에서는 배출된 공기를 재순환시켜 사용하는 방법은 그다지 흔하지 않으며 특히, 특히 독성물질이나 고농도의 오염물질을 다루는 작업장에서는 거의 사용하지 않고 있다. 만약 냉·난방으로 연료비를 절감하기 위하여 사용한다면 엄격한 가이드라인을 준수해야 한다.

그림 4-5는 배출공기의 재순환 과정을 도식화한 것이다. 이 같은 장치를 이용할 때에는 우선 노출농도를 엄격하게 만족시켜야 하며 공기정화장치가 고장 날 경우 재순환된 공기를 작업장 밖으로 자동적으로 배출시킬 수 있는 다단계식 공기정화장치가 포함되어야 한다. 또 오염물질이 유해농도 이상으로 발생하기 이전에 경고나 재순환장치를 닫아버릴 수 있는 감시장치(monitoring system)가 반드시 부착되어 있어야 한다.

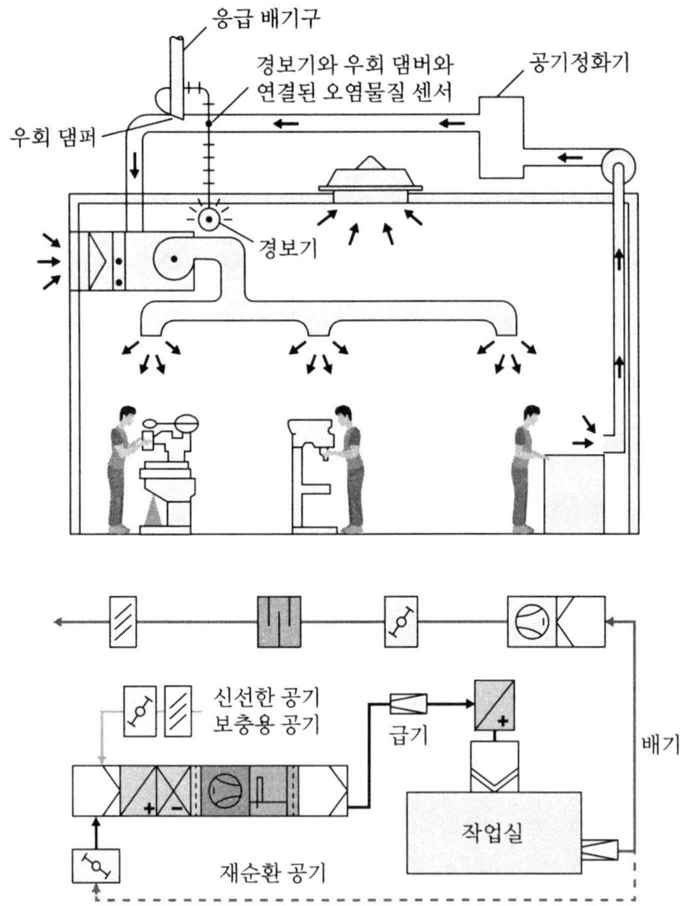

그림 4-5 배출공기의 재순환 이용

3 재유입 방지

지붕 위 배기구(stack)의 높이와 위치는 배출된 오염물질이 건물 안으로 재유입하는 것을 방지해야 하기 때문에 매우 중요하다. 만일 보충용 공기의 급기구가 국소배기장치의 배기구나 공조시설의 배기구 가까이에 설치되어 있으면 배출 된 오염물질의 재유입 가능성이 매우 높다. 따라서 배출되는 오염물질은 언제든지 건물 안으로 다시 유입될 수 있다는 것을 염두에 두고 배기구의 위치와 높이를 결정해야 한다.

건물 주위에서 공기흐름의 패턴은 복잡하다. 그림 4-5는 단순 직사각형 건물 주위에서 일어날 수 있는 일반적인 공기흐름의 패턴을 설명한 것이다.

① **지붕 재순환역(roof recirculation region)** Z_1 : 지붕 끝에서 상승기류가 형성되는 영역이다. 이 영역에서는 상대적으로 새로운 신선한 공기의 유입이 없이 정체된 공기만 계속적으로 재순환이 이루어진다. 따라서 모든 배기구는 이 영역을 벗어나야만 한다.

② **고도 난류역(high turbulence region)** Z_2 : 몹시 불규칙한 흐름이 형성되고 상당히 많은 하강기류가 형성된다. 따라서 이 영역에는 배출된 오염물질이 하강하는 공기를 오염시킬 것이므로 배출된 오염물질 기둥이 이 영역을 만나지 않게 배기구의 높이를 높게 해야 한다.

③ **지붕궤적 경계역(roof wake boundary)** Z_3 : 건물에 영향 받은 공기와 건물에 영향 받지 않는 지붕 끝 상승기류가 분리가 일어나는 경계역

④ **건물궤적 재순환역(building wake recirculation region)** : 건물로 인해 형성된 하강기류가 재순환이 이루어지는 영역. 이 영역으로 들어 온 배출된 오염물질은 열린 창이나 문으로 재유입하게 된다.

배기구 높이에 미치는 바람의 영향은 바람의 속도에 따라 변한다.

① 속도가 매우 느리면 배출 오염물질은 지붕선 위로 올라가서 확산이 잘 이루어진다.

② 속도가 증가함에 따라 배출공기기둥의 높이는 낮아지고 확산력은 떨어진다.

③ 속도가 더 증가하면 난류가 증가하고 결국 확산은 증가한다.

재순환 공간의 위치와 형태, 고도난류지역 및 지붕의 궤적을 예측하기는 매우 어렵다. 그러나 높이가 H, 폭이 W인 건물에 바람이 수직으로 불어온다면 공기흐름 패턴을 어느 정도 예측할 수 있다. Wilson은 척도계수(scaling coefficient), R을 이용하여 다음과 같이 예측하였다.

$$R = B_s^{0.67} \times B_l^{0.33} \tag{4-2}$$

여기서, B_s : 건물의 높이 H와 건물의 폭 W 중 작은 쪽

B_l : 건물의 높이 H와 건물의 폭 W 중 큰 쪽

(만약, B_l이 $8B_s$보다 크면 $B_l = B_s$를 사용)

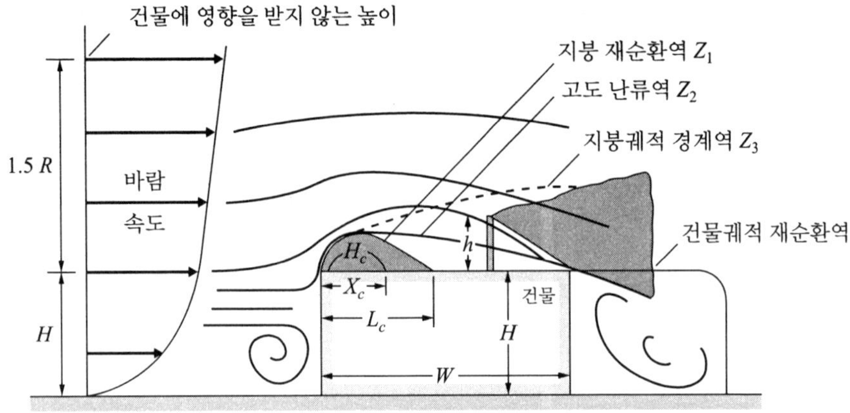

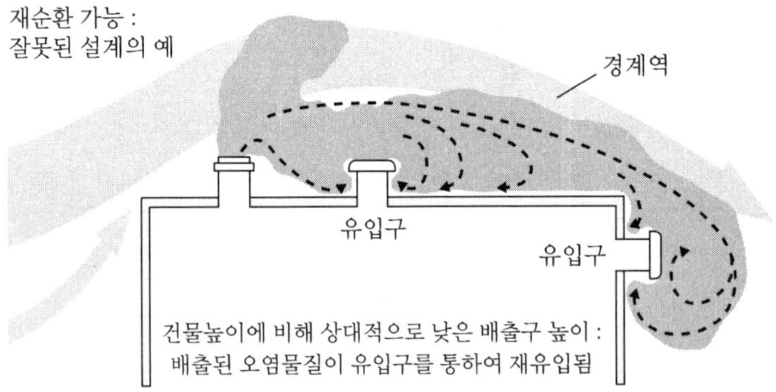

그림 4-6 건물 주위에서 공기흐름 패턴

만약 지붕이 편평한 건물이면 Wilson은 지붕의 재순환영역을 다음과 같이 예측하였다.

최대 높이 $H_c = 0.22R$

중심부 $X_c = 0.5R$

길이 $L_c = 0.9R$

또 지붕으로부터 높이 $1.5R$이 되는 영역부터는 바람이 건물에 전혀 영향을 받지 않는다고 하였다.

건물 주위에서 공기의 흐름 패턴이 복잡하기 때문에 바람의 소용돌이를 벗어나게 배기구를 위치시키기란 거의 불가능하다. 배기구 높이에 영향을 주는 요소로는 배기구를 빠져나올 때의 공기속도와 밀도차이에 의한 상승기류 등이다.

배기구 높이와 위치는 배출물이 고도난류역과 배출 후 건물궤적 재순환영역으로 들어가지 않도록 선정해야 한다.

이상에서 설명하였듯이 건물주위에서 공기의 흐름 패턴이 매우 복잡하고 오염공기기 등의 양상도 배출공기의 온도, 속도, 외부 바람의 속도 등에 영향을 받기 때문에 재유입 방지를 위해 배기구의 높이를 결정하기란 쉽지 않다. 아주 간단하게 결정하는 방법으로는 배기구의 높이는 건물 높이의 0.5배로 하는 것이다.

$$h = 0.5H \quad (4\text{-}3)$$

여기서, h : 배기구의 높이, m

H : 건물의 높이, m

예를 들어, 건물의 높이가 4 m이면 배기구의 높이는 2 m이다. 그러나 건물이 낮아 1~3층에서는 이 공식이 유용하지만 높은 건물에서 H가 매우 커지고 이에 따라 배기구의 높이도 비현실적으로 커지게 될 것이다. 이때에 H는 공기흐름과 평행한 건물 폭 W의 0.25배로 한다.

$$H = 0.25\,W \quad (4\text{-}4)$$

여기서, W : 공기흐름과 평행한 건물의 폭, m

배기구의 위치와 공조시설의 유입구 혹은 보충용 공기의 급기구가 인접해 있으면 배출된 오염물질이 재유입할 수 있을 것이다. 그러면 배기구와 이들 유입구 사이 거리는 어느 정도 떨어져 있는 것이 바람직할 것이다. 일반적으로 15 m 이상 떨어져 있어야 한다. 부득이 15 m 이내로 설치할 경우에는 배기구에 빗물방지 캡(weather cap)을 씌우지 말아야 한다. 이럴 경우 캡으로 인해 배출물의 확산이 방해를 받아 하강하게 되면 결국에는 재유입 가능성이 커지게 된다.

배기구 설치 시 고려사항은 다음과 같다.

① 배출 속도와 가스 온도가 배기구 높이에 영향을 준다.

② 아래로 내려 미는 공기 즉, 세류(洗流: downwash)를 없애기 위해서는 배기구의 속도가 바람 속도의 1.5배 이상이 되어야 한다.

③ 배기구의 속도는 15 m/sec가 적합하다. 이유는 다음과 같다.

- 바람의 속도 10 m/sec까지 세류를 없앨 수 있다. 바람의 속도가 그 이상이면 확산효과 때문에 크게 문제되지 않는다.
- 굴뚝 효과를 증가시킨다.
- 작은 원심형 송풍기의 작동점을 안정시킨다.
- 배출공기에 분진이 있거나 공기정화기의 작동이 불량하더라도 오염공기를 이

송시킨다.

④ 빠른 배출속도가 낮은 배기구의 높이를 상쇄시킨다.

⑤ 빗방울의 속도는 10 m/sec이다. 송풍기가 작동하여 배기구의 속도가 13 m/sec를 초과하면 빗방울의 배기구 유입을 막을 수 있다.

⑥ 가능하면 배기구는 지붕에서 가장 높은 곳에 위치시킨다. 이것이 불가능하면 건물의 바람 궤적, 옥상가옥을 벗어나게 높이 설치한다.

⑦ 건물에 스크린을 씌우는 것을 피한다. 만약 스크린이 있으면 배기구 높이는 이보다 높아야 한다.

⑧ 가장 좋은 배기구의 모양은 실린더 형이다. 빗물 제거(drain)가 필요하면 설치한다.

⑨ 빗물방지 캡은 권장되지 않는다. 이것은 공기의 흐름을 지붕 쪽으로 유도하여 오염물질의 재유입을 증가시킨다. 연구에 의하면 빗물방지 캡의 효과가 매우 적은 것으로 밝혀졌다. 직경 300 mm 덕트의 경우 빗물 16%가 유입되었고 폭풍이 몰아치면 45%가 유입되었다.

⑩ 여러 개의 배기구 구조가 하나의 배기구 구조보다 공기의 확산이 잘 이루어져 오염물질의 재유입을 감소시킨다.

⑪ 배출지점을 작업장의 공기 흡인지점(창문, 출입구, 침기 위치 등)에서 멀리하여야 한다.

⑫ 높은 배기구가 능사가 아니다. 적절한 공기청정장치의 설치가 오염물질의 재유입을 막아준다.

Chapter 5

국소배기장치의 점검

모든 환기장치는 제대로 작동되고 있는지를 확인하기 위하여 정기적으로 점검되어야 한다. 설치 후 처음에는 설계대로 작동되었다 하더라도 시간이 지나 마모되거나 유지관리를 제대로 하지 못했을 경우에는 성능은 저하될 것이고 이는 곧바로 작업자의 건강과 연결될 것이다. 따라서 모든 환기장치는 설계대로 만족스럽게 작동하는지, 송풍량은 충분한지 또 합류관의 정압은 균형을 유지하는지를 수시 그리고 정기적으로 철저하게 점검해야 한다.

국소배기장치를 점검하는 목적은 다음과 같다.

- 시공 후 처음 가동할 때 필요한 정보를 수집하기 위함이다. 설계대로 작동하는지 여부, 송풍량, 정압, 속도압 등을 검사하여 가동조건을 설정하면 이들 조건은 앞으로 수시 혹은 정기점검 때 비교자료로 활용할 수 있을 것이다. 뿐만 아니라 일부 장치의 변경, 폐쇄, 보강, 유지보수, 문제해결방법에 기초자료로 활용할 수 있다.
- 성능의 변화를 감시하기 위함이다. 성능이 저하되면 오염물질의 제어가 어렵게 되고 이는 곧 근로자들의 건강을 위협하게 된다. 이는 국소배기장치의 근본 설치 목적과 배치되는 문제이다. 따라서 성능이 저하된 원인을 찾아 개선하려면 반드시 점검이 필요하다.

1 점검의 형태와 점검사항

점검은 간단한 것에서부터 보다 복잡한 것까지 다양하다. 이들 점검에는 발연관 추적법을 이용한 관찰, 후드 개구부에서의 속도, 후드정압, 피토관을 이용한 덕트의 속도측정, 정압의 측정, 송풍기 압력, 회전속도와 동력소모량, 그리고 정기적인 유지관리가 포함된다.

국소배기장치의 점검 형태와 점검 사항은 표 5-1과 같다. 초기의 점검 결과는 운전조건(댐퍼, 송풍기 속도)과 어느 지점에서 측정해야 하는지를 보여주기 위해 도식화하여 기록으로 남겨 놓아야 한다. 속도와 송풍량은 현행 법규나 미국의 ACGIH Manual에 있는 값들과 비교해야 한다. 오염물질에 대한 샘플링은 전반적인 후드의 선정, 송풍량, 위치 및 설계의 효과를 평가하는데 필요하다.

안전 및 보건 부서의 관점에서 장치에 대한 정기적인 점검은 작업자의 건강보호를 위해 중요하다. 장치를 설치하고 적절하게 가동된 뒤에도 여러 가지 이유로 인해 오염물질을 흡인하는 데 그 효율이 떨어질 수 있다. 이 같은 이유로는 느슨해진 송풍기 벨트, 잘못된 댐퍼의 조절, 덕트 내 분진의 침적, 그리고 공기정화장치의 막힘 등을 들

수 있다. 때때로 새로운 덕트를 첨부시킴으로서 전체 시설이 균형을 잃어버리는 경우도 있다. 또한 정기적인 점검은 후드의 여러 가지 손상 등을 관찰하여 작업자가 어떻게 사용해야 하는지를 알려줄 수 있는 기회를 부여하기도 한다.

중요한 것은 장치의 하드웨어가 얼마나 잘 성능을 발휘하고 있는가가 아니라 이 시설들이 얼마만큼 근로자들의 건강을 잘 보호해 주고 있는가 하는 점이다. 어떤 장치가 설계대로 후드를 통한 송풍량, 공기정화장치, 송풍기의 속도 그리고 동력소모량이 만족스럽게 작동하고 있다고 하더라도 공기를 샘플링한 결과 작업자에게 과도한 만큼 유해물질이 노출되고 있다면 이 장치의 성능은 충분하지 못한 것이다.

표 5-1 국소배기장치의 점검형태와 점검이 필요한 이유

점검형태	점검이 필요한 이유
장치의 시공 후 송풍기 및 전체 시스템의 점검	① 설계상의 기준치와 장차 유지관리를 위한 비교자료의 확보를 위해 새로운 장치의 초기성능을 확보한다. ② 운전이 제대로 되는지를 진단한다. ③ 장치의 확장 가능성과 송풍량을 증가시킬 수 있는지 결정한다.
정기적인 속도압 및 후드정압의 점검	④ 현행 법규에 부합하는지를 확인한다. ⑤ 장치의 성능이 충분한지를 결정한다.
오염물질에 대한 샘플링	⑥ 작업자에게 폭로여부를 측정한다. ⑦ 오염물질을 제어함에 있어 장치의 효율을 결정한다. ⑧ 제어되지 않는 오염원 혹은 제어에서 벗어난 오염원을 찾는데 도움을 준다.

그림 5-1 국소배기장치 점검 모습

아마도 처음부터 후드의 크기나 형태가 잘못되었거나 작업장에 제어할 수 없는 오염원이 존재하고 있기 때문일 것이다. 궁극적으로 환기장치가 올바르게 설계되어 작동하고 있는지를 평가하는 방법은 환기장치 설치 전후의 공기 중 유해물질의 농도를 노출기준과 비교해 봄으로서 이 장치가 제대로 작업자를 보호해 주고 있는지를 확인하는 것이다.

2020년 현재 우리나라에서는 국소배기장치에 대한 안전검사를 받도록 되어 있다. 과거 국소배기장치에 대해서 자체검사 기준(노동부고시 1992-20호)이 폐기되고 산업안전보건법 제93조(안전검사), 산업안전보건법 시행령 제78조(안전검사대상기계 등) 제1항 제7호에 의하면 국소배기장치(이동식은 제외한다)는 안전검사를 받아야 한다.

그러나 국소배기장치를 안전검사 즉, 기계적인 안전 측면에서 다룬다는 것은 부적합하다고 판단된다. 왜냐하면 국소배기장치에 대한 교육은 산업안전공학분야가 아니라 산업위생분야이기 때문에 대학의 안전공학 교육과정에서 국소배기에 대한 심도 있는 교육이 이루어지지 않고 있다. 따라서 국소배기장치는 전반적인 오염물질의 특징 등 산업보건위생에 대한 전문적인 지식이 필요하기 때문에 산업보건적인 측면에서 다루는 것이 적합하다. 실제 현장 작업장에서 국소배기장치에 관한 업무는 안전관리자의 업무가 아니라 보건관리자의 업무로 분류되고 있다.

2 측정장비

(1) 발연관

발연관(smoke tube tracer)은 그림 5-2와 같이 공기와 반응하면 흰 연기의 흄을 발생시킬 수 있는 4염화티타늄, 염화제2주석 혹은 기타의 화합물이 유리관 안에 봉합되어 있다. 관의 끝을 자르고 고무로 된 스퀴즈를 누르게 되면 몇 초 후 흰 연기가 분출되어 공기의 흐름에 따라 이동하게 되며 그 속도를 가지고 후드나 작업장 내의 공기이동을 알 수 있게 된다. 발연관은 다음과 같은 측면에서 유용하다.

첫째, 오염원으로부터 오염물질의 확산정도를 보여준다(그림 5-3a). 정확한 후드의 위치와 크기의 결정은 오염물질이 어느 곳에서 발생하여 얼마만한 속도로 이동하는지에 달려 있다. 발연관은 후드에서 떨어진 오염물질의 초기 속도가 어느 곳으로 퍼져 가는지를 확인시켜 줌으로서 그 지점에서 후드 제어속도를 알아내 필요한 송풍량을 계산하게 할 수 있다.

둘째, 개략적인 후드의 포착거리를 결정짓는다(그림 5-3b). 발연관은 후드 개구면에서 얼마만큼 떨어져 오염물질을 잡아들일 수 있는지를 보여 준다. 비록 발연관이 열선풍속계와 같이 정확하지는 않지만 연기의 모양으로 개략적인 속도를 알 수 있다. 그림 5-4는 흡인되는 연기 모양에 따른 개략적인 속도이다.

셋째, 개구부 주위에서의 난류현상, 포위형 및 캐노피형 후드로부터 일류(溢流: overflowing)현상, 기타 오염물질의 탈출요인을 확인하는데 최적이다(그림 5-3c). 이들 요인들은 포위된 개구부의 국소 부분에서 제멋대로 발생하기 때문에 열선 풍속계를 가지고는 이들을 확인할 수 없다.

넷째, 후드성능에 미치는 횡단방해기류의 영향을 알 수 있다.

다섯째, 작업자에게 후드의 성능, 거리의 영향, 댐퍼 설치 및 후드 성능에 관한 기타 요인들을 보여 줄 수 있다.

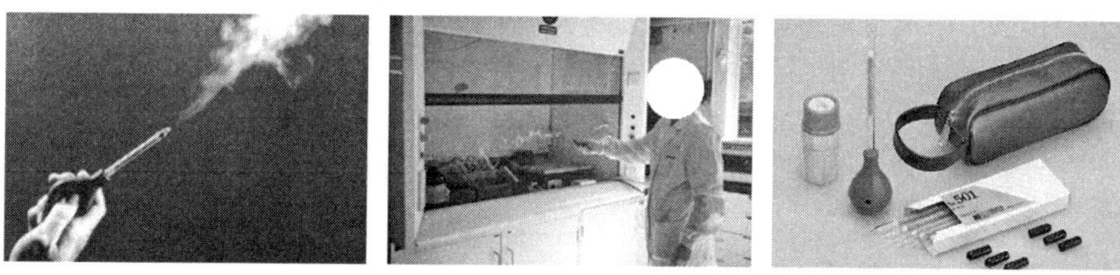

그림 5-2 발연관과 실험실 후드 점검 모습

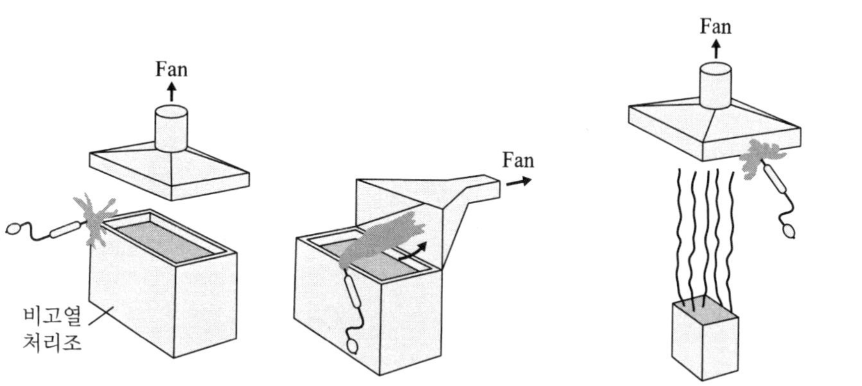

(a) 오염물질의 확산 (b) 제어속도의 범위 (c) 캐노피, 포위형 후드의 일류 확인

그림 5-3 발연관 사용의 장점

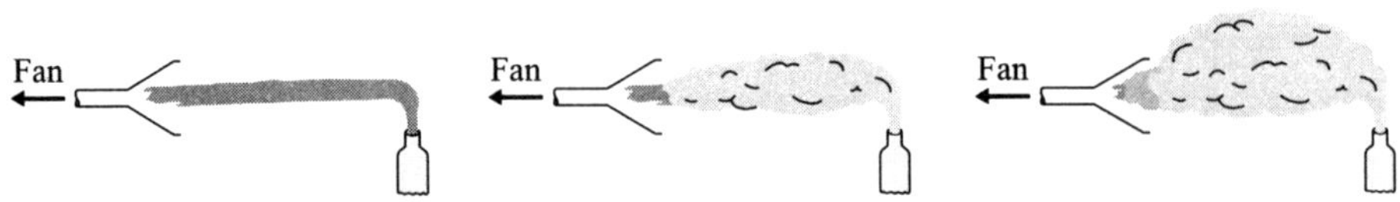

(a) 0.51 m/sec 이상 (b) 0.25~0.38 m/sec 사이 (c) 0.15 m/sec 이하

그림 5-4 발연을 이용한 개략적인 속도의 판정

(2) 풍속계

1) 회전날개 풍속계(rotating vane anemometer)

이 기기는 주로 큰 송풍량을 측정할 때 사용한다(그림 5-5). 일반적으로 회전날개 풍속계의 크기는 3"와 4" 및 6"이며, 테스트하는 시간동안(보통 1분임)의 평균유속을 나타내 준다. 이 풍속계는 자주 눈금조정(calibration)을 해야 한다. 표준형의 풍속계는 1 ~ 15 m/sec의 측정범위를 가지며, 특별히 제작한 모델은 0.13 m/sec까지도 측정할 수 있다. 회전날개 풍속계가 갖는 한계성은 크기가 너무 커서 덕트 내의 유속측정에는 적절하지 않다는 점이다. 이 풍속계는 깨어지기 쉬우며 아울러 분진함량이 많거나 부식성의 공기조건에서는 특별히 조심해야 한다. 보통 환기장치보다는 건축이나 토목공사에 많이 사용한다.

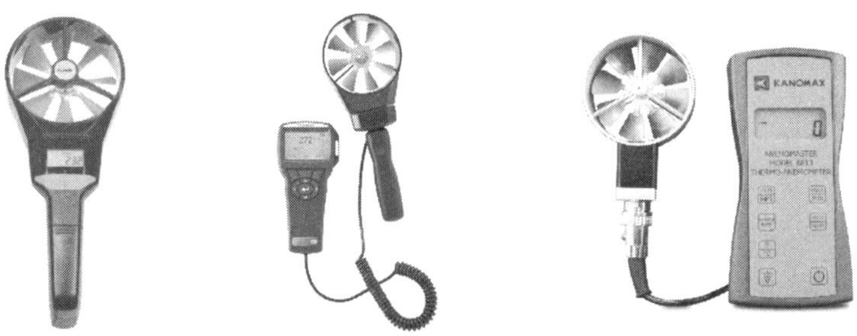

그림 5-5 회전날개 풍속계

2) 그네날개 풍속계(swinging vane anemometer : 일명 velometer)

그네날개 풍속계는 일명 벨로미터라고 부르기도 있다. 벨로미터는 휴대가 용이하고 적용범위가 넓으며 직독식의 특성을 갖고 있으므로 현장에서 널리 이용되는 계기이다(그림 5-6). 적용범위가 넓고 다양한 피팅류에 적용할 수 있으므로 정압을 측정할 수

있고 광범위한 직선 속도를 측정할 수 있다. 특별히 낮은 범위의 유속 측정을 제외하고서는 최소유속이 0.25 m/sec에 이른다. 벨로미터는 많이 사용하는 계기로 대부분의 현장체크용으로서는 적절한 정확도를 갖고 있다. 사용 시에는 계기의 평형상태를 체크하여야 한다. 눈금을 0점에 놓은 후 양쪽의 출입구를 막았을 때는 계기의 위치에 상관없이 바늘이 0점으로부터 1/8인치 이상 벗어나서는 안 된다. 벨로미터는 항상 손잡이가 위로 가도록 똑바로 세워서 사용하여야 한다. 특히, 공기가 개구부를 향하여 자유스럽게 흐를 수 있도록 공기흐름에 똑바로 맞춰 주어야 한다.

그림 5-6 그네날개 풍속계

최근에 만들어진 기기들은 피팅에 대해 개별적인 영점 조절이 필요 없이 제작되어 시판되고 있다. 정압을 측정할 때에는 양압과 음압의 측정방법이 다르기 때문에 주의해야 한다.

표준공기의 온도인 21℃에서 17℃의 온도차이가 생기고/거나 고도가 300 m 이상의 차이가 생길 때에는 온도와 압력보정을 해 주어야 한다. 고도나 온도 때문에 생기는 밀도변화에 따른 보정은 식 (5-1)과 같이 현재의 밀도 ρ를 이용하여 만들 수 있다.

$$V_c = V_r\sqrt{\frac{1.21}{\rho}} \tag{5-1}$$

여기서, V_c : 보정속도, m/sec

V_r : 기기 상에 나타난 속도, m/sec

ρ : 측정 당시의 공기밀도, kg/m^3

3) 열선 풍속계(thermal anemometer)

덕트의 유속을 측정하는데 가장 많이 쓰이는 장비 중의 하나는 열선 풍속계로서 가열된 물체를 공기가 지나가면서 빼앗는 열의 양은 공기의 속도에 비례한다는 원리를 이용한 것이다(그림 5-7). 한 고정된 감시점에서 공기에 전달되는 열은 이동하는 공기의 분자수의 함수이므로 감지 요소로는 속도는 물론이고 질량유량으로 조정하여 일정하게 나타낼 수 있다. 시판되는 기기에는 두 개의 인테그랄 센서 즉, 속도센서와 온도센서로 구성된 탐침(probe)을 사용한다. 속도센서는 정상적인 용도 하에서도 조심스럽게 다루어야 하는데 입자상 물질에 의해 약간의 오염이 발생하여도 둔감해 질 수 있다.

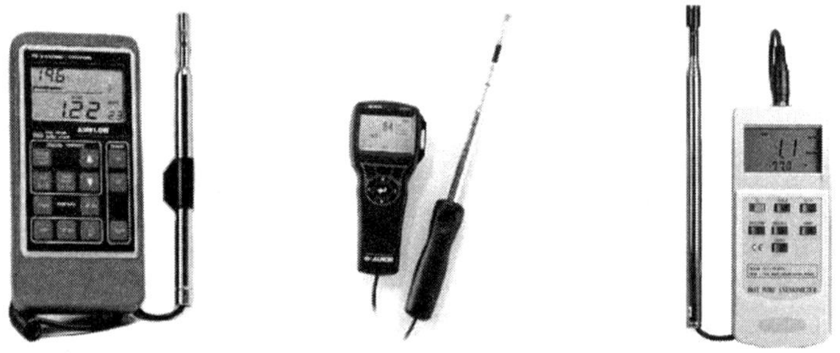

그림 5-7 디지털 열선 풍속계

탐침은 급기든 배기든 개구부에서 직접 공기의 속도를 측정하는데 사용된다. 탐침의 직경이 작기 때문에 피토관을 이용하여 덕트 내부에서 직접 속도를 측정할 수 있다.

정압을 측정할 수 있는 열선 풍속계도 있다. 정압을 측정하는 빨판 모양의 고무탐침은 양압과 음압을 측정할 때 부착하는 방법이 다르기 때문에 주의해야 하며 부착하는 방법도 제조회사마다 다르다. 이 기기는 정기적인 눈금조정이 필요하다.

(3) 압력계

1) 마노미터(manometer)

유체 흐름에 대한 압력을 측정하는데 가장 손쉽고 많이 사용하는 것이 마노미터(manometer)이다(그림 5-8). 마노미터는 덕트의 압력과 동일한 압력만큼 물의 칼럼 높이가 변하는 원리를 이용한 것이다. 가장 간단한 마노미터는 수직 U자 마노미터이다. 유리관에 액체를 넣은 구조로 되어 있으며 피토관 등 압력 측정용 도구를 고무관이나 비닐관으로 연결하여 압력을 측정하는데 사용한다. 유리관에 넣는 액체로는 알코올, 수은, 기름, 물, 케로신, 특수 마노미터액 등이 사용된다.

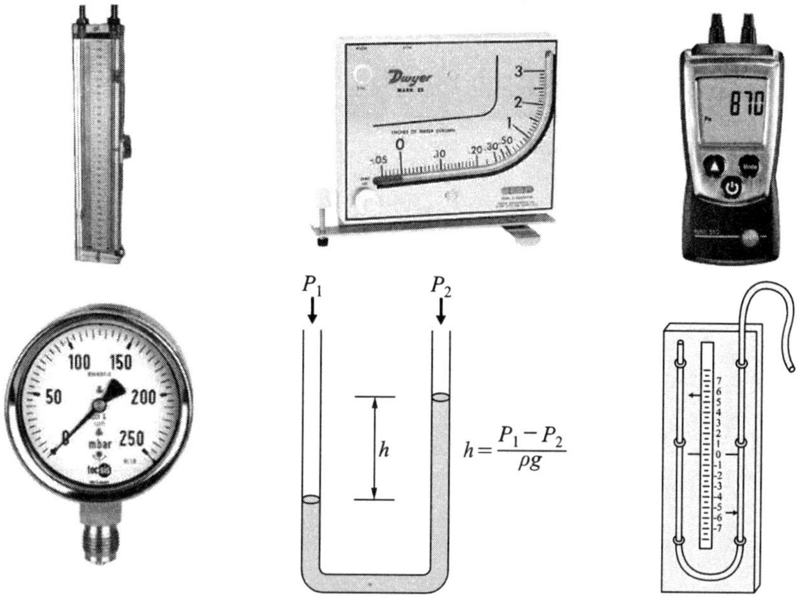

그림 5-8 여러 종류의 마노미터와 그 측정방법

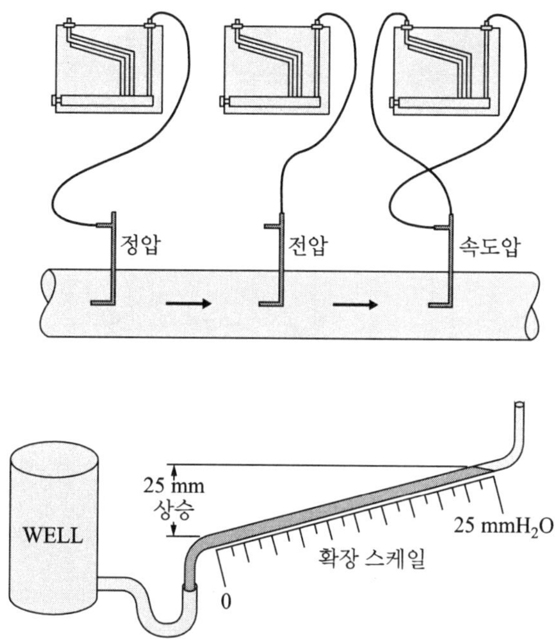

그림 5-9 피토관을 연결한 경사 마노미터의 압력측정

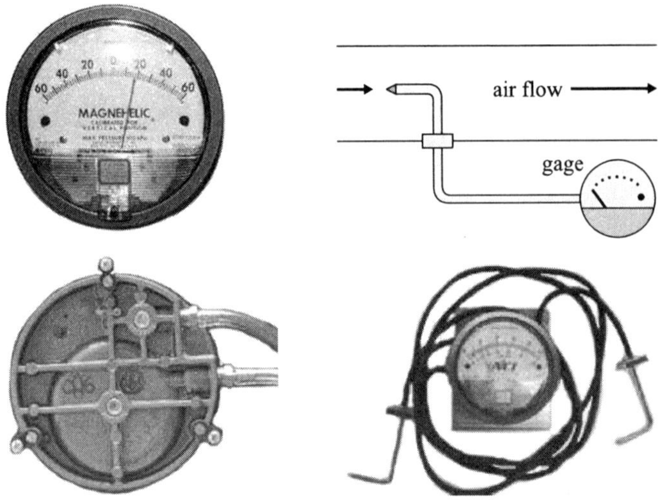

(a) Dwyer사의 Magnehelic ®

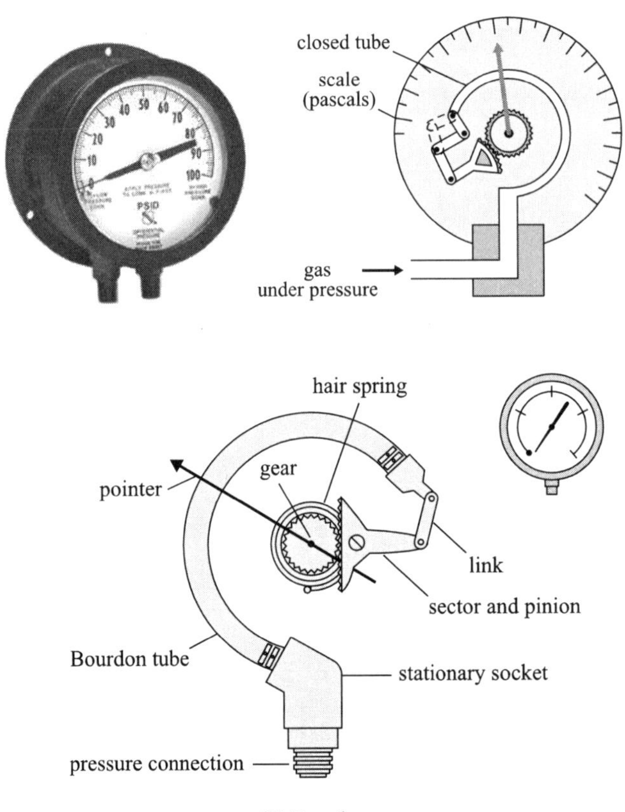

(b) Bourdon

그림 5-10 차압계와 그 측정방법

압력이 작은 경우 정밀한 측정을 위해서는 경사 마노미터(inclined manometer)를 사용한다. 최근에는 디지털 마노미터가 등장하였다. 피토(pitot)관에 경사 마노미터를 연결하여 덕트 내에서 압력을 측정하는 방법은 그림 5-9와 같다.

정압은 마노미터 외에 차압계(일명 Magnehelic®, Dwyer사의 상표명), 버던(bourdon) 게이지나 그네날개 풍속계로 측정할 수 있는데 이들은 디지털로 곧바로 정압을 읽을 수 있으나 편리한 반면 정기적으로 눈금조정을 해야 하는 번거로움이 있다. 액체 마노미터와는 달리 기계부품의 손상은 정확도에 영향을 주게 된다.

2) 피토관

덕트 내에 유량을 정확하게 측정하는 방법으로는 "피토(pitot)"을 이용해야 한다. 피토관은 1734년 Henri Pitot에 의해 개발된 것으로 덕트에서 속도압을 측정하는 표준기기이다(그림 5-11). 표준 피토관은 판독된 속도압이 10 m/sec에서 ±1.0%의 오차를 갖게 되면 영점조정을 할 필요가 없다. 그림과 같이 두 개의 튜브가 90°로 붙어 있으며 안쪽의 심부 통로는 90°로 굽어 있다. 마주 오는 공기에 대한 압력은 중심관의 중앙 심부 통로를 거쳐서 곧바로 빠져나가게 되어 있는데 이것은 움직이는 공기의 속도압과 덕트 내에 존재하는 정압을 합친 것이 되므로 전압을 나타내게 된다.

밖의 관은 앞 쪽 끝이 막혀 있고 피토관이 위치한 덕트에서 정압만을 감지할 수 있도록 유속방향에 대해 수직방향으로 몇 개의 작은 구멍이 뚫려 있다.

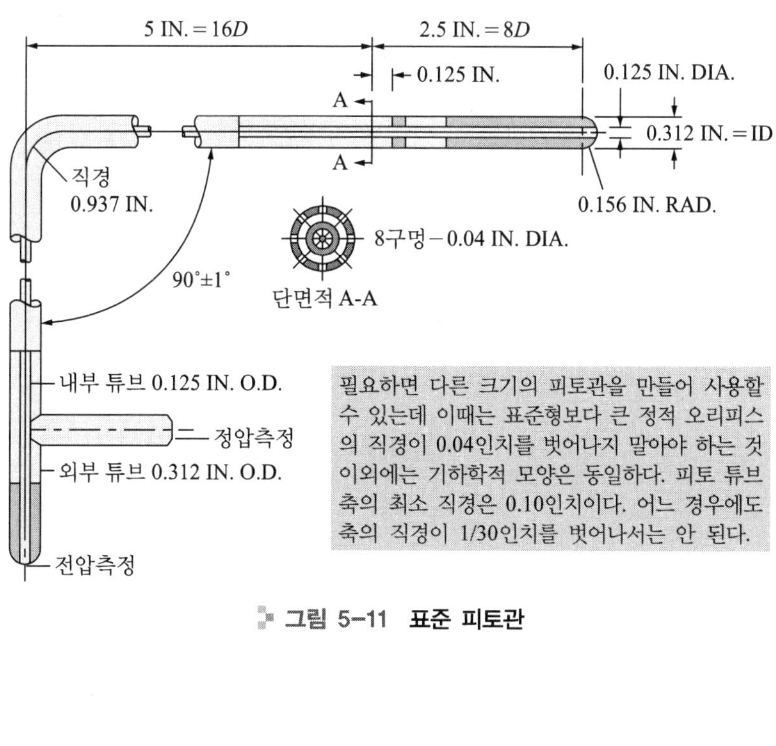

그림 5-11 표준 피토관

마노미터에 피토관을 연결시켜 전압에서 정압을 뺌으로서 속도압을 산출할 수 있다. 물론, 속도압을 직접 측정할 수도 있으나 일반적으로 속도압은 잘 나타나지 않기 때문에 보통 전압에서 정압을 빼 줌으로 속도압을 계산해 낸다.

(4) 태코미터(tachometer)

태코미터는 송풍기의 회전속도를 측정하는 기기이다. 송풍기의 회전속도가 기대치와 다른 경우에는 원인을 점검해야 하는데 가장 일반적인 원인은 다음과 같다.

1) 벨트가 미끄러지든지 잘못된 벨트를 사용하면 회전속도가 떨어진다.
2) 풀리(pulley) 사용 시에는 의도 했던 것과는 달리 크기가 다를 수 있다(디자인 사양 점검).
3) 주파수 사용 시에는 주파수가 잘못되었을 수 있다(디자인 사양 점검).

태코미터는 직접 시간당 회전수를 계산해 준다(그림 5-12). 회전수의 측정은 두 가지 방법이 있다. 하나는 태코미터의 앞부분을 그림 5-12b의 왼쪽처럼 회전 축 끝의 중앙에 위치시키면 회전수가 표시된다. 다른 하나는 회전축의 한 면에 흰 페인트나 분필로 표시해 두고 이곳을 향하여 태코미터를 켜면 회전수가 계산된다.

(a) 태코미터

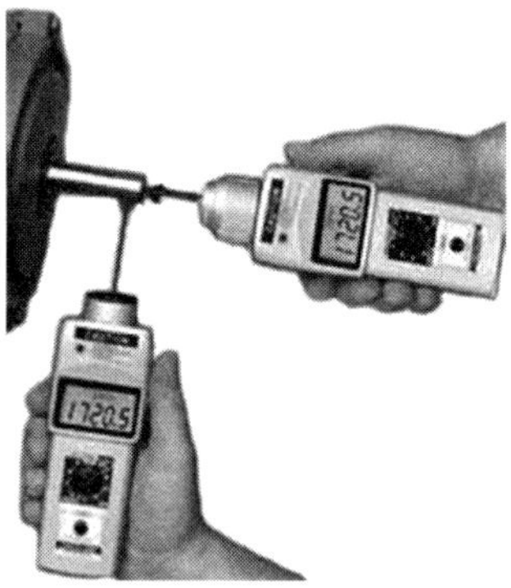

(b) 태코미터 사용법

그림 5-12 태코미터와 사용법

(5) 전류/전압계

전류/전압계를 이용하면 송풍기의 전류와 전압을 측정할 수 있으며 더 나아가 송풍기의 마력도 추정할 수 있다(그림 5-13). 클램프를 열어 전선을 사이에 끼워 넣으면 전류를 측정할 수 있어 일명 클램프미터(clamp meter)라고도 한다.

전동기의 정격전류와 전압은 제작 당시에 제조업체가 플레이트에 부착한다. 전동기가 반드시 플레이트의 전류와 전압대로 작동하는 것은 아니다. 특히, 정격전류가 전기패널에 부착된 것과 차이가 많으면 국소배기장치 성능에 문제가 있다고 판단할 수 있다. 전기패널의 전류가 설계 당시의 정격전류를 초과하면 국소배기장치에 외부공기가 유입되어 송풍량이 과다하게 유입됨으로 과부하로 판단할 수 있다. 반대로 정격전류이하가 되면 국소배기장치의 압력손실이 설계 당시보다 커져서 송풍량이 적게 운반됨으로 오염물질이 효과적으로 제거되지 않고 있다고 판단할 수 있다. 만약 전동기 제조회사로부터 모터의 효율(motor efficiency)과 동력계수(power factor)를 얻을 수만 있다면 모터의 마력수를 계산할 수 있다.

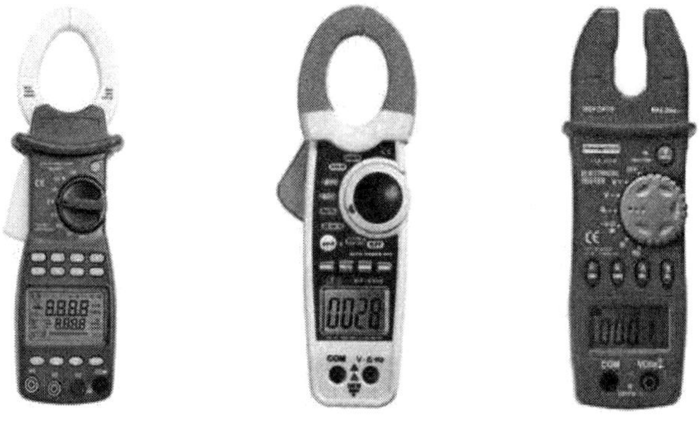

그림 5-13 전류/전압계

$$\text{BHP} = \frac{3 \times \text{Volt} \times \text{Amps} \times \text{PF} \times \text{ME}}{746} \tag{5-2}$$

여기서, BHP : 마력

PF : 모터의 동력계수, 무차원

ME : 모터효율, 무차원

3 측정방법

(1) 필요환기량

환기량을 직접적으로 측정할 수 있는 기기는 없다. 그러나 한 지점에서 공기속도를 측정할 수 있는 기기는 많다. 이미 공부하였듯이 환기량 Q는 어떤 지점의 속도를 대표할 수 있는 값과 그 지점의 면적을 곱해 줌으로서 구할 수 있다. 후드에서 필요환기량의 계산은 포위형 후드인 경우 후드의 단면적과 후드 개구면 속도를 구하여 곱해줌으로서 쉽게 구할 수 있다. 그러나 외부식의 포집형 후드인 경우 제어풍속, 제어거리, 후드의 형태에 따라 다르기 때문에 정확히 필요환기량을 구하기가 쉬운 문제는 아니다.

1) 공기속도의 측정

공기속도는 풍속계를 이용하여 직접 측정하든지 피토관을 이용하여 속도압을 측정한 후 이것은 속도로 환산하여 계산하면 된다. 풍속계는 후드 개구면 속도와 제어풍속을 측정하는데 사용되고 피토관을 덕트에 삽입하여 속도압을 측정한 후 속도로 환산하는 방법이다. 피토관을 이용하면 덕트 내에서 일어나는 압력변화를 동시에 알 수 있기 때문에 장애를 받는 위치나 누출 부위를 쉽게 찾아낼 수 있다.

① 제어풍속

포위형 후드의 경우 개구면 속도를 구하면 된다. 그러나 외부식의 포집형 후드는 개구면 속도가 아니라 오염물질이 발생하는 오염원에서의 속도가 중요하다. 후드에서 가장 멀리 떨어져 있는 오염원에서 발생한 오염물질이 후드로 흡인하는 속도 즉, 제어풍속을 측정해야 한다. 오염 발생장소에서의 평균속도가 아니라 가장 낮은 속도를 측정해야 한다. 측정할 때 측정자는 자신의 몸으로 인해 속도가 잘못 측정되는지를 주의 깊게 관찰해야 한다. 비현실적으로 보일지는 모르나 작업자가 없는 상태에서 속도를 결정하는 것이 가장 좋은 방법이다. 이는 작업자의 움직임으로 인해 공기흐름이 어떻게 변하는지 평가하기가 쉽지 않기 때문이다. 작업자 신체로 인한 영향을 알기 위해서는 정상적으로 작업하는 동안 발연관을 이용하여 조사하면 비교적 쉽게 알 수 있다. 포위형 후드에서는 풍속계를 고정시켜 측정하기 위해 카메라의 삼각대를 이용할 수도 있다.

제어풍속은 대부분의 경우 0.3～2.0 m/sec 정도이므로 열선 풍속계로 측정할 때 잘못 측정할 확률이 매우 높다. 후드 주위에 횡단방해기류가 있을 때, 후드의 흡인에 의한 제어풍속을 측정한다는 것이 잘못하여 횡단방해기류의 속도를 측정해 버리는 경우도 있다. 또한 열선 풍속계는 풍향에 아주 민감하므로 풍속계의 방향을 어떻게 맞추느냐에 따라 측정치에 많은 차이를 보일 수 있다.

따라서 제어속도를 측정할 때에는 발연관을 이용하여 측정지점에서의 풍향을 먼저 확인한 후에 풍속계의 센서가 풍향에 수직이 되도록 하여 측정해야 한다.

② 후드 개구면 및 덕트면 속도

설계 값보다 속도가 심히 감소했다면 후드의 성능이 저하했다고 볼 수 있다. 그래서 후드의 개구면 속도는 권장 값 혹은 약간 벗어나는 정도로 유지시켜야 한다. 대부분의 경우 후드 개구면의 평균속도를 결정하는 가장 정확한 방법은 피토관을 이용하여 그 후드와 연결된 분지 덕트의 횡단 공기유량을 측정하고 이것을 후드 개구면의 면적으로 나누어주는 것이다. 그러나 다음의 경우에는 후드에서 직접 속도를 측정하는 것이 바람직하다.

- 단지 대략적인 값을 측정하고자 할 때
- 덕트의 접근이 어려운 경우
- 덕트의 속도가 너무 낮아(7.6 m/sec) 피토관 측정에 의한 속도압의 정확도가 낮을 경우

추가적으로 후드 개구면의 횡단측정방법은 속도의 균일 정도와 안정성에 대한 정보를 얻을 수 있다. 후드 개구면에서 공간적으로 속도 크기의 변이정도가 ±20%가 나면 바람직하지 않다. 특히, 최저속도가 최고속도의 80%에도 못 미치면서 오염원이 후드 개구면 가까이에 있으면 바람직하지 않다. 또 시간대별 속도의 변이정도가 ±20% 이상 나는 것도 바람직하지 않다. 이 같이 변화가 심하면 후드 밖의 난류 형성, 고속의 보충용 공기접근, 후드 안의 폐쇄, 특히 후드 가까이에서 폐쇄를 의심할 수 있다.

후드든지 덕트든지 속도의 측정은 항상 전체 속도를 대표할 수 있는 평균속도를 측정해야 한다. 그렇게 하기 위해서는 측정 면을 여러 면으로 구분하여 측정하고 평균값을 산출하면 되는데 이를 횡단측정법(traverse method)이라고 한다.

2) 횡단측정법(traverse method)

후드나 덕트에서의 공기흐름은 모든 공간에서 일정하지 않다. 일반적으로 벽에 접한 부분의 속도는 느리고 중앙부분의 속도는 빠르다. 따라서 후드나 덕트의 대푯값을 알기 위해서는 평균값을 산출해야 한다. 횡단측정법을 이용하면 후드나 덕트의 횡단면에 여러 개의 포인트를 정하고 속도나 속도압을 측정한다.

덕트에서의 공기흐름은 덕트의 횡단면을 따라 일정하지 않기 때문에 횡단면의 여러 점에서 속도압을 측정한 다음 속도로 환산한다. 원형 덕트인 경우 그림 5-14a와 같이 횡단면을 수직으로 2분하여 횡단선을 만들고 중심으로부터 동일한 원주 값의 점을 횡단점으로 하여 측정한다. 횡단선은 엘보, 후드 및 분지관의 합류점 등과 같이 공기의 흐름이 교란을 일으키는 중요 지점으로부터 흐름방향(down stream)으로 덕트 직경의 7배 이상에 이르는 지점에다 만들어야 한다. 또 이 같은 지점에서 앞부분(up stream)은 적어도 덕트 직경의 1배 이상에서 측정해야 한다. 덕트 직경의 7배 이하인 가까운 지점에서 측정하여 공기흐름의 교란이 의심되면 두 번째의 위치를 정하여 체크해야 한다. 이들의 측정치가 10% 이내로 일치한다면 측정치의 합리성이 있다고 가정하고 2개 측정치의 평균치를 구하여 사용한다. 편차가 10% 이상이라면 세 번째의 위치를 선정하여 측정치를 구하고 가장 잘 일치하는 2개 위치의 값을 평균하여 이용한다. 평균속도를 얻는데 있어 한 개의 중앙선상에서 얻은 평균값은 개략적인 값이 될 수 있기 때문에 권고하지 않는다.

직경 15 cm 이하의 원형 덕트에 대하여서는 적어도 6개의 횡단점을 사용하여야 한다. 직경 15 cm 이상의 원형 덕트에 대해서는 적어도 10개의 횡단점을 채용하여야 한다. 직경이 대단히 큰 덕트나 유속의 변동이 광범위한 배기구에 대해서는 20개의 횡단점을 사용하여야 공기흐름 측정치의 정확성이 확보된다.

삽입하는 탐침은 작은 것일 수로 좋다. 이는 클수록 공기흐름을 방해하여 부정확할 수 있기 때문이다. 예를 들어, 피토관은 얇고 긴 것을 선택하는 것이 좋다. 약 30 cm 이하의 덕트에서는 외경 5/16" 이하인 피토관을 사용한다.

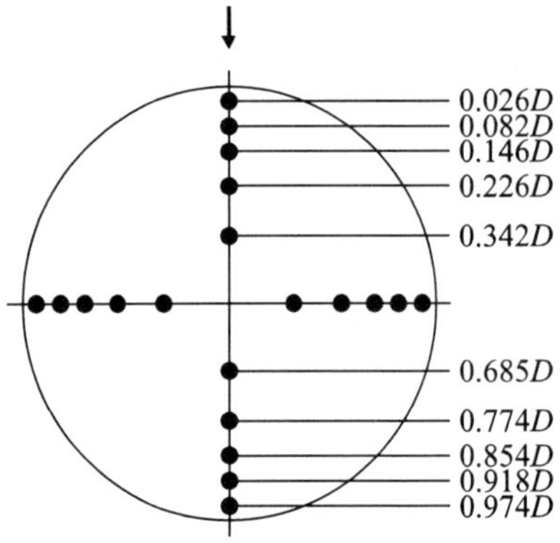

(a) 원형 덕트

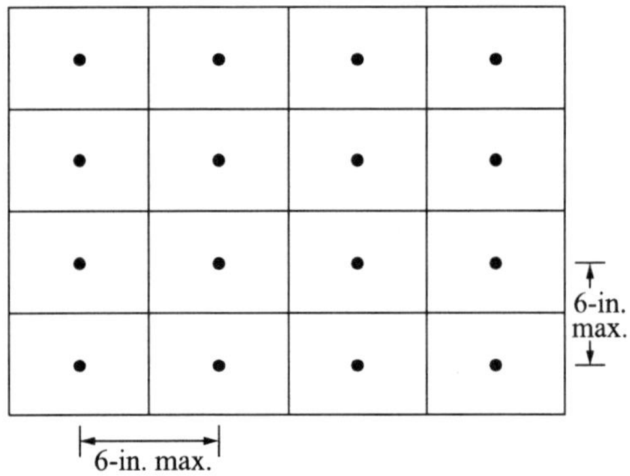

(b) 사각형 덕트

그림 5-14 횡단측정법(traverse method)

사각형의 덕트에서는 그림 5-14b와 같이 단면적을 여러 개의 동등면적의 사각형으로 나누어서 각 사각형의 중심에서 속도압을 측정한다. 측정치의 수가 16 이하가 되어서는 안 된다.

한편, 현재 구하고자 하는 것은 덕트에서의 속도이기 때문에 속도압의 평균치를 가지고 속도의 평균치를 구하면 안 되며 각각의 속도압을 모두 각각의 속도로 환산한 다음 속도의 평균치를 구해야 한다. 그 다음 송풍량을 계산할 때는 측정된 속도에 면적을 곱하여 구할 수 있다.

예제 5-1

Q&A

직경이 20 cm(면적 0.0314 m^2)인 덕트에 피토관을 이용하여 속도압을 측정한 결과 다음과 같은 결과를 얻었다. 이 덕트에 흐르는 송풍량을 구하시오.

No.	속도압, mmH_2O	속도, m/sec	No.	속도압, mmH_2O	속도, m/sec
1	19.6		1	19.1	
2	20.3		2	19.8	
3	23.1		3	22.9	
4	22.9		4	22.1	
5	20.8		5	20.6	
6	19.1		6	18.5	

풀이

각 속도압을 속도로 환산한다.

No.	속도압, mmH_2O	속도, m/sec	No.	속도압, mmH_2O	속도, m/sec
1	19.6	17.9	1	19.1	17.7
2	20.3	18.2	2	19.8	18.0
3	23.1	19.4	3	22.9	19.3
4	22.9	19.3	4	22.1	19.0
5	20.8	18.4	5	20.6	18.4
6	19.1	17.7	6	18.5	17.4
평균		18.5	평균		18.3

$$\text{평균속도} = \frac{18.3 + 18.5}{2} = 18.4 \text{ m/sec}$$

따라서, $Q = 60VA = 60 \times 18.4 \times 0.0314 = 34.7 \text{ m}^3\text{/min}$

(2) 압력

1) 피토관을 이용한 압력측정

피토관을 경사 마노미터에 연결하여 각 압력을 측정하는 방법은 그림 5-15와 같다. 피토관을 이용하여 측정할 수 있는 속도의 범위는 덕트의 크기와 마노미터의 타입에 달려 있다. U자 마노미터의 압력 판독은 6.5 ~ 7.5 m/sec(속도압으로 2.5 ~ 3.6 mmH_2O)의 속도에서는 정확도가 떨어진다. 경사 마노미터를 사용하면 수직 값을 10배 정도 확대하여 판독할 수 있기 때문에 훨씬 정확도를 높일 수 있다. 어떤 마노미터를 사용하든지 속도가 1.5 m/sec 이하에서는 정확도를 보장할 수 없다.

피토관을 덕트와 수직이 되도록 덕트 내에 삽입하고 피토관 끝의 구멍이 나 있는 부분을 공기 흐름방향에 마주하도록 위치시킨다. 호스로 피토관의 정압 측정구와 마노미터를 연결하면 마노미터 내 액체의 전체 이동 폭이 정압이 된다. 마찬가지로 전압 측정구과 연결하였을 때 이동 폭은 전압이 된다. 속도압은 양 측정구를 모두 연결하였을 때 이동 폭이다. 실제 속도압은 낮은 속도에서는 잘 나타나지 않는 경우가 많기 때문에 전압과 정압을 측정하고 그 차이로 계산한다.

한편, 밀도가 현저히 차이가 나는 작업 환경 즉, 표준공기의 온도인 21℃에서부터 17℃의 온도차이가 생기고/거나 고도가 300 m 이상의 차이가 생길 때에는 측정한 속도압에 대한 보정이 필요하다.

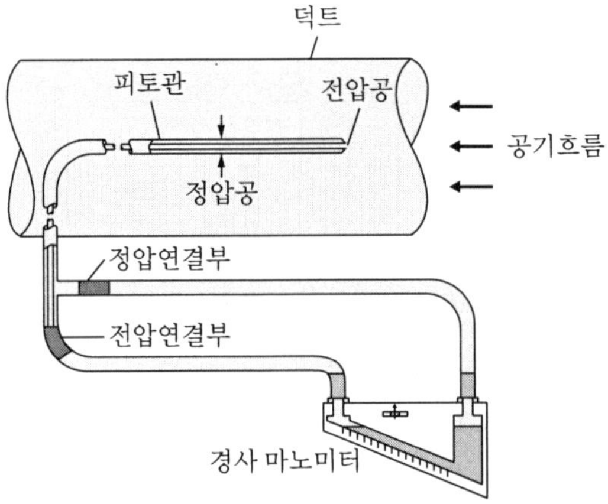

그림 5-15 피토관을 이용한 압력의 측정과 눈금 읽는 법

$$VP_c = VP_M \times \frac{1.2}{\rho} \tag{5-3}$$

여기서, VP_c : 보정 속도압, mmH_2O

VP_M : 측정한 속도압, mmH_2O

지금까지 속도와 압력 측정기기의 측정범위는 표 5-2를 참고하기 바란다.

표 5-2 속도와 압력 측정기기의 권장 사용용도

기기의 종류	파라미터	범 위	비 고
피토관	정압	모든 정압	중심선에서 측정
피토관	속도압	속도 7.6 m/sec 이상	10개 지점 횡단측정법
디지털 마노미터	정압	제조업체 사양 참조	"wall" 포트 혹은 피토관과 사용
디지털 마노미터	속도압	속도 7.6 m/sec 이상	피토관과 사용
경사 마노미터	정압	0～50 mmH_2O	눈금 조정
U자 마노미터	정압	25～500 mmH_2O	50 mmH_2O 이상 정압 눈금조정
열선 풍속계	속도	0.15～7.6 m/sec	고온, 마모성, 인화성, 끈적이는 물질인지 확인 요망
Magnehelic®	정압, 속도압	제조업체 사양 참조	고가 : 모니터링 가능

2) 후드정압 측정

우선, 여기서 말하는 정압이란 측정기기 상에 나타나는 값이기 때문에 항상 절댓값을 의미함으로 정압이 크다거나 작다거나 할 때 수학적인 의미로 혼돈하지 않기 바란다.

후드정압은 후드로 들어오는 공기가 저항을 극복하는데 필요한 에너지이다. 이 에너지는 정지된 공기를 덕트반송속도로 가속시키는데 필요한 에너지와 후드에서 발생한 난류 및 마찰에 의한 에너지의 합이다. 표준공기에서 후드정압과 후드로 들어오는 후드 유입량(환기량)과의 관계는 다음과 같다.

$$Q = 60 \times 4.043 A C_e \sqrt{\mathrm{SP}_h} \tag{5-4}$$

여기서, Q : 후드 유입량, m^3/min

A : 덕트의 면적, m^2

C_e : 유입계수, 무차원

SP_h : 후드정압, mmH_2O

식 (5-4)는 다음과 같이 쓸 수도 있다.

$$Q = 4.043A\sqrt{\frac{SP_h}{1+F_h}} \tag{5-5}$$

여기서, F_h : 후드유입손실계수, 무차원

위 식은 포집형의 많은 후드에서 정확한 유입계수를 알지 못한다고 하더라도 후드의 정압을 측정함으로서 유량을 계산할 수 있는 유용한 식이다. 후드정압의 측정은 후드 가까이에 있는 덕트에서 그림 5-16과 같은 방법으로 측정한다. 후드정압을 측정하는 부분은 베나 수축이 일어나는 부분을 피하기 위하여 적어도 덕트 직경의 2배 이상 되는 지점에서 측정하는 것이 적당하다. 일반적으로 후드정압 측정지점은 후드와 직선으로 연결되는 덕트에서는 후드 takeoff를 지난 지점에서부터 직경 2～4배 지점, 후드가 곡관 덕트와 연결되면 곡관이 끝나는 지점에서 직경의 2～4배 지점이 적당하다. 그러나 속도압과 정압을 동시에 측정하고자 할 경우에는 속도압이 더 많은 길이에 영향을 미치기 때문에 일반적으로 후드로부터 덕트 직경의 4～6배 지점을 선정하는 것이 바람직하다. 계속적으로 유량을 측정해야 하는 환기장치에서는 아예 이 부분에 마노미터를 부착시키는 것이 편리하다.

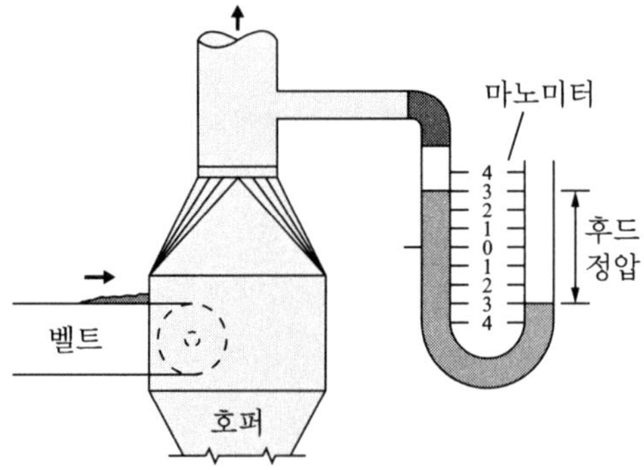

그림 5-16 후드정압의 측정

후드정압을 정확하게 얻기 위해서는 특별한 주의가 필요하다. 예를 들어, 구멍은 덕트의 안쪽으로 구멍 부위가 밀려들어가지 않도록 매끈하게 뚫어야 한다. 만약 안쪽으로 구멍주위가 밀려들어가면 속도가 증가하게 되고 이렇게 되면 더 낮은 정압으로 판독된다. 이런 이유 때문에 구멍을 뚫을 때에는 펀치를 사용하지 말고 드릴을 사용해야 한다. 정압은 덕트 안과 밖의 압력차이기 때문에 구멍의 직경은 1.5～3.0 mm이면 충분하다.

점검을 보다 쉽게 하기 위하여 짧은 금속관을 구멍 주위의 덕트에 땜질할 수도 있으나 고무관 끝을 덕트 구멍에 붙이는 것으로도 충분하다. 구멍이 작으면 점검하는 사이사이에 반드시 막을 필요는 없다. 대형 시설에서는 각 정압 측정 구멍에 번호를 붙여서 설계도면상에 기입할 필요가 있다. 현장에서 측정 구멍을 쉽게 찾지 못하면 측정 구멍 주위를 밝은 색깔로 칠을 해두어 차후에 대비토록 한다.

후드정압의 변화는 현재 얼마만큼의 환기량이 감소했는지 국소배기장치의 성능을 쉽게 평가할 수 있다. 각 후드를 설계 시의 기준에 맞게 조절한 다음 후드의 정압을 측정한다. 다음에 측정한 후드정압을 이용하여 환기량의 변화를 다음의 식으로 계산할 수 있다.

$$\frac{Q}{Q_o} = \frac{\sqrt{\mathrm{SP}_h}}{\sqrt{\mathrm{SP}_o}} \tag{5-6}$$

여기서, Q : 지금 측정한 환기량, m^3/min

Q_o : 전에 측정한 환기량, m^3/min

SP_h : 지금 측정한 후드의 정압, mmH_2O

SP_o : 전에 측정한 후드의 정압, mmH_2O

후드정압의 변화는 장치 어딘가에 변화가 생긴 것이다. 후드정압의 변화가 크다면 다른 부위가 아닌 측정한 덕트 부분이 막혔다거나 변형이 일어난 경우이다. 그러나 측정 부위가 깨끗한 덕트인 경우에는 다른 덕트 특히, 인접 덕트, 공기정화장치, 송풍기에 이상이 생기면 후드정압이 크게 변할 수 있다. 그럼에도 불구하고 후드정압은 문제 해결에 유용하게 사용되는데 자주 점검한다거나(예를 들어, 매일) 특별한 문제가 없을 때 더욱 유용하다. 따라서 마노미터를 후드정압 측정위치에 설치해 놓고 작업자로 하여금 눈금의 변화가 생기면 곧바로 알리도록 교육시키면 효과적으로 국소배기장치를 관리할 수 있다.

만약 후드정압(절댓값)이 낮게 나왔다면 측정구 뒤쪽의 덕트가 막혔다거나 측정구 앞쪽의 덕트가 새거나 아니면 측정구 뒤쪽의 연결부분이 막혔거나 송풍기의 성능이 떨어진 경우이다. 후드정압은 측정구 뒤쪽의 막힌 부분을 제거한다거나 앞부분의 새는 부분을 고치면 다시 상승한다.

예제 5-2

그림 5-15와 같은 컨베이어 후드가 있다. 현재 공기는 표준공기 상태이며 후드에 의한 유입계수는 0.90, 후드의 정압은 32 mmH_2O, 덕트의 직경은 15 cm일 때 후드로 들어가는 환기량은 얼마인가?

풀이

직경이 15 cm일 때 면적은 0.0177 m^2, 후드 유입량은 식 (5-4)에 의해

$$Q = 4.043AC_e\sqrt{\mathrm{SP}_h} = 60\times 4.043\times 0.0177\times 0.9\times \sqrt{32} = 21.9\ \mathrm{m^3/min}$$

예제 5-3

용접용 후드의 정압이 처음에는 18 mmH_2O였고 이때의 유량은 30 m^3/min이었다. 최근에 조사해 본 결과 정압이 14 mmH_2O였다면 최근의 유량은 얼마인지 추정해 보시오. 그리고 후드정압이 감소한 원인에 대해서 토의해 보시오.

풀이

$$\frac{Q}{Q_o} = \frac{\sqrt{\mathrm{SP}_h}}{\sqrt{\mathrm{SP}_o}} \text{에서 } Q = Q_o\times\frac{\sqrt{\mathrm{SP}_h}}{\sqrt{\mathrm{SP}_o}}$$

따라서 $Q = 30\times\frac{\sqrt{14}}{\sqrt{18}} = 26.5\ \mathrm{m^3/min}$

- 후드정압이 감소한 것은 환기량이 감소했다는 의미이다.
- 측정지점의 뒤 부분의 국소배기장치에 문제가 발생하였다.

예상되는 원인으로는 1) 송풍기의 벨트가 미끄러지거나 느슨해졌다. 2) 덕트가 막혔다. 3) 공기정화장치에 문제(막힘)가 생겼다.

- 후드 형태가 변경되었다면 유입손실계수가 적어졌다.

4 국소배기장치 내 정압의 점검

다른 지점에서의 정압 역시 시스템 전체에 대한 성능과 불량 운전에 대한 점검을 하는데 매우 유용하다. 어떤 지점에서의 정압은 그 지점에서 공기흐름의 앞쪽(후드 쪽)에

있는 마찰, 난류, 기타 압력손실을 극복해야 하는 에너지이다. 언제 여과장치의 필터가 막히고 청소해야 하는지 그리고 언제 필터를 갈아주어야 하는지를 결정하는 가장 표준적인 방법은 정압을 측정하는 것이다. 측정방법은 여과장치의 필터나 단위 장치 내 압력손실을 제외하고는 현재의 정압을 국소배기장치가 정상적으로 작동할 때 즉, 최초 설치 후 정압과 비교하는 것이다.

각 후드 외에 정압을 측정해야 하는 가장 좋은 위치는 ① 주관에서 주관으로, 주관으로 들어오는 분지관의 입구, ② 공기정화장치의 전후 양측, ③ 송풍기의 전후 양측과 긴 덕트인 경우에는 여러 지점이다. 후드정압과 마찬가지로 최초 가동 시와 정기적인 점검이 필요하다. 통상적으로 처음보다 10% 이상의 정압 차이가 발생하면 정압이 떨어진 이유에 대해 조사를 실시해야 한다.

점검기술은 후드정압을 점검할 때의 기술과 유사하다. 구멍내벽이 덕트 안쪽으로 밀려들어가지 않도록 드릴을 이용하여 작은 구멍(직경 1.5~3.0 mm)을 뚫는다. 이 구멍은 공기의 교란이 발생할 수 있는 지점 예를 들어, 엘보, 댐퍼 혹은 분지관 입구에서 적어도 직경의 7배에 해당하는 지점에 위치해야 한다. 만약 이것이 불가능하다면 덕트 주위에 90° 각도로 4개의 구멍을 뚫고 이들의 평균값을 정압으로 계산한다. 그림 5-17은 여섯 개의 후드와 분지관, 주관, 공기정화장치가 있는 국소배기장치이다. 어떤 지점이 막혀 있다면 앞쪽의 정압은 과거보다 감소 뒤쪽은 증가할 것이다.

(a)의 경우 : 모든 후드에서 정압이 낮다. 좀 더 조사해 보니 공기정화장치의 후드 쪽 정압은 낮고 공기정화장치와 송풍기 사이에 있는 정압은 높았다. 이 같은 판독은 공기정화장치의 저항이 너무 높은 경우이므로 적절한 성능을 유지하기 위해서는 공기정화기를 청소해 주어야 한다.

(b)의 경우 : 모든 후드에서 정압은 낮지만 공기정화장치의 양쪽에서는 거의 정상인 상태이다. 이것은 주 덕트나 분지 덕트가 부분적으로 막혀 있다는 의미이다.

(c)의 경우 : 공기장화장치의 전후 양측은 물론 각 후드의 정압이 낮다. 이것은 송풍기가 제대로 작동하지 못하는 경우이거나 배기구의 막힘 혹은 덕트의 연결부위가 너무 느슨해진 것이다.

(d)의 경우 : 한 후드정압만이 낮고 나머지는 모두 정상이다. 이것은 그 분지관의 측정지점과 주관사이가 막혀 있다 의미이다.

(e)의 경우 : 한 후드정압은 높고 나머지는 모두 정상이다. 이것은 측정지점과 후드 개구부 사이가 막혀 있다는 의미이다.

(f)의 경우 : 두 개의 인접 후드에서의 정압은 감소한 반면 나머지는 정상이다. 이것은 두 인접 후드 가까이에 있는 주관이 막혀 있어서 속도가 낮아졌다는 의미이다.

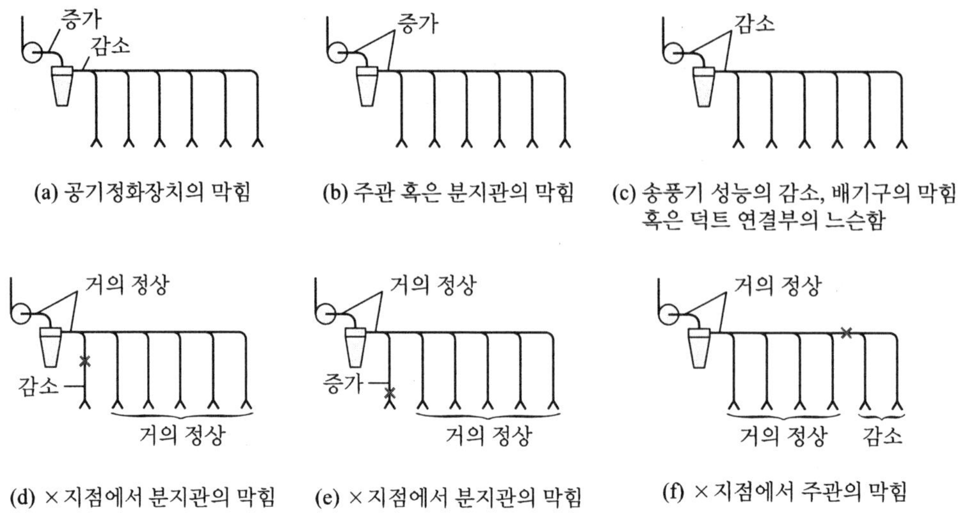

그림 5-17 이전 정압과 현재 정압을 비교하는 국소배기장치의 진단법

이상의 문제점을 파악한 다음 해야 할 일은 막혀 있을 것으로 판단되는 부분을 청음봉으로 두드려 최종적으로 막힌 부분을 확인하는 것이다. 확인이 되었다면 최종적으로 그 부분을 떼어내고 청소해야 한다.

5 송풍기의 점검

국소배기장치가 제대로만 작동한다면 정기적인 유지관리 외에 송풍기에 대한 관심은 기울이지 않아도 무방하다. 만약 동력의 소모량이 증가한다거나 송풍량의 감소가 송풍기 성능에서 비롯되었거나 추가적인 장치가 필요하다면 송풍기에 대한 점검은 유용할 것이다. 송풍기 점검 시 가장 좋은 값을 얻기 위해서는 현재 작동하는 송풍기와 동일한 밀도 및 속도에서 그 송풍기와 동일한 모델과 크기의 선정표를 제작사로부터 구입해야 한다. 통상적으로 제작사는 여러 속도와 일치하는 몇 개의 송풍기 성능표를 카탈로그로 만들어 공급한다.

점검은 송풍기로 들어가는 송풍량을 확인하는 것으로부터 시작한다. 송풍기 유입구와 연결된 덕트 부분에 피토관 횡단측정법을 이용하여 송풍량을 알아낸다. 이 부분의 속도압은 국소배기장치 전체의 운동에너지를 대표하고 송풍기 유입부분에서 소용돌이치는 공기 패턴을 확인하는 것이기 때문에 매우 중요하다. 이것 외에 다음 것들이 포함된다.

① 만약 밀도가 비표준상태이면 보정이 필요하기 때문에 공기의 온도 측정이 필요하다.

② 송풍기 유입 연결부에서 90° 각도로 4개의 구멍을 통해 온도를 측정하여 약 1℃(2°F)의 차이가 생겼다면 송풍기로 들어가는 공기의 온도가 층을 이루고 있다는 것이므로 송풍기의 성능을 떨어뜨릴 수 있다.

③ 태코미터를 이용하여 송풍기의 회전속도를 측정한다. 회전수를 송풍기 성능표와 비교한다.

④ 송풍기의 유입부와 배출부에서 정압을 측정한다.

⑤ 송풍기의 모터에 공급되는 정격전류와 전압을 측정한다. 만약 모터의 효율과 동력계수를 알면 모터의 동력을 구할 수 있다.

6 국소배기장치의 성능 부족 원인과 대책

국소배기장치 성능 부족의 주요인은 후드에서 흡인능력의 부족 즉, 제어풍속이 제대로 나오지 않는 경우이다. 제어풍속이 제대로 나오지 않으면 필요환기량 Q가 부족할 것이고 작업장의 오염물질이 충분히 배출되지 않아 작업자의 건강을 위협할 것이다. 제어풍속의 부족 원인 즉, 후드 흡인능력의 부족 원인은 표 5-3과 같이 요약할 수 있다.

표 5-3 후드 흡인능력 부족의 주된 원인

<table>
<tr><td rowspan="4">후드 흡인 능력 부족</td><td>송풍기 능력 있음</td><td colspan="3">▪ 규정된 회전수가 나오지 않음
▪ 댐퍼 조정 불량
▪ 덕트 등 장치 중간에서 누설</td></tr>
<tr><td rowspan="3">송풍기 능력 부족</td><td>예측했던 송풍량 Q 충분</td><td colspan="2">▪ 압력손실 과소평가
▪ 공기정화장치 등 압력손실기구의 과소평가
▪ 송풍기 작동점 잘못 설정</td></tr>
<tr><td rowspan="2">예측했던 송풍량 Q 부족</td><td>▪ 설계상의 문제 혹은 사용상 문제</td><td>- 설계보다 후드 개구면적이 큼(포위식 후드)
- 유인비 계산 잘못(push-pull 후드)
- 너무 먼 곳에서 작업하고 있음(포착거리 X가 큼)(외부식 후드)
- 후드 밖에서 작업하고 있음(포위식 후드)</td></tr>
<tr><td>▪ 설계와 실제 작동의 차이</td><td>- 계산식의 오류
- 안전계수 k의 과소평가
- 흡인거리 X가 너무 멈(외부식 후드)
- 횡단방해기류 과소평가(외부식 후드)
- 수반기류 과소평가(수형 후드)</td></tr>
</table>

송풍기의 정격능력이 충분함에도 불구하고 후드의 흡인 유량이 부족한 경우에는 송풍기가 정격회전수를 못 내고 있거나 환기장치 내 댐퍼를 잘못 조정했거나 덕트 중간에서 새는 곳이 있거나 보충용 공기가 부족한 경우 등이 있다.

송풍기의 정격용량이 충분하고 국소배기장치에 별다른 문제가 없음에도 불구하고 송풍량이 제대로 나오지 않는 경우가 생길 수 있다. 만약 전동기와 송풍기가 벨트로 연결되는 구동장치라면 벨트의 이완 가능성이 많음으로 이를 확인해야 한다. 전동기의 회전수가 정상적이라고 하더라도 벨트가 이완되어 있으면 송풍기에 동력이 제대로 전달되지 않아 송풍량은 떨어지게 된다. 또 전동기와 연결되는 전기배선이 반대로 연결되어도(＋와 －가 서로 바뀐 경우) 송풍기는 돌아가며 이때에는 정격 송풍량의 약 반 정도만 생산되기 때문에 이를 확인할 필요가 있다. 처음 설치할 때 전기배선을 확인하고 바르게 연결해야 한다.

댐퍼를 가지고 분지관의 송풍량을 조절하는 경우에는 시간이 지남에 따라 진동으로 인해 댐퍼의 각도가 바뀌었는지, 작업자가 새로 조절했는지 확인해야 한다. 새로운 후드를 설치하고 댐퍼를 제대로 조절하지 않으면 분지관과 연결된 후드에서 원하는 만큼의 송풍량이 배출되지 않을 수 있음으로 확인해야 한다.

덕트 연결 부분이 떨어져 외부공기가 새어 들어오면 후드에서는 원하는 만큼의 송풍량이 배출되지 않음으로 철저한 조사가 필요하다. 새로 용접한 부분이나 낡은 접합부위를 알루미늄 호일로 감싸면 외부공기가 새어들어 오는 것을 막을 수 있다.

이미 배워 알겠지만 보충공기가 부족하여 송풍능력이 떨어지는 경우도 있다. 보충용 공기가 부족하면 작업장 안이 음압이 만들어지고 이는 송풍기의 정압을 상승시킨다. 어떤 송풍기는 정압이 상승하면 송풍량이 급격하게 떨어지는 경우가 있다. 이를 극복하기 위해서는 반드시 보충용 공기를 작업장 안으로 넣어 주어야 하며 이것이 불가능한 경우에는 침기를 높이기 위하여 출입문이나 창문을 약간 열어 놓아야 하다.

송풍기 능력이 부족한 경우는 설계 자체를 잘못했거나 설계할 때 생각했던 작업조건과 실제의 작업조건에 차이가 있을 때 발생한다. 설계 시에 덕트 및 후드의 압력손실계산 과정에서 이를 과소평가했거나 설계의 마지막 단계인 송풍기 선정과정에서 송풍기의 작동점을 잘못 결정했을 때 송풍기의 능력이 모자라는 경우가 발생한다. 우리나라의 경우 송풍기 제작업체에서 제시하고 있는 송풍기 선정표가 송풍기의 실제 능력과 차이나는 경우가 많아 설계상의 오류가 전혀 없음에도 불구하고 주어진 송풍량이 나오지 않는 경우가 많다. 그래서 일반적으로 이러한 문제점을 극복하기 위해서 설계보다 약 15～20% 더 많은 정압이나 송풍량을 가진 송풍기 혹은 설계보다 1～2등급 높은 송풍기를 선정하기도 한다. 그러나 너무 높은 등급의 송풍기를 선정하면 과도한 에너지를 사용하게 하여 결국 사용주에게 필요 이상의 전기사용료를 지불하게 하는 경우도 발생한다. Push-pull 후드인 경우에는 유인비를 잘못 계산하여 pull 공기보다 push 공기가 너무 많으면 일류현상이 발생하여 오염물질이 작업장 안으로 비산될 수 있다. 따라서 push-pull 후드는 최종 설치하기 전 시뮬레이션을 통해 정상적인 작동여부를 확인하는 것이 바람직하다.

관리를 잘못하여 흡인능력이 떨어지는 경우도 있다. 예를 들어, 정기적인 점검과 장치 내 청소를 하지 않음으로 분진이 퇴적되어 압력손실이 증가함으로 흡인능력이 떨어지는 경우이다. 또 집진장치 내 청소를 하지 않거나 흡착탑의 흡착제를 교체하지 않아 공기정화장치 내 과도한 압력손실이 흡인능력을 떨어뜨린다. 이런 경우를 대비하여 공기정화장치 내에는 반드시 차압계를 부착하여 일정정도의 압력이 떨어지면 반드시 청소하거나 흡착제를 새것으로 교환해야 한다.

또 국소배기장치에는 아무런 문제가 없음에도 불구하고 사용자가 잘못하여 흡인능력이 떨어지는 경우도 있다. 포위형 후드에서 작업을 후드 안에서 하지 않고 밖에서 한다거나 외부식(포집형) 후드의 경우 후드 개구면에서 너무 멀리 떨어진 곳에서 작업함으로 포착거리 X가 길어짐으로 오염물질이 잡히지 않는 경우이다. 이 경우는 작업자들이 정해진 위치에서 작업하도록 지도해야 한다. 또 포위형 후드인 경우 공기가 지나가는 위치에 불필요한 물건을 놓아둠으로서 공기 통로를 방해하여 환기가 잘 안 되는 경우도 있다. 예를 들어, 실험실의 포위형 후드(일명 흄 후드) 안에 사용하고 남은 화학물질 용기들을 그대로 방치함으로 결과적으로 흡인이 잘 되지 않는 경우가 종종 있다. 횡단방해기류의 영향을 고려하지 않는 경우에도 흡인에 문제가 발생한다. 예를 들어, 국소배기장치를 가동하고 있는데 후드 주위의 창문이나 출입구에서 빠른 속도의 바람이 불어온다면 반드시 창문이나 출입문을 닫아야 하며 어쩔 수 없는 경우에는 후드의 위치를 변경해야 한다. 또 여름철 더위 때문에 작업자의 등 뒤에서 선풍기를 사용하는 경우 과도한 양의 바람이 오염물질의 후드 안 흡인을 방해하는 경우가 발생함으로 선풍기를 사용할 때에는 반드시 오염물질의 흡인이 방해 받지 않을 정도로 바람의 양을 조절해야 한다. 선풍기, 냉방기를 사용하거나 창문이나 출입문을 열어 놓고자 할 경우에는 후드의 흡인능력에 영향을 주는지를 사전에 파악해야 한다. 방법으로는 동일한 상황에서 발연관을 이용하여 기류의 세기, 풍향 등을 파악하는 것이다.

7 국소배기장치 안전검사

국소배기장치의 점검은 1990년 개정된 산업안전보건법에 따라 노동부령이 정하는 자격자로 하여금 자체검사를 받도록 함으로서 실질적인 검사가 이루어지도록 하였다. 그 결과에 대해서는 산업안전보건위원회의 의견을 첨부하여 기록을 보존토록 함으로서 근로자의 권익 보호를 하도록 하였다.

그러나 자체검사가 형식적이며 요식적이 되었고 오히려 자체검사이기 때문에 아예 국소배기장치에 대한 점검은 이루어지지 않아 2003년 이 제도를 없애버렸다(노동부 고시 제2003-22호). 그 이후 다시 과거처럼 안전검사를 받도록 하였다. 따라서 현재(2020년) 국소배기장치에 대한 자체검사제도는 없으며 안전검사로 바뀌었다.

산업안전보건법(2020년 현재) 제93조 제1항에 의하면 ① 유해하거나 위험한 기계·기구·설비로서 대통령령으로 정하는 것을 사용하는 사업주(근로자를 사용하지 아니하고 사업을 하는 자를 포함한다)는 안전검사대상기계 등의 안전에 관한 성능이 고용노동부장관이 정하여 고시하는 검사기준에 맞는지에 대하여 고용노동부장관이 실시하는 검사(이하 "안전검사"라 한다)를 받아야 한다. 여기서 "대통령령으로 정하는 것"에는 국소배기장치(이동식은 제외한다)가 포함된다(산업안전보건법 시행령 제78조 안전검사대상기계 등). 또 산업안전보건법 제98조(자율검사프로그램에 따른 안전검사)에 의하면 이 안전검사는 일정한 자격을 갖춘 위탁기관에 의뢰하여 받을 수 있다.

안전검사는 '안전검사 고시(고용노동부고시 제2020-43호)'에 구체적으로 나와 있다.

(1) 산업위생측면에서 국소배기장치 안전검사에 대한 비판

지금의 안전검사로 법이 바뀌기 전에 국소배기장치에 대한 자체검사는 보건관리자(산업위생관리(산업)기사, 산업의사, 산업간호사, 대기환경기사)가 수행하도록 하였다. 그러나 보건관리자가 수행을 하지 않는다는 점에서 문제 제기가 있었고 어차피 자체검사를 하지 않을 것이라면 안전검사를 하도록 법이 다시 환원하여 지금에 이른 것이다. 그러나 안전검사에도 상당한 문제점이 있다.

우선, 안전검사를 수행하는 안전검사의 자격을 보자. 산업안전보건법 시행규칙 제130조(검사원의 자격)에서 검사원의 자격은 '기계·전기·전자·화공 또는 산업안전 분야에서 기사 이상의 자격을 취득한 후 해당 분야의 실무경력이 3년 이상인 사람'으로 되어 있다. 산업환기를 전문적으로 공부하지 않은 사람들이 검사원으로 되어 있는데 이는 검사원이 국소배기장치 뿐만 아니라 크레인, 곤돌라 등 안전장치를 모두 검사해야 하기 때문이다. 그런데 국소배기장치는 이들과 다른 특성을 가지고 있다. 국소배기장치는 안전사고예방도 중요하지만 가장 중요한 것은 오염물질을 충분히 흡인해야 하는데 흡인에 필요한 성능검사를 수행하기에는 검사원의 교육배경이 약하다는 의미이다. 실제 국소배기장치의 검사기준(고용노동부고시 제2020-43호)을 보면 흡인능력을 지대한 영향을 주는 오염물질의 종류에 따른 후드의 형태, 덕트 연결형태, 정압측정방법, 제어풍속 측정방법 등 구체적인 내용이 없으며 안전사고 예방에 초점이 맞추어져 있다.

두 번째는 대부분이 위탁에 의한 현재의 안전검사는 불합격 판정을 받으면 즉시 가동 중지가 되기 때문에 안전검사를 실시해 주는 위탁기관이 거의 불합격 판정을 내리지 못한다는 점이다. 예를 들어, 실제는 제어풍속이 제대로 안 나와 불합격임에도 불구하고 검사 위탁기관이 불합격으로 판정하면 가동을 중지하여 오히려 근로자에게 건강을 위협하고 또 의뢰했던 사용주는 이로 인하여 불이익을 받기 때문에 거의 다 합격으로 인정해 준다는 것이 문제점이다.

다시 한 번 국소배기장치는 안전사고예방도 중요하지만 더 중요한 것은 흡인능력이 충분하지를 확인하는 성능검사를 도입할 필요가 있다. 따라서 안점검사를 위탁받은 기관에서는 이 같은 비판을 수용하여 검사원들에 대한 철저한 교육이 필요할 것이다.

(2) 안전검사 고시(고용노동부고시 제2020-43호)

여기서는 국소배기장치에 관한 내용만 소개한다.

제1장 총칙

제1조(목적) 이 고시는 「산업안전보건법」 제93조 제1항 및 「산업안전보건법 시행령」 제78조에 따른 유해하거나 위험한 기계·기구·설비 등의 안전검사기준을 정함에 그 목적이 있다.

제2조(정의) 이 고시에서 사용하는 용어의 뜻은 이 고시에 특별한 규정이 없으면 「산업안전보건법」(이하 “법”이라 한다), 「산업안전보건법 시행령」, 「산업안전보건법 시행규칙」, 「산업안전보건기준에 관한 규칙」에서 정하는 바에 따른다.

- 중간 생략 -

제7장 국소배기장치

제13조(정의) 이 장에서 사용하는 용어의 뜻은 다음과 같다.

1. "국소배기장치(local exhaust ventilation)"란 유해물질의 발생원에서 이탈하여 작업장 내 비오염 지역으로 확산되거나 근로자에게 노출되기 전에 포집·제거·배출하는 장치로서 후드, 덕트, 공기정화장치, 배풍기, 배출구로 구성된 것을 말한다.
2. "후드(hood)"란 유해물질을 덕트에 흡인하기 위한 기류의 흡입구를 말한다.
3. "덕트(duct)"란 후드에서 흡인한 기류를 운반하기 위한 관을 말한다.
4. "공기정화장치"란 후드에서 흡인한 오염기류 속에 포함되는 오염물질을 제거하여 기류를 정화하는 장치를 말한다.
5. "배풍기"란 공기에 에너지를 주는 장치를 말한다.
6. "댐퍼(damper)"란 유체가 흐르는 통로에 저항체를 넣어 유량을 조절하는 장치를 말한다.
7. "제어풍속(control velocity 또는 capture velocity)"이란 발산원에서 근로자를 향해 오는 오염물질을 작업자의 바로 앞에서 잡아 후드의 방향으로 밀어 되돌리도록 하는데 필요한 기류의 속도를 말한다.
8. "반송속도"란 덕트를 통하여 이동하는 유해물질이 덕트 내에서 퇴적이 일어나지 않는 상태로 이동시키기 위하여 필요한 최소속도를 말한다.

제14조(검사기준) 국소배기장치의 검사기준은 별표 6에 따른다.

[별표 6] 국소배기장치의 검사기준(제14조 관련)

번호	구 분	내 용
		후드
1	후드의 설치	가. 유해물질 발산원마다 후드가 설치되어 있을 것 나. 후드 형태가 해당 작업에 방해를 주지 않고 유해물질을 흡인하기에 적절한 형식과 크기를 갖출 것 다. 근로자의 호흡위치가 오염원과 후드 사이에 위치하지 않으며, 후드가 유해물질 발생원 가까이에 위치할 것
2	후드의 표면상태	후드의 내외면은 흡기의 기능을 저하시키는 마모, 부식, 흠집, 그 밖의 손상이 없을 것
3	흡입기류를 방해하는 방해물 등의 여부	가. 흡입기류를 방해하는 기둥, 벽 등의 구조물이 없을 것 나. 후드 내부 또는 전처리필터 등의 퇴적물로 인한 제어풍속의 저하 없이 기준치를 유지할 것

번호	구 분	내 용
4	흡인성능	가. 스모크테스터(발연관)를 이용하여 흡인기류(스모크)가 완전히 후드 내부로 흡인되어 후드 밖으로의 유출이 없을 것 나. 회전체를 가진 레시버식 후드는 정상작업이 행해질 때 발산원으로부터 유해물질이 후드 밖으로 비산하지 않고 완전히 후드내로 흡입되어야 할 것 다. 후드의 제어풍속이 「산업안전보건기준에 관한 규칙」 제429조 및 제609조, 별표 13과 별표 17의 제어풍속에 적합할 것
		덕트
5	표면상태 등	덕트 내외면의 파손, 변형 등으로 인한 설계 압력손실 증가 또는 파손부분 등에서의 공기 유입 또는 누출이 없고, 이상음 또는 이상진동이 없을 것
6	플렉시블 덕트	플렉시블(flexible) 덕트의 심한 굴곡, 꼬임 등으로 인한 압력손실은 제4호 다목의 흡인성능 이내일 것
7	덕트 내면상태 등	가. 덕트 내면의 분진, 오일미스크 등의 퇴적물로 인해 설계 압력손실 증가 등 배기성능에 영향을 주지 않도록 할 것 나. 분진 등의 퇴적으로 인한 이상음 또는 이상 진동이 없을 것
8	접속부	가. 플랜지의 결합볼트, 너트, 패킹의 손상이 없을 것 나. 정상작동 시 스모크테스터의 기류가 흡입덕트에서는 접속부로 흡입되지 않고 배기덕트에서는 접속부로부터 배출되지 않도록 관리될 것 다. 공기의 유입이나 누출에 의한 이상음이 없을 것
9	댐퍼	가. 댐퍼가 손상되지 않고 정상적으로 작동될 것 나. 댐퍼가 해당 후드의 적정 제어풍속 또는 필요 풍량을 가지도록 적절하게 개폐되어 있을 것 다. 댐퍼 개폐방향이 올바르게 표시되어 있을 것
		배풍기
10	배풍기	가. 배풍기 또는 모터의 기능을 저하시키는 파손, 부식, 그 밖에 손상 등이 없을 것 나. 배풍기 케이싱(Casing), 임펠러(Impeller), 모터 등에서의 이상음 또는 이상진동이 발생하지 않을 것 다. 각종 구동장치, 제어반(Control Panel) 등이 정상적으로 작동될 것
11	벨트	벨트의 파손, 탈락, 심한 처짐 및 풀리의 손상 등이 없을 것
12	회전수	<삭제> (2010.2.19)
13	회전방향	배풍기의 회전방향은 규정의 회전방향과 일치할 것
14	캔버스	가. 캔버스의 파손, 부식 등이 없을 것 나. 송풍기 및 덕트와의 연결부위 등에서 공기의 유입 또는 누출이 없을 것 다. 캔버스의 과도한 수축 또는 팽창으로 배풍기 설계 정압 증가에 영향을 주지 않을 것
15	안전덮개	전동기와 배풍기를 연결하는 벨트 등에는 안전덮개가 설치되고 그 설치부는 부식, 마모, 파손, 변형, 이완 등이 없을 것
16	배풍량 등	배풍기의 성능을 저하시키는 설계정압의 증가 또는 감소가 없을 것

번호	구 분	내 용
		전기설비
17	전동기	전동기는 다음 각 목과 같이 할 것 가. 전동기는 옥내, 옥외, 온도조건 및 그 밖의 사용조건에 적합한 구조일 것 나. 전동기는 이상소음, 이상발열이 없을 것 다. 전동기의 절연저항값은 절연저항[MΩ] ≥ $\frac{\text{사용전압[V]}}{1000+\text{출력[kW]}}$이어야 할 것
18	배전반 등	배전반·제어반 등은 다음 각 목과 같이 할 것 가. 외함의 구조는 충전부가 노출되지 않도록 폐쇄형으로 잠금장치가 있고 사용 장소에 적합한 구조일 것 나. 조작용 전기회로 및 방호장치 조작용 전기회로의 전압은 교류 대지전압 150볼트 이하 또는 직류 300볼트 이하일 것 다. 퓨즈의 정격전류 또는 그 밖에 과전류보호장치의 전류설정치는 가능하면 낮게 선정하되 예상 과전류에 적절한 것일 것 라. 과전류보호장치의 정격전류 또는 설정은 장치에 의해 보호되는 도체의 허용전류용량으로 결정될 것 마. 배전반·제어반 등에는 명칭, 전원의 정격(전압, 주파수, 상수)이 표시된 이름판이 부착될 것 바. 계전기는 절손, 변형, 부식 또는 피로에 의한 열화가 없어야 하며 정상적으로 작동할 것 사. 운전 상태를 표시하는 표시등이 점등되고 버튼별 명칭이 표기될 것
19	배선	배선은 다음 각 목과 같이 할 것 가. 배선의 피복 상태는 손상, 파손, 탄화부분이 없을 것 나. 배선의 단자체결 부분은 전용의 단자를 사용하고 볼트 및 너트의 풀림 또는 탈락이 없을 것 다. 배선의 절연저항은 아래의 값 이상일 것 1) 대지전압 150볼트 이하인 경우 : 0.1메가옴 2) 대지전압 150볼트 초과 300볼트 이하인 경우 : 0.2메가옴 3) 사용전압 300볼트 초과 400볼트 미만인 경우 : 0.3메가옴 4) 사용전압 400볼트 이상인 경우 : 0.4메가옴 라. 배선은 옥내, 옥외, 온도조건 및 그 밖의 사용조건에 적합한 구조로 시공된 것일 것
20	접지	접지설비는 다음 각 목과 같이 할 것 가. 전동기 외함 배전반 제어반의 프레임 등은 접지하여 그 접지저항은 아래의 값 이하일 것 1) 400볼트 미만일 때 100옴 2) 400볼트 이상일 때는 10옴 다만, 방폭지역의 저압 전기기계·기구의 외함은 전압에 관계없이 10옴 이하일 것 나. 접지선은 해당 전기기계·기구에 대하여 충분한 용량 및 전기적, 기계적 강도를 가질 것

번호	구 분	내 용
공기정화장치		
21	형식 등	제거하고자 하는 오염물질의 종류, 특성을 고려한 적합한 형식 및 구조를 가질 것
22	표면상태 등	가. 처리성능에 영향을 줄 수 있는 외면 또는 내면의 파손, 변형, 부식 등이 없을 것 나. 구동장치, 여과장치 등이 정상적으로 작동되고, 이상음이 발생하지 않을 것
23	접속부	접속부는 볼트, 너트, 패킹 등의 이완 및 파손이 없고 공기의 유입 또는 누출이 없을 것
24	성능	여과재의 막힘 또는 파손이 없고 작동상태가 정상일 것
최종 배기구		
25	구조 등	분진 등을 배출하기 위하여 설치하는 국소배기장치(공기정화장치가 설치된 이동식 국소배기장치를 제외한다)의 배기구는 직접 외기로 향하도록 개방하여 실외에 설치하는 등 배출되는 분진 등이 작업장으로 재유입되지 않는 구조일 것
26	빗물 방지조치	최종 배기구에는 배풍기 등으로의 빗물 유입방지 조치가 되어 있을 것

(3) 국소배기장치 안전검사 대상 화학물질(고용노동부고시 제2020-42호, 안전검사 절차에 관한 고시)

1) 다음의 어느 하나에 해당하는 유해물질(49종)에 따른 건강장해를 예방하기 위하여 설치한 국소배기장치에 한정하여 적용한다.
2) 다만, 최근 2년 동안 작업환경측정결과가 노출기준 50% 미만인 경우에는 적용에서 제외한다.

① 디아니시딘과 그 염 ② 디클로로벤지딘과 그 염 ③ 베릴륨 ④ 벤조트리클로리드 ⑤ 비소 및 그 무기화합물 ⑥ 석면 ⑦ 알파-나프틸아민과 그 염 ⑧ 염화비닐 ⑨ 오로토-톨리딘과 그 염 ⑩ 크롬광 ⑪ 크롬산 아연 ⑫ 황화니켈 ⑬ 휘발성 콜타르피치 ⑭ 2-브로모프로판 ⑮ 6가크롬 화합물 ⑯ 납 및 그 무기화합물 ⑰ 노말헥산 ⑱ 니켈(불용성 무기화합물) ⑲ 디메틸포름아미드 ⑳ 벤젠 ㉑ 이황화탄소 ㉒ 카드뮴 및 그 화합물 ㉓ 톨루엔-2,4-디이소시아네이트 ㉔ 트리클로로에틸렌 ㉕ 포름알데히드 ㉖ 메틸클로로포름(1,1,1-트리클로로에탄) ㉗ 곡물분진 ㉘ 망간 ㉙ 메틸렌디페닐디이소시아네이트(MDI) ㉚ 무수프탈산 ㉛ 브롬화메틸 ㉜ 수은 ㉝ 스티렌 ㉞ 시클로헥사논 ㉟ 아닐린 ㊱ 아세토니트릴 ㊲ 아연(산화아연) ㊳ 아크릴로니트

릴 ㊴ 아크릴아미드 ㊵ 알루미늄 ㊶ 디클로로메탄(염화메틸렌) ㊷ 용접흄 ㊸ 유리규산 ㊹ 코발트 ㊺ 크롬 ㊻ 탈크(활석) ㊼ 톨루엔 ㊽ 황산알루미늄 ㊾ 황화수소

Chapter 6

국소배기 실험실습

1 국소배기 실험장치

(1) 국소배기 기초실험장치

1) 실험장치 설명

이 장치는 국소배기장치의 기본원리를 이해하기 위해 만들어진 실험장치이다(설계도 참조). 이 실험장치는 디자인 자체는 간단하지만 국소배기장치를 설계하는데 반드시 필요한 여러 가지 공기흐름의 기본원리를 이해하기 쉽도록 만들어져 있다. 오른쪽 아래의 덕트는 공기를 흡인하는 덕트이고 왼쪽 위로 솟아 오른 덕트는 공기를 배출시키는 덕트이다. 송풍기를 인버터와 연결하여 공기의 유량을 조절하도록 되어 있다. 덕트의 재질은 투명 아크릴로 내부를 볼 수 있으며 덕트에는 그림과 같이 30개의 측정구가 있어 열선 풍속계나 마노미터를 연결한 피토관에 의해 속도압(VP), 정압(SP), 전압(TP)를 측정할 수 있다. 흡인 덕트 끝 부분의 접합부에는 여러 가지 후드를 떼었다 붙였다 할 수 있도록 만들었으며 후드는 원형 덕트형 후드를 포함하여 총 8개가 있다.

2) 실험장치의 용도

① 풍속계를 이용하여 흡인 공기와 토출 공기의 유속이 미치는 거리를 비교할 수 있다.

② 속도압, 정압, 전압의 크기를 풍속계나 마노미터를 연결한 피토관을 이용하여 측정구마다 측정한 후 그래프화하면 쉽게 이해할 수 있다.

③ 후드정압을 측정하여 각 후드에 대한 압력손실계수를 산출해 낼 수 있다.

④ 슬롯 후드의 특성을 이해할 수 있다. 인버터에 의해 유속과 유량을 조절함으로서 슬롯 속도와 포착거리, 유량과 관계를 이해할 수 있다.

⑤ 발연관을 이용하여 각 후드의 공기흐름 특성을 이해할 수 있다.

그림 6-1 국소배기 기초실험장치

(2) 실험용 국소배기장치

이 실험장치는 전체적으로 공기의 흐름, 분배, 정압, 속도압 등을 이해할 수 있도록 후드에서부터 송풍기까지 전체 시스템을 구성한 것이다. 후드는 이동식 캐노피 후드, 도금조 측방 후드, push-pull 후드 3개로 되어 있다. 공기정화장치는 집진장치인 사이클론을 부착한 다음 가스 및 증기를 제거하기 위해 활성탄이 들어 있는 A/C tower를 사이클론 뒤에 부착하였다. 송풍기의 회전수를 조정하면서 공기의 속도, 송풍량, 정압, 전압, 전력 소모량 등을 알아볼 수 있도록 송풍기에 인버터를 연결하였다. 유량은 1번 후드 19.78 m^3/min, 2번 후드 19.44 m^3/min, 그리고 3번 후드 14.63 m^3/min으로 총 54.52 m^3/min이며 송풍기 정압은 3.72 BHP로 하였다.

후드와 덕트를 연결하는 연결부에는 일부 후드를 닫았을 때 유량이 어떻게 변하는지 실험적으로 알아 볼 수 있도록 댐퍼를 설치하였다. 또 덕트에는 덕트 속도, 정압 등 각종 압력을 측정할 수 있는 구멍을 뚫어 놓았으며, 실험이 끝나면 알루미늄 호일로 다시 막도록 하였다.

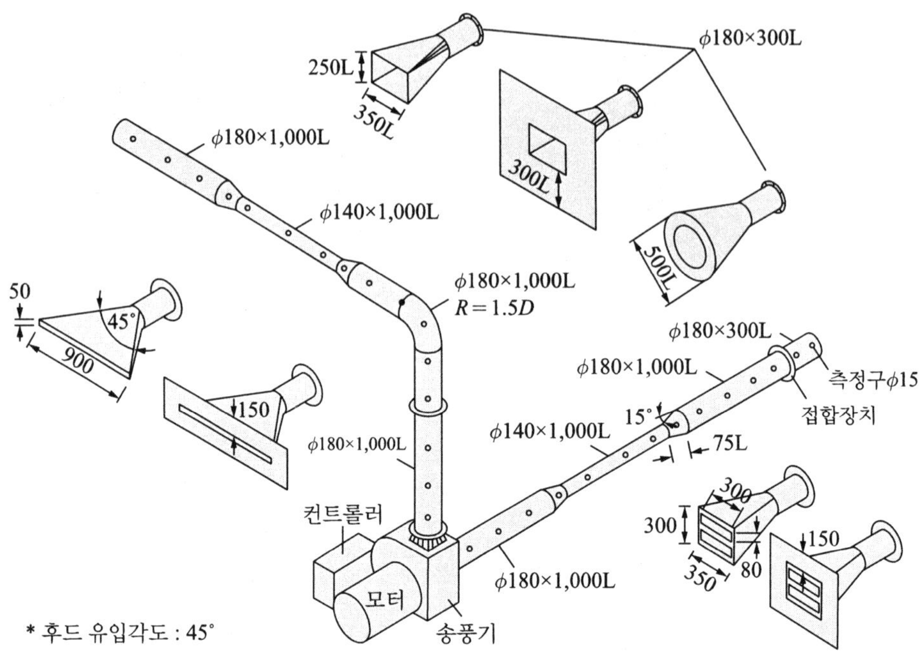

그림 6-2 국소배기 기초실험장치 설계도

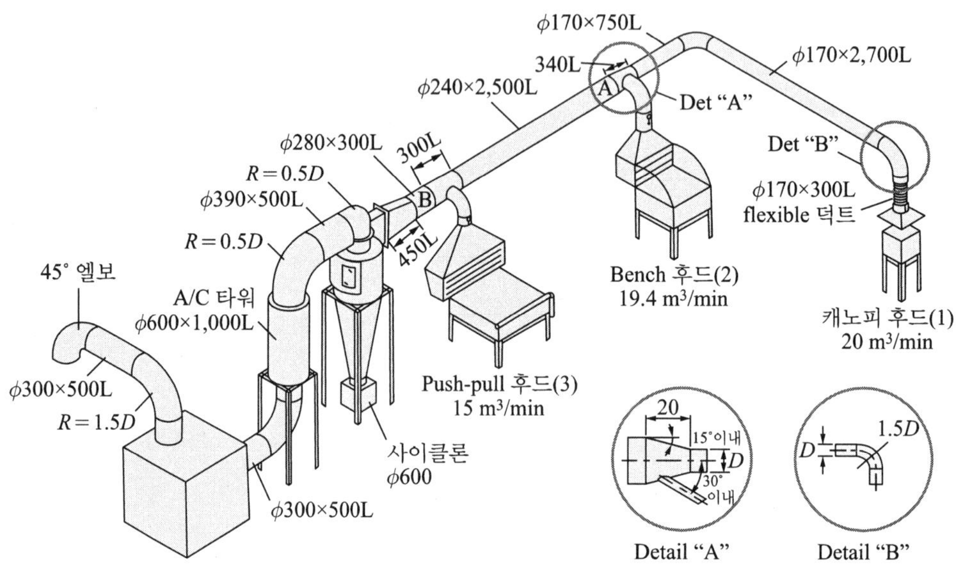

그림 6-3 실험용 국소배기장치 설계도

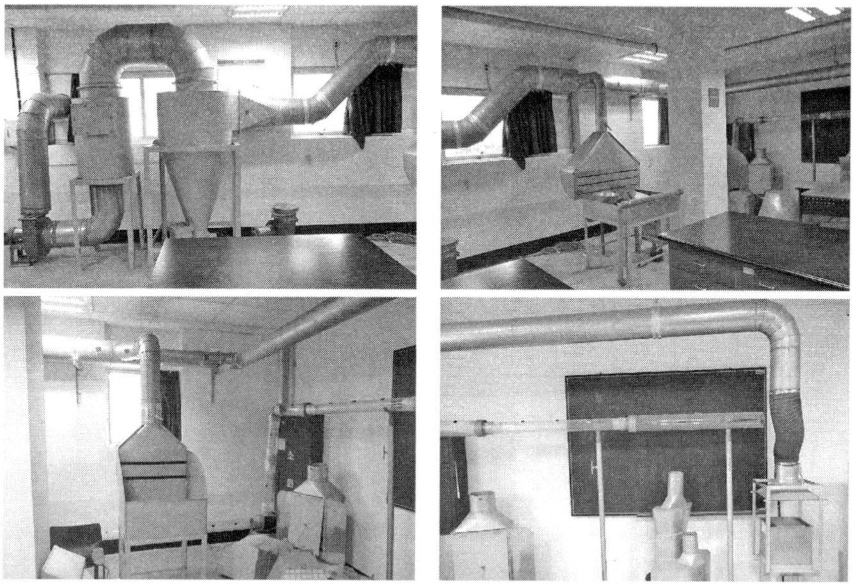

(a) 전체 국소배기 실험장치 모습

(b) 사이클론과 흡착탑

(c) Push-pull 후드

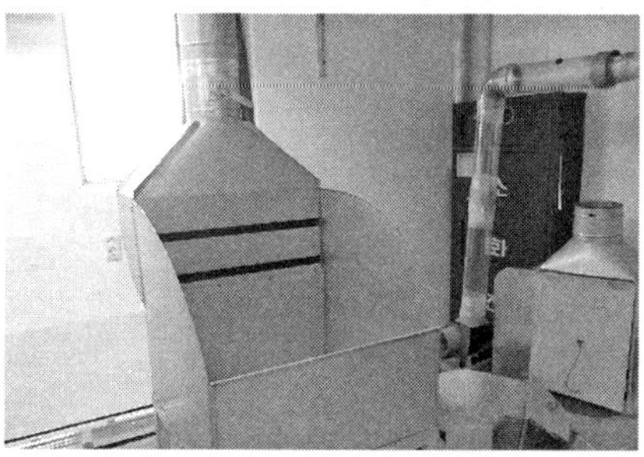

(d) 슬롯 후드와 baffle

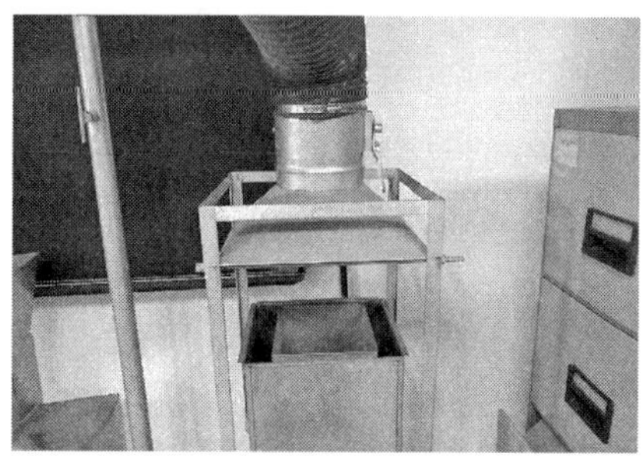

(d) flexible 후드

그림 6-4 실험용 국소배기장치

2 국소배기 실험실습

(1) 발연관, 피토관 연결 마노미터 및 풍속계 사용법 익히기

1) 발연관의 용도, 사용법을 익히고 토의한다.
2) 피토관을 마노미터에 연결하여 정압, 전압, 속도압 측정법을 익히고 토의한다.
3) 열선 풍속계나 그네날개 풍속계를 이용하여 공기의 속도, 정압 측정법을 익히고 토의한다.

(2) 국소배기 기초실험

* 국소배기 기초실험장치를 이용하여 다음 실험을 실시하고 토의한다.

1) 풍속계를 이용하여 흡인 공기와 토출 공기의 유속이 미치는 거리를 비교
2) 속도압, 정압, 전압의 크기를 열선 풍속계와 마노미터를 연결한 피토관을 이용하여 측정구마다 측정한 후 그래프를 그림
3) 유량의 계산방법 토의
4) 마찰계수 f, 레이놀즈수 R_e의 추정
5) 후드정압을 측정하여 각 후드에 대한 유입손실계수 F_h를 산출
6) 직관 덕트에 대한 마찰손실계수 F_d의 계산
7) 속도압에 의한 단위 길이당 압력손실 계산
8) 슬롯 후드를 부착하고 유속과 유량을 조절하면서 슬롯 속도와 포착거리, 유량과 관계 규명
9) 발연관을 이용하여 각 후드의 공기흐름 특성 파악

(3) 실험용 국소배기장치를 이용한 실험

* 실험용 국소배기장치를 이용하여 다음 실험을 실시하고 토의한다.

1) 인버터 조작기술의 숙지와 인버터를 이용한 송풍기 회전수 계산방법
2) 각 발연관 추적법에 의한 포착거리의 추정
3) 각 후드에서 제어풍속의 측정

4) 후드정압 측정구 및 덕트 측정구 위치에 대한 토의
5) 각 후드의 후드정압 측정과 유입계수 및 유입손실계수의 계산
6) 피토관을 이용하여 덕트 내 속도압을 횡단측정법으로 측정하고 유속모양을 그래프로 그림
7) 각 분지관의 댐퍼의 개폐를 조절하면서 주관, 분지관의 정압 관계 규명
8) 송풍기 회전수와 송풍량과의 관계
9) 송풍기 회전수와 압력과의 관계
10) 푸시 - 풀 후드 모양과 설계방법에 대한 토의
11) 슬롯 측방 후드 모양과 설계방법에 대한 토의
12) 사이클론의 설계방법과 압력손실 계산방법 토의
13) A/C 타워(흡착탑) 설계방법과 압력손실 계산방법 토의

Chapter 7

연습문제

01. 산업환기에 관한 사항들이다. 적합하지 않은 것은?

① 작업장에 물리, 화학, 생물학적인 유해요인을 제거하는 것으로 먼지, 화학물질 고열 등을 관리하는 기술이다.
② 작업자의 건강을 보전하기 위하여 작업장 내 공기를 쾌적하게 하기 위함이다.
③ 환기는 유해공기를 배기시키기만 하면 되며 급기를 시킬 필요는 없다.
④ 건강유지에 적합한 최소의 환기량으로 에너지소비를 줄이는 것도 환기 목표 중의 하나이다.

풀이 작업장이 음압(negative pressure)이 되지 않도록 급기가 반드시 필요하다.

02. 산업환기 목적과 거리가 먼 것은?

① 작업자의 건강을 보호하기 위하여 작업장 내 공기의 질을 최적화시키는 것이다.
② 작업능률의 향상과 작업자의 건강을 증진시키기 위해서는 최대한의 환기량으로 환기시켜야 한다.
③ 작업장 내 유해오염물질의 농도를 허용농도 이하로 유지시켜야 한다.
④ 작업장 내 폭발 및 발화 방지를 위해서 허용한계 이하로 환기시켜야 한다.

03. 작업장의 환기지표로써 이산화탄소(CO_2)를 사용하고 있다. 작업장에서의 일반적인 서한도는 얼마인가?

① 5,000 ppm ② 10,000 ppm ③ 1,000 ppm ④ 700 ppm

풀이 작업장에서는 0.5%, 일반환기 시 0.1%, 주택 실내 0.07%

04. 다음 중 공기의 조화(air conditioning)에 관한 것이다. 틀린 것은?

① 질소의 함량이 약 80%를 차지한다.
② 부피는 섭씨온도에 비례하여 증가하고 압력에 반비례하여 감소한다.
③ 표준상태에서 공기밀도는 1.2 kg/m^3이다.
④ 산업환기에서 표준상태의 공기란 21℃, 760 mmHg를 의미한다.

풀이 부피는 절대온도에 비례

05. 벤젠 4 L가 모두 증발되었다면 벤젠이 차지하는 부피 몇 L인가? (벤젠의 비중은 0.88이고 분자량은 78, 현재 상태 표준상태)

① 1088 ② 1250 ③ 2367 ④ 597

풀이 물 1 L의 무게는 1 kg이므로 벤젠 4 L의 무게 = 1×0.88×4 = 3.52 kg, 1 mole의 액체가 완전 증기화 했을 때 차지하는 부피는 25℃일 때 24.1 L이므로 3520/78×24.1 ≒ 1088

06. 밀폐된 유체에 작용하는 잠재에너지의 형태이며 밀폐된 벽면의 모든 방향으로 동일하게 작용하는 압력을 무엇이라고 하는가?

① 정압 ② 전압
③ 송풍기압 ④ 속도압(동압)

07. 유체가 관내를 흐른다면 유체와 관벽의 마찰 및 유체내부에서 발생되는 소용돌이 등으로 에너지의 손실이 일어난다. 그러나 이러한 손실작용으로 인하여 에너지의 형태는 변환된다고 하여도 에너지의 총량은 일정불변한 것이다. 이러한 원리를 무엇이라고 하겠는가?

① 레이놀즈 법칙 ② 베르누이 법칙
③ 스토크 법칙 ④ 뉴턴 법칙

08. 어떤 작업장 내 실내 체적이 800 m^3이다. 작업장 내 환기량을 400 m^3/hr라고 하면 시간당 환기횟수는 얼마이어야 하는가?

① 8회 ② 4회 ③ 2회 ④ 0.5회

풀이 환기횟수(ACH)는 환기량(V m^3/hr) / 실내용적(R m^3)이다.

09. 1대기압 즉, 1 atm이 아닌 것은?

① 14.7 psi ② 1,013 hectopascal
③ 760 mmHg ④ 10 bar

풀이 1 atm = 1.013 bar = 1,013 millibar = 1,013 hectopascal = 760 torr = 760 mmHg = 29.92 inHg = 101325 N/m^2(= pascal) = 14.7 $1b/in^2$(pound per square inch : psi)

10. 국소배기시설의 배열순서가 올바른 것은?

① 후드 → 덕트 → 송풍기 → 공기정화장치 → 배기구
② 후드 → 덕트 → 공기정화장치 → 송풍기 → 배기구
③ 후드 → 송풍기 → 공기정화장치 → 덕트 → 배기구
④ 후드 → 공기정화장치 → 덕트 → 송풍기 → 배기구

11. 관의 유속, 관의 직경, 공기의 밀도와 점도 등을 복합하여 공기흐름의 특성을 나타내는 수를 무엇이라고 하는가?

① Mach number ② Schmidt number
③ Reynolds number ④ Plank number

12. 어떠한 유체가 상호간 혼합되지 않고 층을 이루면서 질서 있게 유유히 흐르고 있는 상태이며, 나선형의 운동을 하지 않고 평행선의 흐름을 유지하고 있다. 이러한 유체의 흐름을 무엇이라고 하는가?

① 층류 ② 난류 ③ 천이류 ④ 와류

13. 온도가 150℃, 압력 700 mmHg일 때 100 m^3인 기체는 표준상태 즉, 21℃, 760 mmHg일 경우 체적은 얼마인가?

① 60.1 m^3 ② 70.5 m^3 ③ 64.0 m^3 ④ 50.1 m^3

풀이 보일 - 샤를의 법칙에 의해 $V' = VP/T \times T'/P'$ 이므로
$V' = (100 \times 700) / (273 + 150) \times (273 + 21) / 760 = 64.0\ m^3$

14. 1기압에서 직경이 20 cm인 덕트에 동점성계수 ν가 $2 \times 10^{-4}\ m^2/sec$인 기체가 5 m/sec의 속도로 흐르고 있다. Reynold수는 얼마인가?

① 5,000 ② 500,000 ③ 50,000 ④ 4,000

풀이 Reynold수는 다음과 같이 표현되기도 한다. $R_e = VD/\nu$, V: 유속(m/sec, ft/sec), D: 관의 직경(m, ft), ν: 동점성계수(m^2/sec, ft^2/sec), $R_e = 5 \times 0.2 / 2 \times 10^{-4} = 5,000$

15. 유입손실에 관한 설명들이다. 바르지 못한 것은?

① 정지상태의 공기를 가속시키는데 필요한 에너지 손실이다.
② 공기를 움직이는데 필요한 속도압과도 같다.
③ 개구부의 난류손실을 극복하는데 필요한 에너지이다.
④ 개구부의 모양에 관계없이 일정한 손실값을 가진다.

16. 정지상태의 공기가 후드 내로 들어오는데 필요한 에너지 손실을 무엇이라고 하는가?

① 마찰 손실 ② 유입 손실 ③ 난류 손실 ④ 후드 손실

17. 유체의 흐름에 적용하여 이용하는 베르누이의 정리란 무슨 원리를 응용한 것인가?

① 관성의 법칙 ② 에너지보존의 법칙
③ 가속도의 법칙 ④ 작용과 반작용의 법칙

18. 속도압이 10 mmH_2O인 덕트의 유속 V는 얼마인가?

① 842 m/min ② 768 m/min ③ 642 m/min ④ 568 m/min

풀이 $V = 4.043\sqrt{VP} = 4.043\sqrt{10} = 12.8$ m/sec = 768 m/min

19. 원형 덕트에 흐르는 공기의 총 마찰 손실에 관한 설명이다. 틀린 것은?

① 총 마찰 손실은 덕트의 길이에 비례한다.
② 총 마찰 손실은 덕트의 직경에 반비례한다.
③ 총 마찰 손실은 유속의 제곱에 비례한다.
④ 총 마찰 손실은 공기의 유량에 반비례한다.

풀이 단위 시간당 단위 면적당 흐르는 유량이 유속이다. 동일한 덕트 내에서 유량이 많으면 유속이 빠르다.

20. 다음 중 희석환기를 사용해서는 안 되는 경우는?

① 오염물질의 양이 비교적 적고 희석공기량이 많지 않아도 될 경우
② 오염물질의 노출농도 값이 매우 낮은 경우
③ 오염물질의 발산이 비교적 균일한 경우
④ 가연성 가스의 농축으로 폭발의 위험이 있는 경우

풀이 오염물질의 노출농도 값이 매우 낮다는 것은 독성이 강한 물질이므로 이때는 반드시 국소배기장치가 필요하다.

21. 작업환경공기에서 오염물질의 유동에 가장 큰 영향을 미치는 인자는?

① 창문 환기 ② 유효비중
③ 횡단기류 ④ 왕래나 열기

풀이 오염물질의 비중이 그대로 영향을 미치는 것이 아니라 공기 중에서 차지하는 비율을 곱한 비중 즉, 유효비중이 영향을 미친다.

22. 작업장 공기를 전체환기로서 환기시키고자 한다. 전체환기를 적용시키고자 하는 경우 다음 중 구비조건이라고 볼 수 없는 사항은 어느 것인가?

① 작업자의 건강을 보전하며, 동시에 가연성 가스가 농축되어 폭발할 우려가 있다.
② 배출원에서 발산되는 유해물질의 발생량이 적어 국소배기법이 비경제적이다.
③ 유해물질의 배출원으로부터 작업자들이 멀리 떨어져 있어 영향을 미칠 우려가 적다.
④ 동일한 작업환경 내에 유해한 배출원들이 산발적으로 존재하고 있다.

풀이 다수의 배출원이 분산되어 있다는 사실만으로는 이유가 되지 아니한다. 유해성이 큰 물질이 발산되고 있다면, 다수의 분지시스템(manifold system)을 이용하여야 한다.

23. **다음 화학물질 중에서 희석환기를 실시해서는 안 되는 화학물질은?**

① chloroform ② toluene ③ xylene ④ acetone

풀이 chloroform은 발암물질이므로 반드시 국소배기를 실시해야 한다.

24. **전체환기법으로 분진과 흄은 적절하지 못하다. 그 이유가 아닌 것은?**

① 분진과 흄은 그 발생량을 비교적 정확하게 계산하기 어렵다.
② 분진과 흄은 그 발산속도가 너무 빠르다.
③ 독성이 비교적 강하므로 많은 환기량이 필요하다.
④ 분진과 흄은 공기보다 무겁기 때문에 바닥이 가라앉기 때문이다.

풀이 공기와 ppm 단위로 혼합되어 있으면 공기보다 비중이 크다고 해서 바닥에 가라앉지 않는다.

25. **건배기량(乾排氣量)이란?**

① 온도와 압력에 따른 기체의 용량 전체를 말한다.
② 수분을 제거한 순수한 기체의 용량만을 표시한 배기량
③ 수분을 포함한 배기가스의 용량
④ 표준상태의 기체의 용량

풀이 수분을 포함한 상태의 배기량을 습배기량이라고 하고 수분을 제거한 기체의 용량을 건배기량이라고 한다.

26. **A물질의 희석환기량은 Q_1, B물질의 희석환기량은 Q_2이다. $Q_1 > Q_2$라고 하면 이때 건강 유지를 위한 희석환기량은 일반적으로 어떻게 구하는가?**

① Q_1 ② $Q_1 \times Q_2$ ③ $Q_1 - Q_2$ ④ $Q_1 + Q_2$

27. **작업장 내 작업자들의 열수지에 관련해서 다음 중 어느 경우에 가장 쾌적한 작업환경이 되겠는가?**

① $M = E \pm R \pm C$ ② $M = S \pm R \pm C$
③ $M = \pm S + E \pm R \pm C$ ④ $\pm S = E \pm R \pm C$

28. **작업장 내의 횡단방해기류가 얼마 이상이면 국소배기장치의 성능이 파괴될 수 있겠는가?**

① 3 m/sec ② 5 m/sec ③ 8 m/sec ④ 10 m/sec

29. **작업환경 내에서 복사열에 대한 표면반사율이 가장 높은 재료는 어느 것이겠는가?**

① 석면보드 ② 블록 ③ 알루미늄 ④ 라커

30. **국소배기에 관한 설명들이다. 적합하지 않는 것은?**

① 포착속도란 발생원 주위의 오염공기를 후드로 적절하게 흡인시킬 수 있는 속도를 말한다.

② 필요환기량은 최대이어야 하며 작업자의 건강을 보호해야 한다.

③ 플랜지 방식을 사용하면 25%의 환기량을 저하시키는 효과가 있다.

④ 후드의 씌우개가 완전할수록 배기장치의 효율과 경제성이 증가한다.

풀이 송풍량은 최소이고 최적의 효율이 필요하다.

31. **국소배기후드의 제어(포착)풍속에 관한 설명이다. 적합하지 아니한 사항은 어느 것인가?**

① 후드 앞쪽의 어느 지점에서의 공기유속이다.

② 포위식 후드인 경우 후드 개구면 앞에서의 속도이다.

③ 오염된 공기를 비산지점에서 포착하여 후드 안으로 흐르게 한다.

④ 오염공기의 흐름에 거슬리는 방해횡단기류를 극복 가능하여야 한다.

풀이 오염원의 위치에 따라 다르지만 포위식 후드는 개구면에서의 유속이다.

32. **국소배기시설의 투자비용과 운전비(전력소모비)를 적게 하기 위해서 제일 먼저 생각해야 하는 것은?**

① 포착속도를 증가시킨다.

② 배기량을 많게 하기 위해 발생원과 원거리유지

③ 필요환기량을 줄인다.

④ 덕트의 직경을 크게 한다.

33. **국소배기장치에서 아주 큰 체적의 후드는 자그마한 체적의 후드보다 동일의 포착속도에 대한 필요환기량이 오히려 적어진다. 이러한 현상이 기인하는 사항을 열거하였다. 바르지 못한 설명은?**

① 후드 속으로 흐르는 커다란 기단(air mass)이 존재한다.

② 커다란 후드의 영향 아래에 있는 오염물질이 더 장시간 존재한다.

③ 커다란 부피의 공기는 자그마한 부피의 공기보다 희석작용이 크다.

④ 자그마한 체적의 후드에서의 개구면 속도가 더 빠르다.

34. 후드설치에 관한 설명들이다. 바르지 <u>못한</u> 설명은?

① 오염 발생원에 가능하이면 가까이 설치한다.
② 비중이 공기보다 무거운 유해물질은 바닥에 가라앉으므로 바닥에 후드를 설치해야 한다.
③ 포착속도(capture velocity)를 높이는 방향으로 설계 설치한다.
④ 횡단방해기류(cross draft)의 영향을 받지 않도록 설치해야 한다.

풀이 공기보다 무거운 물질이라도 ppm 단위로 공기와 혼합되면 혼합물의 비중이 공기의 비중과 크게 차이가 나지 않으므로 오염물질이 작업장 바닥으로 가라앉지 않는다.

35. 후드의 선정에 반드시 지켜야 하는 지침이 <u>아닌</u> 것은?

① 작업자의 작업에 방해되지 않아야 한다.
② 가능하면 추천된 설계사양을 지키는 것이 좋다.
③ 작업자의 호흡영역을 유지시켜 줘야 한다.
④ 필요환기량을 최대화시키는 후드가 좋다.

36. 천개형 후드(canopy hood)를 사용해서는 <u>안 되는</u> 공정은?

① 고온처리조 ② 증발공정
③ 냉각공정 ④ 가열로

37. 슬롯 후드 설치에 관한 설명이다. 바르지 <u>못한</u> 것은?

① 후드의 가장자리에서도 공기의 흐름을 균일하게 하기 위해 사용한다.
② 슬롯 후드에도 플랜지를 부착하면 필요환기량을 줄일 수 있다.
③ 슬롯 속도가 증가하면 포착속도도 증가한다.
④ 후드 유입손실계수가 매우 높다.

풀이 포착속도는 슬롯 속도와는 무관하며 슬롯의 길이(L)와 관련이 있다.

38. 플레넘(plenum)을 가진 슬롯 후드의 설명이다. 바르지 <u>못한</u> 것은?

① plenum에서의 유속은 슬롯에서의 유속보다 낮아진다.
② plenum에서의 최대 속도는 슬롯 속도의 1/2이 되어야 한다.
③ plenum의 궁극적인 목적은 공기의 유속을 줄이기 위함이다.
④ 슬롯(slot)이란 폭과 가로의 비 W/L이 0.2 이하를 말한다.

풀이 plenum의 궁극적인 목적은 유속을 일정하게 하기 위함이다.

39. 다음 중 포집형 후드의 최대 장점은 무엇인가?

① 작업자가 환기장치와 오염원사이에 위치하여 작업자의 건강을 보호한다.
② 작업자의 작업방해가 적고 오염원 가까이 부착되어 환기효율을 높인다.
③ 일반적으로 포위형보다 유량이 많다.
④ 유해물질의 분말을 최대한 배기장치로 흡인시킨다.

40. 비중이 무겁고 비산력이 낮은 분진을 제거하기 위한 후드로써 가장 적합한 후드는?

① 캐노피형 ② 측방 포집형 ③ 하방 포집형 ④ 양측방형

41. 후드를 설치할 때 유의해야 할 사항이다. 적합하지 않은 것은?

① 가능한 한 유해물질의 발생원을 둘러싸도록 한다.
② 유량을 최대화하기 위하여 가능하면 개구면적이 큰 후드를 설치한다.
③ 가능한 한 오염 발생원 가까이 후드를 설치한다.
④ 유량을 줄이기 위해 플랜지를 부착한다.

42. 직경이 d인 작은 개구부(노즐)로부터 공기를 불어낼 때 개구부의 유속이 대략 10%로 줄어드는 지점은 30d지점이다. 만약, 공기를 빨아들일 경우 대략 입구면 속도의 10%에 해당되는 지점은 몇 d인가?

① d ② $2d$ ③ $5d$ ④ $10d$

43. 42번의 문제로부터 얻을 수 있는 후드 설치 시 필요한 정보는?

① 후드의 개구면은 가능한 한 작은 크기가 좋다.
② 후드 설치는 가능한 한 오염원 가까이 설치해야 한다.
③ 후드의 개구면은 슬롯형일수록 포착속도가 증가한다.
④ 후드의 설치는 가능한 한 오염원으로부터 멀어야 다량의 유량을 흡인할 수 있다.

44. 가로 50 cm, 세로 30 cm인 직사각형의 후드가 있다. 덕트의 직경은 20 cm이고, 처리유량은 30 m^3/min이다. 후드의 유입손실 h_e=0.50VP라고 하면 후드의 정압 SP_h는 얼마이겠는가?

① -68 mmH$_2$O ② -132 mmH$_2$O ③ -23 mmH$_2$O ④ -93 mmH$_2$O

풀이 $A=\pi D^2/4=0.0314\ m^2$, $V=30/0.0314=955.4$ m/min SI 단위계에서 $V=242.2\sqrt{VP}$
$VP=(955.4)^2/242.2=15.6$ mmH$_2$O, $SP_h=VP_d+h_e$ 이므로 $SP_h=15.6+0.50\times15.6=$
23.4 mmH$_2$O

45. **다음 중 포착속도가 가장 빨라야 되는 작업공정은?**

① 그라인딩작업　　② 탱크로부터 유기용제의 증발작업
③ 용접작업　　④ 산세척작업

46. **편평 개구형 후드(plain opening)나 플랜지 달린 개구형 후드(flanged opening)인 경우 포착거리 X를 $2X$로 하였을 때 필요환기량은 몇 배로 증가하는가?**

① 1.5배　② 2.0배　③ 4.0배　④ 8.0배

47. **최근이 도금조 작업에서 각광받고 있는 push-pull hood에 관한 사항이다. 바르지 <u>못한</u> 내용은?**

① 한쪽에서는 공기를 급기시키고 반대편에서는 배기하는 형태이다
② 노즐(nozzle)의 각도를 하방 0°～20°가 적당하다.
③ 노즐과 후드의 설치위치는 직사각형 도금조인 경우 횡단거리가 긴 쪽의 양편에 설치해야 효율이 좋다.
④ 배기유량 계산에는 탱크 표면적 즉, 도금조의 $W \times L$과 관련이 있다.

48. **고열을 처리하는 캐노피 후드에서 유량 계산에 포함되지 <u>않는</u> 항목은?**

① 고열 처리조 표면으로부터 후드까지 거리
② 후드의 면적
③ 열원의 온도와 외부공기와의 온도차이
④ 열원의 연료사용량

49. **덕트의 압력손실에 관하여 <u>틀리게</u> 설명한 것은?**

① 덕트의 길이에 비례　　② 유속의 크기에 비례
③ 덕트의 조도(roughness) 비례　　④ 덕트의 직경에 반비례

50. **길이 10 m, 직경 30 cm 덕트에 100 m^3/min의 표준공기가 흐르고 있다. 마찰계수 f가 0.02이고 공기의 비중량 γ가 1.2 kg/m^{3}이라면 이때의 압력손실은?**

① 22.7 mmH$_2$O　　② 34.7 mmH$_2$O
③ 56.8 mmH$_2$O　　④ 13.8 mmH$_2$O

풀이 먼저 덕트 내 유속 : $V = Q/d^2/4 = 100/(0.785\times0.3^2\times60) = 23.6$ m/sec
$h_L = f \times L/d \times \gamma v^2/2g = 0.02\times10/0.3\times1.2\times23.6^2/(2\times9.8) = 22.7$ kg/m^2 (mmH$_2$O)

51. 마찰계수는 Moody diagram에서 e/d(e: 관내벽의 조도, d: 관내의 직경)와 또 무엇을 가지고 구할 수 있는가?

① 유량 Q ② 유속 V ③ 레이놀즈수 R_e ④ 관의 직경 D

52. 마찰손실계수 F_d는 Moody diagram을 이용하지 않고 duct의 재질에 따라서 손쉽게 구할 수 있다. 이때 필요한 인자는?

① 유량과 유속 ② 관의 조도 ③ 관의 길이와 직경 ④ 관의 면적

풀이 $F_d = aV^b/Q^c$, V: 공기의 속도, Q: 공기의 유량, a, b, c: 상수

53. 아연도금철판의 원형 덕트에 유량 Q가 60 m^3/min, 유속 V가 30 m/sec으로 흐르고 있다. 덕트의 길이가 5 m일 때 압력손실은 얼마인가? (단, F_d 계산은 a=0.0155, b=0.533, c=0.612로 계산할 것)

① −26 mmH_2O ② −36 mmH_2O ③ −45 mmH_2O ④ −58 mmH_2O

풀이 $F_d = aV^b/Q^c = 0.0155 \times 30^{0.533}/1^{0.612} = 0.0950$
$VP = (30/4.043)^2 = 55.1$ mmH_2O
$\Delta P = F_d L VP = 0.0950 \times 5 \times 55.1 = 26.2$ mmH_2O

54. 용접할 때 나오는 흄(fume)을 제거하기 위한 덕트의 최소속도는?

① 10∼13 m/sec ② 5∼10 m/sec ③ 15∼20 m/sec ④ 20∼23 m/sec

55. 어떤 작업장 내 현열의 총 부하량이 100,000 kcal/hr이다. 바깥 기온이 21℃이고 작업장 내 온도는 31℃이다. 이러한 작업장을 전체환기를 통해서 바깥 기온과 같게 하려고 한다면 환기량 Q는 얼마인가?

① 15.4 m^3/sec ② 9.3 m^3/sec ③ 5.1 m^3/sec ④ 20.1 m^3/sec

풀이 SI 단위 시 고열환경의 환기량 계산식 $Q = H/(0.3\Delta t)$, m^3/hr
따라서 $Q = 100{,}000/0.3 \times 10 = 33{,}333$ m^3/hr ≒ 9.3 m^3/sec

56. 작업장 내로 발산되는 배기가스에 대하여 수분을 측정하였더니 배기가스 1 m^2당 100 g이었다. 수증기의 건배기가스에 대한 당해 배기가스의 수분의 중량비는 얼마이겠는가? (단, 이때 온도는 0℃로 계산)

① 12.1% ② 12.4% ③ 12.8% ④ 13.4%

풀이 물의 분자량 H_2O = 18이므로 22.4 m^3 : 18 kg = 1 m^3 : x kg(배기가스의 중량)
$x = 18/22.4 = 0.804$ kg = 804 g ∴ 수분의 중량비 = 100/804×100 = 12.4%

57. 어떠한 작업장 내의 절대습도가 80 wt%이고, 바깥공기의 절대습도가 70 wt%이다. 작업장 내의 수증기 발생량이 2 kg/hr이라면, 이러한 작업환경에서의 수분 제거를 위한 필요 환기량은 얼마이어야 하겠는가?

① 14.9 m^3/hr ② 15.6 m^3/hr ③ 16.7 m^3/hr ④ 17.7 m^3/hr

풀이 $Q = W/1.2(K_1 - K_0) = 2/1.2(0.8 - 0.7) = 16.7\ m^3/hr$
여기서 W는 작업장 내에 수증기 발생량(kg/hr)이고, K_1는 작업장 내의 절대습도(wt%)이며, K_0는 외기의 절대습도(wt%)이다.

58. 덕트의 속도압이 20 mmH_2O이지만 압력손실계수와 유입계수를 알지 못하고 있다. 이러한 경우의 압력손실은 얼마이겠는가?

① 15 mmH_2O ② 20 mmH_2O ③ 25 mmH_2O ④ 30 mmH_2O

풀이 압력손실계수를 모르면 일반적으로 1로 환산

59. 작업장 내에 설치된 직사각형 덕트의 길이는 20 m이고 가로는 32 cm이며 세로는 21 cm이고, 속도압은 10 mmH_2O이다. 이러한 덕트의 마찰계수가 0.005이라면 압력손실은 얼마이겠는가?

① 1 mmH_2O ② 2 mmH_2O ③ 3 mmH_2O ④ 4 mmH_2O

풀이 사각형 덕트의 압력손실 $\Delta P = f \times L \times (a+b)/2ab \times VP$의 식을 적용한다.
$\Delta P = 0.005 \times 20 \times (0.32 + 0.21)/(2 \times 0.32 \times 0.21) \times 10 = 3.9\ mmH_2O$

60. 공기정화장치인 집진기를 선정하는데 고려해야 할 사항이 아닌 것은?

① 오염물질의 농도와 입자의 크기 ② 필요효율
③ 유지관리 시 필요한 에너지 요구량 ④ 오염물질의 회수율

61. 분진의 입경이 10 μm 이상의 크기라면 어떤 집진기가 적합하겠는가?

① 습식세정집진기 ② 여포집진기
③ 원심력집진기 ④ 전기집진기

62. 분진의 입경이 0.25 μm 정도의 미립자에 효율이 좋고 비교적 압력손실이 적어 소요동력이 적게 들지만 시설비가 많이 들고 차지하는 공간이 넓어야 되는 집진기는?

① 여포집진기 ② 원심력집진기
③ 습식세정집진기 ④ 전기집진기

63. 다음 집진기들 중에서 압력손실이 가장 많은 집진기는?

① 전기집진기　　② 여포집진기
③ 사이클론집진기　　④ 벤투리식 세정기

64. 습식세정집진장치의 입자포집원리에 관한 사항 중 틀린 것은?

① 액적에 입자가 충돌하여 부착한다.
② 미립자 확산에 의하여 액적과의 접촉을 쉽게 한다.
③ 배기 중 습기의 감소에 의하여 입자가 서로 응집한다.
④ 입자를 핵으로 한 증기의 응결에 따라 응집성을 촉진시킨다.

65. 벤투리 스크러버(venturi scrubber)로 미세한 먼지를 포집하려면 다음 어느 조건을 만족시켜야 되는가?

① 가스온도를 낮춘다.　　② 예비집진장치를 사용한다.
③ 가스속도를 낮춘다.　　④ 가스속도를 올린다.

66. 전기집진기에 관한 설명이다. 바르지 못한 것은?

① 초기 시설비가 많이 들지만 유지관리는 편리하다.
② 10 μm 이하의 미립자 제거에 탁월한 효율(99% 이상)을 갖는다.
③ 고온의 오염가스를 다룰 수 있다.
④ 비교적 적은 공간을 차지하며 압력손실이 크다.

67. 여포집진기에서 여과속도(filtration velocity)에 관한 설명이다. 바르지 못한 것은?

① 공기량을 여과막의 두께로 나눈 비(ratio)로 나타낸다.
② 여과속도와 여과비(filtration ratio)와 같은 말로 사용된다.
③ 집진기의 크기산정이나 등급평가에 사용된다.
④ 실제 여과막의 공극을 통해서 흐르는 가스의 속도는 여과속도보다 크다.

68. 전기집진기에서 분진에 물, 수증기, 암모니아, 염, 산, SO_2 등을 주입시켜주는 경우가 있는데 그 이유는 무엇을 감소시키기 위함인가?

① 분진의 입경　　② 분진의 밀도
③ 분진의 전기저항　　④ 분진의 온도

69. **다음 여포집진기의 재질 중 가장 고온에 잘 견디는 것은?**

① PVC계 섬유 ② 무명 ③ glass fiber ④ polyester 섬유

70. **다음은 유해가스 제거법을 설명한 것들이다. 바르지 <u>못한</u> 것은?**

① 흡착법은 처음은 효과가 빠르고 좋으나 파과점 이후 급격히 저하한다.
② 흡수법에는 SO_2, H_2S, 저분자량 탄화수소류가 주로 이용된다.
③ 재연소 시 1,400℃ 이상 온도를 높여주면 CO의 발생이 급격히 증가한다.
④ 재연소 시에는 H와 C의 중량비가 1 : 3보다 작으면 그을음이 발생한다.

풀이 화염온도가 높으면 NO_x의 발생이 증가한다.

71. **국소배기장치의 설계절차에 관한 설명이다. 바르지 <u>못한</u> 것은?**

① 운전에 적합한 후드를 선정하고 송풍량을 계산한다.
② 압력손실의 계산은 송풍기로부터 가장 가까운 후드부터 시작한다.
③ 일단 필요한 덕트의 면적을 구하고 이것을 이용하여 반드시 시판 덕트의 직경과 면적을 구해야 한다.
④ 송풍기 선정을 위해서는 FSP(송풍기 정압)이나 FTP(송풍기 전압)를 구해야 한다.

72. **국소배기장치의 설계에 관한 설명이다. 바르지 <u>못한</u> 설명은?**

① 송풍량의 결정을 가능한 한 권장설계도면(예, ACGIH 선정)을 이용한다.
② 시판용 덕트의 직경은 이론적으로 계산된 덕트 직경보다 작은 것을 선정해야 덕트 최소설계속도를 유지할 수 있다.
③ 압력손실계산에는 두 가지 방법이 있는데 최근에는 그 정확성과 간편성 때문에 등거리방법을 많이 쓴다.
④ 속도압 방법이란 모든 압력손실인자 혹은 계수(factor)에 VP를 곱한다.

73. **속도압법에 의한 국소배기장치에 관한 설명이다. 바르지 <u>못한</u> 설명은?**

① 모든 압력손실은 VP의 분율로써 나타낸다.
② 덕트의 마찰손실계수는 유량 Q와 유속 V만 알면 복잡한 Moody diagram에 의한 것보다 훨씬 간편한 F_d로 구할 수 있다.
③ 두 분지관의 정압 중 절댓값이 큰 것이 지배정압(governing SP)이 된다.
④ 총 압력손실을 계산할 때 각 분지관의 정압을 모두 합하면 된다.

풀이 총 압력손실을 계산할 때는 각 분지관의 정압을 모두 합하는 것이 아니고 분지관 사이의 지배정압(governing SP)을 택하여 이들만 합하는 것이다.

74. 분지관의 접합부에서 공기의 흐름을 균형 있게 조절할 필요가 있다. 여기에 대한 설명으로 바르지 못한 것은?

① 각 분지관의 접합부에서 공기의 흐름을 균형 있게 조절하는 이유는 각 분지관의 유량을 원하는 만큼 흐르도록 하기 위함이다.

② 공기흐름의 균형조절법에는 정압에 의한 균형조절법과 댐퍼에 의한 조절법이 있다.

③ 주관과 분지관의 속도압을 가능한 한 동일하게 유지시키는 것이다.

④ 균형유지는 공기가 최소한의 저항으로 배기장치를 통과하도록 하기 위함이다.

풀이 공기흐름의 균형유지 조절이란 주관과 분지관의 정압을 가능한 한 동일하게 하는 방법이다.

75. 정압균형조절법을 설명한 것들 중 바르지 못한 것은?

① 송풍기로부터 가장 먼 거리에 있는 후드에서부터 정압을 계산한다.

② 가능한 한 주관과 분지관의 정압을 가능한 한 동일하게 설계해야 한다.

③ 두 정압의 비 즉, 큰 값과 작은 값의 비가 1.2 이상이면 일반적으로 정압의 절대치가 큰 쪽의 분지관을 다시 설계해야 한다.

④ 두 정압의 비 즉, 큰 값과 작은 값의 비가 1.2～1.05이면 정압의 절대치가 작은 쪽의 분지관의 유량을 보정한다.

76. 플레넘을 설치한 환기장치의 설명이다. 바르지 못한 설명은?

① 주관의 역할은 여러 분지관들로부터 공기정화장치나 송풍기까지 매우 낮은 압력손실을 유지시키는 것이다.

② 모든 분지관들에게 균형 잡힌 배기량을 유지시켜 주고 때로는 최소운전동력을 제공하기도 한다.

③ 덕트의 최소반송속도는 분지관은 물론이고 플레넘이 부착된 주관에도 유지되어야 한다.

④ 끈적끈적한 분진의 취급에는 적합하지 않다.

풀이 plenum이 부착된 주관에는 덕트의 최소반송속도가 필요치 않다.

77. 플레넘이 부착된 환기장치의 설명이다. 바르지 못한 것은?

① 일부 분지관을 닫아 버려도 분지관의 최소이동속도가 유지되면 전체시스템의 환기량을 줄일 수 있다.

② 플레넘을 분진의 침강실로 이용하여 오염물질을 제거할 수 있다.

③ 마그네슘이나 티타늄과 같은 폭발성분진 및 곡물분진 제거에 적합하다.

④ 분지관에 균형 잡힌 배기량을 유지시킬 수 있다.

풀이 폭발가능성분진 제거에는 적합하지 않다.

78. **주관과 분지관의 접합부에서는 합류관 즉, ③부분이 두 덕트의 유속보다 빠를 수 있다. 이때 가중평균속도압을 구하여 속도차이에 의한 보정이 필요하다. 바르지 <u>못한</u> 설명은?**

① VP_3가 VP_r보다 클 때만 보정이 필요하다.
② 일반적으로 VP_3와 VP_r의 차이가 2.5 mmH_2O 이상일 경우만 보정이 필요하다.
③ 이때의 보정은 가속도에 의한 압력손실의 보정치이다.
④ VP_r을 내는 공식은 분지관 1과 2의 유량만 있으면 구할 수 있다.

79. **보충용 공기에 관한 설명이다. 바르지 <u>못한</u> 설명은?**

① 보충용 공기의 공급량은 배기량보다 약 10% 많도록 한다.
② 보충용 공기의 필요는 실내가 음압(negative)으로 되면 실내에 연소산화물이 축적될 수 있기 때문이다.
③ 창문이 쾅 닫히거나 열기 힘들 때 보충용 공기가 필요하다.
④ 보충용 공기는 작업장 밑바닥에서 천장을 향해 공급하는 것이 이상적이다.

풀이 보충용 공기는 바닥으로부터 높이 2.4～3 m에서 작업시설부분으로 공급해야 이상적이다.

80. **부식성, 화염성, 폭발가능성의 물질, 고온이나 끈적한 물질의 운송, 위험한 상황이거나 송풍기가 쉽게 손상될 운전상황에서 공기를 이송시키기 적합한 장치는 무엇인가?**

① 송풍기(fan) ② 이젝터(ejector)
③ 블로어(blower) ④ 압축기(compressor)

81. **대부분의 국소배기장치에 적용되며 특히, 다량의 무거운 분진을 통과시킬 때 사용되는 송풍기는?**

① 전향곡형 원심 송풍기 ② 방사형 원심 송풍기
③ 후향곡형 원심 송풍기 ④ 축류형 송풍기

82. **송풍기의 크기를 결정하는데 필요하지 <u>않은</u> 요소는?**

① 송풍기 정압 ② 송풍기 동력(마력수)
③ 송풍량 Q ④ 송풍기 속도압

83. **압력변동이 심하여도 과부하가 잘 걸리지 않고 비교적 소음이 적게 나는 송풍기는?**

① 시로코 송풍기 ② 방사형 원심 송풍기
③ 터보형 송풍기 ④ 프로펠러 송풍기

84. **송풍기 성능표에 의해 송풍기의 동력(마력)과 회전수를 계산하는 방법이다. 바르지 못한 것은?**

① 송풍기 성능표는 모든 송풍기에서 동일모양을 가진다.
② 송풍기 정압과 송풍량 Q만 알면 계산할 수 있다.
③ 비표준공기인 경우에는 동력(마력수)을 표준공기 상태에서 구한 다음 다시 이것을 실제 공기 상태로 환산시켜 주어야 한다.
④ 표준공기에 대해 제작된 것이므로 비표준공기인 경우에는 정압을 표준공기에 맞춘 다음 계산해야 한다.

85. **작업환경 내에 존재하는 국소배기장치의 후드로부터 송풍기까지 전체의 압력손실이 200 mmH_2O이고 송풍기의 처리공기량이 100,000 m^3/hr이라고 하면 송풍기의 축동력은 얼마이겠는가? 송풍기의 효율은 70%이고 여유율(안전인자)은 30%이다.**

① 85 kW ② 91 kW
③ 95 kW ④ 101 kW

풀이 PWR(kW) = Q×FTP/(6,120×η), 여기에 여유율(α)을 계산하여 준다. 안전인자가 30%이면 1.3을 곱해주어야 한다. 주의해야 할 것은 유량의 단위가 m^3/min이다.
PWR = 100,000×200×1.3/(60×6,120×0.7) = 101.1 kW

86. **다음 그림과 같은 배기장치의 접합부에서 유량의 흐름을 균형 있게 조절하기 위하여 댐퍼를 설치하고자 한다. 가장 적합한 위치는? (단, 주관의 압력이 분지관보다 크다.)**

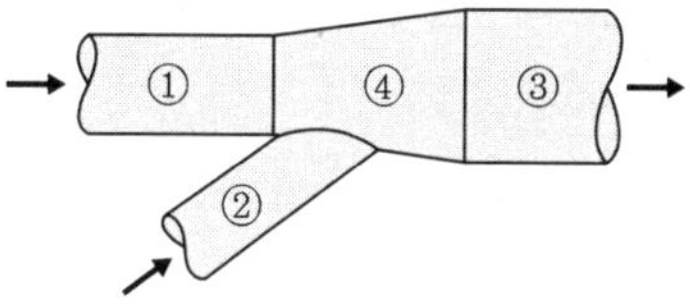

① 1 ② 2 ③ 3 ④ 4

87. **공기의 온도가 80℃인 덕트에서 유속을 측정한 결과 계기 상에 5 m/sec로 나타났다. 이것을 표준공기로 보정한 유속(V_c)는 얼마이겠는가? (표준공기의 밀도는 1.2 kg/m^3으로 계산)**

① 4.80 m/sec ② 5.83 m/sec ③ 5.49 m/sec ④ 5.02 m/sec

풀이 SI 단위계에서 온도보정 factor $C_t = 294/(t+273) = 294/(80+273) = 0.83$
공기의 밀도 : 1.2×0.83 = 0.996 kg/m^3

$$V_c = V_r \times \sqrt{\frac{1.2}{\rho}} = 5 \times \sqrt{\frac{1.2}{0.996}} \fallingdotseq 5.49 \text{ m/sec}$$

88. **Pitot tube로 덕트 내 속도압을 측정하는 방법을 설명하고 있다. 바르지 못한 설명은?**

① 덕트의 직경을 직각으로 가로지르는 2개의 횡단선을 만들고 이 선을 따라 측정한다.
② 엘보, 후드, 분지관 유입구 등 흐름 교란지역을 피하기 위해서 이들로부터 하방흐름방향(down stream)으로 직경의 약 7배 이상 지점에서 측정하는 것이 좋다.
③ 마노미터와 연결방법은 피토관의 속도압 측정구와 마노미터의 한쪽 관을 연결한다.
④ 사각형 덕트는 단면적을 동등면적으로 나누고 그 중심부에서 측정한다.

풀이 피토관에는 정압, 정압 측정구가 있다. 속도압은 이들 모두를 마노미터의 두 개관에 연결해야 한다.

89. **국소배기장치를 점검할 때 유속, 속도압 등 일련의 검사치가 설계치와 어느 정도의 차이에서 일치할 때 수용할 수 있는가?**

① ± 5% ② ± 10% ③ ± 15% ④ ± 20%

90. **국소배기장치 안전검사 시 자율검사프로그램 인정에 필요한 검사장비가 아닌 것은?**

① 피토관 ② 정압프로브가 달린 열선 풍속계
③ 발연관(스모그테스터) ④ 청음기 또는 청음봉

91. **환기와 관련하여 다음의 설명 중 바르지 못한 것은?**

① 표준공기란 21℃, 760 mmHg, 50% 상대습도를 말한다.
② 증기압은 온도가 증가함에 따라 1차 함수(일직선)적으로 증가한다.
③ 모든 액체는 증발하여 공기와 최대한 혼합하려는 성질을 가지고 있다.
④ 부피 단위 ppm은 mL/m^3과 같다.

92. **유기용제(액체)의 시간당 소모량 *ER*이 부피 단위로 되어 있다면 그 물질이 몇 몰(mole)인지를 계산하기 위하여 우선적으로 취해야 하는 조치는 무엇인가?**

① 부피 단위에 비중을 곱하여 질량 단위로 고쳐주어야 한다.
② 부피 단위에 비중으로 나누어 질량 단위로 고쳐주어야 한다.
③ 부피 단위를 그대로 사용하되 그 물질의 분자량으로 곱해 주어야 한다.
④ 부피 단위를 그대로 사용하되 그 물질의 분자량으로 나누어 주어야 한다.

93. **슬롯 후드의 경우 슬롯 개구면의 속도가 아무리 빨라도 포착거리는 늘어나지 않는 것으로 밝혀졌다. 그렇다면 일반적으로 슬롯 개구면의 속도는 얼마로 설계해야 하는가?**

① 5 m/sec ② 10 m/sec ③ 20 m/sec ④ 30 m/sec

94. **다음의 방법에 의한 효과를 무엇이라고 하는가?**

> "사이클론의 집진율을 높이는 방법의 하나로 더스트 박스 또는 호퍼부에 처리가스를 흡인할 수 있는 또 다른 작은 사이클론을 부착함으로서 선회기류가 떠오르는 것을 방지하는 방법"

① 블로우 업(blow up)
② 블로우 다운(blow down)
③ 석션 다운(suction down)
④ 사이클링 다운(cycling down)

95. **개방처리조(open surface tanks)의 후드를 설계할 때 가장 먼저 고려해야 할 사항은 무엇인가?**

① 위해성 등급(hazard classification)
② 최소 제어풍속(minimal control velocity)
③ 처리조 표면의 폭/길이(W/L)의 비
④ 횡단방해풍(cross draft)

96. **다음은 후드정압을 측정하는 방법이다. 올바른 것을 모두 고른 것은?**

> a. 베나 수축을 피하기 위해 후드로부터 덕트 직경의 2배 이상 지점에서 측정한다.
> b. 정압 측정구는 펀치보다 드릴을 이용하여 뚫는다.
> c. 정압 측정구는 직경이 3 mm이면 충분하다.
> d. 필요시 마노미터를 항상 부착시킨다.

① a, b, c
② b, c, d
③ a, c, d
④ a, b, d
⑤ 모두

97. **푸시-풀(push-pull) 후드에서 유인비(entrainment ratio)란 무엇인가?**

① push jet로 나오는 1차 유량과 이로 인해 유인되어 만들어지는 2차 유량과의 비
② push jet로 나오는 1차 속도와 이로 인해 유인되어 만들어지는 2차 속도와의 비
③ push jet로 나오는 1차 속도와 이로 인해 유인되어 만들어지는 2차 유량과의 비
④ push jet의 유량과 pull 후드의 필요환기량 Q의 비

98. 공기보충형 후드(compensating air hood)에 대한 설명 중 옳은 것을 모두 고른 것은?

> a. 공기공급량이 배기량보다 많아야 한다.
> b. 횡단방해기류의 속도가 빨라도 후드 효과에는 큰 문제가 없다.
> c. 공기공급량이 잘 맞지 않으면 일류현상이 쉽게 일어날 수 있다.
> d. 통상적으로 주조 작업에 많이 사용된다.

① a, b ② c, d ③ a, d ④ b, c

풀이 배기량보다 공기공급량이 많으면 일류현상이 일어난다. 횡단방해기류의 속도가 매우 느려야 한다.

99. 외부식 측방형 후드를 이용하여 입자상의 관리대상 유해물질을 흡인하고자 한다. 현재(2020년) 우리나라 산업안전보건법상 제어풍속은 얼마로 해야 하는가?

① 0.5 m/sec ② 0.7 m/sec ③ 1.0 m/sec ④ 1.2 m/sec

100. 현재 법제화되어 있는 국소배기장치에 대한 안전검사의 가장 큰 문제점은 무엇이라고 생각하는가?

① 안전검사 기준이 너무 느슨하다.
② 사용주가 안전검사를 제대로 수행하지 않을 것이다.
③ 사용주가 자율안전검사프로그램에 의존할 것이다.
④ 성능검사를 제대로 수행하기 어려울 것이다.

연습문제 정답

1	③	2	②	3	①	4	②	5	①	6	①	7	②	8	④	9	④	10	②
11	③	12	①	13	③	14	①	15	④	16	②	17	②	18	②	19	④	20	②
21	②	22	④	23	①	24	④	25	②	26	④	27	①	28	②	29	③	30	②
31	②	32	③	33	④	34	②	35	④	36	③	37	③	38	③	39	②	40	③
41	②	42	①	43	②	44	③	45	①	46	③	47	③	48	④	49	②	50	①
51	③	52	①	53	①	54	①	55	②	56	②	57	③	58	②	59	④	60	④
61	③	62	④	63	④	64	③	65	④	66	④	67	①	68	③	69	③	70	③
71	②	72	③	73	④	74	③	75	③	76	③	77	③	78	④	79	④	80	②
81	②	82	④	83	③	84	①	85	④	86	②	87	③	88	③	89	②	90	①
91	②	92	①	93	②	94	②	95	①	96	⑤	97	①	98	②	99	③	100	④

Appendix

부 록

1 주요 화학물질의 물리적인 특성

Substance	Formula	Molecular weight	Specific gravity	Flash point C		Explosive limits (Volume percent)	
				Closed cup	Open cup	Lower	Upper
Acetaldehyde	CH_3CHO	44.05	0.821	−27	-	3.97	57.0
Acetic acid	CH_3COOH	60.05	1.049	40	43	5.40	-
Acetic anhydride	$(CH_3CO)_2O$	102.09	1.082	49	54	2.67	10.13
Acetone	CH_3COOH_3	58.08	0.792	0	−9	2.55	12.80
Acrolein	$CH_2 : CHCHO$	56.06	0.841	가스	가스	불안정	불안정
Acrylonitrile	$CH_2 : CHCN$	53.06	0.806	-	0	3.05	17.0
Ammonia	NH_3	17.03	0.597	가스	가스	15.50	27.0
Amyl acetate	$CH_3CO_2C_5H_{11}$	130.18	0.879	24	27	1.10	-
iso-Amyl alcohol	$(CH_3)_2CHCH_2CH_2OH$	88.15	0.812	43	46	1.20	-
Aniline	$C_6H_5NH_2$	93.12	1.022	76	-	-	-
Arsine	AsH_3	77.93	2.695(A)	가스	가스	-	-
Benzene	C_6H_6	78.11	0.879	−11	-	1.40	7.10
Bromine	Br_2	159.83	3.119	-	-	-	-
Butane	$CH_3(CH_2)_2CH_3$	58.12	2.085	가스	가스	1.86	8.41
1,3-Butadiene	$(CH_2 : CH)_2$	54.09	0.621	가스	가스	2.00	11.50
n-Butanol	$C_2H_5CH_2CH_2OH$	74.12	0.810	29	43	1.45	11.25
2-Butanone (Methyl ethyl ketone)	$CH_3COC_2H_5$	72.10	0.805	−1	-	1.81	9.50
n-Butyl acetate	$CH_3CO_2C_4H_9$	116.16	0.882	22	32	1.39	7.55
Butyl “cellosolve”	$C_4H_9OCH_2CH_2OH$	118.17	0.903	61	73	-	-
Carbon dioxide	CO_2	44.01	1.53	-	-	-	-
Carbon disulphide	CS_2	76.13	1.263	−30	-	1.25	50.0
Carbon monoxide	CO	28.10	0.968	가스	가스	12.5	74.2
Carbon tetrachloride	CCl_4	153.84	1.595	비화염성	비화염성		
Cellosolve	$C_2H_5O(CH_2)_2OH$	90.12	0.931	40	49	2.6	15.7
Cellosolve acetate	$CH_3CO_2C_4H_9O$	132.16	0.975	51	57	1.71	-
Chlorine	Cl_2	70.91	3.214	가스	가스	-	-
2-Chlorobutadiene	$CH_2 : CClCHCH_2$	88.54	0.958	-	-	-	-
Chloroform	$CHCl_3$	119.39	1.478	비화염성	비화염성		
1-Carbon-1-nitropropane	$NO_3ClC_3H_6$	139.54	1.209	62	-	-	-
Cyclohexane	C_6H_{12}	84.16	0.779	−17	-	1.26	7.75
Cyclohexanol	$CH_2(CH_2)_4CHOH$	100.16	0.962	68	-	-	-
Cyclohexanone	$CH_2(CH_2)_4CO$	98.14	0.948	64	-	-	-
Cyclohexene	$CH_2(CH_2)_3CH : CH$	82.14	0.810	-	-	-	-
Cyclopropane	$CH_2CH_2CH_2$	42.08	0.720	가스	가스	2.40	10.40

Substance	Formula	Molecular weight	Specific gravity	Flash point C		Explosive limits (Volume percent)	
				Closed cup	Open cup	Lower	Upper
o-Dichlorobenzene	$Cl_2C_6H_4$	147.01	1.305	66	74	-	-
Dichlorodifluoromethane	CCl_2F_2	120.92	1.486	비화염성	비화염성		
1,1-Dichloroethane	CH_2CHCl_2	98.97	1.175	-	-	-	-
1,2-Dichloroethane (Ethylene dichloride)	$ClCH_2CH_2Cl$	98.97	1.257	13	18	6.2	15.9
1,2-Dichloroethylene	ClCHCHCl	96.95	1.291	6	-	9.7	12.8
Dichloroethylether	$ClCH_2CHClC_2H_6$	143.02	1.222	55	82	-	-
Dichloromethane	H_2CCl_2	84.94	1.336	-	-	-	-
Dichloromonofluoromethane	$HCCl_2F$	102.93	1.426	-	-	-	-
1,1-Dichloro-1-nitroethane	$H_3C_2Cl_2NO_3$	143.97	1.692	-	76	-	-
1,2-Dichloropropane	$CH_3CHClCH_2Cl$	112.99	1.159	15	18	3.4	14.5
Dichlorotetrafluoroethane	$CClF_2CClF_2$	170.93	1.433	비화염성	비화염성		
Dimethylaniline	$(CH_3)_2NC_6H_5$	121.18	0.956	63	77	-	-
Dimethylsulfate	$(CH_3)_2SO_4$	126.13	1.332	83	116	-	-
Dioxane	$D(CH_2)_4O$	88.10	1.034	-	2	-	-
Ethyl acetate	$CH_3CO_2C_2H_5$	88.10	0.901	−4	−1	2.18	11.4
Ethyl alcohol	C_2H_5OH	46.07	0.789	13	-	3.28	18.95
Ethyl benzene	$C_6H_5C_2H_5$	106.16	0.867	15	24	-	-
Ethyl bromide	C_2H_5Br	109.88	1.430	-	-	6.75	11.25
Ethyl chloride	C_2H_5Cl	64.52	0.921	−50	−43	3.6	14.80
Ethylene chlorohydrin	$ClCH_2CH_2OH$	80.52	1.213	-	60	-	-
Ethylenediamine	$NH_2CH_2CH_2NH_2$	60.10	0.899	-	-	-	-
Ethylene oxide	CH_2CH_2O	44.05	0.887	-	-	3.0	80.0
Ethyl ether	$(C_2H5)_2O$	74.12	0.713	-	-	-	-
Ethyl formate	$HCO_2C_2H_5$	74.08	0.917	-	-	2.75	16.40
Ethyl silicate	$(C_2H_5)_4SiO_4$	208.30	0.933	-	51	-	-
Formaldehyde	HCHO	30.03	0.815	가스	가스	7.0	73.0
Gasoline	$CH_nH_{(2n+2)}$	86.0	0.660	−45	-	1.3	6.0
Heptane	$CH_3(CH_2)_5CH_3$	100.20	0.684	−4	-	1.1	6.7
Hexane	$CH_3(CH_2)_4CH_3$	86.17	0.660	−22	-	1.18	7.4
Hydrogen chloride	HCl	36.47	1.268	-	-	-	-
Hydrogen cyanide	HCN	27.03	0.688(A)	가스	가스	5.6	40.0
Hydrogen fluoride	HF	20.01	0.987	가스	가스	-	-
Hydrogen selenide	H_2Se	80.98	2.12	가스	가스	-	-
Hydrogen sulfide	H_2S	34.08	1.189	가스	가스	4.3	45.5
Iodine	I_2	253.82	4.93(A)	-	-	-	-
Isophorone	$(CH_3)_3C(CH_2)_2CCHCO$	138.20	0.923	-	96	-	-
Mesityl oxide	$(CH_3)_2$: $CHCOCH_3$	98.14	0.857	30	-	-	-
Methanol	CH_3OH	32.04	0.792	12	16	6.72	36.5

Substance	Formula	Molecular weight	Specific gravity	Flash point C		Explosive limits (Volume percent)	
				Closed cup	Open cup	Lower	Upper
Methyl acetate	$CH_3CO_2CH_3$	74.08	0.928	−9	−7	3.15	15.60
Methyl bromide	CH_3Br	94.95	1.732	-	-	13.5	14.5
Methyl butanone (Isopropyl butane)	$CH_3COCH(CH_3)_2$	86.13	0.803	-	-	-	-
Methyl cellosolve	$HOCH_2CH_2OCH_3$	76.06	0.965	42	46	-	-
Methyl cellosolve acetate	$CH_3OCH_2CH_2OOCCH_3$	118.13	1.007	56	60	-	-
Methyl chloride	CH_3Cl	50.49	1.785	가스	가스	8.25	18.70
Methyl cyclohexane	$CH_3(CHC_5H_{10})$	98.18	0.769	−4	-	1.15	-
Methyl cyclohexanol	$CH_3(CHC_4H_8CHOH)$	114.18	0.934	68	-	-	-
Methyl cyclohexanone	$CH_5C_5H_9CO$	122.17	0.925	48	-	-	-
Methyl formate	HCO_2CH_3	60.05	0.974	−19	-	4.5	20.0
Methyl isobutyl ketone	$CH_3COC_4H_9$	100.16	0.801	23	-	-	-
Monochlorobenzene	C_6H_5Cl	112.56	1.107	32	-	-	-
Monofluorotrichlormethane	Cl_3CF	137.38	1.494	비화염성	비화염성		
Mononitrotoluene	$CH_3C_6H_4NO_2$	137.13	1.163	106	-	-	-
Naphtha(Coal tar)	$C_6H_4(CH_3)_2$	106.16	0.85	38~43	-	-	-
Nickel carbonyl	$Ni(CO)_4$	170.73	1.31	-	-	-	-
Nitrobenzene	$C_6H_5NO_2$	123.11	1.205	88	-	1.8(200F)	-
Nitroethane	$CH_3CH_2NO_2$	75.07	1.052	28	41	-	-
Nitrogen oxides	NO	30.0	1.036	-	-	-	-
	N_2O	44.02	1.53	-	-	-	-
	N_2O_3	76.02	1.447	-	-	-	-
	NO_2	46.01	1.448	-	-	-	-
	N_2O_5	108.02	1.6427(A)	-	-	-	-
Nitroglycerine	$C_3H_5(ONO_2)_3$	227.09	1.601	-	-	-	-
Nitromethane	CH_3NO_2	61.04	1.130	35	44	-	-
2-Nitropropane	$CH_3CHNO_2CH_3$	89.09	1.003	-	39	-	-
Octane	$CH_3(CH_2)_6CH_3$	114.22	0.703	13	-	0.95	3.2
Ozone	O_3	48.0	1.658	-	-	-	-
Pentane	$CH_3(CH_2)_3CH_3$	72.15	0.626	−40	-	1.4	7.8
Pentanone (Methylpropanone)	$CH_3COCH_2C_2H_5$	86.13	0.816	7	16	1.55	8.15
Phosgene	$O:C:Cl_2$	98.92	1.392	-	-	-	-
Phosphine	PH_3	34.0	1.146(A)	-	96	-	-
Phosphorus trichloride	PCl_3	137.35	1.574	-	-	-	-
iso-Propanol	$(CH_3)_2CHOH$	60.09	0.785	12	16	2.02	11.80
Propane	$CH_3CH_2CH_3$	44.09	1.554	가스	가스	2.12	9.35
Propyl acetate	$CH_3CO_2CH_2C_2H_5$	102.13	0.886(A)	6	16	1.77	8.0
iso-Propyl ether	$(CH_3)_4(CH)_2O$	102.17	0.725	−28	−26	-	-

Substance	Formula	Molecular weight	Specific gravity	Flash point C		Explosive limits (Volume percent)	
				Closed cup	Open cup	Lower	Upper
Stibine	SbH_3	124.78	4.344	-	-	-	-
Styrene monomer	$C_6H_5HC : CH_2$	104.14	0.903	32	-	1.1	6.1
Sulfur chloride, mono	S_2Cl_2	135.03	1.678	118	없음	-	-
di	SCl_2	102.97	1.621	-	-	-	-
tetra	SCl_4	173.89	(A)	-	-	-	-
Sulfur dioxide	SO_2	64.07	2.264	가스	가스	-	-
1,1,2,2-Tetrachloroethane	$Cl_2CHCHCl_2$	167.86	1.588	-	-	-	-
Tetrachloroethylene	$Cl_2C : CCl_2$	165.85	1.624	비화염성	비화염성		
Toluene	$C_6H_5CH_3$	92.13	0.866	4	7	1.27	6.75
Toluidine	$CH_3C_6H_4NH_2$	107.15	0.999(A)	87	96	-	-
Trichloroethylene	$ClCHCCl_2$	131.40	1.466	비화염성	비화염성		
Turpentine(Turpene)	$C_{10}H_{16}$	136.23		35	0.8	0.8	-
Vinyl chloride (Chloroethane)	C_2H_5Cl	62.50	0.908	가스	가스	4.0	21.70
Xylene	$C_6H_4(CH_3)_2$	106.16	0.881	17	24	1.0	6.0

2 용제의 건조시간

Solvent	Dry time relation	Boiling range		Weight per liter (kg)
		Deg. C	Deg. F	
Ethyl ether, C.P	1.0	34～35	93～95	0.71
Petrolene	1.8	61～96	142～205	0.70
Carbon tetrachloride	1.9	76	169	1.59
Acetone	2.0	55～58	133～136	0.76
Methyl acetate	2.2	56～62	133～144	0.93
Ethyl acetate 85～88%	2.5	74～77	165～171	0.88
Trichlorethylene	2.5	87	189	1.46
Benzol(industrial)	2.6	79～81	174～178	0.88
Methyl ethyl ketone	2.7	77～82	171～180	0.83
Isopropy acetate 8%	2.7	84～93	183～199	0.87
Ethylene dichloride	3.0	84	183	1.26
Solvsol 19/27	3.7	86～123	187～254	0.79
Ethylene chloride	4.0	81～87	178～189	1.26
Propylene dichloride	4.1	93～97	199～207	1.55
Troluoil	4.1	90～122	194～252	0.74
Methanol	5.0	64～65	147～149	0.79
Toluol(industrial)	5.0	109～111	229～232	0.86
Methyl propyl ketone	5.2	101～107	214～225	0.81
V.M. & P	5.8	95～141	203～286	0.75
Perchlorethylene	6.0	121	250	1.62
Nor. propyl acetate	6.1	97～101	207～214	0.90
Sec. butyl acetate	6.5	106～135	223～275	0.85
Solox(anhydrous)	6.5	71～78	160～172	0.87
Isobutyl acetate 90%	7.0	106～117	223～243	0.76
Apocthinner	7.0	115～143	239～289	0.80
Ethyl alcohol, Den. No. 1	7.7	78	172	0.81
Solox	8.0	76～78	169～172	0.81
Isobutyl alcohol 99%	8.6	79～82	174～180	0.81
Nor. propyl alcohol	9.1	96～98	205～208	0.81
Solvsol 24/34	9.4	101～168	214～334	0.81
Nor. butyl acetate	9.6	110～132	230～270	0.87
Diethyl carbonate	9.6	100～130	212～266	0.98
Methyl butyl ketone	9.7	114～137	237～279	0.82
Xylol(industrial)	9.7	127～144	261～291	0.86
Monochlor benzol	10.0	130～132	266～270	1.10
Tertiary butyl alcohol	11.9	82～83	180～181	0.78
Sec. butyl alcohol	14.0	99～100	210～212	0.82
Sec. amyl acetate	16.9	121～144	250～291	0.86
Amyl acetate	17.4	105～142	221～288	0.87

Solvent	Dry time relation	Boiling range		Weight per liter (kg)
		Deg. C	Deg. F	
Isobutyl alcohol	17.7	107～111	225～232	0.80
Methyl cellosolve	18.0	121～126	250～259	0.97
Butyl propionate	18.0	124～171	255～340	0.88
Pentacetate	20.0	121～155	250～311	0.86
Turpentine	20.0	155～173	311～343	1.47
Butanol	21.0	116～119	241～246	0.81
Sec. amyl alcohol	25.0	105～125	221～257	0.81
2-50-W Hi-flash naphtha	27.5	148～187	298～369	0.86
Amyl alcohol(fusel oil)	32.1	126～130	259～266	0.81
Di isopropyl ketone	33.9	164～169	327～336	0.81
Ethyl cellosolve	36.2	133～137	271～279	0.93
Odorless mineral spirits	38.6	150～201	302～394	0.78
Ethyl lactate	40.0	119～176	246～349	1.03
Sec. hexyl alcohol	41.7	157	315	0.84
Solvsol 30/40	43.2	142～199	288～390	0.85
Pentasol	45.0	112～140	234～284	0.81
Hi-solvency mineral spirits	46.7	152～200	306～392	0.81
No. 380 mineral spirits	47.0	151～196	304～385	0.79
No. 10 mineral spirits	55.0	154～196	309～385	0.78
Distilled water	60.0	100	212	1.00
Apco No. 125	60.5	162～200	324～392	0.78
Cellosolve acetate	65.0	145～166	293～331	0.98
Sec. butyl lactate	73.0	172	342	0.96
Sec. hexyl acetate	76.5	129～158	264～316	0.80
Butyl cellosolve	88.5	163～172	325～342	0.91
Dipentene	89.2	149～215	300～419	0.85
No. 140 thinner	91.0	185～210	365～410	0.76
Octyl acetate	152.5	195～203	383～397	0.86
Isobutyl lactate	156.5	168～200	334～392	0.98
Hexalin	177.5	159～162	318～324	0.95
Solvsol 40/50	270.5	191～248	376～478	0.89
Methyl hexalin	276.5	170～190	338～374	0.92
Butyl lactate	339.0	185～195	365～383	0.96
Excellene	384.0	162～260	324～500	0.78
Special heavy naphtha	403.0	202～242	396～468	0.81
Dispersol	425.0	193～242	379～468	0.80
No. 50 kerosene	626.7	178～256	352～493	0.81
Triethylene glycol	Over 5200.0	276～310	529～590	1.11
Dibutyl phthalate	Over 5200.0	195～200	383～392	1.05

Dry time relation : below 5 - 빠름, 5～15 - 중간, 15～75 - 느림, 75 over - 없음

3 변환계수(conversion factors)

Metric equivalents

Length

cm = 0.3937 in	in = 2,5400 cm
meter = 3.2808 ft	ft = 0.3048 m
meter = 1.0936 yd	yd = 0.9144 m
km = 0.6214 mile	mile = 1.6093 km

Volume

$cm^3 = 0.0610\ in^3$	$in^3 = 16.3872\ cm^3$
$m^3 = 35.3145\ ft^3$	$ft^3 = 0.0283\ m^3$
$m^3 = 1.3079\ yd^3$	$yd^3 = 0.7647\ m^3$

Capacity

liter = 2.2046 lb of pure water at 4℃	liter = 0.2642 gsl(US)
	$in^3 = 0.0164$ liter
liter = 61.0250 in^3	$ft^3 = 28.3162$ liter
liter = 0.0353 ft^3	gal(US) = 3.7853 liter

Weight

gram = 15.4324 grains	grain = 0.0648 g
gram = 0.0353 oz	oz = 28.3495 g
kg = 2.2046 lb	lb = 0.4536 kg

Concentration

$grain/ft^3 = 2288.1\ mg/m^3$	$lb/acre = 0.11208\ g/m^2$
$lb/1000\ ft^3 = 16,017\ mg/m^3$	$lb/1000\ ft^2 = 4.8807\ g/m^2$
$ton/sq\ mile = 0.35026\ g/m^2$	$grain/ft^2 = 0.69725\ g/m^2$

Heat and energy units

1 boiler hp = 33,475 Btu/hr
1 ton(refrig) = 12,000 Btu/hr
Btu = 0.2520 kg-cal

1 kW-hr =	1 hp-hr =
1000 Whr	0.7457 kW-hr
2,655,217 ft-lb	1,980,000 ft-lb
3413 Btu	2545 Btu

1 lb water evaporated from at 212°F and
0.2844 kW-hr
0.3814 hp-hr

Temperature equivalent

Fahrenheit, F = Rankin − 460 = 9/5C + 32
Centigrade, C = Kelvin − 273 = 5/9(F − 32)

Pressure equivalents

1 atmosphere =
$14.696\ lb/in^2 = 2116.3\ lb/ft^2$
33.96 ft of water = 407.52 in water
29.92 in of mercury = 760 mm mercury
$234.54\ oz/in^2$ = 10,340 mm water

1 in water =
$0.0361\ lb/in^2 = 5.196\ lb/ft^2$
0.0735 in mercury = 1.876 mm mercury
0.002456 atmosphere = $0.5774\ oz/in^2$
25.4 mm water = 0.08333 ft water

1 in mercury =
$0.491\ lb/in^2 = 7070\ lb/ft^2$
25.4 mm mercury = $7.86\ oz/in^2$
0.03342 atmospheres = 345.6 mm water
13.61 in water = 1.134 ft water

1 mm mercury =
$0.0194\ lb/in^2 = 2.789\ lb/ft^2$
$0.3094\ oz/in^2$ = 0.001316 atmosphere
0.5357 in water = 0.04464 ft water
13.61 mm water = 0.03937 in mercury

1 lb per in^2 =
$144\ lb/ft^2 = 16\ oz/in^2$
51.71 mm mercury = 2.036 in mercury
0.06804 atmosphere = 703.7 mm water
27.70 in water = 2.309 ft water

1 oz per in^2 =
$0.0625\ lb/in^2 = 9.00\ lb/ft^2$
1.733 in water = 0.1441 ft water

4 속도변환(velocity conversion)

fpm	m/s	fpm	m/s	fpm	m/s	fpm	m/s	fpm	m/s
100	0.508	2000	10.16	4000	20.32	6000	30.48	8000	40.64
150	0.762	2100	10.67	4100	20.83	6100	30.99	8100	41.15
200	1.016	2200	11.18	4200	21.33	6200	31.49	8200	41.65
300	1.524	2300	11.68	4300	21.84	6300	32.00	8300	42.16
400	2.032	2400	12.19	4400	22.35	6400	32.51	8400	42.67
500	2.540	2500	12.70	4500	22.86	6500	33.02	8500	43.18
600	3.048	2600	13.21	4600	23.37	6600	33.53	8600	43.69
700	3.556	2700	13.72	4700	23.87	6700	34.03	8700	44.19
800	4.064	2800	14.22	4800	24.38	6800	34.54	8800	44.70
900	4.572	2900	14.73	4900	24.89	6900	35.05	8900	45.21
1000	5.080	3000	15.24	5000	25.40	7000	35.56	9000	45.72
1100	5.588	3100	15.75	5100	25.91	7100	36.07	9100	46.23
1200	6.096	3200	16.26	5200	26.41	7200	36.57	9200	46.73
1300	6.604	3300	16.76	5300	26.92	7300	37.08	9300	47.24
1400	7.112	3400	17.27	5400	27.43	7400	37.59	9400	47.75
1500	7.620	3500	17.78	5500	27.94	7500	38.10	9500	48.26
1600	8.128	3600	18.29	5600	28.45	7600	38.61	9600	48.77
1700	8.636	3700	18.80	5700	28.95	7700	39.11	9700	49.27
1800	9.144	3800	19.30	5800	29.46	7800	39.62	9800	49.78
1900	9.652	3900	19.81	5900	29.97	7900	40.13	9900	50.29

5 부피변환(volume conversion)

cfm	m^3/s	cfm	m^3/s	cfm	m^3/s	cfm	m^3/s	cfm	m^3/s
100	0.0471	300	0.1415	500	0.2359	1500	0.7079	3500	1.651
110	0.0519	310	0.1463	550	0.2595	1600	0.7551	3600	1.699
120	0.0566	320	0.1510	600	0.2831	1700	0.8023	3700	1.746
130	0.0613	330	0.1557	650	0.3067	1800	0.8495	3800	1.793
140	0.0660	340	0.1604	700	0.3303	1900	0.8967	3900	1.840
150	0.0707	350	0.1651	750	0.3539	2000	0.9438	4000	1.887
160	0.0755	360	0.1699	800	0.3775	2100	0.9910	4100	1.934
170	0.0802	370	0.1746	850	0.4011	2200	1.038	4200	1.982
180	0.0849	380	0.1793	900	0.4247	2300	1.085	4300	2.029
190	0.0896	390	0.1840	950	0.4483	2400	1.132	4400	2.076
200	0.0943	400	0.1887	1000	0.4719	2500	1.179	4500	2.123
210	0.0991	410	0.1934	1050	0.4955	2600	1.227	4600	2.170
220	0.1038	420	0.1982	1100	0.5191	2700	1.274	4700	2.218
230	0.1085	430	0.2029	1150	0.5427	2800	1.321	4800	2.265
240	0.1132	440	0.2076	1200	0.5663	2900	1.368	4900	2.312
250	0.1179	450	0.2123	1250	0.5899	3000	1.415	5000	2.359
260	0.1227	460	0.2170	1300	0.6135	3100	1.463	5100	2.406
270	0.1274	470	0.2218	1350	0.6371	3200	1.510	5200	2.454
280	0.1321	480	0.2265	1400	0.6607	3300	1.557	5300	2.501
290	0.1368	490	0.2312	1450	0.6843	3400	1.604	5400	2.548

참고문헌

고용노동부: 산업안전보건법, 같은 법 시행령 · 시행규칙(2020년)

고용노동부: 산업안전보건기준에 관한 규칙(2020년)

고용노동부: 안전검사 고시(고용노동부고시 제2020-43호)

김태형, 김현욱, 박동욱, 백남원: 산업환기, 신광출판사, 1999.

신은상, 이승일, 황경철, 오홍일, 추병길, 김용국: 산업환기기술, 동화기술, 2002.

조석호: 산업환기공학, 동화기술, 1995.

ACGIH: Industrial Ventilation -A Manual of Recommendation Practice-, Metric Version, 23～30th ed., ACGIH, 1998～2019.

Burton D. F.(ed.): Hemeon's Plant & Process Ventialtion, 3rd ed., Leeis publishers, 1999.

Burton D. F.: Companion Study Guide to Industrial Ventilation, ACGIH, 2001.

McDermott H. J.: Handbook of Ventilation for Contaminant Control, 3rd ed., ACGIH, 2001.

Popendorf W.: Industrial Hygiene Control of Airborne Chemical Hazards, Taylor & Francis, 2006.

日本勞働省勞働衛生課: 局所排氣·空氣清淨裝置の標準設計と保守管理(上) -局所 排氣裝置編-, 中央勞働災害防止協會, 昭和60年

日本勞働省勞働衛生課: 局所排氣·空氣清淨裝置の標準設計と保守管理(下) -空氣 淸淨裝置編-, 中央勞働災害防止協會, 昭和60年

찾아보기

저자: **한돈희**

- Marquis Who's Who (2019~2020) 등재
- 서울대학교 대학원 보건학박사(PhD)(환경 및 산업보건 전공)
- 미국 신시내티대학교 Laboratory of Respiratory Protection & Aerosol Research 교환교수
- 인제대학교 제13대 의생명공학대학 학장 역임
- 현재 한국호흡보호구학회(KSRP) 회장
- 한국산업보건학회 부회장 · 편집장 역임, 한국환경보건학회 부회장 역임
- 안전보건공단 각종 심의 · 자문위원
- 현재 인제대학교 보건안전공학과 교수

새로운 법과 기술에 맞춘

NEW 산업환기공학 정가 20,000원

발 행 2023년 9월 10일 초판 2쇄
저 자 한돈희
발행인 전귀연
발행처 신광문화사
경기도 파주시 광인사길 201(문발동, 파주출판도시)
Tel (031)955-4211~6 donghwapub@nate.com
Fax (031)955-4217 www.donghwapub.co.kr
(등록) 1991년 6월 26일/6-130호

Printed in Korea
ISBN 978-89-7432-947-1
공급처 도서출판 동화기술